“十二五” 高等职业教育机电类专业规划教材

AutoCAD 2013 机械绘图项目教程

主　编　符　莎　郭　磊
副主编　李红燕　毛敬玉
参　编　龙家钊　萧锦岳
　　　　王春水　张　波

中国铁道出版社有限公司
CHINA RAILWAY PUBLISHING HOUSE CO., LTD.

内 容 简 介

本书结合国家机械制图及CAD绘图标准，主要介绍了使用AutoCAD 2013中文版进行机械绘图的流程、方法和技巧。采用项目式编写方法，全书分为八个项目，每个项目均设置了多个经典的任务（有的任务还设置了子任务），每个任务包括任务描述、知识准备、任务实施等栏目。读者通过完成任务，掌握相关理论知识和绘图方法。全书所有绘图任务均选择“AutoCAD经典”绘图空间进行讲解，因此适用于AutoCAD 2006及以上软件版本。

本书可作为高职院校机械设计与自动化、数控技术、计算机辅助设计与制造、机电一体化等专业的教学用书，也可供AutoCAD软件的初学者参考。

图书在版编目（CIP）数据

AutoCAD 2013机械绘图项目教程/符莎，郭磊主编．—北京：中国铁道出版社，2013.8（2023.8重印）

“十二五”高等职业教育机电类专业规划教材

ISBN 978-7-113-16621-2

Ⅰ.①A… Ⅱ.①符…②郭… Ⅲ.①机械制图-AutoCAD软件-高等职业教育-教材 Ⅳ.①TH126

中国版本图书馆CIP数据核字（2013）第190366号

书　　名：AutoCAD 2013机械绘图项目教程
作　　者：符　莎　郭　磊

策　　划：吴　飞　　　　**编辑部电话：**（010）63560043
责任编辑：何红艳
编辑助理：裴亚楠
封面设计：付　巍
封面制作：白　雪
责任印制：樊启鹏

出版发行：中国铁道出版社有限公司（100054，北京市西城区右安门西街8号）
网　　址：http://www.tdpress.com/51eds/
印　　刷：三河市国英印务有限公司
版　　次：2013年8月第1版　　2023年8月第7次印刷
开　　本：787 mm×1 092 mm　1/16　印张：17.5　字数：424千
书　　号：ISBN 978-7-113-16621-2
定　　价：34.00元

FOREWORD | 前言

AutoCAD是由美国Autodesk公司开发的计算机辅助设计软件，可用于二维绘图、设计文档和基本三维设计，是国际上广为流行的绘图工具。它适用于机械、建筑、电子等多个领域，尤其是在机械设计与机械制造领域，其已经成为广大工程技术人员的必备工具之一。本书结合机械制图及CAD绘图标准，主要介绍了使用AutoCAD 2013中文版进行机械绘图的流程、方法和技巧。

本书具有如下特色：

(1)较大的适用度。所有绘图任务均选择“AutoCAD经典”绘图空间进行讲解，适合AutoCAD 2006及以上版本软件的学习。

(2)经典的任务案例。采用项目式编写方式，全书分为八个项目，每个项目均设置了多个经典的任务(有的任务还设置了子任务)，每个任务包括任务描述、知识准备、任务实施等栏目。读者通过完成任务，掌握相关理论知识和绘图方法。

(3)规范的机械绘图。本书严格按照国家机械制图及CAD绘图标准规范作图。在介绍AutoCAD软件使用方法时，注重结合机械制图和设计的专业知识，使读者在掌握软件操作的同时，学习和巩固机械制图的专业知识。

(4)大量的技能训练。本书每个任务后都有相应的技能训练习题，题量大且针对性强，能充分满足学习的需要，帮助读者进一步熟练掌握技能，达到巩固知识的目的。

本书由符莎、郭磊任主编，李红燕、毛敬玉任副主编，龙家钊、萧锦岳、王春水、张波参与编写。

由于编者水平有限，书中难免有不足和疏漏之处，恳请广大读者批评、指正。

编　者

2013年6月

CONTENTS | 目 录

项目1 CAD软件应用基础

【知识目标】

- 认识 AutoCAD 2013 的用户界面、软件的启动和关闭、工作空间、界面组成。
- 熟悉新建、保存、打开和关闭等图形文件管理的操作。
- 熟悉图形界限、图形单位等绘图环境的设置。
- 掌握图层的创建及管理的方法。
- 掌握启动和执行命令、图形显示命令的操作。

【能力目标】

掌握使用 AutoCAD 2013 软件进行绘图的基础知识。

任务1 熟悉 AutoCAD 2013 的用户界面

任务描述

启动及退出 AutoCAD 2013 软件，熟悉 AutoCAD 2013 的工作空间和工作界面。

知识准备

AutoCAD 2013 软件简介

AutoCAD（Auto Computer Aided Design）软件是美国 Autodesk 公司于 1982 年开发的自动计算机辅助设计软件，主要用于二维绘图、详细绘制、设计文档和基本三维设计。此软件现在已经成为国际上广泛使用的绘图工具。

AutoCAD 软件广泛应用于机械设计、电子电路、航空航天、土木建筑、装饰装潢、城市规划、园林设计等诸多领域。在不同的行业中，Autodesk 公司开发了行业专用的版本和插件。例如，AutoCAD Mechanical 版本主要服务于机械设计与制造行业，AutoCAD Electrical 版本主要服务于电子电路设计行业，Autodesk Civil 3D 版本主要服务于勘测、土方工程与道路设计领域，AutoCAD Simplified 版本则适用于学校教学和相关培训中。

AutoCAD 软件具有良好的用户界面，通过交互菜单或命令行方式便可以进行各种操作。它的多文档设计环境，让非计算机专业人员也能很快地学会使用。AutoCAD 具有广泛的适应性，它可以在各种操作系统支持的微型计算机和工作站上运行。

AutoCAD 软件具有如下特点：

①具有完善的图形绘制功能。

②具有强大的图形编辑功能。

③可以采用多种方式进行二次开发或用户定制。

④可以进行多种图形格式的转换，具有较强的数据交换能力。

⑤支持多种硬件设备。

⑥支持多种操作平台。

⑦具有很强的通用性和易用性。

与之前的版本相比，AutoCAD 2013 软件具有如下新的功能：

①用户交互命令行增强。

②点云支持（增强功能）。

③阵列增强功能。

④画布内特性预览。

⑤快速查看图形及图案填充编辑器。

⑥光栅图像及外部参照。

任务实施

步骤 1：启动 AutoCAD 2013 软件。

在全部安装过程完成之后，可以通过以下几种方式启动 AutoCAD 2013：

➢ 桌面快捷方式图标：安装 AutoCAD 2013 时，会在桌面上放置一个 AutoCAD 2013 的快捷方式图标，双击该图标即可启动 AutoCAD 2013，如图 1－1（a）所示。

➢ “开始”菜单：依次选择“开始”→“程序”→ Autodesk → AutoCAD 2013 －（Simplified Chinese）→ AutoCAD 2013 命令，如图 1－1（b）所示。

➢ 双击已经存在的 AutoCAD 2013 图形文件（ *. dwg 格式），如图 1－1（c）所示。

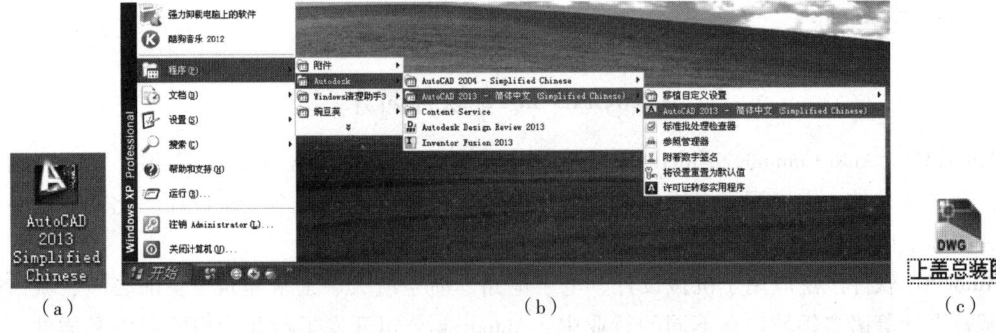

（a）（b）（c）

图 1－1　启动 AutoCAD 2013

步骤 2：退出 AutoCAD 2013 软件。

退出 AutoCAD 2013 有以下几种方式：

➢ 菜单栏：选择“文件”→“退出”命令。

➢ 程序菜单：选择“程序菜单→退出 AutoCAD 2013”命令。

➢ 在命令行输入“EXIT”，并按【Enter】键。

➢ 单击 AutoCAD 2013 操作界面右上角的“关闭”按钮 ×。

如果软件中有未保存的文件，则会弹出如图 1－2 所示的信息提示框。单击“是”按钮则保存文件并退出，单击“否”按钮则不保存文件退出，单击“取消”按钮则取消退出，继续绘图操作。

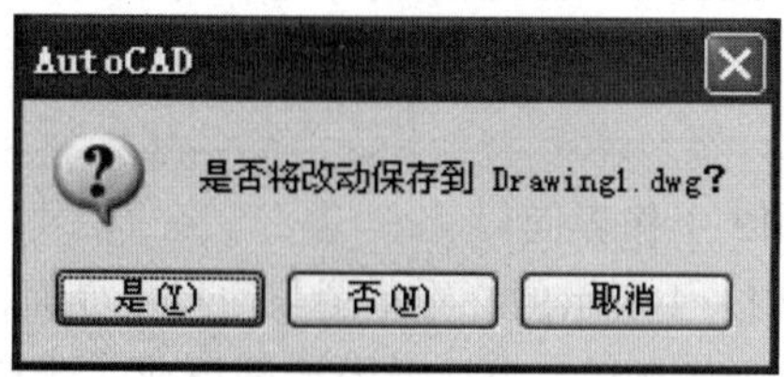

图 1－2　信息提示框

步骤 3：AutoCAD 2013 的工作空间。

AutoCAD 2013 包含了四种工作空间：“二维草图与注释”“三维基础”“三维建模”“AutoCAD 经典”工作空间。

AutoCAD 2013 工作空间模式的几种切换方法如下：

➢ 菜单栏：选择“工具”→“工作空间”命令，如图 1－3（a）所示。

➢ 快速访问工具栏：打开“切换工作空间”下拉列表框，如图 1－3（b）所示。

➢ 工作空间控制工具栏：下拉菜单，如图 1－3（c）所示。

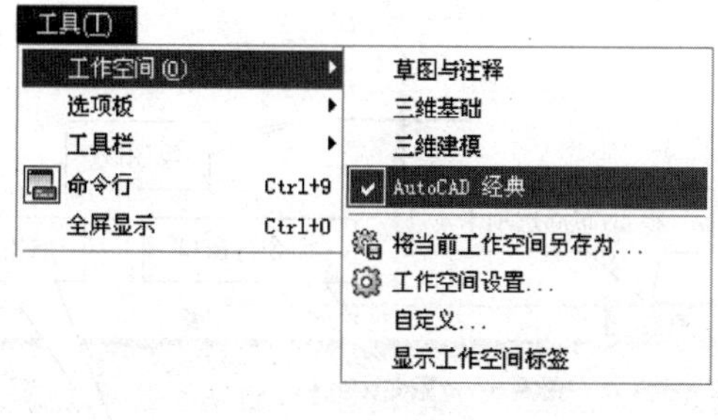

（a）

（b）　　（c）

图 1－3　AutoCAD 2013 工作空间切换菜单

在“二维草图与注释”工作空间中，可以很方便地绘制二维机械图形；在“三维基础”工作空间中，可以方便地绘制三维机械图形；在“三维建模”工作空间中，能够更方便地绘制各种复杂的三维机械模型；对于习惯于 AutoCAD 传统界面的用户来说，可以使用“Auto-

CAD 经典”工作空间，该空间最大限度地保留了传统的界面布局，显示有标题栏、菜单栏、工具栏等。

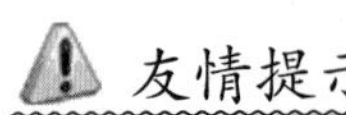

友情提示

本书为了适合 AutoCAD 2006 及以上版本的学习，均使用“AutoCAD 经典”绘图空间进行绘图讲解。

步骤 4：认识 AutoCAD 2013 工作界面。

默认状态下，系统打开图 1－4 所示的二维草图与注释主界面，它由标题栏、菜单栏、各种面板、绘图窗口、命令行窗口、状态栏、坐标系图标等组成。若选择“AutoCAD 经典”工作空间，它继承了前几个版本的工作界面风格，如图 1－5 所示。

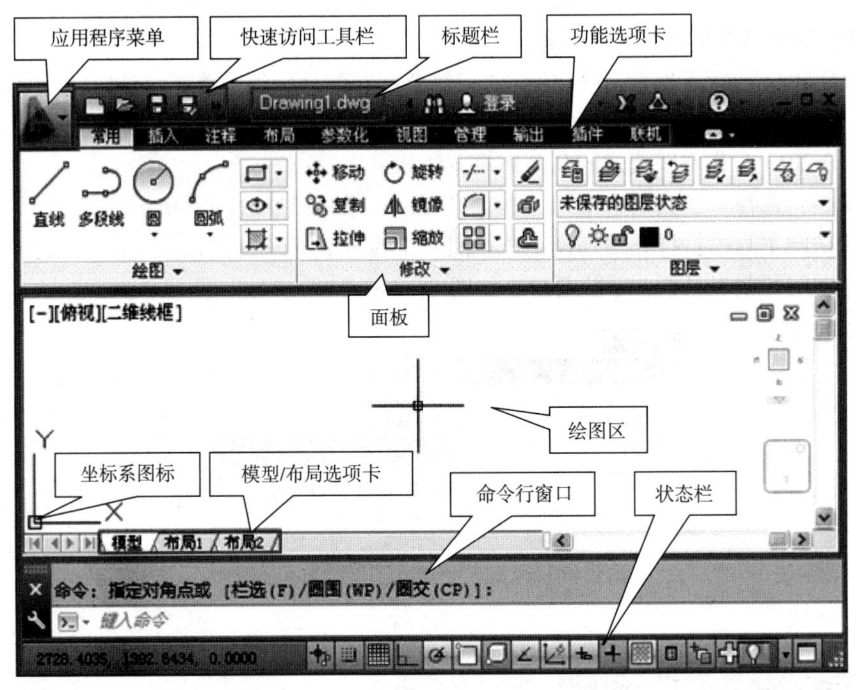

图 1－4　“二维草图与注释”工作空间

步骤 5：熟悉 AutoCAD 2013 界面组成。

AutoCAD 2013 的各个工作空间都包含“程序菜单”按钮、快捷访问工具栏、标题栏、绘图窗口、命令行、状态栏和选项板等元素。本节先介绍各界面的组成元素，以便用户能够快速熟悉各空间的组成。

（1）认识“程序菜单”按钮。“程序菜单”按钮位于界面左上角。单击该按钮，系统弹出 AutoCAD 菜单，如图 1－6 所示，该菜单包含了 AutoCAD 的部分功能和命令，用户选择命令后即可执行相应操作。

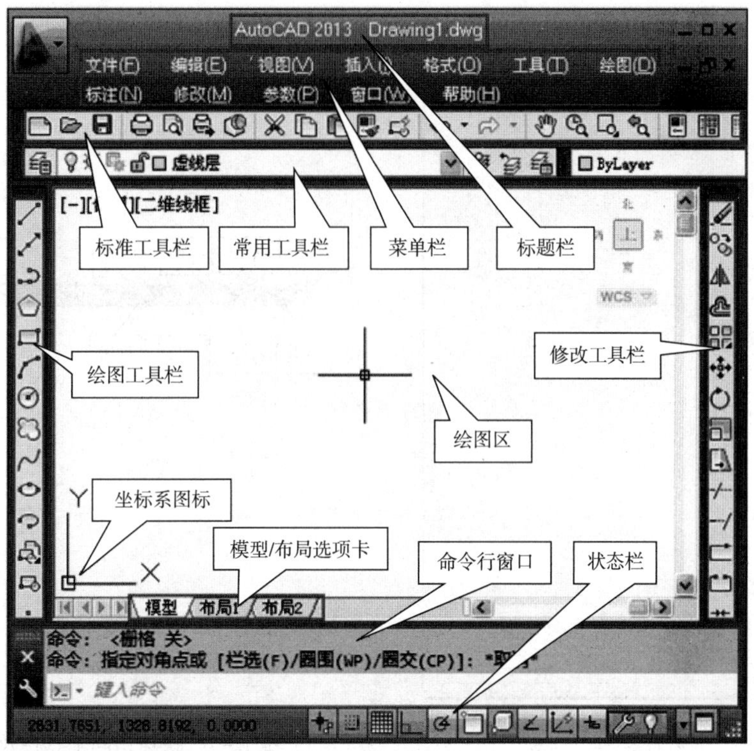

图1－5 “AutoCAD经典”工作空间

> **友情提示**
>
> 单击“程序菜单”按钮，在弹出菜单的“搜索”文本框中输入关键字，然后单击“搜索”按钮，就可以显示与关键字相关的命令。

(2) 认识快速访问工具栏。AutoCAD 2013的快速访问工具栏位于“程序菜单”按钮的右侧，包含了最常用的快捷工具按钮。

在默认状态下，快捷访问工具栏包含八个快捷按钮和一个下拉菜单，分别为“新建”“打开”“保存”“另存为”“选项”“打印”“放弃”“重做”按钮和“工作空间”列表框。如果想在快速访问工具栏中添加或删除按钮，可以右击快速访问工具栏，在弹出的快捷菜单中选择“自定义快速访问工具栏”命令，在弹出的“自定义用户界面”窗口中进行设置即可。

单击快速访问工具栏最右侧的下三角按钮，系统将弹出如图1－7所示的下拉列表。在其中可以自定义快速访问工具栏，或隐藏/显示菜单栏。

(3) 认识标题栏。标题栏位于应用程序窗口的最上方，如图1－8所示，用于显示当前正在运行的程序名称及文件等信息，AutoCAD默认新建的文件名称格式为DrawingN. dwg (N是数字)。

标题栏中的信息中心提供了多种信息来源。在文本框中输入需要帮助的问题，然后单击“搜索”按钮，就可以获取相关的帮助；单击“交换”按钮，可以显示“交流”网站，其中包含信息、帮助和下载内容，并可以访问AutoCAD社区；单击“帮助”按钮，则可以访问AutoCAD的帮助文档。

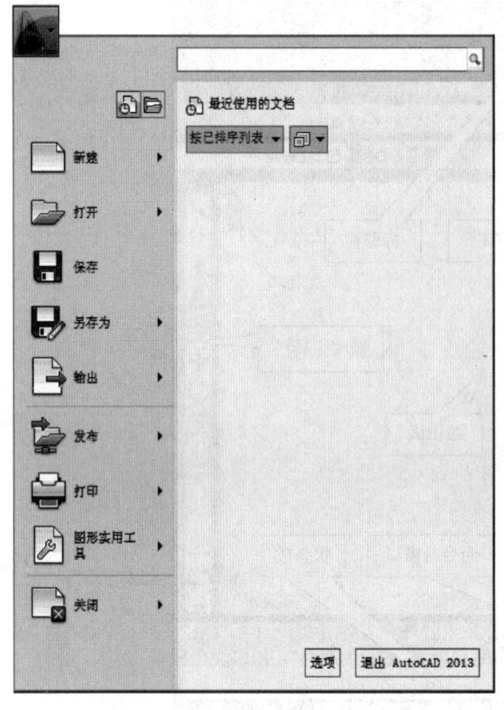

图 1－6 “程序菜单”按钮

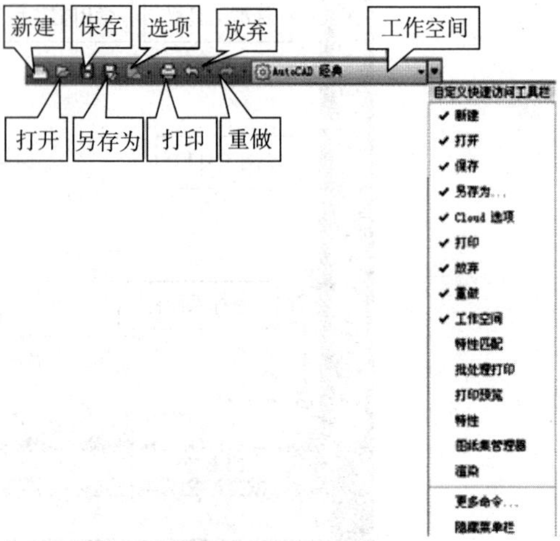

图 1－7 快速访问工具栏及下拉列表

图 1－8 标题栏

标题栏右侧是 Windows 标准应用程序控制按钮，分别是“最小化”“最大化”按钮与“关闭”按钮。

（4）熟悉菜单栏。菜单栏只有“AutoCAD 经典”工作空间才会显示，默认共有 12 个主菜单构成，几乎包含了 AutoCAD 的所有绘图和编辑命令，如图 1－9 所示。

图 1－9 菜单栏

每个主菜单下又包含了子菜单，而有的子菜单还包括下一级菜单，图 1－10 所示为“视图”下拉菜单。如果命令呈灰色，表示此命令在当前状态下不可使用。

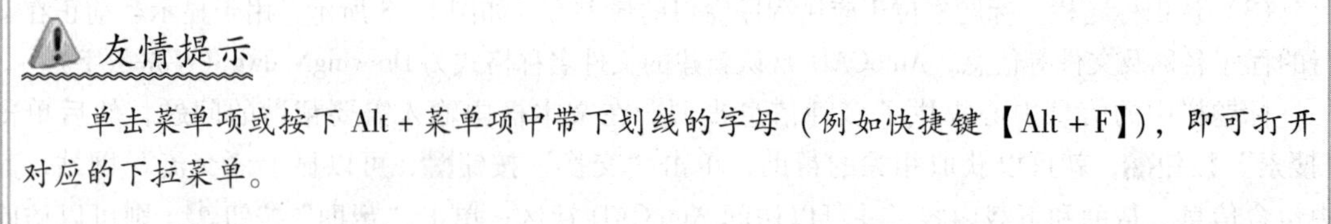
友情提示

单击菜单项或按下 Alt + 菜单项中带下划线的字母（例如快捷键【Alt + F】），即可打开对应的下拉菜单。

（5）熟悉右键快捷菜单。快捷菜单是一种特殊形式的菜单，在绘图区域、工具栏、状态栏、模型与布局选项卡及一些对话框上单击鼠标右键时将弹出一个快捷菜单，该菜单中的命令与AutoCAD 当前状态相关。使用它们可在不启动菜单栏的情况下，快速、高效地完成某些操作。

在 AutoCAD 2013 中，快捷菜单的特性比以前版本有了很大的提高，完全体现了上下文的关系：在不同位置和对象上单击右键，弹出的快捷菜单功能上会有变化。图 1－11 所示为结束"多段线"命令后，在绘图区单击右键弹出的快捷菜单。

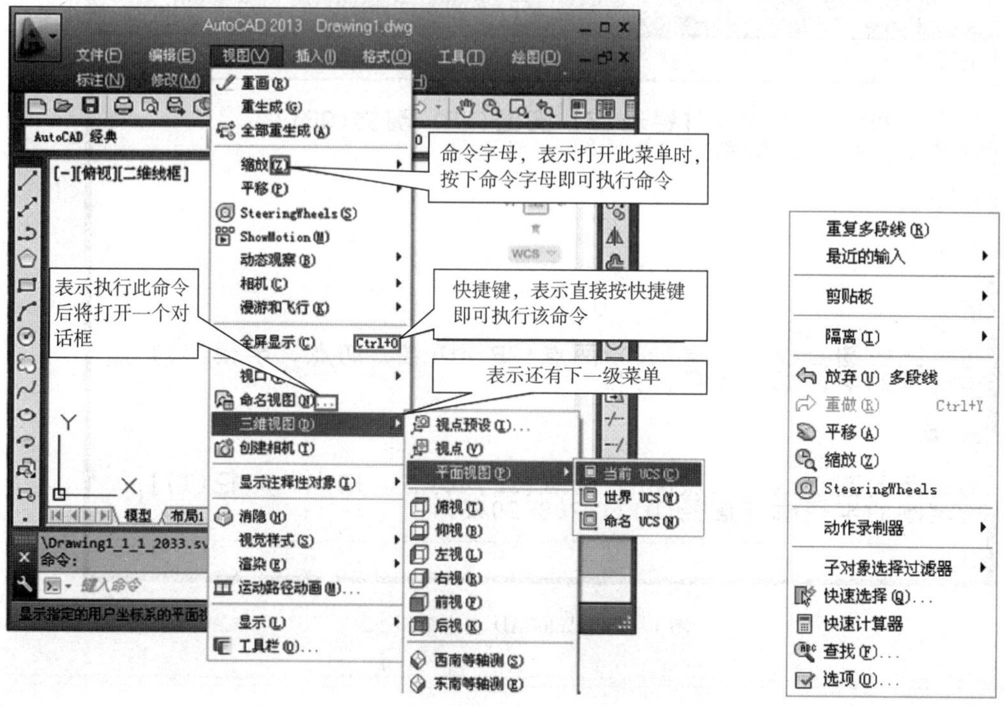

图 1－10　"视图"下拉菜单　　　　图 1－11　绘图区鼠标右键快捷菜单

（6）熟悉绘图区。绘图区是屏幕上的一大片空白区域，它是用户进行绘图的主要工作区域。用户所进行的所有操作过程，以及绘制完成后的图形都会直接反映在绘图区。绘图区实际上是无限大的，用户可以通过缩放、平移等命令来观察绘图区的图形。

在绘图区左下角显示有一个坐标系图标，默认情况下，坐标系为世界坐标系（World Coordinate System，WCS）。另外，在绘图区还有一个十字光标，其交点为光标在当前坐标系中的位置。当移动鼠标时，可以改变光标的位置。

绘图区右上角同样也有"最小化"按钮、"最大化"按钮、"关闭"按钮三个按钮，在 AutoCAD 中同时打开多个文件时，可通过这些按钮进行图形文件的切换和关闭。

绘图区的下方有"模型/布局"选项卡，单击它们可以在模型空间或图纸空间之间进行切换。

（7）熟悉命令行与文本窗口。"命令行"窗口位于绘图窗口的底部，用于接收输入的命令，并显示 AutoCAD 提示信息，在 AutoCAD 2013 中，"命令行"窗口可以拖动为浮动窗口，如图 1－12 所示。

AutoCAD 文本窗口是记录 AutoCAD 命令的窗口，是放大的"命令行"窗口。执行 TEXTSCR 命令或按【F2】键，打开图 1－13 所示的文本窗口，它记录了对文档进行的所有编辑操作。

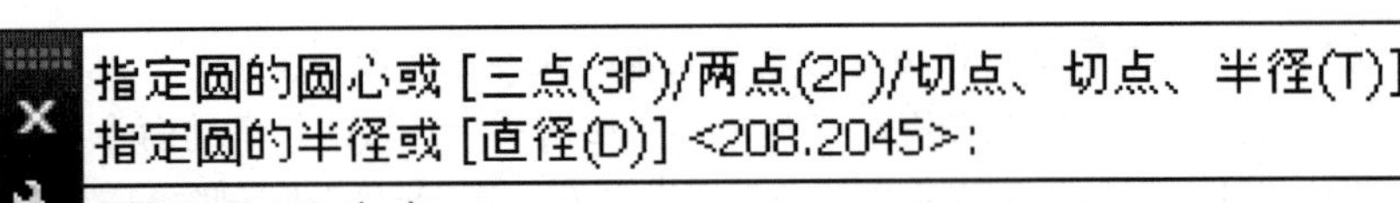

图 1－12　AutoCAD 2013 “命令行” 窗口

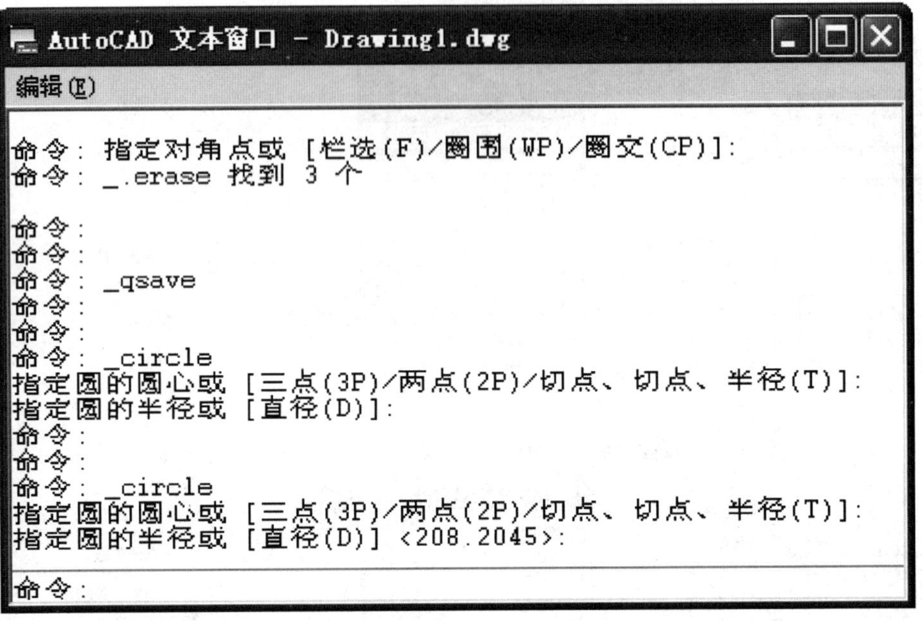

图 1－13　AutoCAD 文本窗口

将光标移至命令行窗口的上边缘，当光标呈⇕形状时，按住鼠标左键上下拖动鼠标就可以增、减命令窗口显示的行数。

（8）熟悉状态栏。状态栏位于屏幕的底部，状态栏用来显示 AutoCAD 当前的状态，如当前光标的坐标、命令和按钮说明等，当状态栏的某个模式按钮呈亮显状态时，表明模式是打开的；否则，该模式是关闭的，图 1－14 所示为状态栏常用的一些模式。

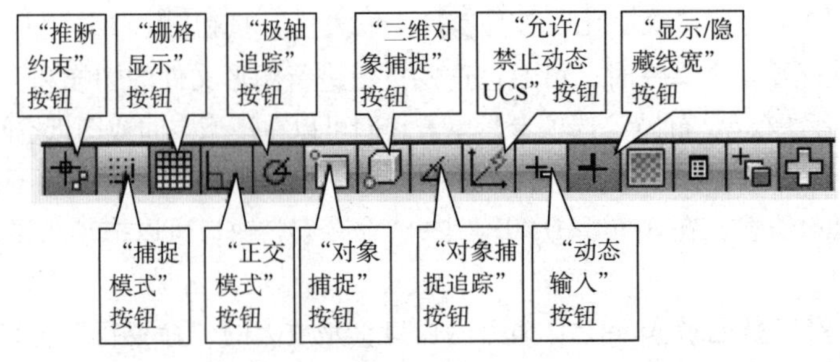

图 1－14　常用的状态栏模式

状态栏常用的模式介绍：

➢"推断约束"按钮：该按钮用于创建和编辑几何图形时推断几何约束。

➢"捕捉模式"按钮：该按钮用于开启或关闭捕捉，捕捉模式可以使光标能够很容易地抓取到每一个栅格上的点。

➢"栅格显示"按钮：该按钮用于开启或关闭栅格的显示。栅格即图幅的显示范围。

➢"正交模式"按钮：该按钮用于开启或关闭正交模式，正交即光标只能走 X 轴或者 Y 轴方向，不能画斜线。

➢"极轴追踪"按钮：该按钮用于开始或关闭极轴追踪模式，用于捕捉和绘制与起点水平线成一定角度的线段。

➢"对象捕捉"按钮：该按钮用于开启或关闭对象捕捉。对象捕捉能使光标在接近某些特殊点的时候能够自动指引到这些特殊的点。

➢"三维对象捕捉"按钮：该按钮用于开启或关闭三维对象捕捉。对象捕捉能使光标在接近三维对象某些特殊点的时候能够自动指引到这些特殊的点。

➢"对象捕捉追踪"按钮：该按钮用于开启或关闭对象捕捉追踪。该功能和对象捕捉功能一起使用，用于追踪捕捉点在线性方向上与其他对象的特殊点的交点。

➢"允许/禁止动态 UCS"按钮：用于切换允许和禁止 UCS（用户坐标系）。

➢"动态输入"按钮：动态输入的开始和关闭。

➢"显示/隐藏线宽"按钮：该按钮控制线框的显示。

任务2　新建 A1. dwg 图形文件

任务描述

新建一个名为 A1. dwg 图形文件，并保存于桌面。

知识准备

在 AutoCAD 2013 中，图形文件管理包括创建新的图形文件、保存图形文件、另存图形文件、打开已有的图形文件以及关闭图形文件等操作。

一、创建图形文件

在绘图前，首先应该创建一个新的图形文件。在 AutoCAD 2013 中，有以下几种创建新文件的方法：

➢ 菜单栏：选择"文件"→"新建"命令。

➢ 程序菜单：选择"程序菜单"→"新建"→"图形"命令。

➢ 工具栏：快速访问工具栏或"标准"工具栏的"新建"按钮。

➢ 命令行：输入"QNEW"，按【Enter】键。

➢ 快捷键：按【Ctrl + N】组合键。

执行以上操作都会弹出“选择样板”对话框，用户可以通过此对话框选择不同的绘图模板，当用户选择好绘图样板时，系统会在对话框的右上角显示预览，然后单击“打开”按钮即创建一个新图形文件。

二、保存图形文件

保存文件是文件操作中最重要的一项工作。没有保存的文件信息一般存在计算机的内存中，在计算机死机、断电或程序发生错误时，内存中的信息将会丢失。保存的作用是将内存中的文件信息写入硬盘，写入硬盘的信息不会因为断电、关机或死机而丢失。使用 AutoCAD 绘图时，我们要经常存盘，可以使用多种方式将所绘制图形文件存入硬盘。

常用的保存图形文件方法有以下几种：

- 菜单栏：选择“文件”→“保存”命令。
- 程序菜单：选择“程序菜单”→“保存”命令。
- 工具栏：快速访问工具栏或“标准”工具栏的“保存”按钮。
- 命令行：输入“QSAVE”，按【Enter】键。
- 快捷键：按【Ctrl + S】组合键。

执行以上操作可以对图形文件进行保存。如果要保存的图形已命名保存过，那么执行保存命令后，AutoCAD 会直接以原文件名保存图形，不再提示用户指定文件的保存位置和文件名。

三、别名保存图形文件

别名保存指将当前绘制的图形以新文件名保存。执行别名保存命令 AutoCAD 会弹出“图形另存为”对话框，提示用户指定文件的保存位置及新文件名。

常用的别名保存图形文件方法有以下几种：

- 菜单栏：“文件”→“另存为”命令。
- 程序菜单：“程序菜单”→“另存为”命令。
- 工具栏：快速访问工具栏或“标准”工具栏的“另存为”按钮。
- 命令行：输入“SAVE”，按【Enter】键。
- 快捷键：按【Ctrl + Shift + S】组合键。

任务实施

步骤 1：单击快速访问工具栏中“新建”按钮，如图 1－15 所示。

图 1－15　单击“新建”按钮

步骤 2：弹出“选择样板”对话框，在“名称”列表框中选择 acadiso. dwt 模板。

步骤3：单击“打开”按钮右侧的下三角按钮，弹出下拉列表，选择“无样板打开－公制”选项，如图1－16所示。

图1－16　“选择样板”对话框

友情提示

在“选择样板”对话框中，单击“打开”按钮右侧的下三角按钮，弹出下拉列表，其中各项含义如下：

（1）“打开”选项：以默认的方式打开图形样板。

（2）“无样板打开－英制”选项：不打开样板，单位为英制。

（3）“无样板打开－公制”选项：不打开样板，单位为公制。

步骤4：单击“快速访问工具栏”中“另存为”按钮，弹出“图形另存为”对话框，指定文件保存的位置为桌面，然后把文件名改成A1.dwg，如图1－17所示，在桌面就会出现一个名为A1.dwg的图形文件。

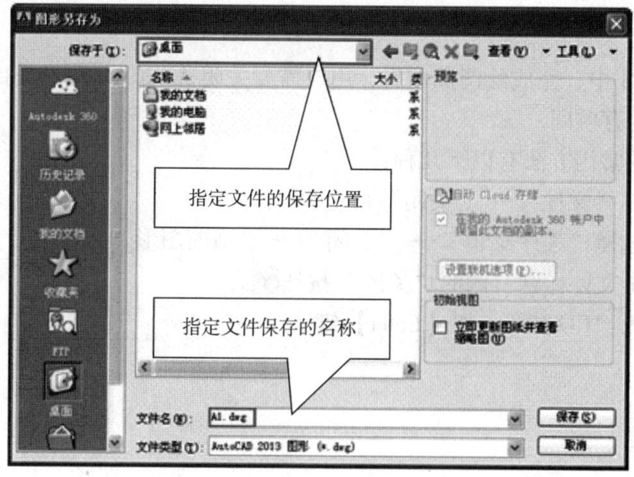

图1－17　另存图形文件

友情提示

在“图形另存为”对话框中，“保存于”下拉列表框用于设置图形文件保存的路径；“文件名”下拉列表框用于输入图形文件的名称；“文件类型”下拉列表框用于选择文件保存的类型。其中*.dwg是AutoCAD图形文件，*.dwt是样板文件，这两种格式最为常用。

子任务　打开和关闭A1.dwg图形文件

任务描述

打开一个位于桌面的A1.dwg图形文件。

知识准备

一、打开图形文件

AutoCAD文件有很多种打开的方式，常见的几种方式如下：

- 菜单栏：选择“文件”→“打开”命令。
- 程序菜单：选择“程序菜单”→“打开”→“图形”命令。
- 工具栏：快速访问工具栏或“标准”工具栏的“打开”按钮。
- 命令行：输入“OPEN”，按【Enter】键。
- 快捷键：按【Ctrl+O】组合键。

执行以上操作都会弹出“选择文件”对话框，该对话框用于选择已有的AutoCAD图形，“打开”按钮右侧有一个下三角按钮，单击该按钮可弹出下拉菜单，可通过它进行不同方式的打开。

二、关闭图形文件

在AutoCAD 2013中，完成绘图操作后，用户需要关闭AutoCAD图形文件，从而提高计算机性能，节约更多的内存空间。

关闭图形文件的常用方法有以下几种：

- 菜单栏：选择“文件”→“关闭”命令。
- 程序菜单：选择“程序菜单”→“关闭”→“当前图形”命令。
- 标题栏：单击文件标题右侧的“关闭”按钮。
- 命令行：输入“CLOSE”，按【Enter】键。

任务实施

步骤1：单击“快速访问工具栏”中的“打开”按钮，如图1-18所示。

步骤2：弹出“选择文件”对话框，查找范围选择桌面，用户选中本项目任务2保存于桌面的A1. dwg图形文件，如图1－19所示。

图1－18 单击“打开”按钮

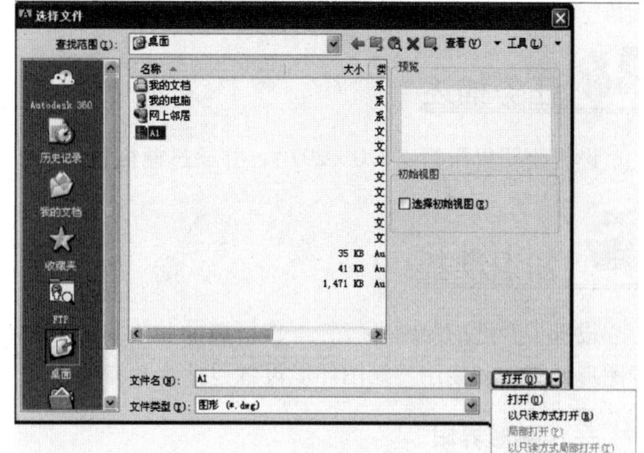

图1－19　“选择文件”对话框

步骤3：单击“打开”按钮右侧的下三角按钮，弹出下拉列表，选择“打开”选项，即可打开图形文件。

友情提示

在“选择文件”对话框中，单击“打开”按钮右侧的下三角按钮，弹出下拉列表：当选择“打开”或“局部打开”选择打开一个图形文件时，可以对打开的图形文件进行编辑操作；当选择“以只读方式打开”和“以只读方式局部打开”选项打开图形文件时，则不能对原文件进行编辑操作。

步骤4：单击文件标题右侧的“关闭”按钮，即可关闭已打开的图形文件。

友情提示

在AutoCAD 2013中，关闭图形文件时，如果图形文件保存后未修改，可以直接关闭当前图形。如果保存后又进行了修改等操作，系统将弹出提示信息框，询问用户是否保存所修改后的图形：单击“是”按钮，系统将该图形保存并关闭；单击“否”按钮，系统将退出但不保存该图形；单击“取消”按钮，系统则不保存也不关闭当前图形。

技能训练

1. 新建一个名为AutoCAD. dwg的图形文件，保存于D：/。
2. 打开位于桌面的AutoCAD. dwg的图形文件，并关闭该文件。

任务3　设置图形界限

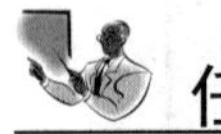

任务描述

设置绘图界限为（420×297），并通过栅格显示该界限。

知识准备

设置了合适的绘图环境，不仅可以简化大量的调整、修改工作，而且有利于统一格式，便于图形的管理和使用。绘图环境设置包括绘图界限、单位设置等。

一、图形界限

图形界限是绘图的范围，相当于手工绘图时图纸的大小。设定合适的绘图界限，有利于确定图形绘制的大小、比例、图形之间的距离，有利于检查图形是否超出图框。在 AutoCAD 2013 中，设置图形界限主要是为图形确定一个图纸的边界。

工程图样一般采用五种比较固定的图纸规格，使用时需要设定图纸区范围 A0 为（1189×841）、A1 为（841×594）、A2 为（594×420）、A3 为（420×297）、A4 为（297×210）。利用 AutoCAD 2013 绘制工程图形时，通常是按照 1:1 的比例进行绘图的，所以用户需要参照物体的实际尺寸来设置图形的界限。

二、启动设置“图形界限”命令的方法

1. 选择“格式”→“图形界限”菜单命令。
2. 在命令行输入“LIMITS”，按【Enter】键。

任务实施

步骤1：启动“图形界限”命令，命令行操作显示如下：

①命令：'_ limits；

②重新设置模型空间界限：（对空间界限进行设定）；

③指定左下角点或［开（ON）/关（OFF）］ <0.0000，0.0000>：”（按【Enter】键默认左下角点）；

④指定右上角点<210.0000，297.0000>：420，297（在冒号后输入新的图形界限右上角点“420，297”）。

步骤2：选择菜单栏“视图”→“缩放”→“全部”命令，使整个图形界限显示在屏幕上。

步骤3：单击状态栏中的“栅格显示”按钮▦，栅格显示所设置的绘图区域如图 1－20 所示。

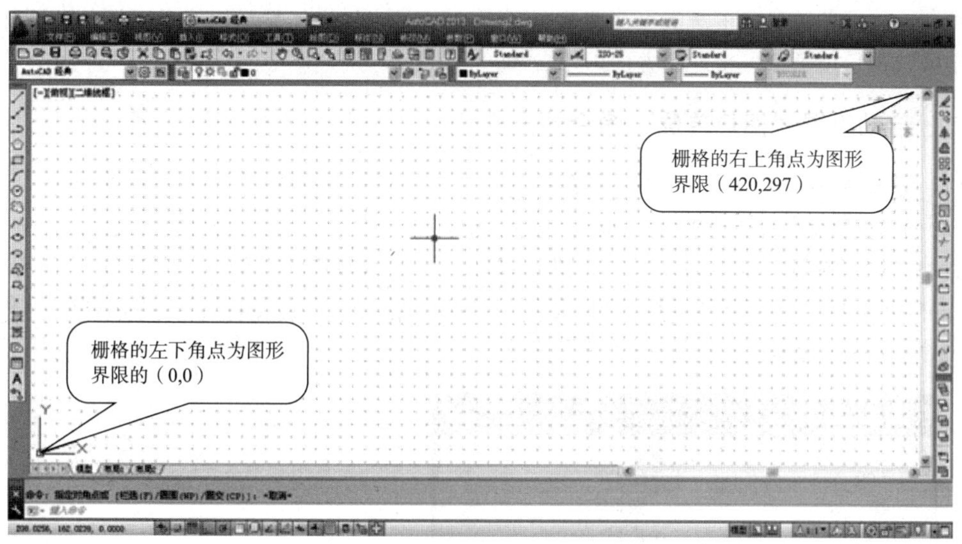

图1－20　设置图形界限，栅格显示

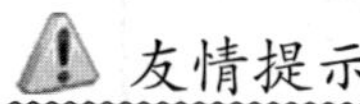
友情提示

命令行中的ON、OFF选项，主要用于控制是打开绘图界限还是关闭绘图界限，当打开绘图界限时，用户只能在设定的绘图范围内绘图，如果用户绘制的图形超出了绘图界限，系统将拒绝执行；当关闭绘图界限时，用户所绘制图形不再受绘图界限的限制。

子任务　设置图形单位

任务描述

根据以下要求设置图形单位：

- 长度类型：小数。
- 长度精度：0.00。
- 角度类型：十进制。
- 角度精度：0.00。
- 插入时的缩放单位：毫米。
- 方向控制：东0°。

知识准备

一、图形单位

对任何图形而言，总有其大小、精度以及采用的单位。AutoCAD中，在屏幕上显示的只是屏幕单位，但屏幕单位应该对应一个真实的单位。不同的单位其显示格式是不同的。同样也可以设定或选择角度类型、精度和方向。

二、启动设置“图形单位”命令的方法

（1）选择“格式”→“单位”菜单命令。

（2）在命令行输入“UNITS”，按【Enter】键。

启动“图形单位”命令后，弹出如图 1－21（a）所示的“图形单位”对话框。

在“图形单位”对话框中包含“长度”“角度”“插入时的缩放单位”“输出样例”和“光源”五个选项组。各选项组或按钮的意义如下。

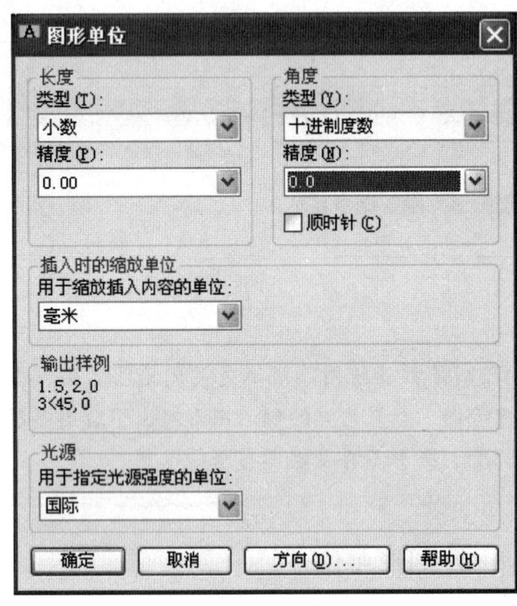

（a）

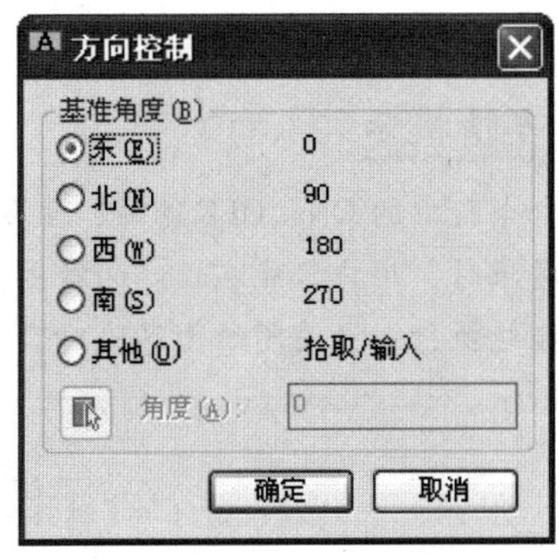

（b）

图 1－21　设置绘图单位

①在“长度”选项组中，设定长度的单位类型及精度：

➢ 类型：通过下拉列表框，可以选择长度单位类型。

➢ 精度：通过下拉列表框，可以选择长度精度，也可以直接键入。

②在“角度”选项组中，设定角度单位类型和精度：

➢ 类型：通过下拉列表框，可以选择角度单位类型。

➢ 精度：通过下拉列表框，可以选择角度精度，也可以直接键入。

➢ 顺时针：控制角度方向的正负。选中该复选框时，顺时针为正；否则，逆时针为正。

③在“插入时的缩放单位”选项组中，设置缩放插入内容的单位。

④在“输出样例”选项组中，示意了以上设置后的长度和角度单位格式。

⑤在“光源”选项组中，控制当前图形中光度控制光源的强度测量单位。

⑥“方向”按钮：单击“方向”按钮，系统弹出“方向控制”对话框，从中可以设置基准角度，单击“确定”按钮，返回“图形单位”对话框。

以上所有项目设置完成后单击“确定”按钮，确认文件的单位设置。

任务实施

步骤1：启动“图形单位”命令。

步骤2：根据任务要求在“图形单位”对话框中进行设置，结果如图1-21（a）所示。

步骤3：单击“方向”按钮 方向(D)... ，打开“方向控制”对话框，根据任务要求设置相关参数，如图1-21（b）所示。

技能训练

1. 设置绘图界限为（530×460），并通过栅格显示该界限。

2. 请根据以下要求设置绘图单位：长度类型为小数；长度精度为0.000；角度类型为百分制；角度精度为0.000；插入时的缩放单位为英寸；方向控制为北90°。

任务4　创建含图层的文件

任务描述

建立图形文件“图层.dwg”，完成以下操作。

（1）按以下规定设置图层名称、颜色、线型，线宽（见表1-1）。

表1-1　图层的设置

图层名称	颜色	线型	线宽 mm/
粗实线层	白色	Continuous	0.35
细实线层	绿色	Continuous	0.18
尺寸线层	绿色	Continuous	0.18
剖面线层	绿色	Continuous	0.18
虚线层	黄色	ACAD_ ISO02W100	0.18
点画线层	红色	ACAD_ ISO04W100	0.18
双点画线层	品红	ACAD_ ISO05W100	0.18

（2）调整线型比例，设置全局比例因子为0.4。

（3）完成图层的设置后进行如下操作：

①把虚线层设置为当前图层。

②关闭点画线层。

③冻结剖面线层。

④锁定细实线层。

⑤删除双点画线层。

知识准备

一、图层

图层的作用：用于按功能在图形中组织信息、执行线型和颜色及其他标准。

图层的概念：相当于图纸绘图中使用的重叠图纸，如图 1－22 所示。图层是图形中使用的主要组织工具，用于将信息按功能编组以及指定默认的特性，包括颜色、线型、线宽以及其他特性。

通过创建图层，可以将类型相似的对象指定给同一图层以使其相关联。例如可以将构造线、文字、标注和标题栏置于不同的图层上。通过控制对象的显示或打印方式，图层可以降低图形的视觉复杂程度，并提高显示性能。

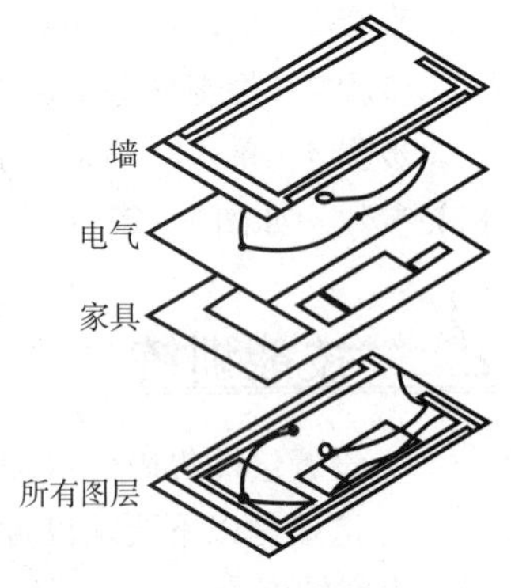

图 1－22　图层示意图

图层可以控制以下各项：

➢ 图层上的对象是显示还是隐藏。

➢ 是否打印以及如何打印图层上的对象。

➢ 默认的颜色、线型、线宽或透明度是否指定给图层上的所有对象。

➢ 是否锁定图层上的对象并且无法修改。

➢ 对象是否在各个布局视口中显示不同的图层特性。

每个图形均包含一个名为“0”的图层，该图层无法删除或重命名，以便确保每个图形至少包括一个图层。因此建议用户创建几个新图层来组织图形，而不是在图层“0”上绘制图形。图层管理的具体操作如下。

二、创建新图层的步骤

（1）依次选择菜单栏的“工具”→“选项板”→“图层”命令打开“图层特性管理器”对话框（或者在“图层”工具栏中单击“图层特性管理器”按钮）。

（2）在图层特性管理器中，单击“新建图层”按钮。

（3）在亮显的图层名上输入新图层名。

（4）通过单击每一行中的图标，指定新图层的设置和默认特性。

三、图层管理工具

在 AutoCAD 2013 中，使用图层管理工具可以更加方便地管理图层。选择菜单栏中的“格式”→“图层工具”命令，系统弹出“图层工具”的子菜单，如图 1－23 所示。

菜单中常用命令的含义如下：

➢“将对象的图层置为当前图层”选项：将图层设置为当前图层。

➢“上一图层”选项：恢复上一图层设置。

➢“图层匹配”选项：将选定对象的图层更改为选定目标对象的图层。

➢“更改为当前图层”选项：将选定对象的图层更改为当前图层。

➢“将对象复制到新图层”选项：将图形对象复制到不同的图层。
➢“图层关闭”选项：将选定对象的图层关闭。
➢“打开所有图层”选项：打开图形中的所有图层。
➢“图层冻结”选项：将选定对象的图层冻结。
➢“解冻所有图层”选项：解冻图层中的所有图层。
➢“图层锁定”选项：锁定选定对象的图层。
➢“图层解锁”选项：解锁图形中的所有图层。
➢“图层合并”选项：合并两个图层，并从图层中删除第一个图层。
➢“图层删除”选项：从图形中永久删除图层。

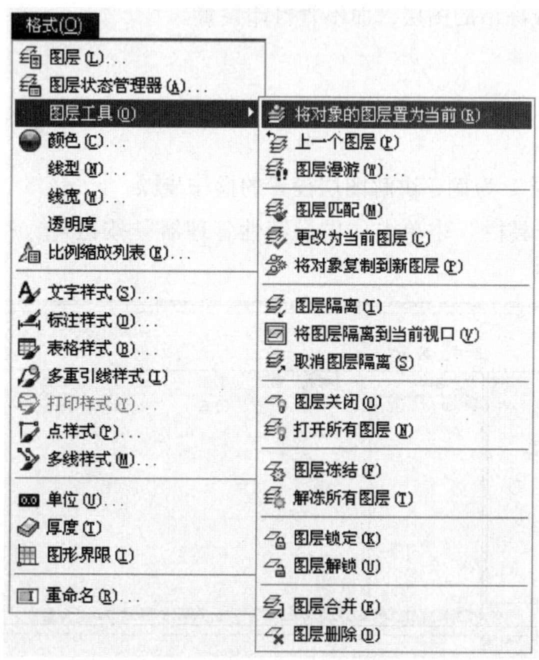

图1－23　图层工具菜单

四、控制图层状态工具

打开图层特性管理器，即可显示图形中图层的特性。要修改某一个选定图层的特性，请单击该图层相对应特性的图标，图标的含义如下：

①“开/关图层”按钮：打开和关闭选定图层。当图层打开时，它可见并且可以打印。当图层关闭时，它不可见并且不能打印，即使已打开“打印”选项。

②“冻结/解冻”按钮：

➢ 冻结所有窗口中选定的图层，包括“模型”选项卡。可以冻结图层来提高缩放、平移和其他若干操作的运行速度，提高对象选择性能并减少复杂图形的重生成时间。

➢ 将不会显示、打印、消隐或重生成冻结图层上的对象。

➢ 在支持三维建模的图形中，将无法渲染它们。

➢ 冻结希望长期不可见的图层。

③“锁定/解锁”按钮：锁定和解锁选定图层。无法修改锁定图层上的对象。

④“颜色”按钮□：更改与选定图层关联的颜色。选择“颜色”列表下的选项可以显示“选择颜色”对话框。

⑤“线型”按钮：更改与选定图层关联的线型。选择“线型”列表下的选项可以显示“选择线型”对话框。

⑥“线宽”按钮：更改与选定图层关联的线宽。选择“线宽”列表下的选项可以显示“线宽”对话框。

⑦“透明度”按钮：控制所有对象在选定图层上的可见性。选择“透明度”列表下的选项将显示“图层透明度”对话框，可输入 0 ~ 90 的有效数值。

⑧“打印”按钮：控制是否打印选定图层。即使关闭图层的打印，仍将显示该图层上的对象。将不会打印已关闭或冻结的图层，而不管打印设置。

任务实施

下面以创建“虚线层”为例，讲解图层设置的操作步骤。

步骤 1：在“图层工具栏”中单击“图层特性管理器”按钮，打开“图层特性管理器”对话框，如图 1－24 所示。

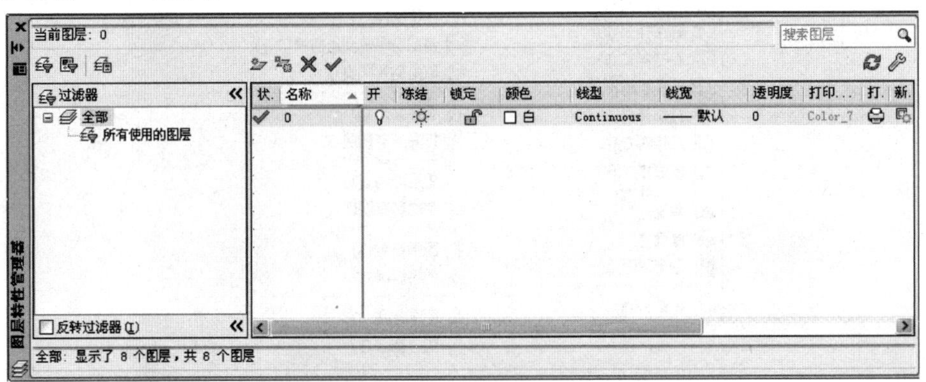

图 1－24　“图层特性管理器”对话框

步骤 2：单击“新建图层”按钮增加一个新图层，并显示这个图层的信息，将“图层 1”改名为“虚线层”。

友情提示

图层名不能包含的字符：< > / \ \ “ :; ? * | = ‘。

对于具有多个图层的复杂图形，可以在“描述”列中输入描述性文字。

步骤 3：在“颜色”列表中选择□白，打开图 1－25 所示的“选择颜色”对话框，选择黄色，单击“确定”按钮。

步骤 4：在“线型”列表中选择Contin...，打开图 1－26 所示“选择线型”对话框。

步骤 5：单击“加载”按钮加载(L)...，打开“加载或重载线型”对话框，在可用线型列表区中选择 ACAD_ ISO02W100 线型，如图 1－27 所示。

步骤6：单击“确定”按钮，返回“选择线型”对话框，在已加载的线型列表中选择 ACAD_ISO02W100 线型，单击“确定”按钮后返回“图层特性管理器”对话框。

步骤7：在“线宽”列表中选择 —— 默认，打开图1－28 所示的“线宽”对话框，选择0.18 mm，单击“确定”按钮后返回“图层特性管理器”对话框，完成“虚线层”的设置。

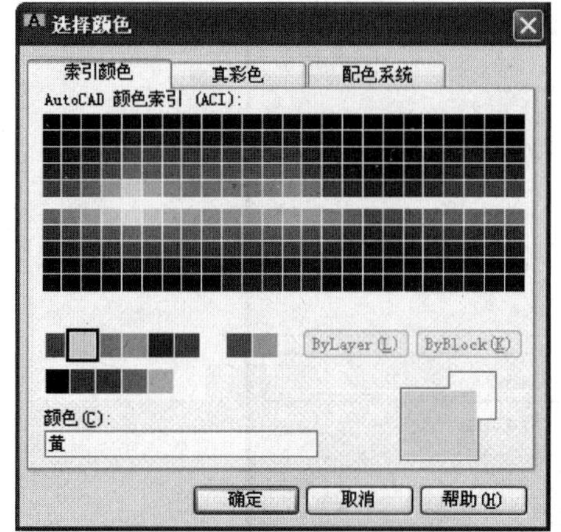

图1－25 “选择颜色”对话框

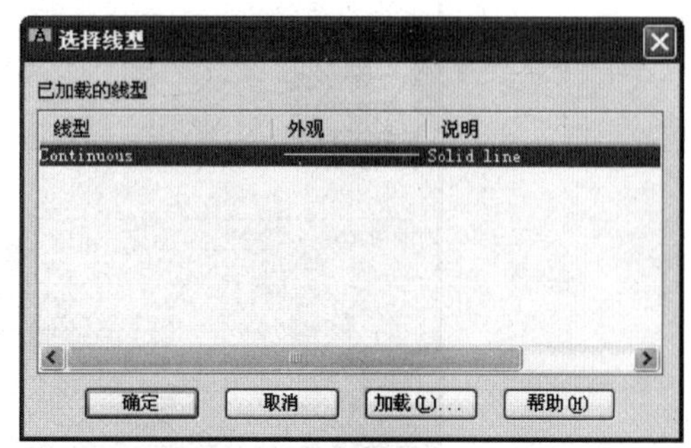

图1－26 “选择线型”对话框

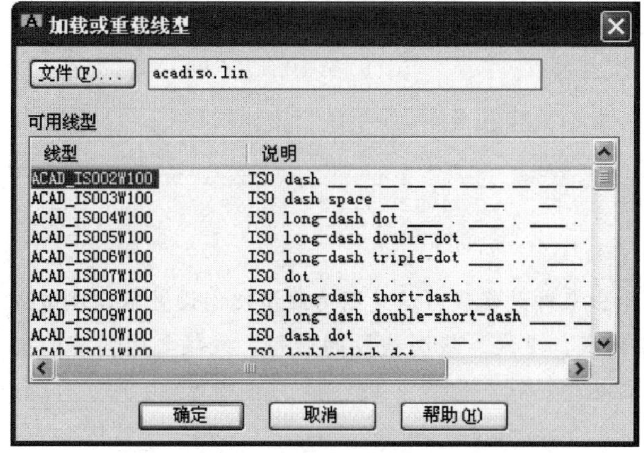

图1－27 “加载或重载线型”对话框

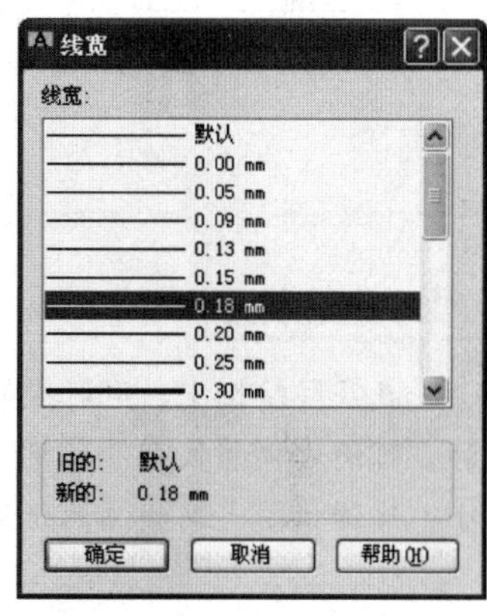

图1－28 “线宽”对话框

步骤8：按以上步骤设置其余图层，结果如图1－29 所示。

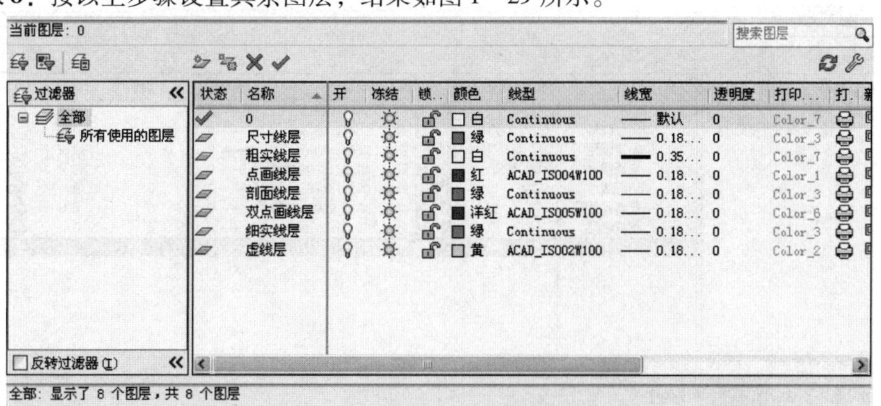

图1－29 完成图层设置

步骤 9： 设置全局比例因子为 0.4。单击菜单栏“格式”→“线型”打开图 1－30 所示的“线型管理器”对话框，在“全局比例因子”文本框中输入 0.4，完成设置。图 1－31 所示为设置全局比例因子不同值时点画线的显示效果。

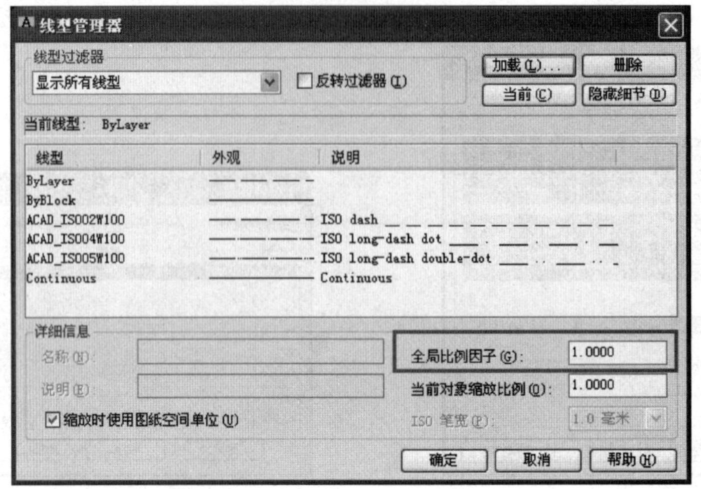

图 1－30 “线型管理器”对话框

（a）全局比例因子为1

（b）全局比例因子为0.4

图 1－31

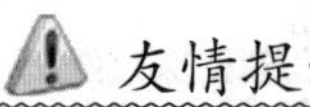

在实际绘图中，有时绘制的虚线显示出来却是实线，这是因为线型比例设置不合理造成的。可通过调整线型的比例来控制如点画线、虚线等线型线段的长短、线段之间间隙的大小，比例值越大则间隔的距离越大，反之越小。

步骤 10： 当前图层为默认的“0”图层，选择“虚线层”选项，再单击“置为当前”按钮 ✔，将选定图层设定为当前图层，将在当前图层上绘制创建对象，如图 1－32 所示。

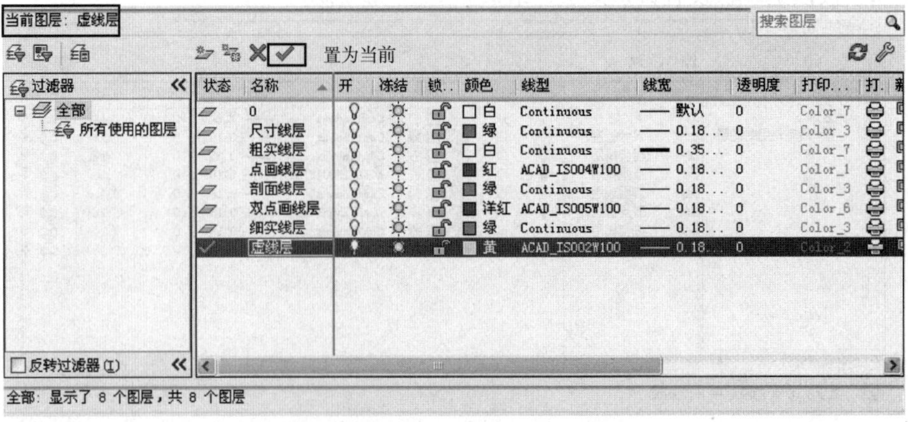

图 1－32 设置虚线层为当前图层

步骤 11：依次通过选择“点画线层”选项的“开/关图层”选项💡，关闭点画线层；通过选择“剖面线层”选项的“冻结/解冻”选项☼，冻结剖面线层；通过选择“细实线层”选项的“锁定/解锁”选项🔓，锁定细实线层，结果如图 1－33 所示。

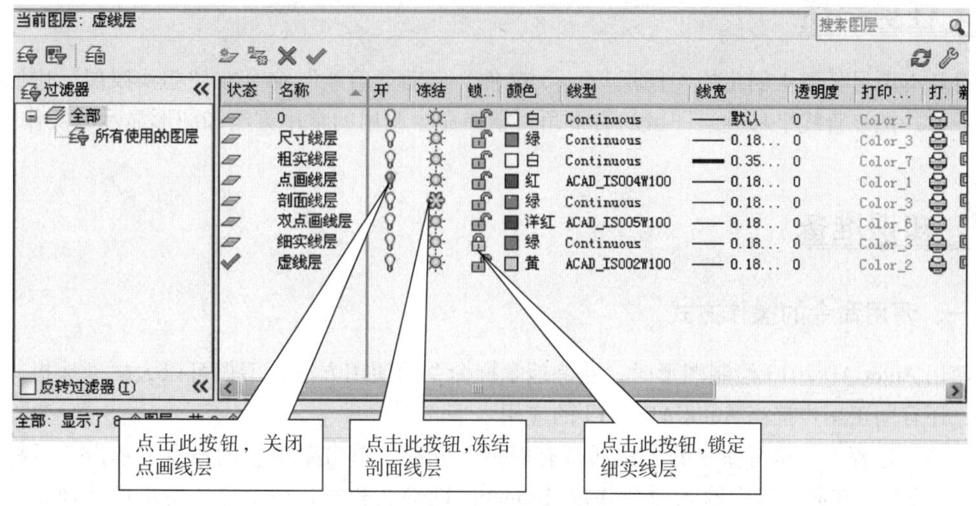

图 1－33　图层控制操作

步骤 12：选择“双点画线层”选项，再单击“删除图层”按钮✖，将“双点画线层”选项删除，如图 1－34 所示。

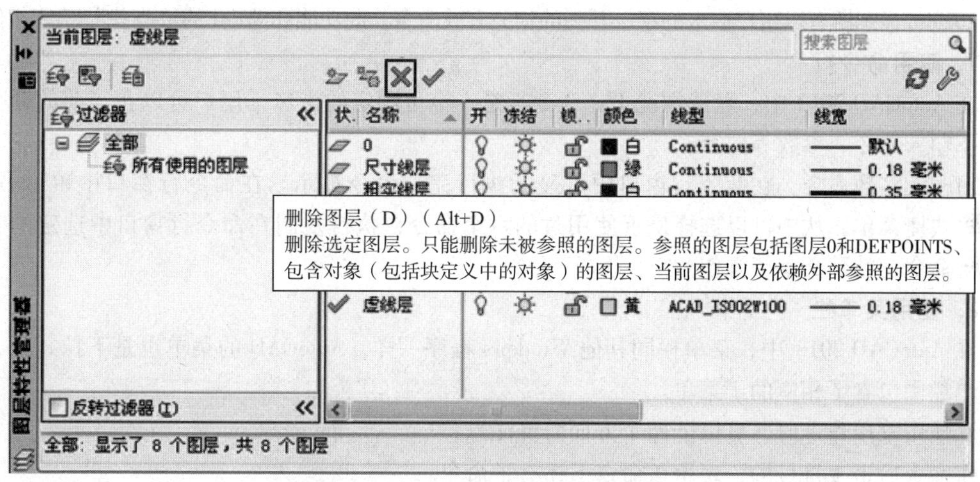

图 1－34　删除图层

友情提示

删除图层时，当出现“图层—未删除”对话框时，说明该层可能是当前图层、图层 0、图层 Defpoints、包含对象（包括块定义中的对象）或依赖外部参照的图层。这些图层都不能被删除。

子任务1　调用直线命令绘制任意图形并平移图形

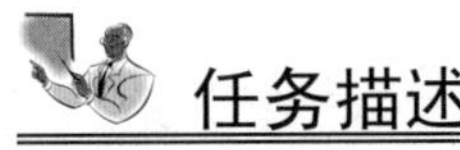

任务描述

打开本项目任务4创建的“图层.dwg”文件，启动“直线”命令在“粗实线层”中绘制任意直线，并把该直线平移到绘图区的右下角，掌握命令调用的常用方法和图形显示的操作。

知识准备

一、调用命令的操作方式

使用 AutoCAD 2013 绘制图形时，熟练地掌握命令的使用方法，不仅可以大幅度地提高绘图效率，还有助于用户提高 AutoCAD 2013 的应用水平。

在绘图过程中，执行命令的方法通常有四种，分别是单击菜单中的命令、单击工具栏中的“工具”按钮、在命令行中输入命令并按【Enter】键确认和按相应命令所对应的快捷键，使用以上任意一种方法，都可以执行相应的命令，命令行提示信息均会在文本窗口中显示。

如果用户忘记某个命令的拼写或找不到相应的菜单命令，便可以使用 AutoCAD 2013 的自动完成功能找到该命令，用户只需要在“命令行”提示信息中，输入命令或系统变量的前几个字母，AutoCAD 2013 将显示所有以用户输入的字母开头的相关有效命令，此功能和 Word 的“查找”功能相似。

1. 使用命令行

在 AutoCAD 2013 中，默认情况下，命令行是一个可固定的窗口，用户可以在当前的命令行提示下输入命令、参数等内容。

对于大多数命令，在命令行窗口中可显示执行完的命令提示。在命令行窗口中单击右键，将弹出快捷菜单，从中可以选择最近使用过的六个命令，执行复制在命令行窗口中选定的文字或历史命令、粘贴文字等操作。

2. 使用菜单栏

在 AutoCAD 2013 中，菜单栏同其他 Windows 程序一样，AutoCAD 的菜单也是下拉式的，并在菜单栏中包含了相应的子菜单。

在使用菜单命令时，有以下四个方面需要注意：

①命令后带▶符号的，表示该命令下还有子命令。

②命令后带有快捷键的，表示直接按快捷键可以执行该命令。

③命令后带有“…”符号的，表示执行该命令后会弹出一个对话框。

④如果命令呈灰色，表示该命令当前状态下不可用。

3. 使用按钮

在 AutoCAD 2013 中，包括许多工具栏，每个工具栏都是由许多个工具按钮组成，每个按钮又分别对应相应的命令。单击按钮后根据对话框中的内容或命令行中提示执行进一步的操作即可。

通过工具栏自定义设置，可以提高日常绘图的工作效率。例如可以将常用的按钮放到一个工具栏中，删除或隐藏从未使用过的工具栏按钮，或者可以更改某些工具栏的特性，还可以通过单击右上角的“关闭”按钮关闭各个打开的工具栏，也可以通过鼠标拖曳的方式改变工具栏的位置。浮动工具栏可以位于屏幕上的任何位置，用户可以将一个浮动的工具拖曳到工作界面的边缘，使之成为固定的工具栏。

4. 使用快捷键

在 AutoCAD 2013 中，除了可以通过命令行、菜单栏和按钮输入命令外，还可以使用键盘上的一组或单个快捷键快速实现指定功能。

系统使用 AutoCAD 传统标准或 Microsoft Windows 标准来解释快捷键时，有些快捷键在 AutoCAD 的菜单中已经指出，例如“粘贴”的快捷键为【Ctrl + V】组合键，用户在使用的过程中多加留意，就会熟练掌握各命令的快捷方式。

二、控制图形显示

利用视图的缩放、移动等功能，可以从整体上对所绘制的图形进行有效地控制，从而可以辅助用户对图形进行整体观察、对比和校准，以达到提高绘图效率和准确性的目的。

1. 缩放和平移视图

按一定的比例，观察位置和角度显示图形区域称为视图。在 AutoCAD 2013 中，用户可以通过缩放与平移视图来方便地观察图形。

（1）执行“缩放”视图命令的常用方法：

➢ 菜单栏：选择“视图”→“缩放”命令，弹出如图 1－35 所示的子菜单，可选择选项进行图形的缩放。

➢ 工具栏：按住“标准”工具栏的“窗口缩放”按钮，弹出下一级菜单，如图 1－36 所示。

➢ 命令行：输入“ZOOM”，按【Enter】键。

➢ 鼠标操作：上、下滚动鼠标中键拖动进行快速缩放。

（2）执行“平移视图”命令的常用方法：

➢ 菜单栏：“视图”→“平移”。

➢ 工具栏：单击“标准”工具栏的“实时平移”按钮，如图 1－36 所示。

➢ 命令行：输入“PAN”或“P”，按【Enter】键。

➢ 鼠标操作：按住鼠标中键拖动图形进行快速平移。

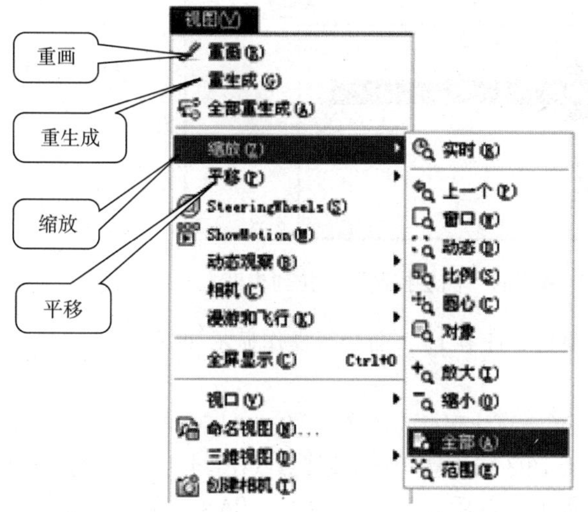

图 1－35　“缩放”子菜单

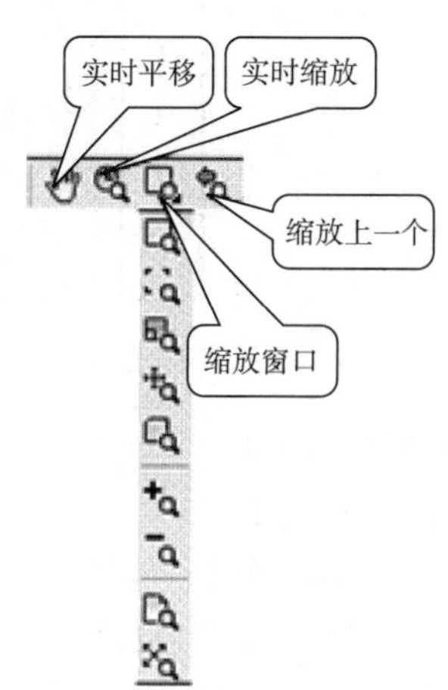

图 1－36　“缩放与平移”按钮

2. 重生成与重画视图

在 AutoCAD 中，某些操作完成后，操作效果往往不会立即实现出来，或者在屏幕上留下绘图的痕迹与标记。此时需要通过视图刷新对当前图形行进重新生成，以观察到最新的编辑效果，视图刷新的命令主要有两个："重生成"命令和"重画"命令。

（1）启动"重生成"命令常用的两种方法：

①菜单栏：选择"视图"→"重生成"命令。

②命令行：输入"REGEN"或"RE"，按【Enter】键。

AutoCAD 常用数据库以浮点数据的形式储存图形对象的信息，浮点格式精度高，但计算时间长。AutoCAD 重生成对象时，需要把浮点数值转换为适当的屏幕坐标。因此对于复杂图形，重生成需要花很长时间。AutoCAD 提供了另一个速度较快的刷新命令"重画"REDRAW 命令。"重画"命令只刷新屏幕显示；而"重生成"命令不仅刷新显示，还能更新图形数据。

（2）启动"重画"命令常用的两种方法。

①菜单栏：选择"视图"→"重画"命令；

②命令行：输入"REDRAW"或"R"，按【Enter】键。

 友情提示

在进行复杂的图形处理时，应该充分考虑到"重生成"命令和"重画"命令的不同含义，合理使用。

任务实施

步骤 1：将粗实线层置为当前层。可用本项目任务 4 步骤 10 的方法设置当前层，也可以单击"图层"工具栏的"图层控制"下拉列表框，选择"粗实线层"选项，如图 1-37 所示，则将"粗实线层"置为当前层。

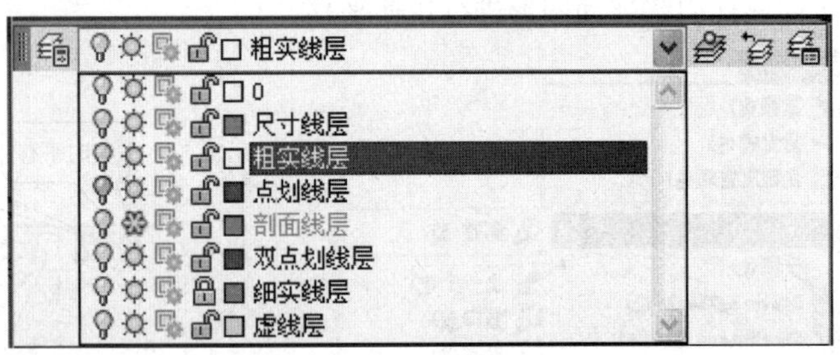

图 1-37 "图层"工具栏的"图层控制"下拉列表框

步骤 2：启动"直线"命令（方法见项目 2 任务 1），命令行操作显示如下：

①命令：_ line；

②指定第一个点：（鼠标在绘图区域随意单击直线起点或在冒号后输入起点坐标）；

③指定下一点或［放弃（U）］：（鼠标在绘图区域随意单击直线终点或在冒号后输入终点坐标）。

步骤 3：直线绘制完成后如图 1-38 所示。然后在命令行输入"PAN"命令，按【Enter】键，此时绘图光标变成了小手形状，按住鼠标左键把图形平移到绘图窗口右下角即可，完成

效果如图 1－39 所示。

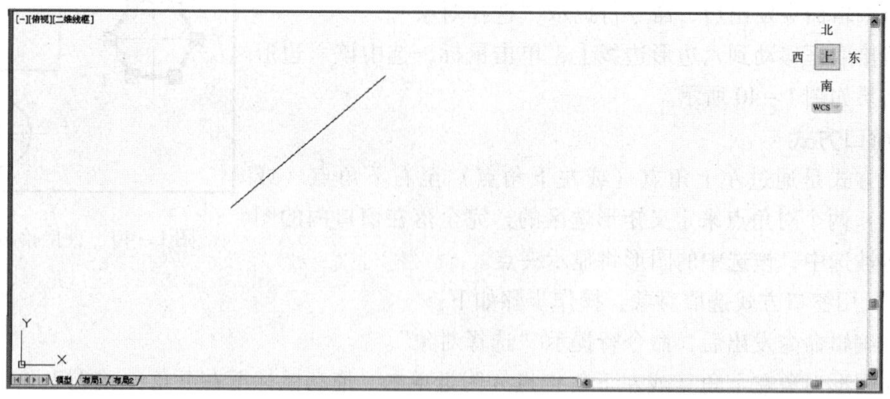

图 1－38　直线绘制完毕

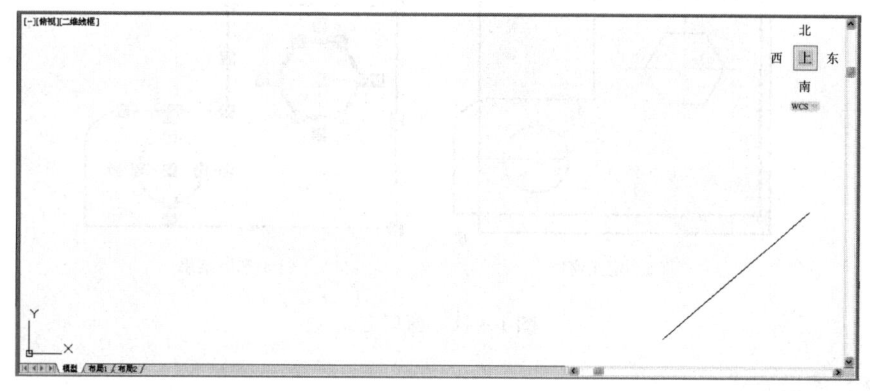

图 1－39　直线平移到右下角

子任务 2　绘制图形并将其转换图层

任务描述

在本项目任务 4 创建的“图层 . dwg”文件中，在粗实线层中绘制任意圆，选中该圆并将其转换到点画线层上。

知识准备

对象的选择

对图形进行编辑时，首先要选取对象，下面介绍几种常用选取对象的方法。

1. 直接拾取方式

它是最为常用的选择方式，通过鼠标单击来拾取对象，每次只能选择一个对象，用户能够通过逐个单击来选择多个图形对象。

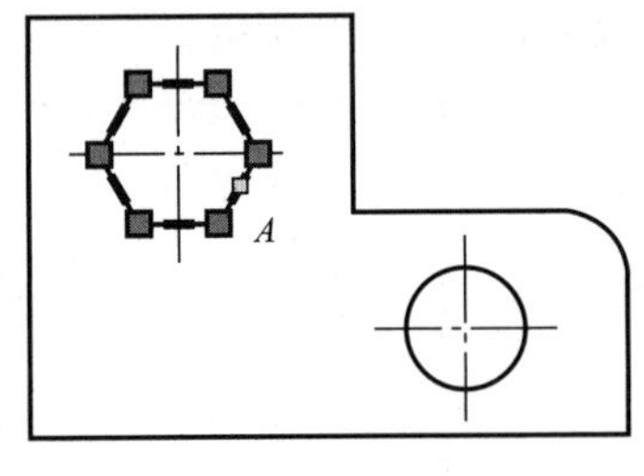

图 1－40　直接拾取方式

例 1：用直接拾取对象方式选取对象，操作步骤如下：

①当编辑命令发出后，命令行提示“选择对象”。

②将拾取框移动到六边形边线上，单击鼠标，选中该六边形对象，结果如图 1－40 所示。

2. 窗口方式

窗口方式是通过左上角点（或左下角点）至右下角点（或右上角点）两个对角点来定义矩形选区的，完全落在窗口内的图形对象将被选中，被选中的图形将显示夹点。

例 2：用窗口方式选取对象，操作步骤如下：

①当编辑命令发出后，命令行提示“选择对象”。

②在图形对象左上角（或左下角）点 *A* 附近单击，拖动鼠标至右下角（或右上角）点 B 附近，当显示一个实线矩形窗口时，单击即选中完全落在窗口内的图形对象，如图 1－41 所示。

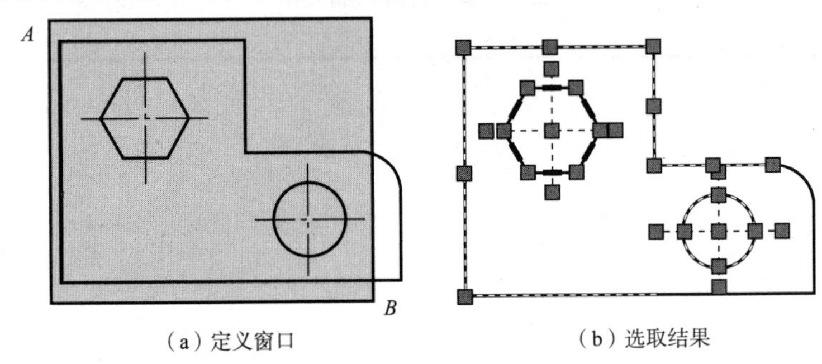

（a）定义窗口　　（b）选取结果

图 1－41　窗口方式

3. 交叉窗口方式

交叉窗口方式是通过右上角点（或右下角点）至左下角（或左上角）两个对角点来定义矩形选区的，完全落在窗口内及与窗口边框相交的图形对象将被选中。

例 3：用交叉窗口方式选取对象，如图 1－42 所示。

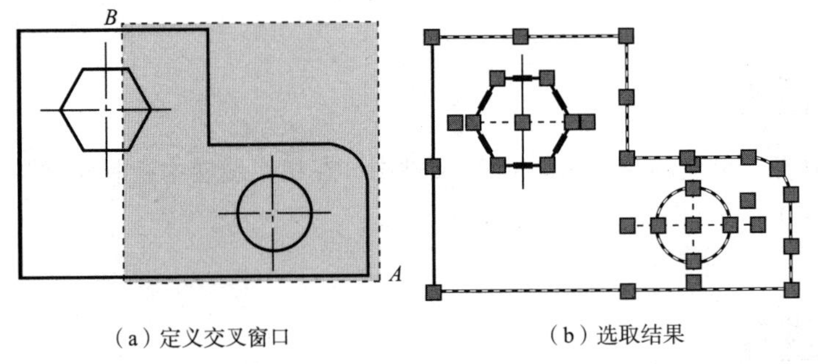

（a）定义交叉窗口　　（b）选取结果

图 1－42　交叉窗口方式

①当编辑命令发出后，命令行提示“选择对象”。

②在图形对象右下角（或右上角）点 *B* 附近单击，拖动鼠标至左上角（或左下角）点 *A* 附近，显示一个虚线矩形窗口，单击即选中完全落在窗口内及与窗口边框相交的图形对象。

4. 全选方式选择对象

当编辑命令发出后，命令行提示“选择对象”时，在命令行输入“all”按【Enter】键，则选中所有图形对象。

5. 添加选择对象或取消选择对象

可通过直接选取或矩形窗口、交叉窗口方式来选择要添加的图形对象；若要从选择集中取消对某一图形对象的选取，可按住【Shift】键，单击该对象即可。

6. 选择对象后启动编辑命令。

AutoCAD 系统允许先选择对象，再启动某一个编辑命令。

任务实施

步骤1：将粗实线层置为当前层。

步骤2：启动“圆”命令（方法见项目2任务4），命令行操作显示如下：

①命令：_ circle；

②指定圆的圆心或［三点（3P）/两点（2P）/切点、切点、半径（T）］：（鼠标在绘图区域随意单击，确定圆心位置）；

③指定圆的半径或［直径（D）］<40.1319>：（鼠标在绘图区域适合位置单击，确定圆的半径）。

步骤3：选取该圆，单击“图层”工具栏的“图层控制”下拉列表框，选择虚线层，按【Esc】键结束夹点功能，完成将圆从粗实线层转换到点画线层上的操作，并单击点画线层上“开/关图层”按钮，打开该层，此时的圆显示出点画线层的颜色、线型等属性，如图1-43所示。

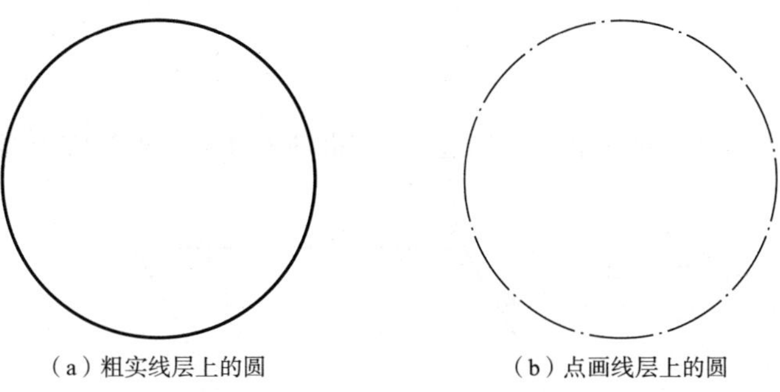

（a）粗实线层上的圆　　（b）点画线层上的圆

图1-43　转换图形所在图层

技能训练

1. 按以下规定设置图层名称、颜色、线型，线宽；设置全局比例因子为0.5；将粗实线层设置为当前图层（见表1-2）。

表　1-2

图层名称	颜色	线型	线宽/mm
粗实线层	白色	Continuous	0.35
细实线层	绿色	Continuous	0.18
虚线层	黄色	ACAD_ ISO02W100	0.18
点画线层	红色	ACAD_ ISO04W100	0.18

2. 在第1题中，在当前层调用直线命令绘制任意图形并进行放大或缩小显示，将所有图形转换到虚线层。

项目2 绘制基本二维图形

【知识目标】

● 掌握直线、多段线、多边形、圆、圆弧、椭圆、图案填充、样条曲线等二维绘图命令的操作方法。

● 掌握修剪、删除、移动、复制、镜像、偏移、阵列、旋转、对齐、缩放、拉伸、圆角、倒角、拉长等编辑命令的操作方法。

【能力目标】

能正确运用各种二维绘图命令及编辑命令绘制基本二维图形。

任务1　绘制平行四边形

任务描述

用直线命令绘制如图2－1所示的平行四边形，掌握利用输入点的坐标方式绘制直线的操作方法。

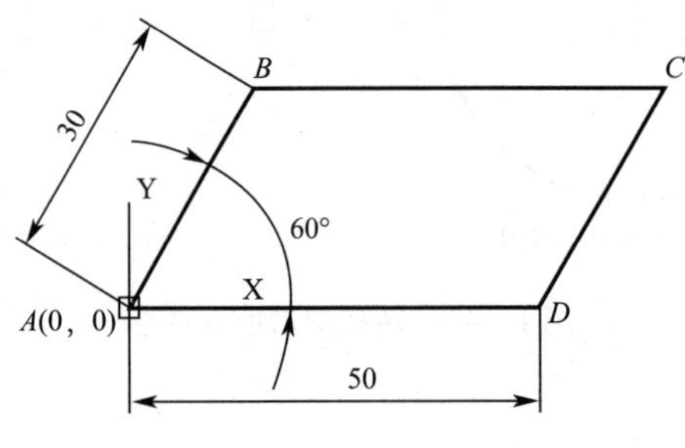

图2－1　平行四边形

知识准备

一、直线命令

1. 启动“直线”命令的方法

➢ 在命令行输入“LINE”或“L”，按【Enter】键。

➢ 选择下拉菜单中的“绘图”→“直线”命令。

➢ 单击“绘图”工具栏中的“直线”按钮。

2. **功能**

直线是图形中最常见、最简单的实体，直线命令可以一次画一条线段，也可以连续画多条线段，其中每一条线段都是一个单独的对象。直线段是由起点和终点来确定的。

二、点的坐标

直线是由点来组成的，直线可以通过输入端点的坐标值来确定。点位置的坐标表示方式有绝对直角坐标、相对直角坐标、绝对极坐标、相对极坐标四种。绝对坐标值是相对于原点的坐标值，相对坐标值则是相对于前一个点的坐标值。

（1）绝对直角坐标输入格式为“X，Y”，X 表示点的 X 轴坐标值，Y 表示点的 Y 轴坐标值，二者间用“,”隔开，注意“,”应在英文输入状态下输入。

（2）相对直角坐标输入格式为“@ X，Y”，X 表示该点相对于上一点的 X 轴坐标值，Y 表示该点相对于上一点的 Y 轴坐标值，二者间用“,”隔开。

（3）绝对极坐标输入格式为“$R<\alpha$”，R 表示该点到原点的距离，α 表示极轴方向与 X 轴正方向之间的夹角。若从 X 轴正向逆时针旋转到极轴方向，α 为正，否则 α 为负，二者间用“ $<$ ”隔开。

（4）相对极坐标输入格式为“@ $R<\alpha$”，R 表示该点到上一点的距离，α 表示极轴方向与 X 轴正方向间的夹角，二者间用“ $<$ ”隔开。

友情提示

单击状态栏上的“动态输入”按钮，关闭动态输入功能。否则系统会默认为输入点的相对坐标方式。

任务实施

步骤1：启动“直线”命令。

步骤2：利用输入点的坐标值绘制图形，命令行操作显示如下：

①命令：_ line；

②指定第一个点：0，0（输入点A的绝对直角坐标并按【Enter】键）；

③指定下一点或［放弃（U）］：30 $<$60（输入点 B 的绝对极坐标并按【Enter】键）；

④指定下一点或［放弃（U）］：@50，0（输入点 C 对点 B 的相对直角坐标并按【Enter】键）；

⑤指定下一点或［闭合（C）/放弃（U）］：@30 $<$ －120（输入点 D 对点 C 的相对极坐标并按【Enter】键）。

⑥指定下一点或［放弃（U）］：C（闭合图形）

友情提示

执行直线命令时，依次输入各点的坐标值，若出错可输入“U”退回到上一步，输入“C”可闭合图形。

技能训练

1. 利用直线命令和输入点的绝对坐标值的方式绘制如图 2－2 所示图形。

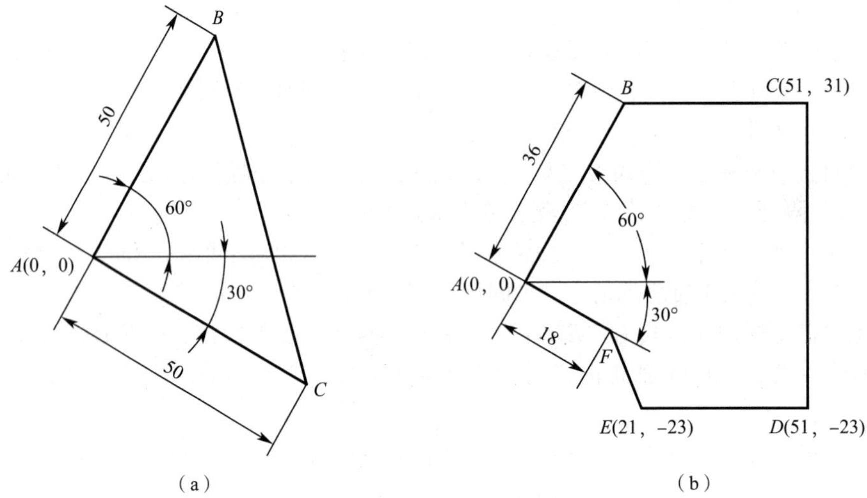

图 2－2

2. 利用直线命令和输入点的相对坐标值的方式绘制如图 2－3 所示图形。

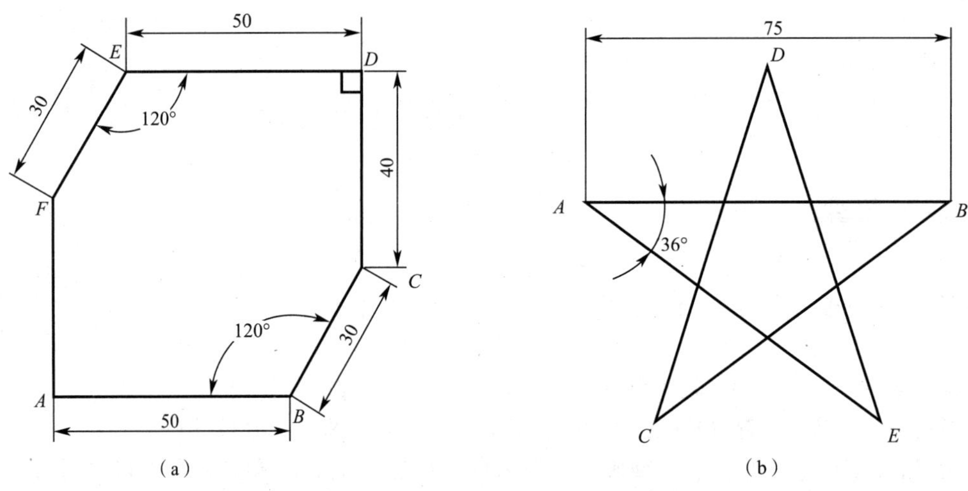

图 2－3

任务 2　绘制燕尾拼块组下拼块

任务描述

用直线命令绘制如图 2－4 所示的燕尾拼块组下拼块，掌握正交模式和极轴追踪绘制直线的方法。

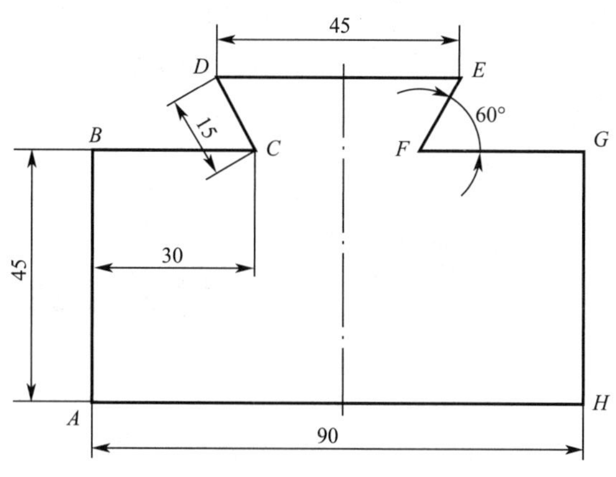

图 2－4　燕尾拼块组下拼块

知识准备

一、正交模式

1. 开启或关闭“正交模式”功能的方法

➢ 单击状态栏中的“正交模式”按钮。

➢ 按【F8】键。

➢ 按【Ctrl＋L】组合键。

2. 功能

正交模式开启后，系统自动将十字光标限制在水平或垂直轴位置上，在引出的追踪线上，输入两点的相对距离即可画出直线。

二、极轴追踪

1. 开启或关闭“极轴追踪”功能的方法

➢ 单击状态栏中的“极轴追踪”按钮。

➢ 按【F10】键。

2. 功能

极轴追踪开启后，系统可在指定点处按设置的极轴角显示一条无限延伸的辅助线，用户可沿辅助线定位任意点。

3. 设置极轴角的方法

右击状态栏中的“极轴追踪”按钮，可直接选择适合的增量角，或选择“设置”选项打开如图 2－5 所示的“草图设置”对话框，在“极轴追踪”选项卡中的“增量角”下拉列表框中设置当前增量角，也可输入任意角度值。

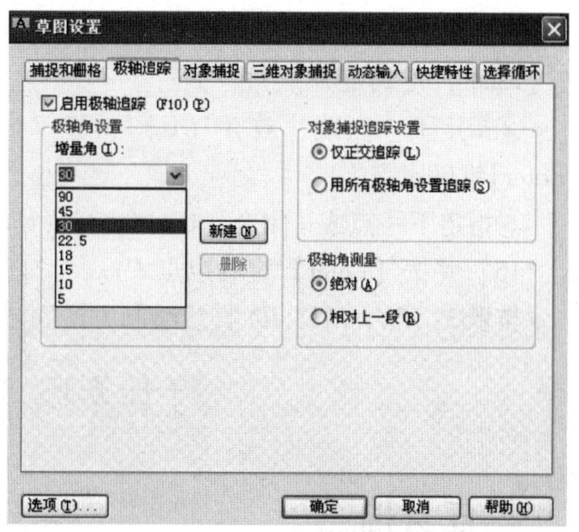

图 2－5　“草图设置”对话框中的“极轴追踪”选项卡

当设置了极轴角并启动极轴追踪功能后，当光标移动时，系统将在极轴角或其倍数方向上自动显示追踪辅助线。例如当设置增量角为30°时，系统可引出0°、60°、90°、240°等方向上的极轴辅助线，如图2－6所示。

图2－6　增量角为30°的不同方向极轴辅助线

友情提示

“正交模式”功能和“极轴追踪”功能不能同时开启，一个功能开启时另一个功能将自动关闭。

任务实施

步骤1：启动“直线”命令，开启“正交模式”功能。绘制*AB*、*BC*直线，命令行操作显示如下：

①命令：_ line；

②指定第一个点：(在适当位置拾取一点*A*)；

③指定下一点或［放弃（U）］：45（向上移动光标，输入“45”并按【Enter】键确定点*B*)；

④指定下一点或［放弃（U）］：30（向右移动光标，输入“30”并按【Enter】键确定点*C*)。

步骤2：开启“极轴追踪”功能，设置极轴增量角为30°。绘制*CD*、*DE*、*EF*直线，命令行操作显示如下：

①指定下一点或［放弃（U）］：15（向左上方移动光标，引出120°追踪线，输入“15”并按【Enter】键确定*D*点)；

②指定下一点或［放弃（U）］：45（向右移动光标，引出0°追踪线，输入“45”并按【Enter】键确定点*E*)；

③指定下一点或［闭合（C）/放弃（U）］：15（向左下方移动光标，引出240°追踪线，输入“15”并按【Enter】键确定点*F*)。

步骤3：*FG*、*FH*、*HA*直线绘制方法同步骤1，读者可自行完成。

子任务1　对象捕捉辅助绘图

任务描述

在图2－7（a）所示的任意△*ABC*中，作*AD*垂直于*BC*。掌握对象捕捉辅助绘图的方法。

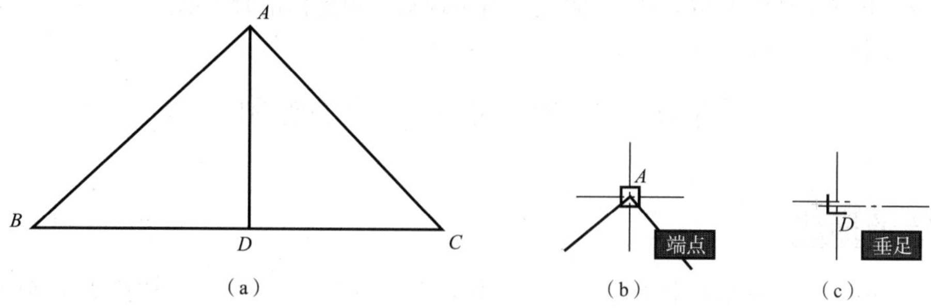

图 2－7　对象捕捉辅助绘图

知识准备

1. 开启或关闭“对象捕捉”功能的方法

单击状态栏中的“对象捕捉”按钮。

2. 设置对象捕捉的方法

右击状态栏中的“对象捕捉”按钮，可直接点选捕捉模式，或选择“设置”选项，打开如图 2－8 所示的“草图设置”对话框，在“对象捕捉”选项卡中选中“端点”“垂足”等复选框，并选中“启用对象捕捉”复选框。

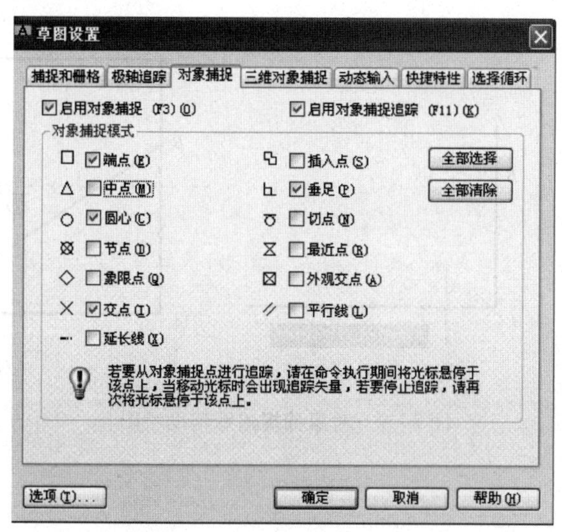

图 2－8　“草图设置”对话框

任务实施

步骤 1：启动“直线”命令。

步骤 2：选中“端点”“垂足”复选框。

步骤 3：将光标悬停于点 *A* 上时出现端点捕捉标记，单击该端点，如图 2－7（b）所示。

步骤4：将光标悬停于 *BC* 线点 *D* 附近，当出现垂足捕捉标记时，单击该垂足点，完成 *AD* 线的绘制，如图2－7（c）所示。

子任务2　对象捕捉追踪辅助绘图

任务描述

在图2－9（a）所示矩形中作直线 *BC*，并作矩形正中点 *D*。掌握对象捕捉追踪辅助绘图的方法。

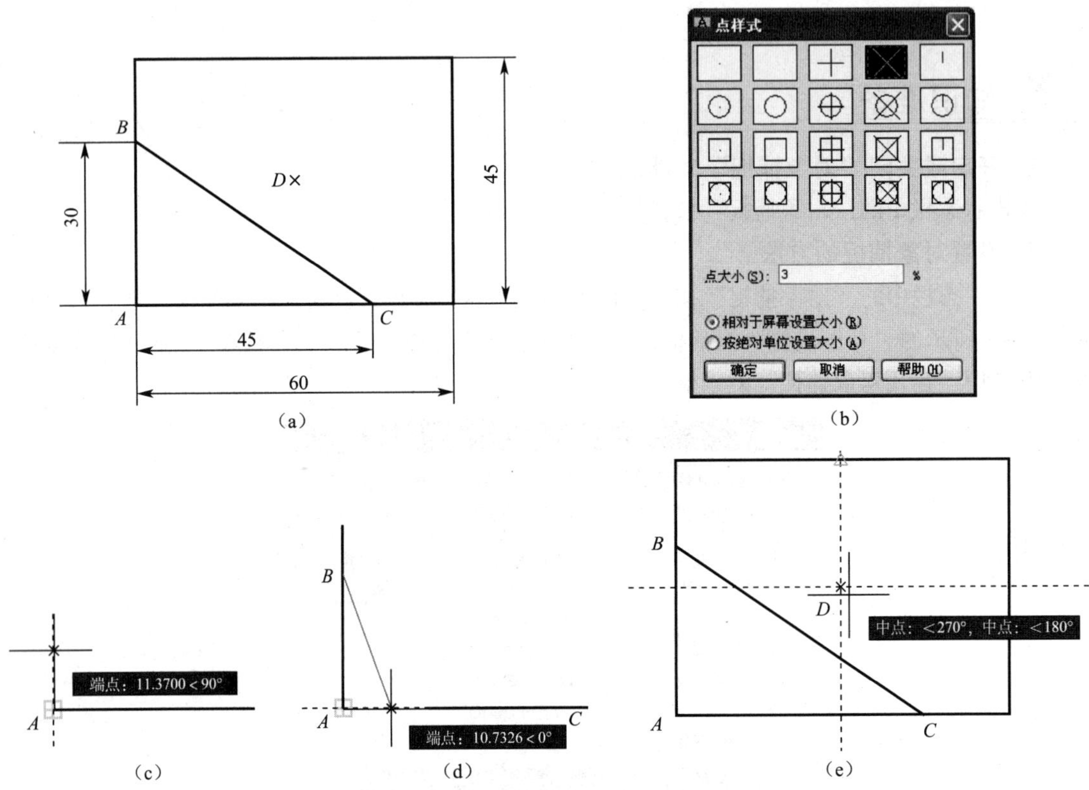

图2－9　对象捕捉追踪辅助绘图

知识准备

一、对象捕捉追踪

1. 开启或关闭"对象捕捉追踪"功能的方法

单击状态栏中的"对象捕捉追踪"按钮∠。

2. 设置对象捕捉追踪的方法

右击状态栏中的"对象捕捉追踪"按钮，选择"设置"选项打开"草图设置"对话框，在"草图设置"对话框中，选中"启用对象捕捉追踪"复选框。

二、点命令

1. 启动"点"命令的方法

➢ 在命令行输入"POINT"或"PO"，按【Enter】键。

➢ 选择下拉菜单中的"绘图"→"点"命令。

➢ 单击"绘图"工具栏中的"点"按钮。

2. 功能

点命令可在指定的直线、圆等对象上绘制定数等分点或定距等分点。

3. 点样式设置

选择下拉菜单中的"格式"→"点样式"命令，打开如图2-9（b）所示的"点样式"对话框，选择适合的样式，在"点大小"文本框中输入适合的数值，单击"确定"按钮完成点样式的设置。

任务实施

步骤1： 启动"直线"命令。

步骤2： 在"草图设置"对话框中的"对象捕捉"选项卡中选中"端点"复选框。

步骤3： 将光标悬停于点 *A* 上时出现"端点"捕捉标记，光标移至该点稍停留后向上移动引出追踪辅助线，输入线段 *AB* 长度30，确定 *B* 点位置，如图2-9（c）。

步骤4： 将光标再次悬停于A上时出现"端点"捕捉标记，光标移至该点稍停留后向右移动引出追踪辅助线，输入 *AC* 长度45，确定 *C* 点位置，如图2-9（d）所示，完成 *BC* 直线的绘制。

步骤5： 将点样式设置为"×"样式，"点大小"设置为3，启动"点"命令。

步骤6： 在"草图设置"对话框中的"对象捕捉"选项卡中选中"中点""交点"复选框。

步骤7： 将光标悬停于左边线中点附近，当出现"中点"捕捉标记时，向右引出追踪辅助线。

步骤8： 再将光标悬停于上边线中点附近，当出现"中点"捕捉标记时，向下引出追踪辅助线，这时出现两条追踪辅助线的交点，单击交点即为所求，如图2-9（e）所示。

子任务3　From捕捉辅助绘图

任务描述

绘制如图2-10所示的图形。掌握From捕捉辅助绘图的方法。

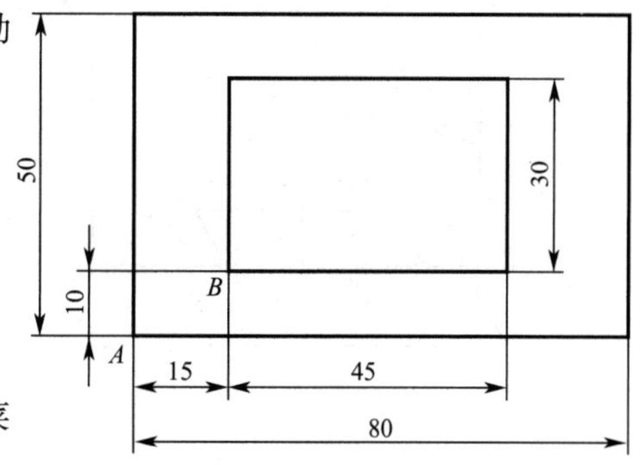

图2-10　"捕捉自"辅助绘图

知识准备

启动"捕捉自"命令的方法

➢ 按住【Ctrl】键并单击右键，选择右键快捷菜单中的"自"选项；

➢ 在“对象捕捉”工具栏中单击“捕捉自”按钮。

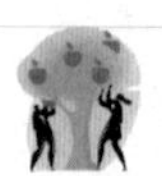

任务实施

步骤 1：启动“直线”命令，绘制出大矩形。

步骤 2：绘制小矩形。启动“直线”命令，启动“捕捉自”命令。命令行操作显示如下：

①命令：_ line；

②指定第一个点：_ from 基点：<偏移>：@ 15，10（单击 *A* 点作为基点，输入点 *B* 对点 *A* 的相对坐标值@ 15，10，确定点 *B*）；

③按绘制直线方式完成小矩形的绘制。

技能训练

1. 利用直线命令、正交模式等方式绘制如图 2－11 所示图形。

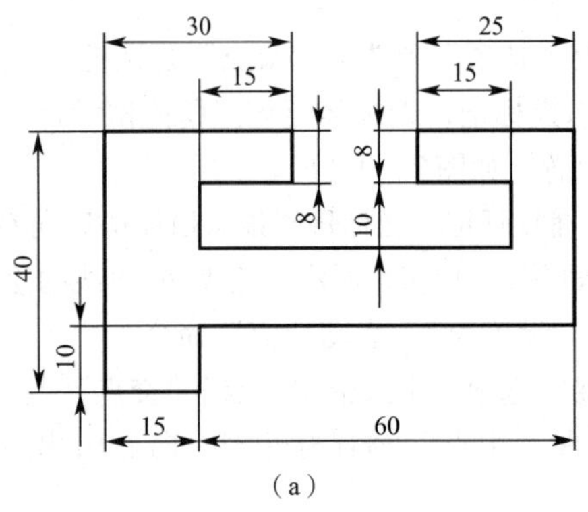

（a）

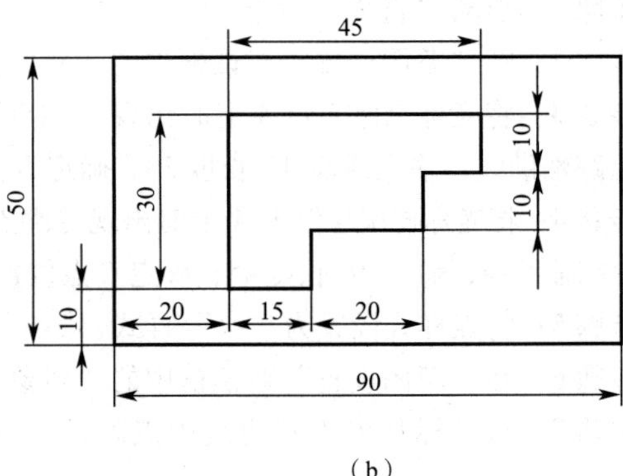

（b）

图　2－11

2. 利用直线命令、极轴追踪、对象捕捉等方式绘制如图 2－12 所示图形。

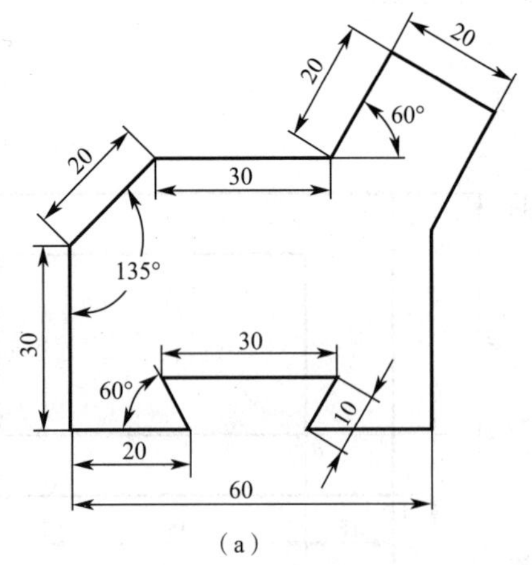

（a）

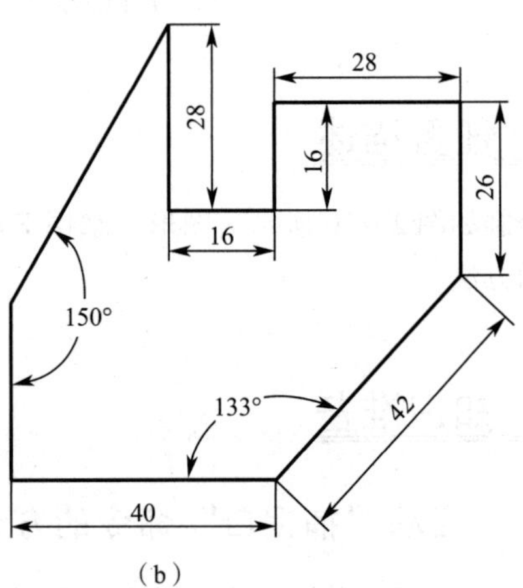

（b）

图　2－12

任务3　绘制双向箭头

任务描述

已知图2－13所示的双向箭头，其中*A*和*D*点宽度为0，*AB*段和*CD*段的*B*、*C*点处宽度为20，*AB*和*CD*长20；*BC*段的*B*、*C*点处宽度为10，*BC*长30。用多段线命令绘制该图，掌握多段线的绘制方法。

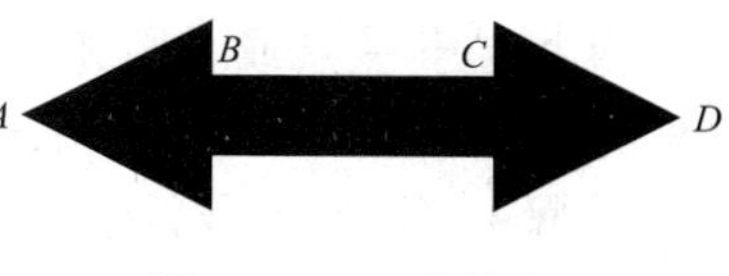

图2－13　双向箭头

知识准备

多段线命令

1. 启动“多段线”命令方法

➢ 在命令行输入“PLINE”或“PL”，按【Enter】键。
➢ 选择下拉菜单中的“绘图”→“多段线”命令。
➢ 单击“绘图”工具栏中的“多段线”按钮。

2. 功能

多段线是CAD中常用的复合图形对象。它可由不同宽度的直线和圆弧首尾连接形成。

3. 选项说明

➢ 圆弧（A）：选择此项表示要绘制圆弧。
➢ 半宽（H）：指定从宽多段线线段的中心到其一边的宽度。
➢ 长度（L）：指定直线的长度，一般与极轴追踪或正交结合使用。
➢ 放弃（U）：删除最近一次添加到多段线上的线段。
➢ 宽度（W）：指定下一条直线段的宽度。

任务实施

步骤1：启动“多段线”命令。

步骤2：绘制*AB*段，命令行操作显示如下：

①命令：_ Pline；

②指定起点：（单击任意位置确定点*A*）；

③当前线宽为0.0000；

④指定下一个点或［圆弧（A）/半宽（H）/长度（L）/放弃（U）/宽度（W）］：W（设置*AB*段起讫点宽度，输入“W”后按【Enter】键确认）；

⑤指定起点宽度 <0.0000>：0（输入点*A*宽度值并按【Enter】键）；

⑥指定端点宽度 <0.0000>：20（输入点*B*宽度值并按【Enter】键）；

⑦指定下一个点或［圆弧（A）/半宽（H）/长度（L）/放弃（U）/宽度（W）］：20（输

入 *AB* 长度值并按【Enter】键）。

步骤 3：绘制 *BC* 段，命令行操作如下：

①指定下一点或［圆弧（A）/闭合（C）/半宽（H）/长度（L）/放弃（U）/宽度（W）］：W（设置 *BC* 段起讫点宽度，输入“W”并按【Enter】键）；

②指定起点宽度 <20.0000>：10（输入点 *B* 宽度值并按【Enter】键）；

③指定端点宽度 <10.0000>：（按【Enter】键默认点 *C* 宽度值）；

④指定下一点或［圆弧（A）/闭合（C）/半宽（H）/长度（L）/放弃（U）/宽度（W）］：30（输入 *BC* 长度值并按【Enter】键）。

步骤 4：绘制 *CD* 段，操作方法同前，读者可自行完成。

子任务 1　绘制带圆弧的多段线

任务描述

绘制如图 2－14 所示的带圆弧的多段线，其中 *A* 和 *C* 点宽度为 0，*B* 和 *D* 点宽度为 5，*AB* 和 *CD* 弧直径为 25，*AD* 和 *BC* 弧直径为 50。掌握带圆弧的多段线的绘制方法。

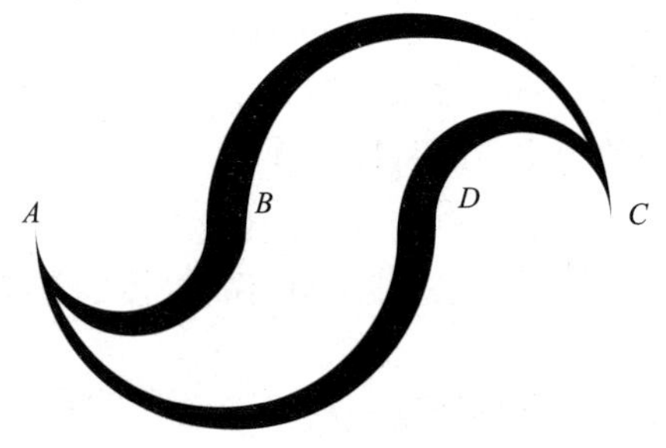

图 2－14　圆弧的多段线

知识准备

绘制带圆弧的多段线

1. 绘制带圆弧的多段线方法

当启动“圆弧（A）”命令时，即为画圆弧方式。

2. 选项说明

- 角度（A）：指定弧线段的从起点开始的包含角。
- 圆心（CE）：指定弧线段的圆心。
- 方向（D）：指定弧线段的起始方向（切线方向）。
- 直线（L）：退出“圆弧”选项并返回 PLINE 命令的初始提示。
- 半径（R）：指定弧线段的半径。
- 第二个点（S）：指定三点圆弧的第二点和端点。

任务实施

步骤1：启动“多段线”命令。

步骤2：绘制 *AB* 圆弧段，命令行操作显示如下：

①命令：_ pline；

②指定起点：（单击任意位置确定点 *A*）；

③当前线宽为 0.0000；

④指定下一个点或［圆弧（A）/半宽（H）/长度（L）/放弃（U）/宽度（W）］：W（设置 *AB* 段起讫点宽度，输入“W”并按【Enter】键）；

⑤指定起点宽度 <0.0000>：（按【Enter】键默认 *A* 点宽度值）；

⑥指定端点宽度 <0.0000>：5（输入点 *B* 宽度值并按【Enter】键）；

⑦指定下一个点或［圆弧（A）/半宽（H）/长度（L）/放弃（U）/宽度（W）］：A（选画圆弧方式并按【Enter】键）；

⑧指定圆弧的端点或［角度（A）/圆心（CE）/方向（D）/半宽（H）/直线（L）/半径（R）/第二个点（S）/放弃（U）/宽度（W）］：A（选角度方式）；

⑨指定包含角：180（输入圆弧 *AB* 包含角度值并按【Enter】键）；

⑩指定圆弧的端点或［圆心（CE）/半径（R）］：25（输入 *AB* 的长度值并按【Enter】键）。

步骤3：同理绘制 *BC*、*CD*、*DA* 圆弧段，读者可自行完成。

子任务2　编辑多段线

任务描述

将如图 2－15（a）所示的直线与圆弧编辑成为如图 2－15（b）所示的宽度为 10 的多段线。掌握多段线的编辑方法。

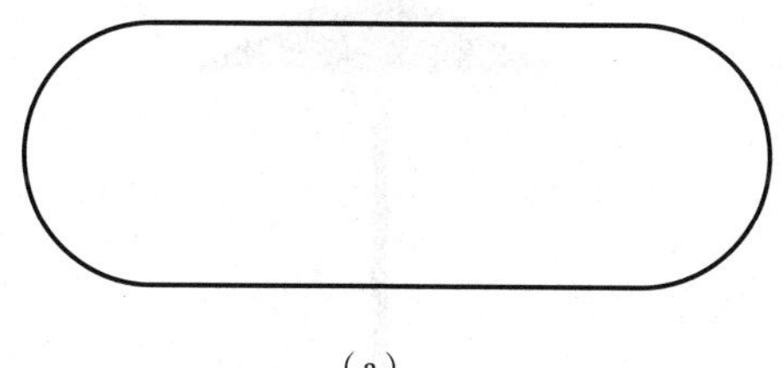

（a）

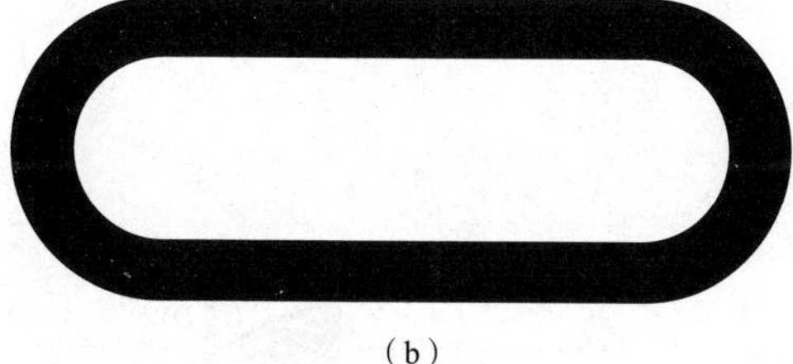

（b）

图 2－15　编辑多段线

知识准备

编辑多段线

1. 启动“编辑多段线”命令方法

➢ 在命令行输入“PEDIT”或“PE”，按【Enter】键。

➢ 选择下拉菜单中的“修改”→“对象”→“多段线”命令。

2. 功能

可将直线和圆弧首尾连接而成的图形转化为多段线。在三维绘图中，可对多段线执行拉伸功能生成实体。

任务实施

步骤 1：启动“编辑多段线”命令，命令行操作显示如下：

①命令：PEDIT；

②选择多段线或［多条（M）］：（选取其中一直线或圆弧）；

③选定的对象不是多段线是否将其转换为多段线？<Y>（按【Enter】键确定）；

④输入选项［闭合（C）/合并（J）/宽度（W）/编辑顶点（E）/拟合（F）/样条曲线（S）/非曲线化（D）/ 线型生成（L）/反转（R）/放弃（U）］：J（按【Enter】键确定）；

⑤选择对象：找到 1 个，总计 4 个（按首尾顺序依次选择四个对象）；

⑥输入选项［打开（O）/合并（J）/宽度（W）/编辑顶点（E）/拟合（F）/样条曲线（S）/非曲线化（D）/线型生成（L）/反转（R）/放弃（U）］：W（设置多段线宽度）；

⑦指定所有线段的新宽度：10（多段线宽度值）。

步骤 2：按【Enter】键结束命令，完成多段线的编辑。

技能训练

1. 利用多段线命令绘制如图 2－16 所示二极管。图中 *AB* 段长 20，*A* 和 *B* 点宽度为 0；*BC* 段长 10，*B* 点宽度为 10，*C* 点宽度为 0；*CD* 段长 1，*C* 和 *D* 点宽度为 10；*DE* 段长 20，*D* 和 *E* 点宽度为 0。

2. 利用多段线命令绘制如图 2－17 所示雨伞。图中 *AB* 段长 10，*A* 点宽度为 0，*B* 点宽度为 40；*BC* 段长 30，*B* 和 *C* 点宽度为 2；*CD* 圆弧段直径为 10。

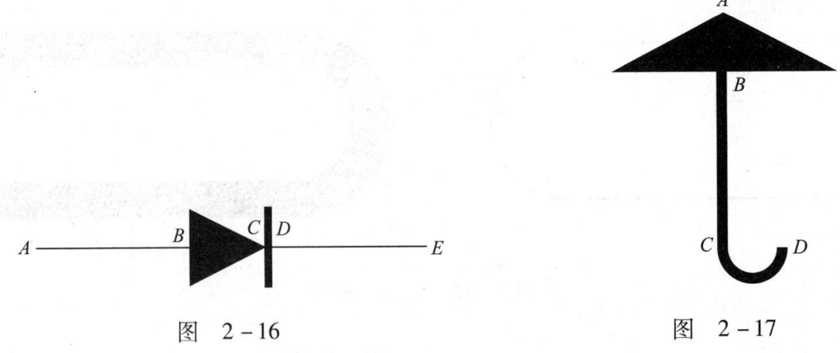

图 2－16　　图 2－17

任务 4　绘制异形扳手

任务描述

绘制如图 2－18 所示的异形扳手，掌握圆、矩形、多边形、修剪、拉长等命令的操作方法。

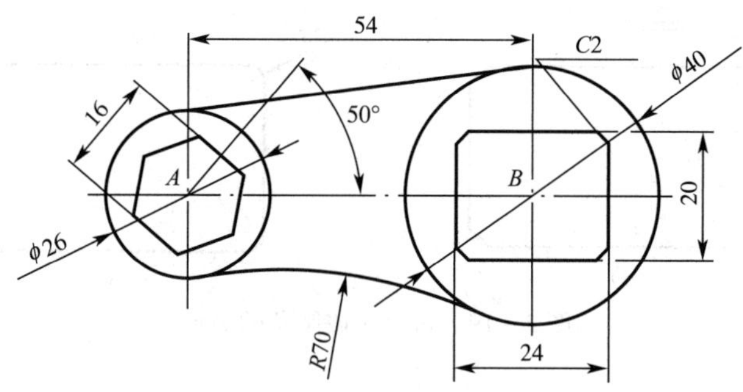

图 2－18　异形扳手

知识准备

一、圆命令

1. 启动“圆”命令的方法

➢ 在命令行输入“CIRCLE”或“C”，按【Enter】键。

➢ 选择下拉菜单中的“绘图”→“圆”命令。

➢ 单击“绘图”工具栏中的“圆”按钮。

2. 功能

画圆，系统提供了多种绘圆的方式，在绘制过程中应根据已知条件来决定选用方式。

3. 选项说明

➢ 圆心、半径（或直径）：已知圆心位置和半径来绘制圆弧。

➢ 两点（2P）：已知圆直径上两点距离来绘制圆弧。

➢ 三点（3P）：已知圆上任意三点位置来绘制圆弧。

➢ 相切、相切、半径（T）：已知与两个对象（圆或直线）相切，且已知半径来绘制圆弧。

➢ 相切、相切、相切（A）：已知与三个对象（圆或直线）相切来绘制圆弧。（该选项通过在菜单栏中选择“绘图”→“圆”命令来选择）

二、矩形命令

1. 启动“矩形”命令的方法

➢ 在命令行输入“RECTANG”或“REC”，按【Enter】键。

➢ 选择下拉菜单中的“绘图”→“矩形”命令。

➢ 单击“绘图”工具栏中的“矩形”按钮图。

2. 功能

画矩形，矩形是一种多段线实体对象，可以用分解命令将其分解为四条单线。通过设置可绘制带倒角、圆角及有宽度的矩形。

3. 常用选项说明

➢ 倒角（C）：设置带倒角的矩形，如图 2－19（a）所示。

➢ 圆角（F）：设置带圆角的矩形，如图 2－19（b）所示。

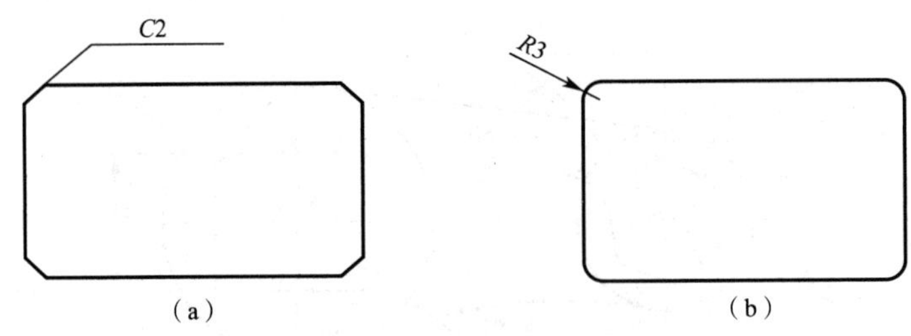

图 2-19　带倒角或圆角的矩形

三、正多边形命令

1. 启动“正多边形”命令的方法

➢ 在命令行输入“POLYGON”或“POL”，按【Enter】键。

➢ 选择下拉菜单中的“绘图”→“正多边形”命令。

➢ 单击“绘图”工具栏中的“多边形”按钮。

2. 功能

画正多边形，正多边形是多段线实体对象，可以用分解命令将其分解为若干条单线。AutoCAD 可以绘制边数为 3～1024 的正多边形。

3. 常用选项说明

➢ 边（E）：通过指定第一条边来定义正多边形，系统按逆时针方向创建该正多边形。如图 2-20（a）所示正六边形通过“边（E）”的方式来绘制；

➢ 内接于圆（I）：指定外接圆的半径，正多边形的所有顶点都在此圆周上。用鼠标指定半径，决定正多边形的方向和尺寸。如图 2-20（b）所示正六边形通过“内接于圆（I）”的方式来绘制，输入圆半径和多边形倾斜角度“@13<90”。

➢ 外切于圆（C）：指定正多边形中心点到各边中点的距离。用鼠标指定半径，决定正多边形的方向和尺寸。如图 2-20（c）所示正六边形通过“外切于圆（C）”的方式来绘制，圆半径为 13。绘制倾斜的正六边形，输入半径和多边形倾斜角度为“@13<40”时，可得到如图 2-20（d）所示正六边形。

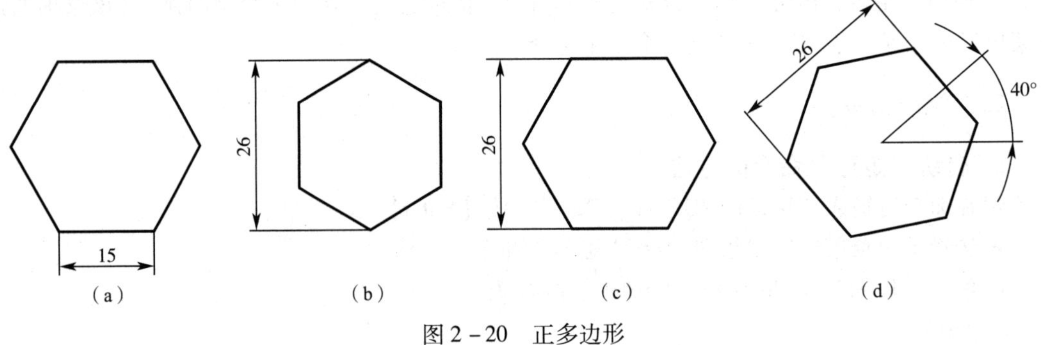

图 2-20　正多边形

四、修剪命令

1. 启动“修剪”命令的方法

➢ 在命令行输入“TRIM”或“TR”，按【Enter】键。

➢ 选择下拉菜单中的“修改”→“修剪”选项。

➢ 单击“修改”工具栏中的“修剪”按钮。

2. 功能

修剪命令是将图形元素多余的部分修剪掉。在操作过程中，剪切边也可作为被修剪的对象。执行修剪命令后，可按【Enter】键即将所有的图形对象选中，再拾取要修剪的对象部分进行修剪。

3. 常用选项说明

➢ 栏选（F）/窗交（C）：能成批修剪对象，在提示下输入“F”或“C”时，系统按围栏或交叉窗口方式选择要修剪的图形对象的多余部分，实现一次修剪多个对象的操作，如图2－21所示。

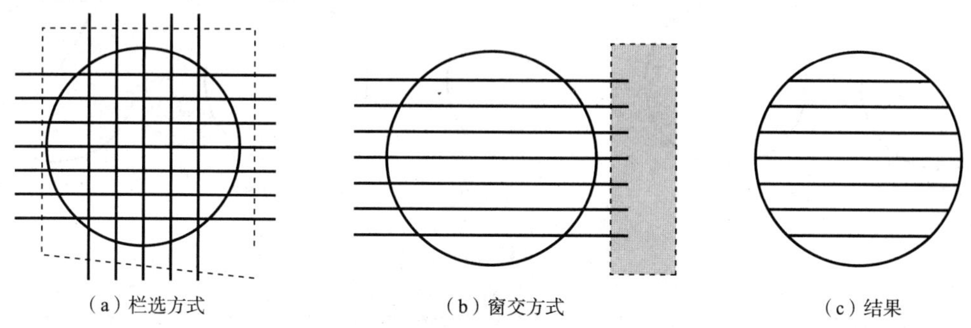

图2－21　批量修剪对象

➢ 边（E）：控制是否把对象延伸到隐含边界，在提示下输入“E”则会出现“输入隐含边延伸模式［延伸（E）/不延伸（N）］<不延伸>”，若为不延伸（N）状态，只有当剪切边与被修剪对象实际相交时才能修剪；若为延伸（E）状态，系统会假想将剪切边延长，使剪切边延伸到与被修剪对象相交再进行修剪，如图2－22所示。

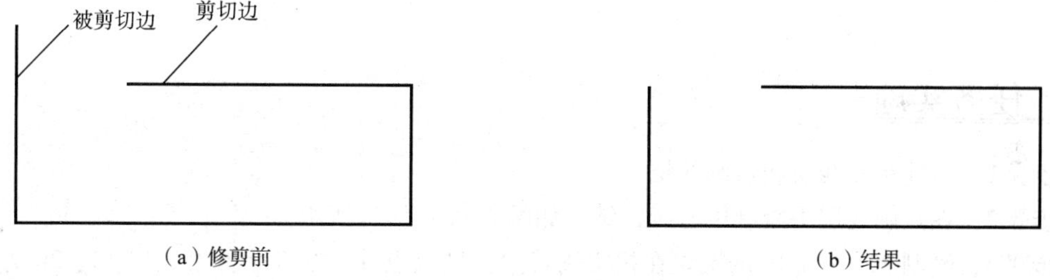

图2－22　剪切边延伸模式

五、拉长命令

1. 启动“拉长”命令的方法

➢ 在命令行输入“LENGTHEN”或“LEN”，按【Enter】键。

➢ 选择下拉菜单中的“修改”→“拉长”命令。

2. 功能

拉长命令可拉长或缩短直线段、圆弧段。

3. 常用选项说明

➢ 增量（DE）：通过输入长度增量拉长对象。对图2－23（a）的圆弧段B端作增量60°的拉长操作，结果如图2－23（b）所示。

➢ 百分数（P）：通过输入百分数改变长度。对图 2－23（a）的圆弧段 A 端作百分数 70% 的拉长操作，结果如图 2－23（c）所示。

➢ 全部（T）：通过指定总长度或总圆心角度改变长度。对图 2－23（a）的圆弧段 A 端作全部 300o 的拉长操作，结果如图 2－23（d）所示。

➢ 动态（DY）：动态沿对象延伸方向拖动对象。对图 2－23（a）的圆弧段 B 端作动态拉长至直线的操作，结果如图 2－23（e）所示。

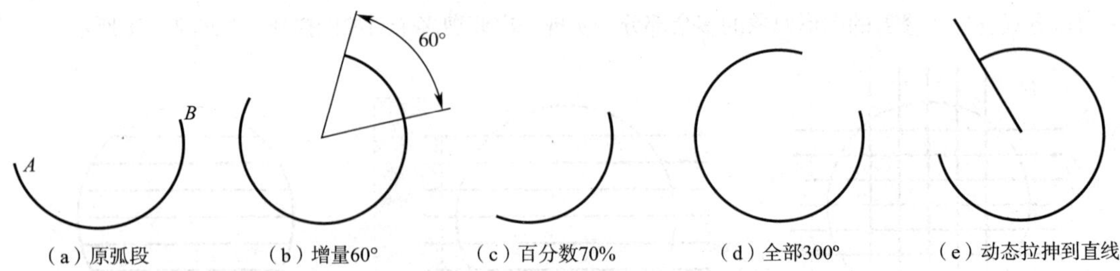

图 2－23　拉长操作

友情提示

选用增量（DE）时，输入的值为正时，对象伸长，否则对象缩短，图形对象在离拾取端近的一端伸长或缩短。圆弧段的拉长有弧长和角度（A）两种，要注意选择。选择要拉长的对象时要注意在靠近要拉长的一端单击。

任务实施

步骤 1：新建粗实线层和点画线层。

步骤 2：在点画线层中绘制中心线，结果如图 2－24（a）所示。

步骤 3：绘制 ϕ26 和 ϕ40 的圆。在粗实线层中分别以点 *A*、点 *B* 为圆心，以 13、20 为半径绘制出两个圆，结果如图 2－24（b）所示。

步骤 4：绘制倾斜正六边形，命令行操作显示如下：

①命令：_ polygon 输入侧面数 <4>：6（输入多边形边数并按【Enter】键）；

②指定正多边形的中心点或［边（E）］：（选点 A 作为正多边形的中心点）；

③输入选项［内接于圆（I）/外切于圆（C）］<I>：C（选外切于圆方式）；

④指定圆的半径：@8<50（输入半径和倾斜角度值并按【Enter】键）。

绘制结果如图 2－24（c）所示。

步骤 5：绘制带倒角的矩形，命令行操作显示如下：

① 命令：_ rectang（启动“矩形”命令）；

②指定第一个角点或［倒角（C）/标高（E）/圆角（F）/厚度（T）/宽度（W）］：C（选倒角选项）；

③指定矩形的第一个倒角距离 <0.0000>：2；

④指定矩形的第二个倒角距离 <2.0000>：2；

⑤指定第一个角点或［倒角（C）/标高（E）/圆角（F）/厚度（T）/宽度（W）］：_from 基点：<偏移>：@ -12，-10（单击“对象捕捉”工具栏中的“捕捉自”按钮，捕捉点 B，再输入矩形左下角点相对点 B 的坐标值并按【Enter】键）；

⑥指定另一个角点或［面积（A）/尺寸（D）/旋转（R）］：@24，20（输入矩形右上角点相对左下角点的坐标值并按【Enter】键）。

绘制结果如图 2-24（d）所示。

步骤 6：绘制与两圆相切的直线。启动直线命令，在“草图设置”对话框中的“对象捕捉”选项卡中只选中“切点”复选框，在两圆适当位置处单击，结果如图 2-24（e）所示。

步骤 7：绘制与两圆相切的 $R70$ 圆弧，在“草图设置”对话框中的“对象捕捉”选项卡中只选中“切点”复选框，命令行操作显示如下：

①命令：_circle（启动“圆”命令）；

②指定圆的圆心或［三点（3P）/两点（2P）/切点、切点、半径（T）］：t（选择绘圆方式）；

③指定对象与圆的第一个切点：（在小圆竖直中心线的右侧大致位置捕捉切点）；

④指定对象与圆的第二个切点：（在大圆竖直中心线的左侧大致位置捕捉切点）；

⑤指定圆的半径 <20.0000>：70（输入圆半径值并按【Enter】键）。

绘制结果如图 2-24（f）所示。

步骤 8：修剪 $R70$ 圆弧多余部分。启动“修剪”命令，选择多余部分为修剪对象，完成异形扳手图形的绘制。

步骤 9：调整中心线长度。先启动“修剪”命令将中心线长出轮廓线部分修剪掉，结果如图 2-24（g），再启动“拉长”命令对中心线进行调整，命令行操作显示如下：

①命令：_lengthen；

②选择对象或［增量（DE）/百分数（P）/全部（T）/动态（DY）］：DE（选择增量选项）；

③输入长度增量或［角度（A）］<0.0000>：4（输入增量长度值并按【Enter】键）；

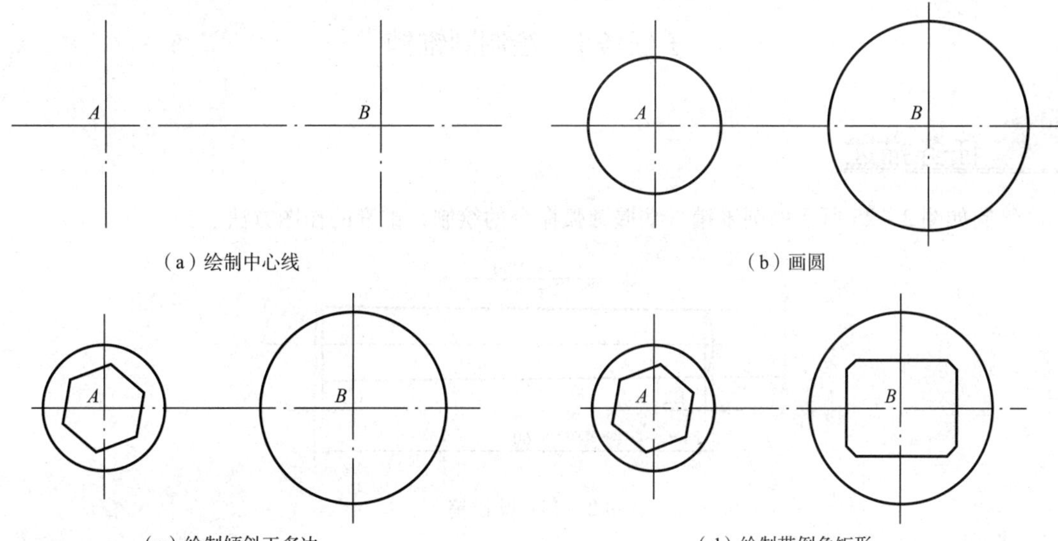

（a）绘制中心线　（b）画圆

（c）绘制倾斜正多边　（d）绘制带倒角矩形

图 2-24　异形扳手绘制过程

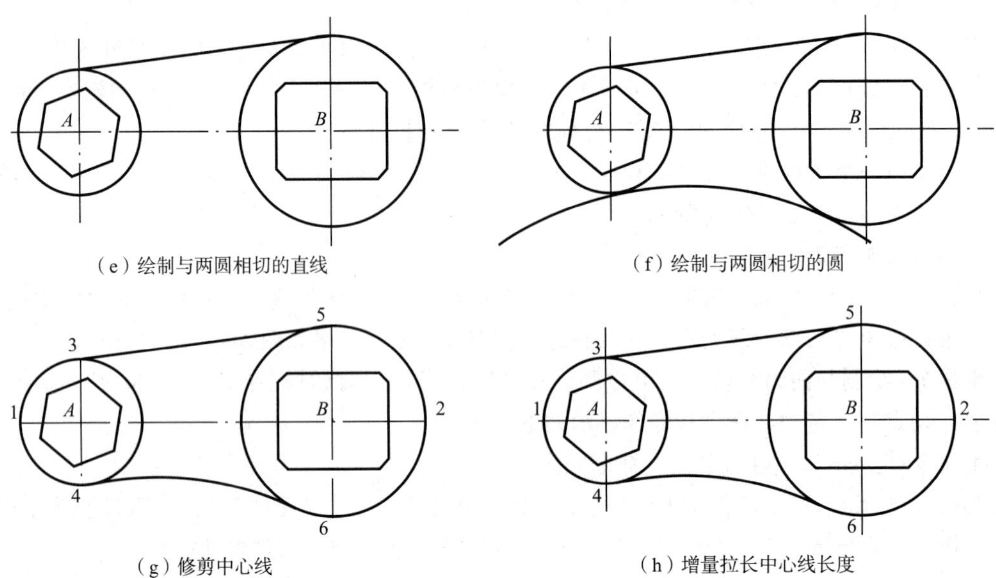

图 2－24 异形扳手的绘制过程（续）

④选择要修改的对象或［放弃（U）］：（单击选取中心线 1 端）；

⑤选择要修改的对象或［放弃（U）］：（单击选取中心线 2 端）；

依次选取 3、4、5、6 端，各端中心线向外拉长 4 mm，完成中心线长度的调整，结果如图 2－24（h）所示。

友情提示

在绘制机械图时，中心线一般长出轮廓线 3～5 mm，这里取 4 mm。

子任务 1 绘制圆锥销

任务描述

绘制如图 2－25 所示的圆锥销，掌握圆弧命令的绘制，锥度的作图方法。

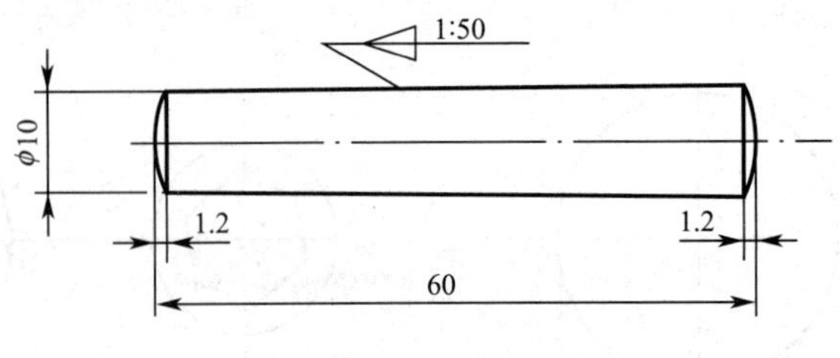

图 2－25 圆锥销

知识准备

一、圆弧命令

1. 启动“圆弧”命令的方法

➢ 在命令行输入“ARC”或“A”，按【Enter】键。

➢ 选择下拉菜单中的“绘图”→“圆弧”命令。

➢ 单击“绘图”工具栏中的“圆弧”按钮。

2. 功能

画圆弧，系统提供了多种绘圆弧的方式，在绘制过程中应根据已知条件来决定选用哪种方式。

3. 主要选项说明

➢ 三点：给出起点（S）、第二点（2）和端点（E）画圆弧，如图2－26（a）所示。

➢ 起点（S）、圆心（C）、端点（E）：系统按逆时针方向绘制圆弧，如图2－26（b）所示。

➢ 起点（S）、圆心（C）、角度（A）：圆心角为正时，系统按逆时针绘制圆弧，圆心角为负时系统按顺时针绘制圆弧，如图2－26（c）所示。

➢ 起点（S）、端点（E）、角度（A）：圆心角为正时，系统按逆时针绘制圆弧，圆心角为负时按顺时针绘制圆弧，如图2－26（d）所示。

➢ 起点（S）、圆心（C）、长度（L）：圆弧按逆时针方向绘制，弦长为正时，绘制劣弧，弦长为负时绘制优弧，如图2－26（e）所示。

➢ 起点（S）、端点（E）、半径（R）：圆弧按逆时针方向绘制，半径为正时，绘制劣弧，弦长为负时绘制优弧，如图2－26（f）示。

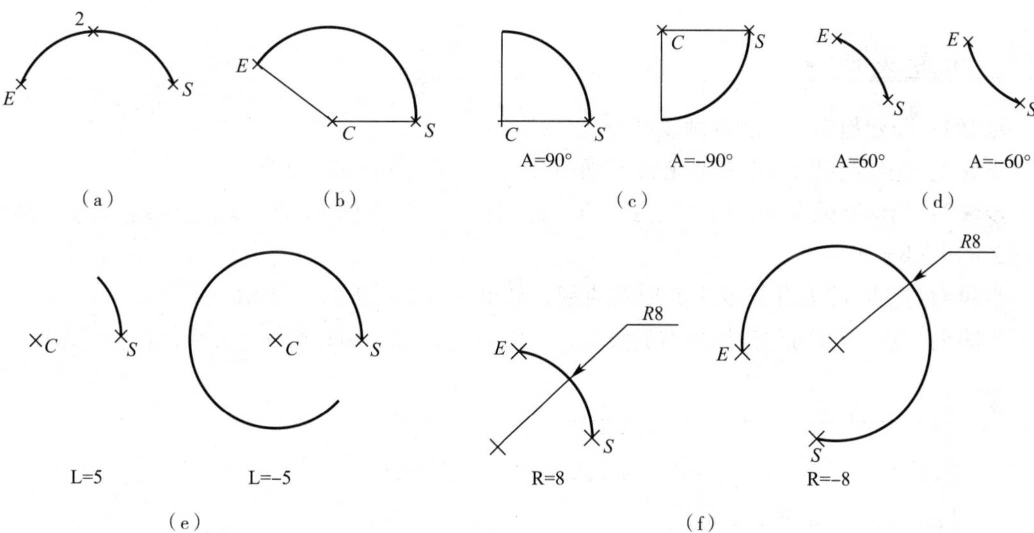

图2－26　绘制圆弧的方法

二、锥度作图

以图2－27（a）为例，作锥度为1∶4的图形，步骤如下：

①分别在如图2－27（b）所示位置取4等分和1等分，作出锥度1∶4的辅助线；

②过点 A 作辅助线的平行线即为所求。

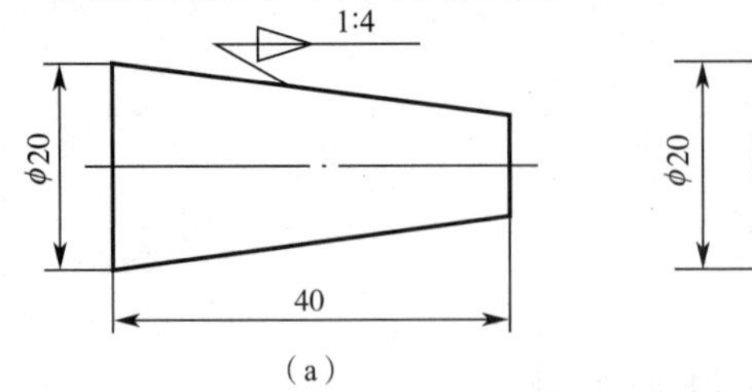

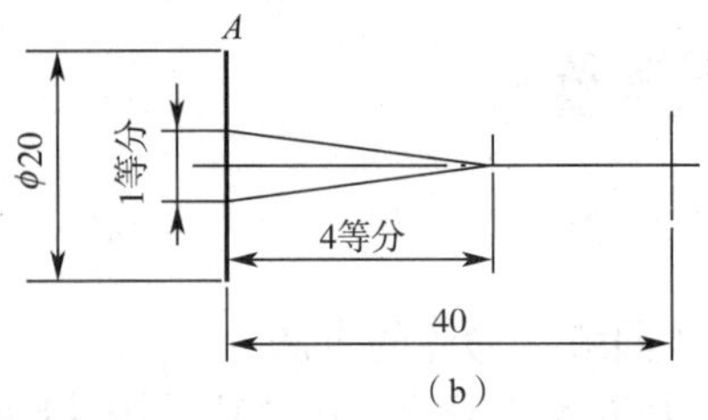

图 2－27　锥度的作图方法

友情提示

斜度的作图方法：如图 2－28（a）中斜度为 1:8 的斜线作法为在如图 2－28（b）所示位置取 8 等分和 1 等分，作出斜度 1:8 的辅助线，再过点 A 作辅助线的平行线即为所求。

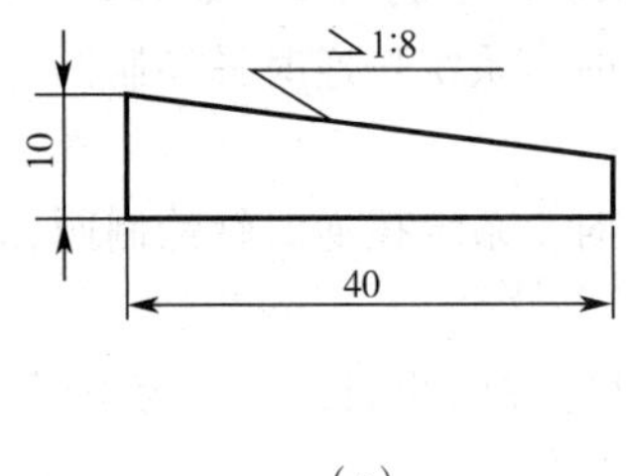

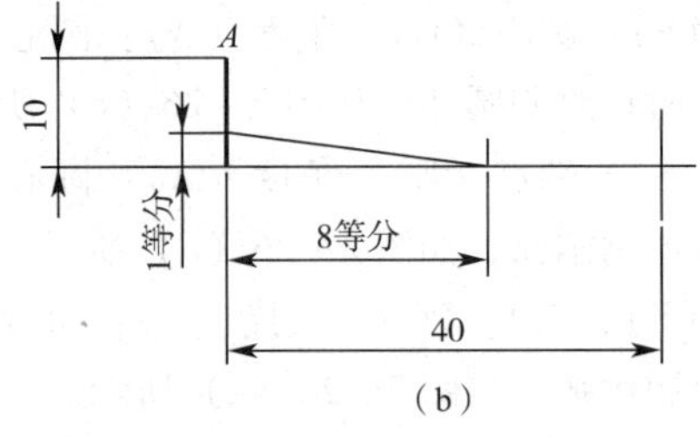

图 2－28　斜度的作图方法

任务实施

步骤 1：新建粗实线层和点画线层。

步骤 2：先绘制已知条件的中心线及辅助线，如图 2－29（a）所示。

步骤 3：启动圆弧命令，用“三点”方式画圆弧，分别点选 A、B、C 三点绘制圆弧，结果如图 2－29（b）所示。

步骤 4：过点 A、C 作锥度为 1:50 的直线，结果如图 2－29（c）所示。

步骤 5：按步骤 3 方法绘制出右侧圆弧，结果如图 2－29（d）所示，完成圆锥销的绘制。

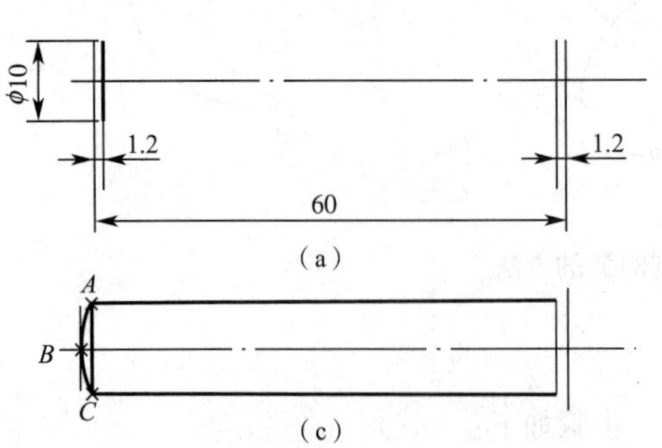

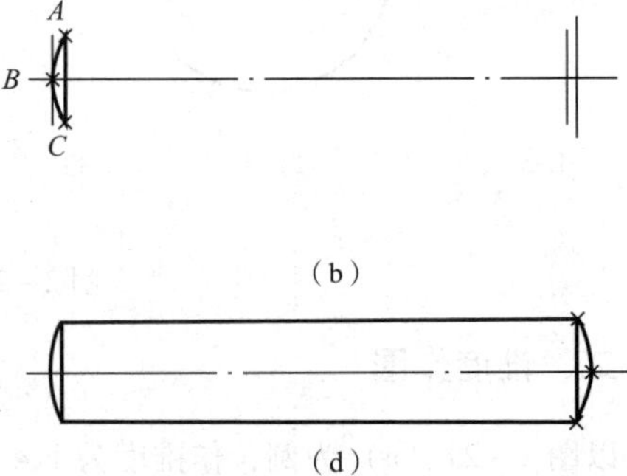

图 2－29　圆锥销的绘制过程

子任务2 绘制椭圆薄片

任务描述

绘制如图 2－30 所示的椭圆薄片，掌握椭圆命令的绘制方法。

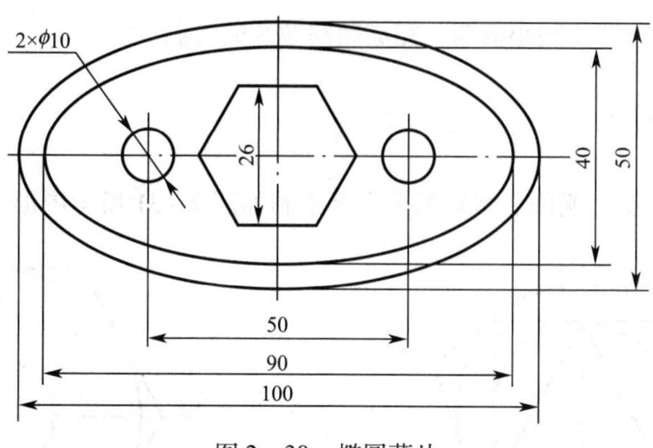

图 2－30 椭圆薄片

知识准备

椭 圆 命 令

1. 启动“椭圆”命令的方法

➢ 在命令行输入“ELLIPSE”或“EL”，按【Enter】键。

➢ 选择下拉菜单中的“绘图”→“椭圆”命令。

➢ 单击“绘图”工具栏中的“椭圆”按钮。

2. 功能

画椭圆及椭圆弧，在机械制图样中常用于绘制轴测图。

3. 主要选项说明

➢ 轴端点：默认方式，先确定椭圆上第一条轴的两个点，再选第三点来确定椭圆第二条轴的半轴距离。

➢ 中点（C）：先确定椭圆中心点位置，再沿椭圆中心线方向输入半轴的长度来确定椭圆轴的端点。

➢ 圆弧（A）：绘制椭圆弧方式，可通过输入起始角和终止角来确定椭圆弧。

任务实施

步骤 1：新建粗实线层和点画线层。

步骤 2：绘制中心线。

步骤 3：绘制两个 $\phi10$ 的圆，绘制正六边形。

步骤 4：绘制大椭圆。启动“椭圆”命令，开启“极轴追踪”功能，命令行操作显示如下：

①命令：_ ellipse；

②指定椭圆的轴端点或［圆弧（A）/中心点（C）］：C（选绘椭圆方式）；

③指定椭圆的中心点：(选取正六边形中点为椭圆中心点)；

④指定轴的端点：50（在极轴为0°方向上输入长半轴距离值并按【Enter】键）；

⑤指定另一条半轴长度或［旋转（R）］：25（在极轴为90°方向上输入短半轴距离值并按【Enter】键）。

步骤5：同步骤4方法绘制小椭圆，完成椭圆薄片的绘制。

技能训练

利用直线、圆、圆弧、椭圆、多边形等命令绘制如图2－31所示图形。

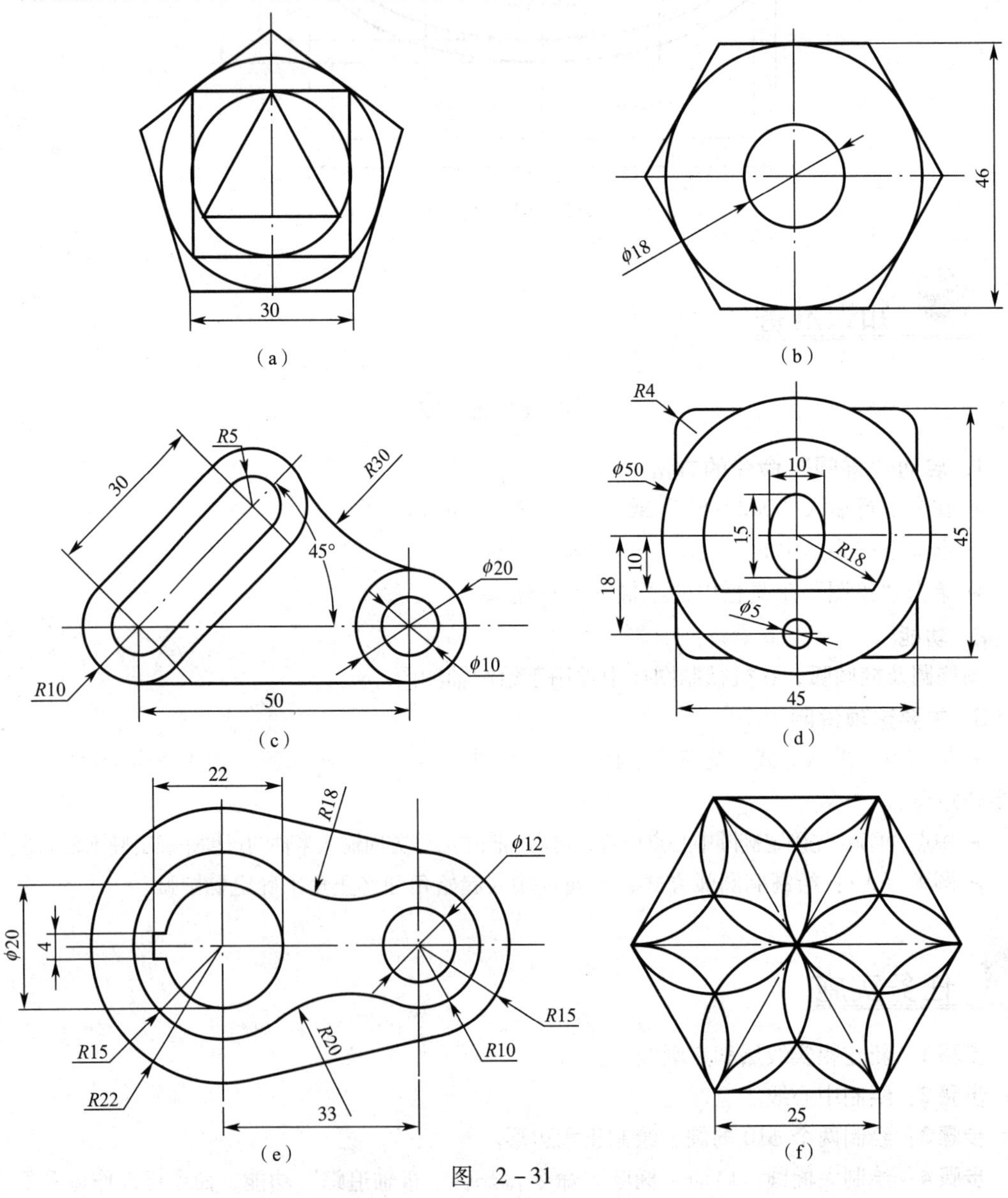

图　2－31

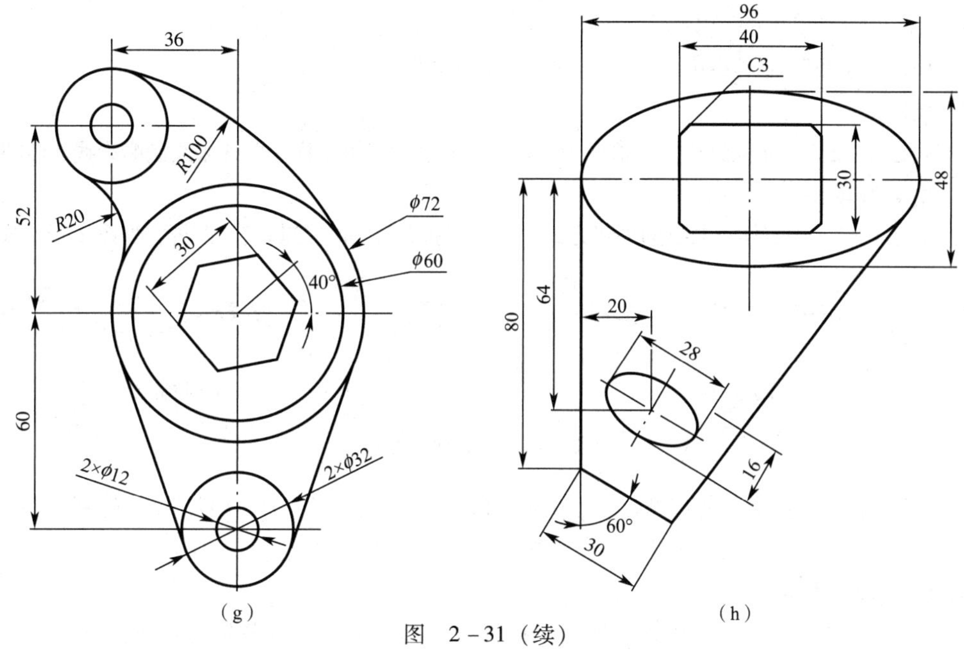

（g）　　　　（h）

图　2 - 31（续）

任务 5　绘制带孔的轴端

任务描述

绘制如图 2 - 32 所示的带孔的轴端，掌握图案填充、倒角、样条曲线等命令的操作方法。

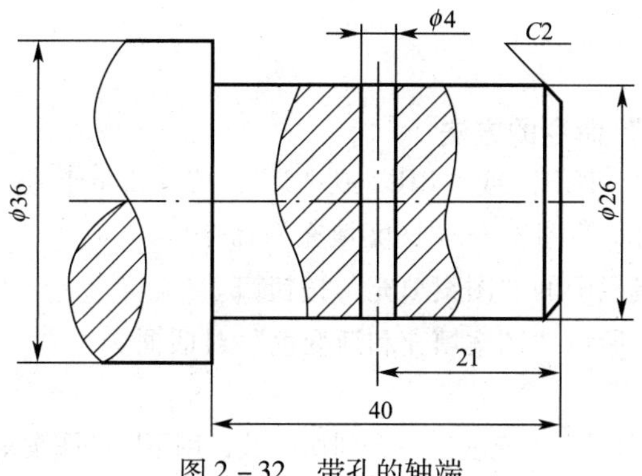

图 2 - 32　带孔的轴端

知识准备

一、样条曲线命令

1. 启动“样条曲线”命令的方法

➢ 在命令行输入“SPLINE”或“SPL”，按【Enter】键。

➢ 选择下拉菜单中的“绘图”→“样条曲线”命令。

➢ 单击“绘图”工具栏中的“样条曲线”按钮。

2. 功能

样条曲线广泛应用于曲线、曲面造型中，在机械制图中，可用样条曲线来绘制断裂线、波浪线。

3. 主要选项说明

➢ 方式（M）：决定样条曲线的创建方式，分为“拟合”和“控制点”两种，如图2－33所示。

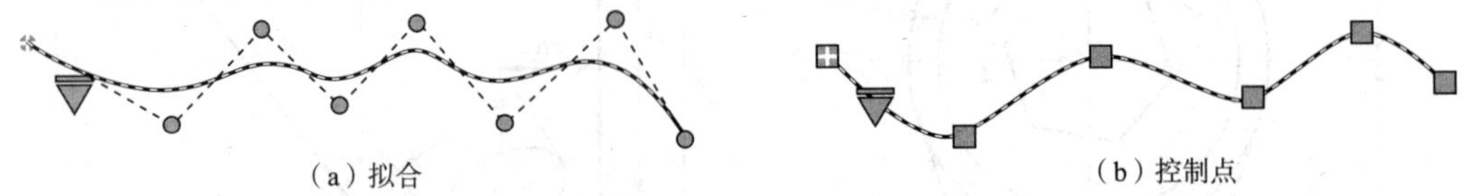

（a）拟合　　（b）控制点

图2－33　绘制样条曲线

➢ 节点（K）：决定样条曲线节点参数化的运算方式分为“弦”“平方根”和“统一”三种方式。

➢ 对象（O）：将样条曲线拟合多段线转换为等价的样条曲线。

4. 编辑样条曲线

样条曲线绘制完成后，可以通过拖动鼠标的方式移动样条曲线各拟合点或控制点来达到编辑的目的。

友情提示

样条曲线的起点和终点可利用对象捕捉和对象追踪来精确确定。也可以先超出轮廓线画出来，再利用修剪命令进行修剪。

二、图案填充命令

1. 启动“图案填充”命令的方法

➢ 在命令行输入“BHATCH”或“BH”或“H”，按【Enter】键。

➢ 选择下拉菜单中的“绘图”→“图案填充”命令。

➢ 单击“绘图”工具栏中的“图案填充”按钮。

打开如图2－34（a）所示“图案填充和渐变色”对话框。

2. 功能

在机械制图中，可以用图案填充表达一个剖切区域，用不同的图案来表达不同的零部件或材料。

3. 主要选项说明

➢ 图案：可在下拉列表中选择相应的图案，还可以单击，打开如图2－34（b）所示的“填充图案选项板”对话框，通过选项卡来选择相应的图案。

➢ 角度：设置填充图案的角度，默认情况下填充角度为0。

➢ 比例：通过设置填充图案的比例值来调图案的疏密。

➢ 边界：常用“拾取点”和“选择对象”两种方式来选取边界。单击“添加：拾取点”按钮后切换至绘图区，可在要填充的封闭区域内任意单击一点进行图案填充。单击“添加选择对象”后切换至绘图区，鼠标点选封闭区域的边界进行图案填充。

（a）“图案填充和渐变色”对话框

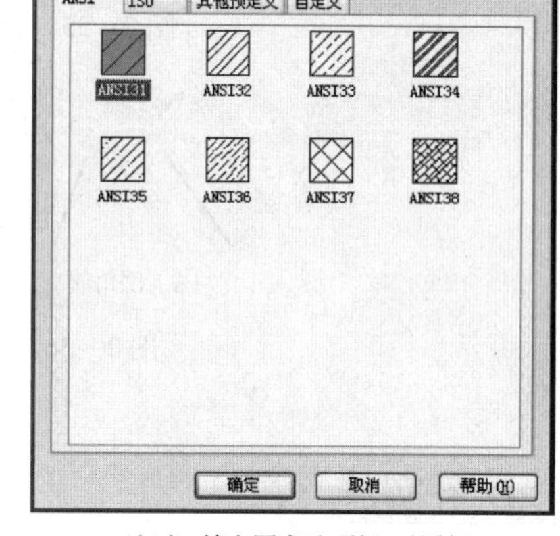

（b）“填充图案选项板”对话框

图 2－34　图案填充

三、倒角命令

1. 启动“倒角”命令的方法

➢ 在命令行输入“CHAMFER”或“CHA”，按【Enter】键。

➢ 选择下拉菜单中的“修改”→“倒角”命令。

➢ 单击“修改”工具栏中的“倒角”按钮。

2. 功能

倒角是机械设计中常用的工艺，可使工件相邻两表面在相交处以斜面过渡，它可以将两条非平行直线或多段线以一条斜线相连。

3. 主要选项说明

➢ 距离（D）：设置两倒角边的倒角距离来进行倒角操作，对图 2－35（a）所示图形设置第一、第二个倒角距离分别为 5 和 10 后进行倒角操作，结果如图 2－35（b）所示。

➢ 角度（A）：设置一个角度和一个倒角距离来进行倒角操作，对图 2－35（a）所示图形设置第一条线的倒角距离为 5，第一条线的倒角角度为 60°后进行倒角操作，结果如图 2－35（c）所示。

➢ 修剪（T）：设置倒角操作后直线修剪或不修剪模式。如果设置为不修剪模式，对图 2－35（a）所示图形的修剪后结果如图 2－35（d）所示。

➢ 多个（M）：可在一次调用命令的情况下对多组对象进行倒角。

4. 主要选项说明

➢ 当倒角距离设置太大时，不产生倒角。

➢ 当倒角距离为 0 时，倒角命令可使两条不相交的直线相交，也可以直接按【Shift】键选择两条不平行的直线，系统将以 0 作为倒角距离，两条直线将延伸到相交状态，如图 2－36 所示。

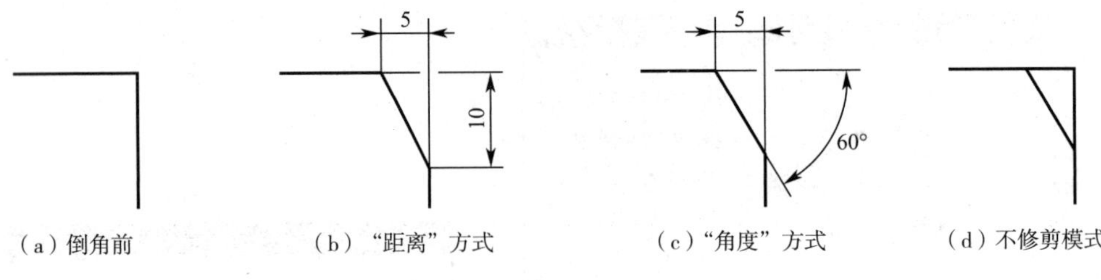

图 2－35　设置倒角选项后的操作结果

图 2－36　倒角距离为 0 的操作结果

任务实施

步骤 1：新建粗实线层细实线层和点画线层。

步骤 2：在点画线层中绘制中心线。

步骤 3：在粗实线层中绘制如图 2－37（a）所示的图形。

步骤 4：在细实线层中绘制孔位置和轴左端面的断裂边界线，步骤如下：

①启动“样条曲线”命令。

②依次单击 *A*、*B*、*C*、*D*、*E*、*F* 点作为拟合点，绘制出轴左端面的断裂边界线。

③同理绘制孔位置断裂边界线，结果如图 2－37（b）所示。

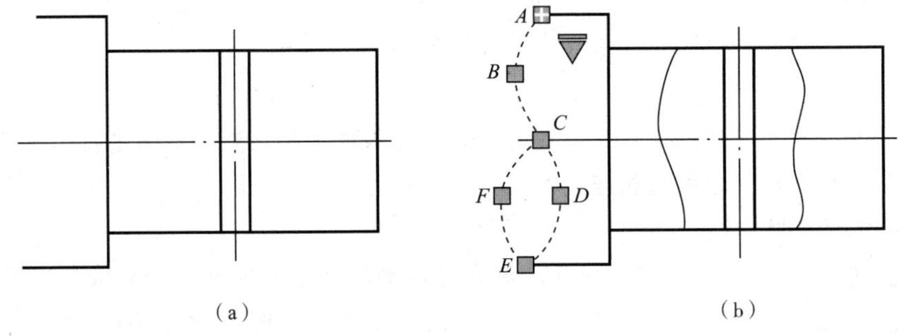

图 2－37　绘制轮廓线和断裂边界线

步骤 5：在细实线层中绘制剖面线，步骤如下：

（1）启动“图案填充”命令，在“图案填充”选项卡中选择 ANSI31 图案类型。

（2）在“边界”选项组中选用“拾取点”方式来确定图案填充的边界，在图中要填充的区域内单击鼠标，按【Enter】键回到“图案填充”对话框，单击“确定”按钮完成图案填充，结果如图 2－38（a）所示。

步骤 6：在粗实线层中绘制倒角。启动“倒角”命令，命令行操作显示如下：

①命令：_ chamfer；

②选择第一条直线或［放弃（U）/多段线（P）/距离（D）/角度（A）/修剪（T）/方式

(E) /多个 (M)]：D (设置倒角距离)；

③指定第一个倒角距离 <3.0000>：2 (输入第一个倒角距离值并按【Enter】键)；

④指定第二个倒角距离 <3.0000>：2 (输入第二个倒角距离值并按【Enter】键)；

⑤选择第一条直线 (单击要倒角的第一条直线)；

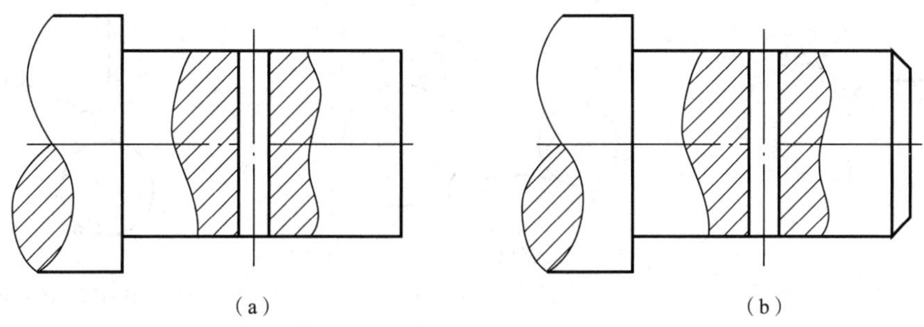

图2-38　图案填充和绘制倒角

⑥选择第二条直线 (单击要倒角的第二条直线)。

同理完成第二个倒角的绘制，补画直线，结果如图2-38 (b) 所示。

子任务　绘制底板

任务描述

绘制如图2-39所示的底板，掌握圆角命令的操作方法。

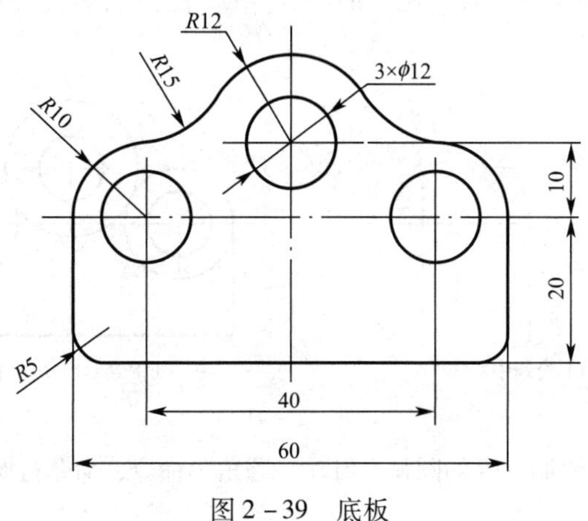

图2-39　底板

知识准备

圆角命令

1. 启动"圆角"命令的方法

➢ 在命令行输入"FILLET"或"F"，按【Enter】键。

➢ 选择下拉菜单中的"修改"→"圆角"命令。

➢ 单击“修改”工具栏中的“圆角”按钮□。

2. 功能

圆角命令可以将两个直线、圆弧、圆、椭圆、多段线等对象通过一条圆弧连接起来。如图 2－40 所示为对不同对象的圆角操作情况。

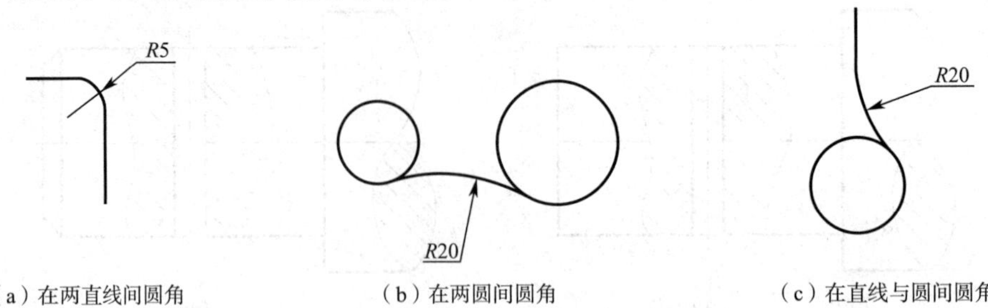

（a）在两直线间圆角　（b）在两圆间圆角　（c）在直线与圆间圆角

图 2－40　对不同对象的圆角操作情况

3. 常用选项说明

半径（R）：设置圆角的半径。

任务实施

步骤 1：新建粗实线层和点画线层。

步骤 2：在点画线层中绘制中心线，如图 2－41（a）所示。

步骤 3：在粗实线层中绘制出 ϕ10 圆，*R*10 圆、*R*12 圆及已知直线等图形，结果如图 2－41（b）所示。

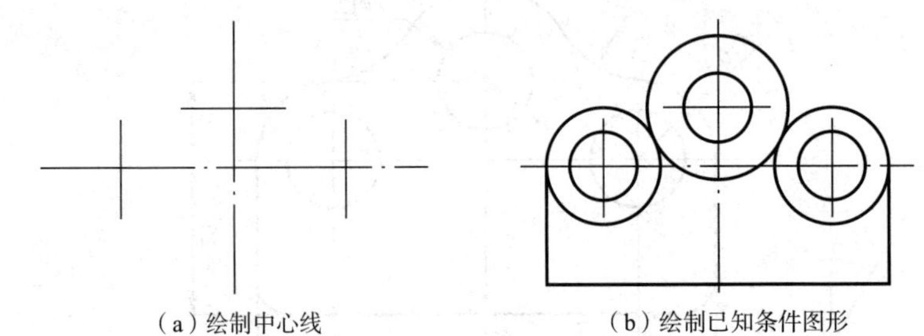

（a）绘制中心线　（b）绘制已知条件图形

图　2－41

步骤 4：在粗实线层中绘制 *R*15 的圆弧。启动“圆角”命令，命令行操作显示如下：

①命令：_ fillet;

②第一个对象或［放弃（U）/多段线（P）/半径（R）/修剪（T）/多个（M）］：R（设置倒圆半径）;

③指定圆角半径 <5.0000>：15（输入圆角半径值并按【Enter】键）;

④选择第一个对象（单击左侧半径为 *R*10 的圆）;

⑤选择第二个对象（单击半径为 *R*12 的圆）。

完成左侧 *R*15 的圆弧的绘制，同理绘制出右侧 *R*15 的圆弧，结果如图 2－42（a）所示。

步骤 5：同理绘制左下端和右下端两直线间的 *R*5 圆角，结果如图 2－42（b）所示。

步骤 6：启动“修剪”命令，修剪多余图线，完成底板的绘制。

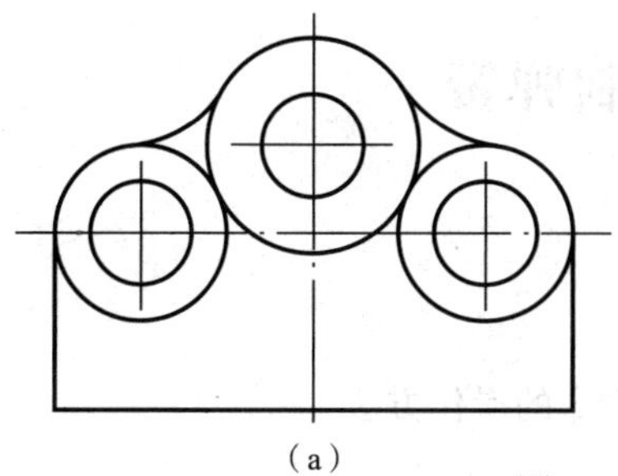
（a）

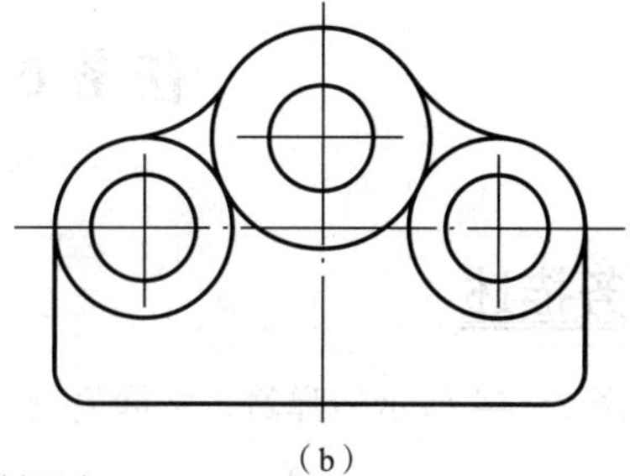
（b）

图 2－42　绘制圆角

技能训练

利用直线、圆、圆角、倒角等命令绘制如图 2－43 所示图形。

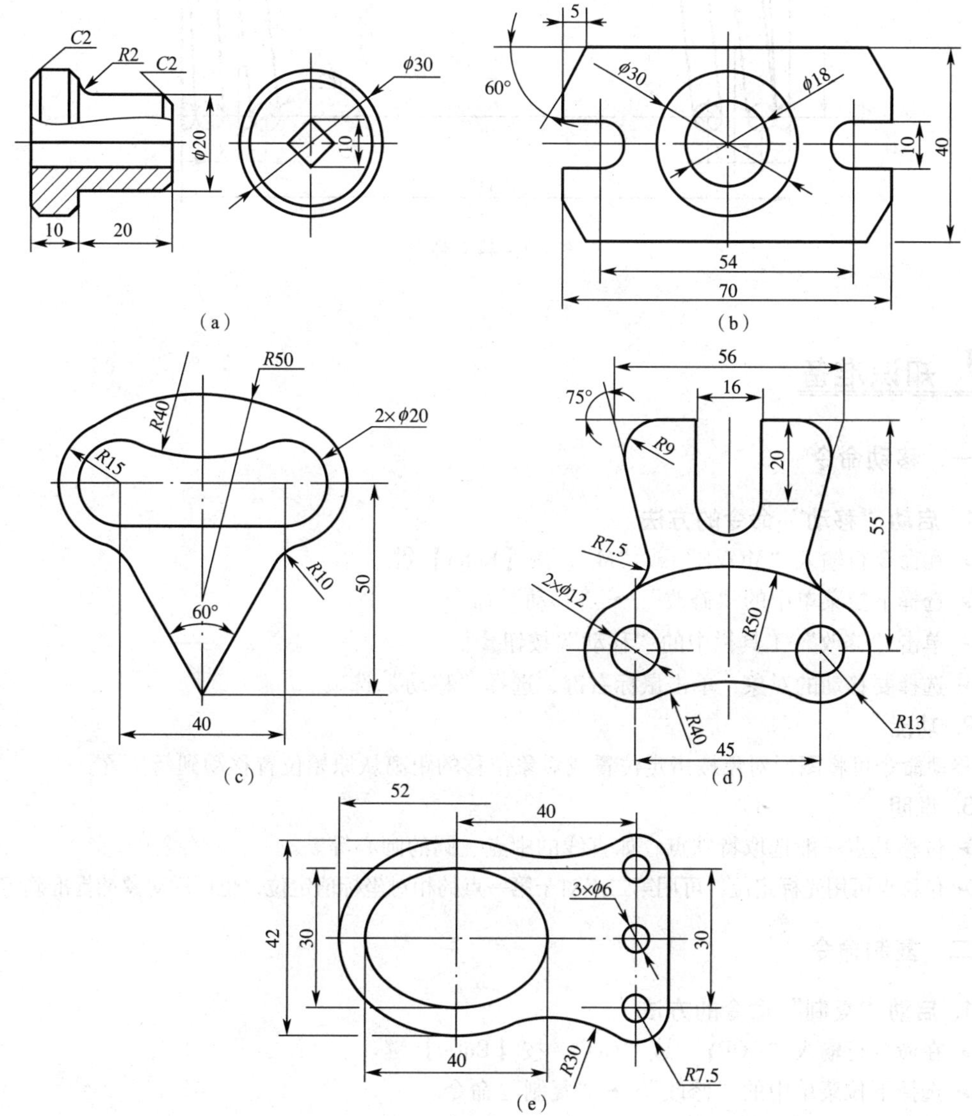

（a）

（b）

（c）

（d）

（e）

图　2－43

任务6　绘制弹簧

任务描述

绘制如图2－44所示的弹簧，掌握复制、移动命令的操作方法。

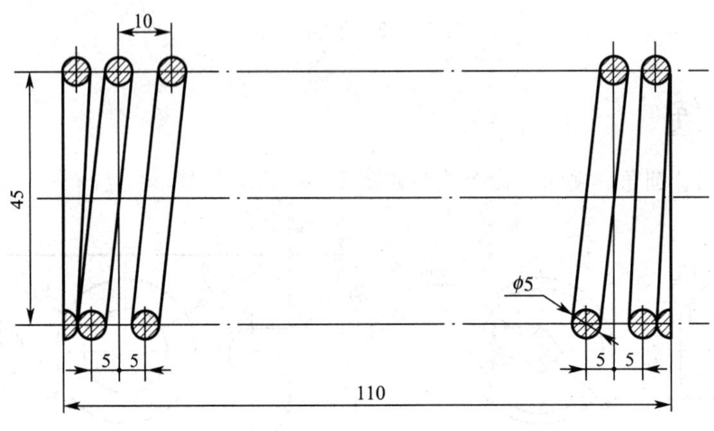

图　2－44　弹簧

知识准备

一、移动命令

1. 启动“移动”命令的方法

➢ 在命令行输入“MOVE”或“M”，按【Enter】键。

➢ 选择下拉菜单中的“修改”→“移动”命令。

➢ 单击“修改”工具栏中的“移动”按钮。

➢ 选择要移动的对象，单击鼠标右键，选择“移动”选项。

2. 功能

移动命令可将图形对象按指定位置或对象位移的距离从原始位置移动到新位置。

3. 说明

➢ 位移基点一般选取特殊点，如直线的中点、圆的圆心等。

➢ 位移点可用光标定位，可用第二点对于第一点的相对坐标值定位，也可用对象捕捉准确定位。

二、复制命令

1. 启动“复制”命令的方法

➢ 在命令行输入“COPY”或“CO”，按【Enter】键。

➢ 选择下拉菜单中的“修改”→“复制”命令。

➢ 单击“修改”工具栏中的“复制”按钮。

➢ 选择要复制的对象，单击鼠标右键，选择“复制”选项。

2. 功能

复制命令可将图形对象按指定位置或位移的距离将对象从原始位置复制到新位置，并可多次复制。

3. 选项说明

➢ 模式（O）：可设置单个或多个复制对象的方式。

➢ 阵列（A）：可以用线性阵列的方式快速大量复制。

4. 其他说明

位移基点与位移点的含义与移动命令相同。

任务实施

步骤1：新建粗实线层、细实线层和点画线层。

步骤2：分别在点画线层和粗实线层中绘制如图2－45（a）所示的中心线和轮廓线。

步骤3：复制圆1至圆2、圆3位置，启动“复制”命令，命令行操作显示如下：

①命令：_ copy；

②选择对象：（选取圆1及其中心线为复制对象）；

③指定基点或［位移（D）/模式（O）］<位移>：（单击圆1圆心作位移基点）；

④指定第二个点或［阵列（A）］<使用第一个点作为位移>：_ from 基点：<偏移>：5（开启“捕捉自”功能，单击半圆圆心点A作为位移基点，输入5作为圆2圆心与A点的位移距离，完成圆2的复制）；

⑤指定第二个点或［阵列（A）/退出（E）/放弃（U）］<退出>：5（输入5作为圆3圆心与圆2圆心的位移距离，完成圆3的复制）。

结果如图2－45（b）所示。

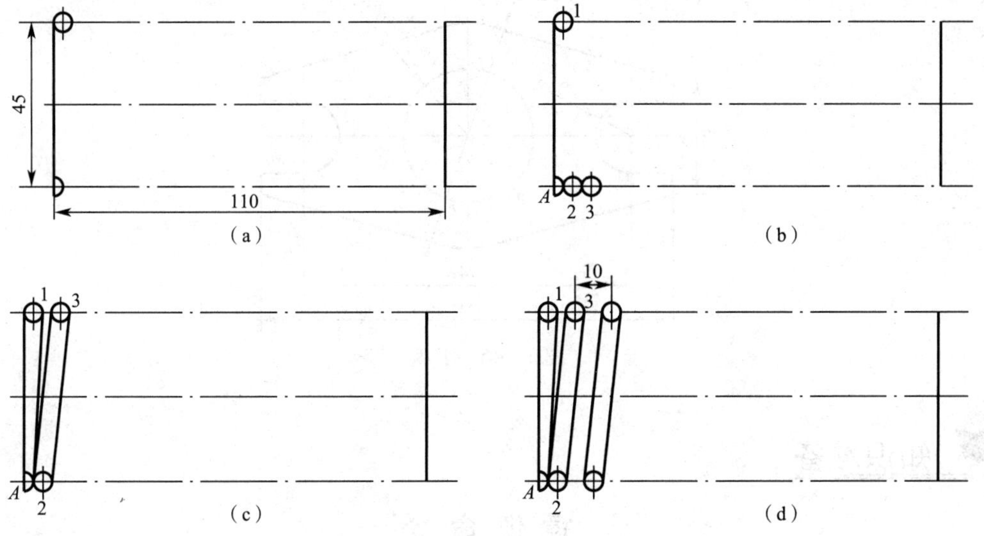

图2－45　弹簧的绘制过程

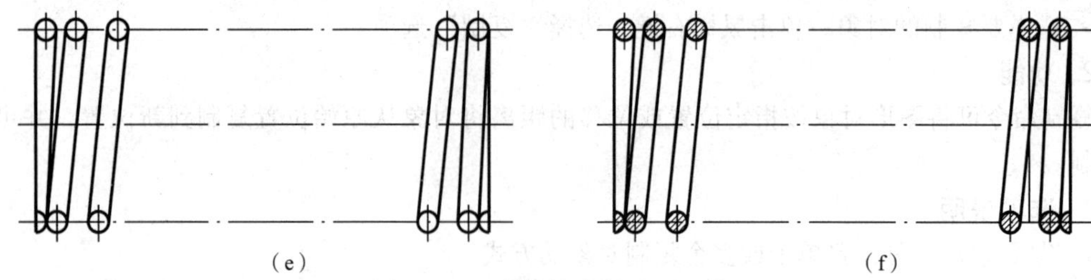

图 2－45　弹簧的绘制过程（续）

步骤 4：移动圆 3 至图 2－45（c）所示位置。启动“移动”命令，命令行操作显示如下：

①命令：_ move；

②选择对象：(选取圆 3 及其中心线为移动对象)；

③指定基点或［位移（D）］<位移>：(单击圆 3 圆心作位移基点)；

④指定第二个点或 <使用第一个点作为位移>：(将圆 3 向上垂直移动，直至圆心位于上方中心线处，完成圆 3 的移动)。

步骤 5：绘制与圆相切的直线，结果如图 2－45（c）所示。

步骤 6：复制圆 2、圆 3 与及相切线，位移距离为 10，结果如图 2－45（d）所示。

步骤 7：同理完成右端图形的绘制，结果如图 2－45（e）所示。

步骤 8：在细实线层中绘制剖面线，剖面线比例为 0.2，结果如图 2－45（f）所示，完成弹簧的绘制。

子任务 1　绘 制 卡 盘

任务描述

绘制如图 2－46 所示的卡盘，掌握镜像命令的操作方法。

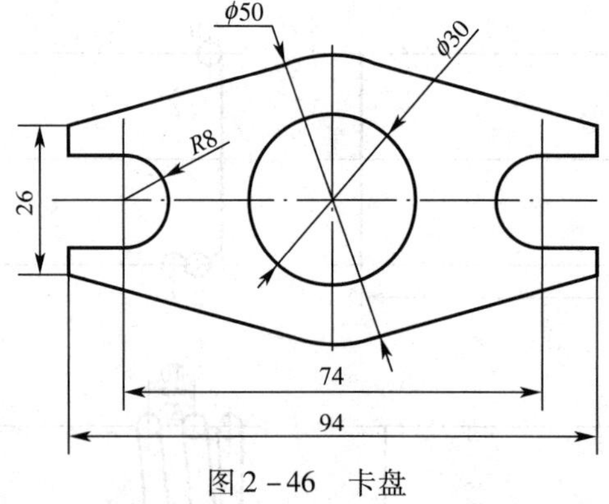

图 2－46　卡盘

知识准备

镜 像 命 令

1. 启动“镜像”命令的方法

➢ 在命令行输入“MIRROR”或“MI”，按【Enter】键。

➢ 选择下拉菜单中的“修改”→“镜像”命令。

➢ 单击“修改”工具栏中的“镜像”按钮。

2. 功能

镜像可将选定的图形对象作对称关系的复制，也可删去原图形，一般应用于绘制具有对称特征的图形。

3. 说明

➢ 当命令行提示“要删除源对象吗？［是（Y）/否（N）］<N>”时，若用户不需保留原对象时，可输入“Y”，并按【Enter】键。

➢ 如果镜像文本对象：当系统变量 MIRRTEXT 值为 1 时，镜像后的文本变为反文和倒排，如图 2－47（a）所示；当 MIRRTEXT 值为 0 时，文本将变为可读镜像，如图 2－47（b）所示。

（a）MIRRTEXT=1　　（b）MIRRTEXT=0

图 2－47　镜像文本

任务实施

步骤 1：新建粗实线层和点画线层。

步骤 2：在相应图层中绘制中心线及 ϕ50 和 ϕ30 的圆，结果如图 2－48（a）所示。

步骤 3：绘制卡盘左侧直线，其中直线 *AB* 与 ϕ50 的圆相切，利用对象捕捉“切点”功能确定 *B* 点位置，结果如图 2－48（b）所示。

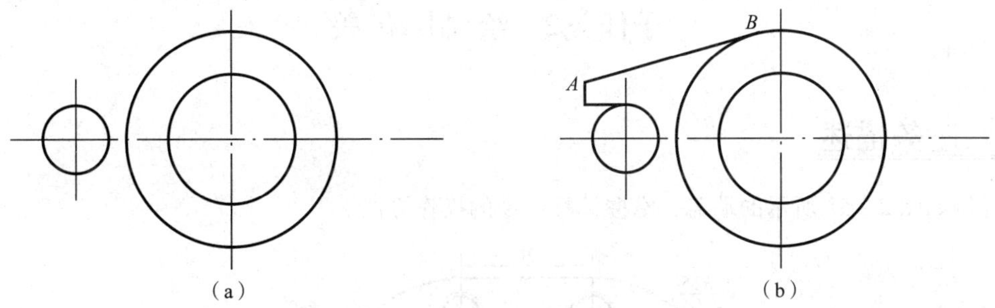

（a）　　（b）

图 2－48　绘制圆及直线

步骤 4：启动“修剪”命令，修剪多余图线，结果如图 2－49（a）所示。

步骤 5：启动“镜像”命令，绘制左端图形，命令行操作显示如下：

①命令：_ mirror；

②选择对象：（选取如图 2－49（a）所示的图形为镜像对象）；

③选择对象：（按【Enter】键结束选取）；

④指定镜像线的第一点：指定镜像线的第二点：（以水平中心线为镜像线，分别捕捉镜像线上第一点 *C* 和第二点 *D*）；

⑤要删除源对象吗？［是（Y）/否（N）］<N>：（按【Enter】键得到图 2－49（b）所示图形）。

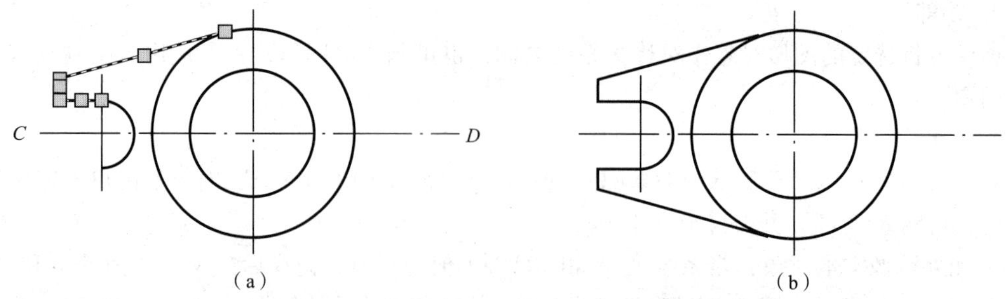

图 2－49　以水平中心线为镜像线镜像图形

步骤 6：同理选取如图 2－50（a）所示图形为镜像对象，以竖直中心线 *EF* 为镜像线，完成右侧图形的绘制。

步骤 7：启动“修剪”命令，修剪多余图线，结果如图 2－50（b）所示。

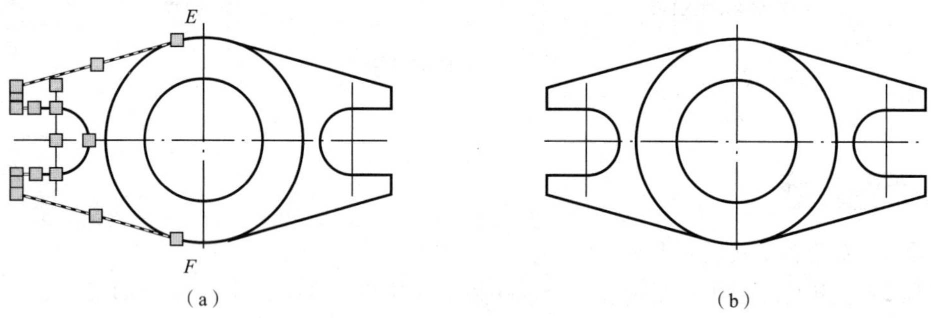

图 2－50　以竖直中心线为镜像线镜像图形

子任务 2　绘 制 端 盖

任务描述

绘制如图 2－51 所示的端盖，掌握偏移命令的操作方法。

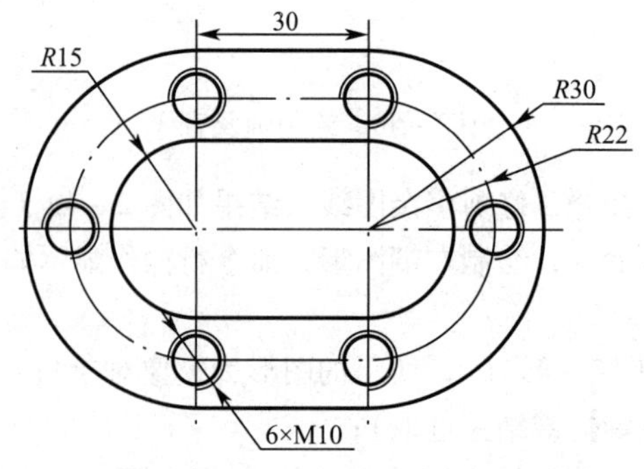

图 2－51　端盖

知识准备

偏 移 命 令

1. 启动“偏移”命令的方法

➢ 在命令行输入“OFFSET”或“O”，按【Enter】键。

➢ 选择下拉菜单中的“修改”→“偏移”命令。

➢ 单击“修改”工具栏中的“偏移”按钮。

2. 功能

偏移可按指定的距离或通过点来生成与原对象平行的新对象。它可对直线、圆、圆弧、样条曲线、闭合多段线等对象进行操作。对直线、构造线等元素的操作将平行偏移复制，对圆、圆弧等元素操作将同心复制，对闭合多段线操作可生成等距闭合多段线。

3. 选项说明

➢ 偏移距离：指定偏移距离的具体数值。

➢ 通过（T）：指定通过点的方式进行偏移。如图2－52（a）所示，以六边形为偏移对象，捕捉点*A*，将点*B*作为“通过点”，偏移结果如图2－52（b）所示。

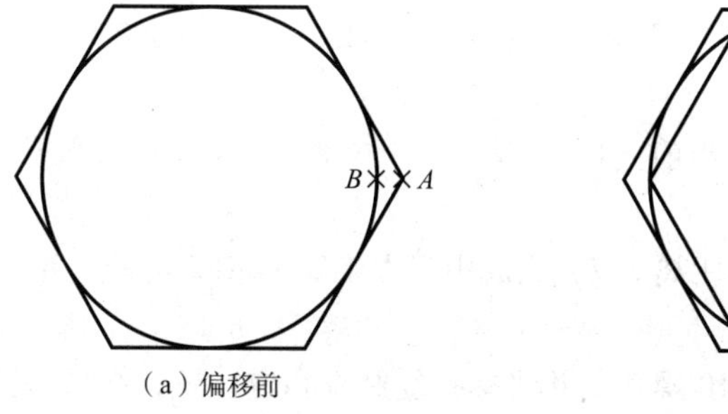

（a）偏移前　　（b）偏移结果

图2－52　按“通过点”方式偏移对象

➢ 删除（E）：确定是否要在偏移后删除源对象。

➢ 图层（L）：设置偏移后的图形对象是在当前层还是在原图层。

任务实施

步骤1：新建粗实线层和点画线层。

步骤2：在点画线层中绘制中心线，在粗实线层中绘制最内圈的半径为*R*15的两个半圆及直线，结果如图2－53（a）所示。

步骤3：启动“偏移”命令，绘制最外圈的半径为*R*30的两个半圆及直线，命令行操作显示如下：

①命令_ offset；

②当前设置：删除源＝否　图层＝源　OFFSETGAPTYPE＝0（当前模式）；

③指定偏移距离或［通过（T）/删除（E）/图层（L）］＜10.0000＞：15（输入偏移距离

值并按【Enter】键)；

④选择要偏移的对象，或［退出（E）/放弃（U）］<退出>：(选取左侧半圆)；

⑤指定要偏移的那一侧上的点，或［退出（E）/多个（M）/放弃（U）］<退出>：(在左侧半圆外侧引导光标，单击左键确定偏移方向)；

同理完成右侧半圆及两条直线的偏移，结果如图 2-53（b）所示。

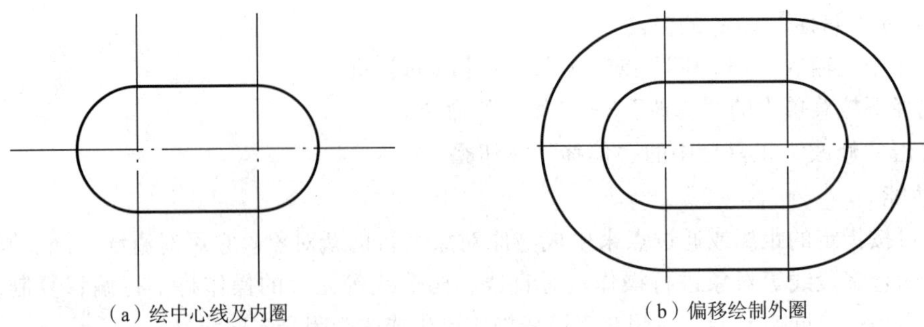

(a) 绘中心线及内圈　　(b) 偏移绘制外圈

图 2-53　绘制端盖内圈和外圈

步骤 4：选择点画线层为当前层，启动“偏移”命令，绘制中间圈的半径为 $R22$ 的两个半圆及直线，主要命令行操作显示如下：

①命令_ offset；

②指定偏移距离或［通过（T）/删除（E）/图层（L）］<15.0000>：L（选设置图层选项)；

③输入偏移对象的图层选项［当前（C）/源（S）］<源>：c（设置偏移后的图形对象将在当前层)；

其余步骤参照步骤 3 设置偏移距离为 7，完成中间圈半径为 $R22$ 的两个半圆及直线的绘制，结果如图 2-54（a）所示。

步骤 5：在相应图层中绘制 M10 螺孔，并将螺孔复制到相应位置，结果如图 2-54（b）所示，完成端盖绘制。

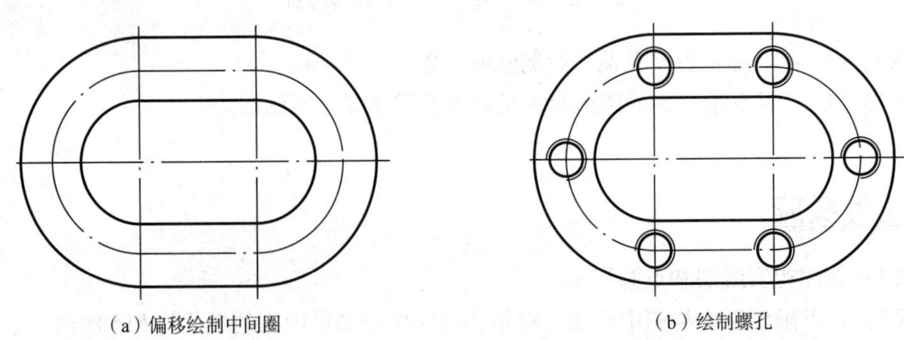

(a) 偏移绘制中间圈　　(b) 绘制螺孔

图 2-54　绘制端盖螺孔

技能训练

利用直线、多边形、圆、圆角、倒角等命令绘制如图 2-55 所示图形。

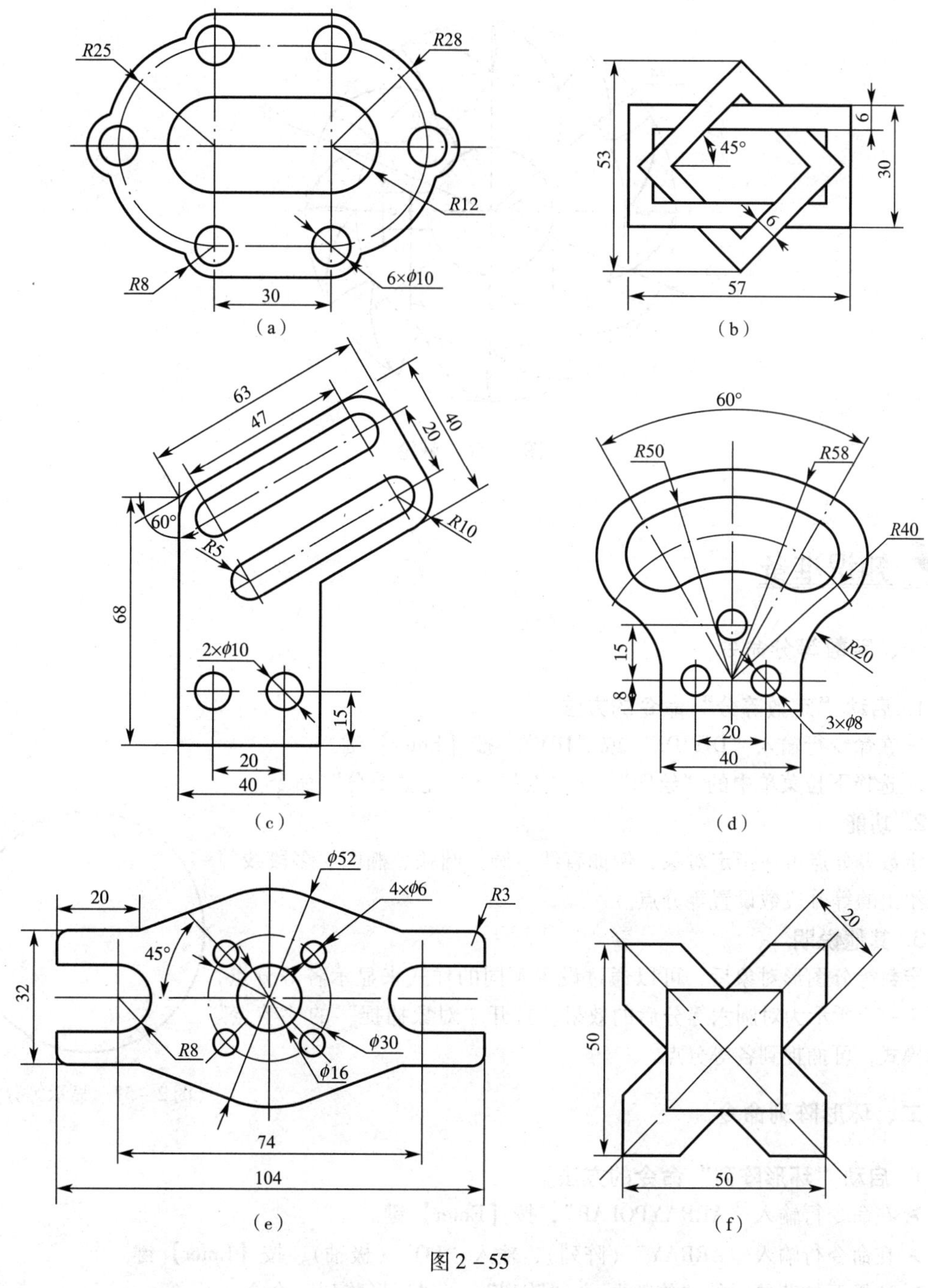

图2-55

任务7　绘制棘轮

任务描述

绘制如图2-56所示的棘轮，掌握定数等分、环形阵列的操作方法。

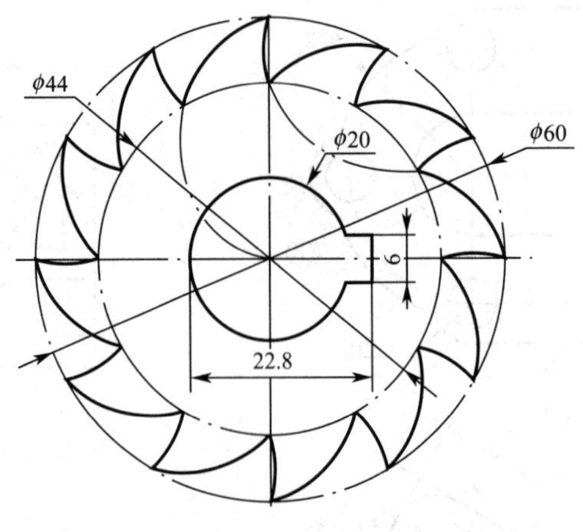

图 2－56 棘轮

知识准备

一、定数等分命令

1. 启动“定数等分”命令的方法

➢ 在命令行输入“DIVIDE”或“DIV”，按【Enter】键。

➢ 选择下拉菜单中的“绘图”→“点”→“定数等分”命令。

2. 功能

定数等分点可在指定对象，例如直线、圆、圆弧、椭圆、多段线等上按给出的等分段数设置等分点。

3. 其他说明

定数等分图形对象后，可以通过设置不同的样式来显示各等分点，如图 2－57 所示为对圆六等分后的效果。打开“对象捕捉”的“节点”捕捉模式，可捕捉到各等分点。

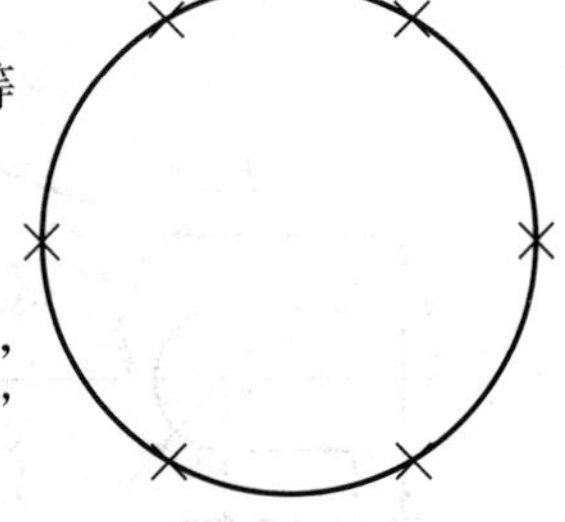

图 2－57 显示等分点

二、环形阵列命令

1. 启动“环形阵列”命令的方法

➢ 在命令行输入“ARRAYPOLAR”，按【Enter】键。

➢ 在命令行输入“ARRAY”（阵列），输入“PO”（极轴），按【Enter】键。

➢ 选择下拉菜单中的“修改”→“阵列”→“环形阵列”命令。

2. 功能

环形阵列是通过围绕指定的圆心复制指定数量的图形对象来创建阵列，阵列结果是使阵列对象沿中心点的四周均匀排列成环形。

3. 主要选项说明

➢ 关联（AS）：指定是否在阵列中创建项目作为关联阵列对象，或作为独立对象。

➢ 旋转轴（A）：阵列的旋转轴，该选项用于三维图形操作。

➢ 项目（I）：指阵列的项目数。

➢ 项目间角度（A）：指定项目之间的角度。

➢ 填充角度（F）：指定图形的填充角度，角度为正值时沿逆时针方向阵列，角度为负值时沿顺时针方向阵列。如图2－58（a）中以小圆为阵列对象，设置填充角度为－240°，阵列结果如图2－58（b）所示。

➢ 行（ROW）：编辑阵列中行数和行间距。如图2－58（a）中以小圆为阵列对象，以大圆圆心为阵列中心点，设置项目数为6，阵列行数为2，行间距为10，阵列结果如图2－58（c）所示。

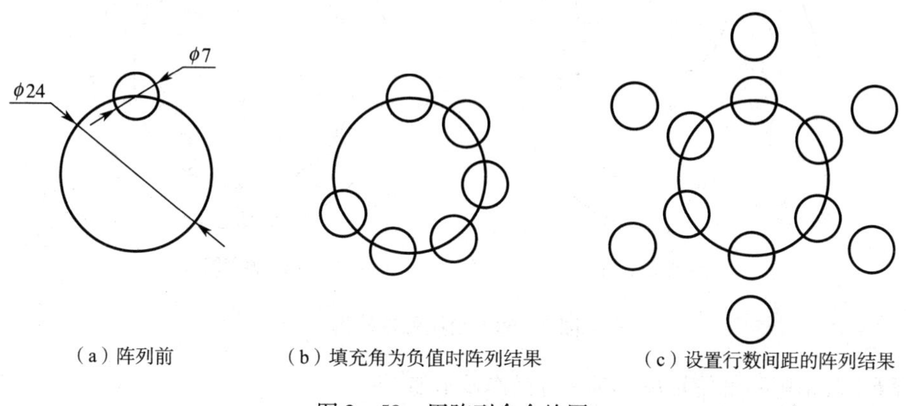

（a）阵列前　（b）填充角为负值时阵列结果　（c）设置行数间距的阵列结果

图2－58　用阵列命令绘图

任务实施

步骤1：新建“粗实线层”和“点画线层”图层。

步骤2：在“点画线层”中绘制中心线，绘制 ϕ60 和 ϕ44 的圆，结果如图2－59（a）所示。

步骤3：设置点样式为“╳”样式，点大小为2%。

步骤4：将 ϕ60 和 ϕ44 的圆12等分。启动“定数等分”命令，命令行操作显示如下：

①命令：_ divide；

②要定数等分的对象：(选取 ϕ60 为定数等分对象)；

③输入线段数目或［块（B）］：12（输入定数等分数目）。

完成 ϕ60 的圆12等分，同理完成 ϕ44 的圆12等分，结果如图2－59（b）所示。

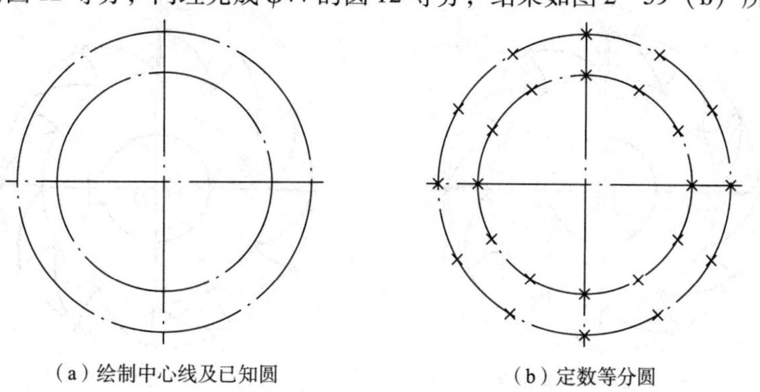

（a）绘制中心线及已知圆　（b）定数等分圆

图2－59　将已知圆定数等分

步骤5：绘制棘轮轮齿。

（1）启动“圆弧”命令，打开“节点”对象捕捉模式，用三点绘圆弧方式绘制圆弧 *ABO* 和 *ACD*，结果如图 2 – 60（a）所示。

（2）修剪多余图线，结果如图 2 – 60（b）所示。

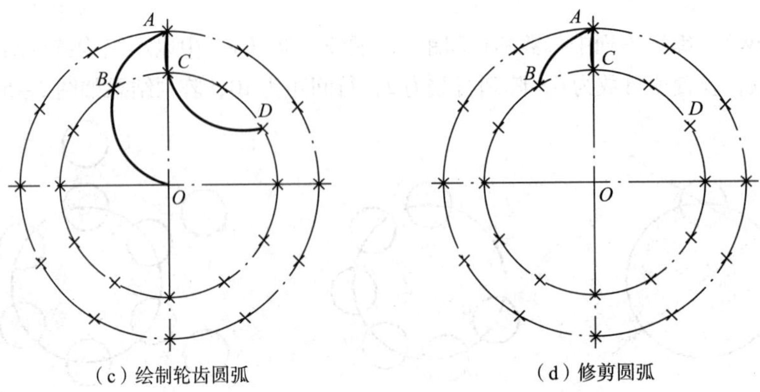

（c）绘制轮齿圆弧　　（d）修剪圆弧

图 2 – 60　绘制棘轮轮齿

步骤6：环形阵列棘轮轮齿，命令行操作显示如下：

①命令：_ arraypolar；

②选择对象：（选取圆弧 *AB* 和 *AC* 为环形阵列的对象）；

③类型 = 极轴　关联 = 是　（当前阵列的类型和阵列对象关联性）；

④指定阵列的中心点或［基点（B）/旋转轴（A）］：（选取 *O* 点作为阵列的中心点）；

⑤选择夹点以编辑阵列或［关联（AS）/基点（B）/项目（I）/项目间角度（A）/填充角度（F）/行（ROW）/层（L）/旋转项目（ROT）/退出（X）］<退出>：I（选取设置阵列项目数选项）；

⑥输入阵列中的项目数或［表达式（E）］<6>：12（设置阵列项目数）；

⑦选择夹点以编辑阵列或［关联（AS）/基点（B）/项目（I）/项目间角度（A）/填充角度（F）/行（ROW）/层（L）/旋转项目（ROT）/退出（X）］<退出>：（按【Enter】键确认）。

完成棘轮轮齿环形阵列，结果如图 2 – 61（a）所示。

步骤7：绘制棘轮轮毂及键槽，结果如图 2 – 61（b）所示。

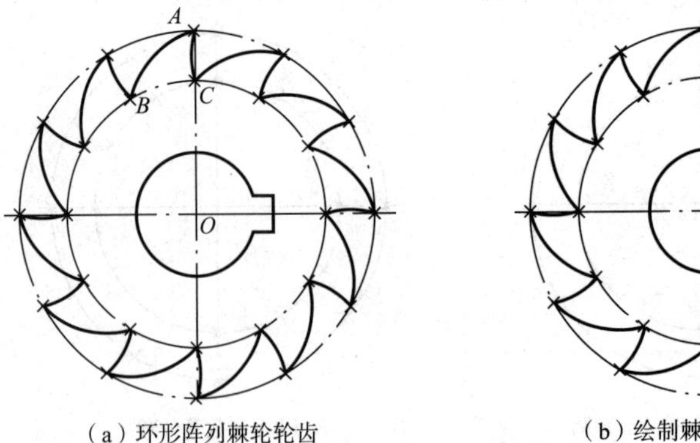

（a）环形阵列棘轮轮齿　　（b）绘制棘轮轮毂及键槽

图 2 – 61　棘轮绘制结果

子任务　绘制遥控器面板

任务描述

绘制如图 2－62 所示的遥控器面板，掌握矩形阵列命令的操作方法。

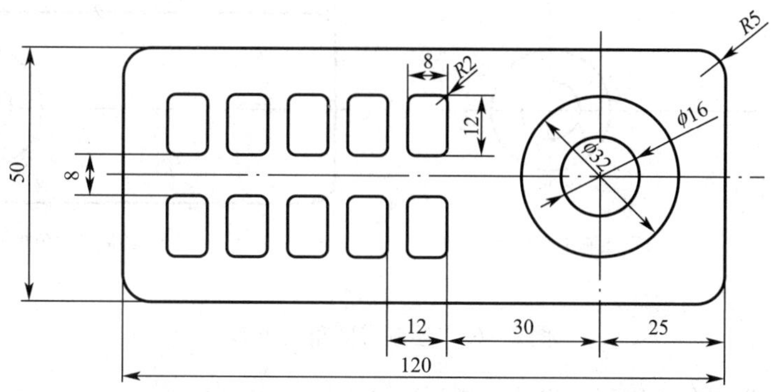

图 2－62　遥控器面板

知识准备

矩形阵列命令

1. 启动“矩形阵列”命令的方法

➢ 在命令行输入“ARRAYRECT”，按【Enter】键。

➢ 在命令行输入“ARRAY”（阵列），输入“R”（矩形），按【Enter】键。

➢ 选择下拉菜单中的“修改”→“阵列”→“矩形阵列”命令。

➢ 单击“修改”工具栏中的“矩形阵列”按钮。

2. 功能

矩形阵列是将图形按矩形位置进行排列，通过设置行列数及行列间距来多重复制线性排列的图形。

3. 主要选项说明

➢ 计数（COU）：选择该项时，命令行将提示输入列数数和行数数。

➢ 间距（S）：选择该项时，命令行将提示输入列之间的距离和行之间的距离。行距或列距为正值时，将沿 X 轴或 Y 轴正方向阵列对象，否则反之。

任务实施

步骤 1：新建粗实线层和点画线层。

步骤 2：在点画线层中绘制中心线，在粗实线层中绘制 $\phi32$ 和 $\phi16$ 圆，结果如图 2－63（a）所示。

步骤3：绘制带圆角大矩形，启动“矩形”命令，操作如下：

①设置矩形圆角半径为5；

②启动“捕捉自”命令，选择ϕ32圆的圆心点O为基点，输入偏移量：@25，－25，确定矩形第一角点A；

③输入偏移量：@－120，50，确定矩形第二角点B，结果如图2－63（b）所示。

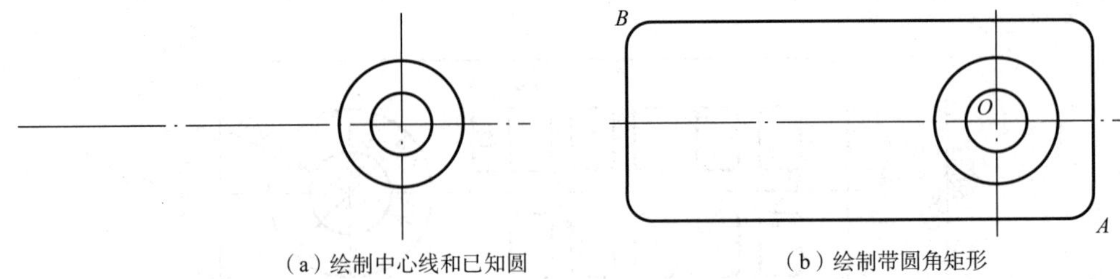

（a）绘制中心线和已知圆　　（b）绘制带圆角矩形

图2－63　绘制带圆角大矩形

步骤4：绘制带圆角小矩形，启动“矩形”命令，操作如下：

①设置矩形圆角半径为2；

②以点C作为“捕捉自”基点，输入偏移量：@－30，9，确定矩形第一角点D；

③输入偏移量：@－8，12，确定矩形第二角点E，结果如图2－64（a）所示。

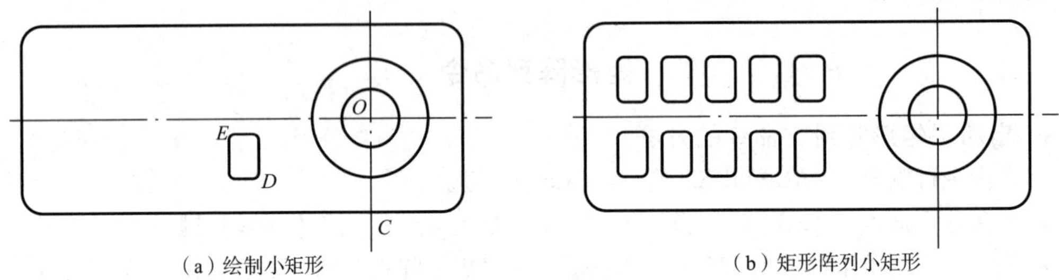

（a）绘制小矩形　　（b）矩形阵列小矩形

图2－64　绘制带圆角小矩形

步骤5：绘制带圆角小矩形，启动“矩形阵列”命令，命令行操作显示如下：

①命令：_ arrayrect；

②选择对象：（选取小矩形为阵列对象）；

③类型＝矩形　关联＝是（当前阵列的类型和阵列对象关联性）；

④选择夹点以编辑阵列或［关联（AS）/基点（B）/计数（COU）/间距（S）/列数（COL）/行数（R）/层数（L）/退出（X）］<退出>：COU（选择计数选项）；

⑤输入列数数或［表达式（E）］<4>：5（设置5列）；

⑥输入行数数或［表达式（E）］<3>：2（设置2行）；

⑦选择夹点以编辑阵列或［关联（AS）/基点（B）/计数（COU）/间距（S）/列数（COL）/行数（R）/层数（L）/退出（X）］<退出>：S（选择间距选项）；

⑧指定列之间的距离或［单位单元（U）］<10>：－12（输入列间距值并按【Enter】键）；

⑨指定行之间的距离 <18 >：20（输入行间距值并按【Enter】键）；

⑩选择夹点以编辑阵列或［关联（AS）/基点（B）/计数（COU）/间距（S）/列数（COL）/行数（R）/层数（L）/退出（X）］<退出>：（按【Enter】键确认）。

完成小矩形阵列，结果如图 2－64（b）所示。

技能训练

利用矩形阵列、环形阵列等命令绘制如图 2－65 所示图形。

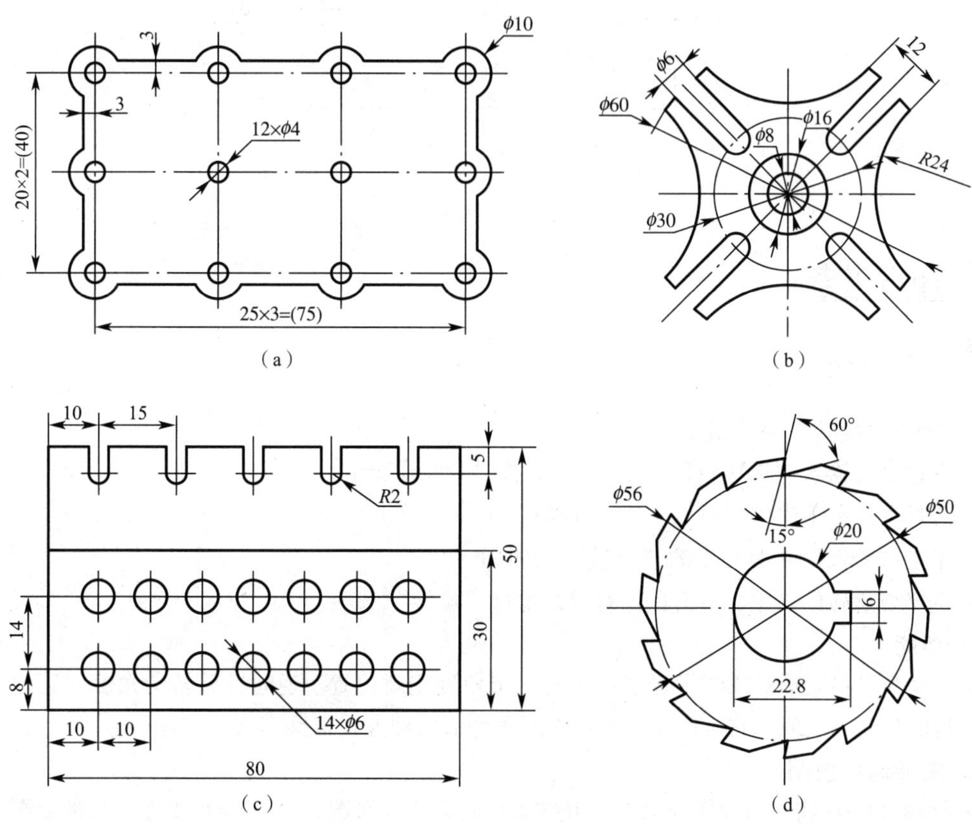

图　2－65

任务 8　绘制斜板

任务描述

绘制如图 2－66 所示的斜板，掌握旋转、对齐命令的操作方法。

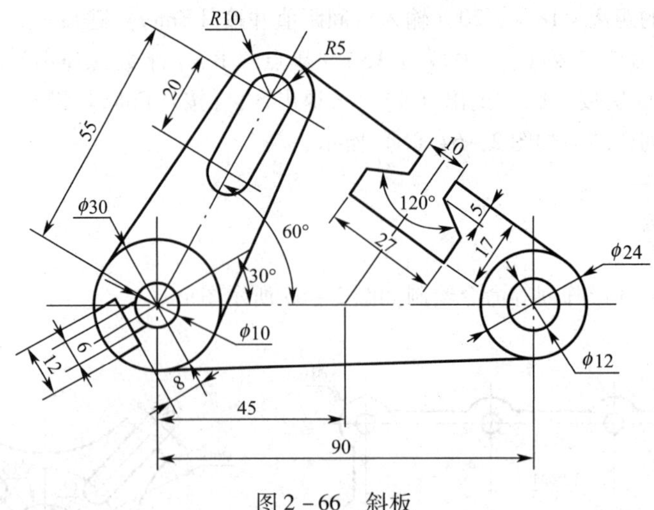

图 2-66　斜板

知识准备

一、旋转命令

1. 启动“旋转”命令的方法

➢ 在命令行输入“ROTATE”或“RO”，按【Enter】键。

➢ 选择下拉菜单中的“修改”→“旋转”命令。

➢ 单击“修改”工具栏中的“旋转”按钮。

➢ 选择要旋转的对象，单击鼠标右键，选择“旋转”选项。

2. 功能

旋转命令可将图形对象绕指定基点旋转一定角度到新位置。逆时针旋转的角度为正值，顺时针旋转的角度为负值。它可按角度值及参照角度值两种方式来操作。

3. 主要选项说明

➢ 复制（C）：将保留原图形对象，并放置旋转副本。对图 2-67（a）中左上角部分图形进行旋转复制操作，旋转角度为 -66°，结果如图 2-67（b）所示。

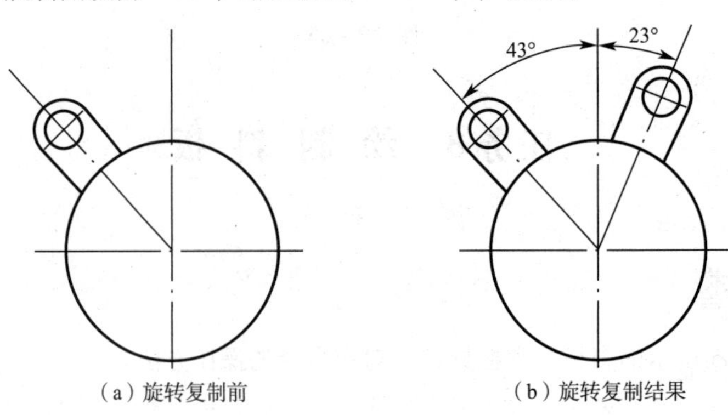

（a）旋转复制前　　（b）旋转复制结果

图 2-67　旋转复制操作

➢ 参照（R）：将对象从指定的角度旋转到新的绝对角度。将如图2－68（a）所示的三角形旋转至图2－68（b）所示位置时，可选用“参照（R）”选项，命令行将提示：

（1）指定参照角度：可通过指定图2－68(a)中的*O*、*A*两点来确定参照角度。

（2）指定新角度：通过指定图2－68（a）*O*、*B*两点来确定新的绝对角度，完成参照角度旋转操作，使*OA*线与*OB*线重合，结果如图2－68（b）所示。

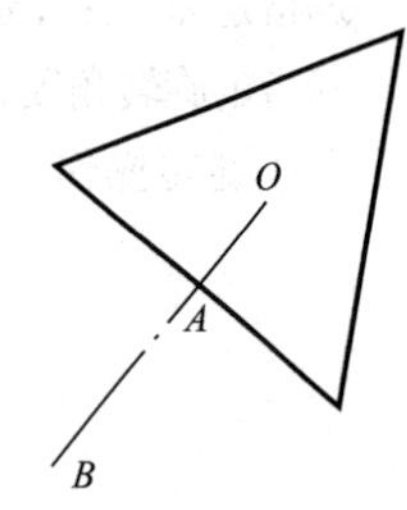

（a）参照角度旋转前　（b）参照角度旋转后

图2－68　参照角度旋转操作

二、对齐命令

1. 启动“对齐”命令的方法

➢ 在命令行输入“ALIGN”或“AL”，按【Enter】键。

➢ 选择下拉菜单中的“修改”→“三维操作”→“对齐”命令。

2. 功能

对齐命令可通过移动、旋转图形对象的方式来使其与另一个对象对齐。在对齐二维图形对象时，需要指定两个源点和两个目标点。

3. 说明

对齐命令可以选择是否基于对齐点缩放对象。例如将图2－69（a）所示源对象与图2－69（b）所示目标对象执行对齐操作，以*A*、*C*点分别作为第一源点和目标点，以B、D分别作为第二源点和目标点，当不缩放对象时结果如图2－69（c）所示，若选择缩放对象时结果如图2－69（d）所示。

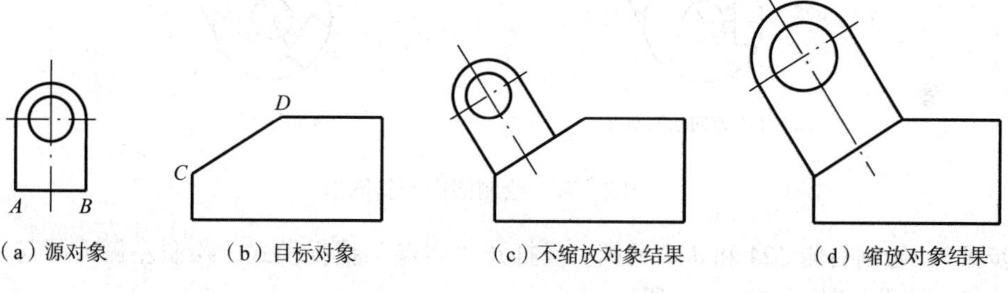

（a）源对象　（b）目标对象　（c）不缩放对象结果　（d）缩放对象结果

图2－69　对齐操作

任务实施

步骤1：新建粗实线层和点画线层。

步骤2：先按水平方向绘制出左侧倾斜图形，结果如图2－70（a）所示。

步骤3：启动“旋转”命令，将图2－70（a）所示图形逆时针旋转60°至图2－70（b）所示位置，命令行操作显示如下：

①命令：_ rotate;

②UCS当前的正角方向：ANGDIR＝逆时针　ANGBASE＝0；

③选择对象：指定对角点：找到 13 个（选取要旋转的图形对象）；

④选择对象：（按【Enter】键结束选取）；

⑤指定基点：（选择大圆圆心 O 为旋转基点）；

⑥指定旋转角度，或［复制（C）/参照（R）］ <31>：60（输入旋转角度值按【Enter】键）。完成旋转操作。

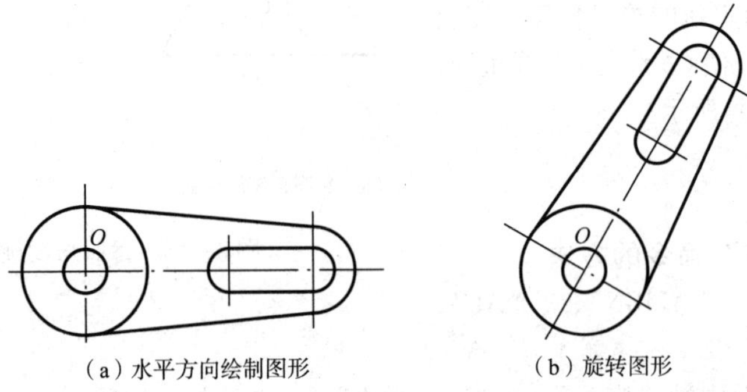

（a）水平方向绘制图形　　（b）旋转图形

图 2－70　绘制左侧倾斜图形

步骤 4：在大圆中绘制如 2－71（a）所示图形，将该图形以点 O 为基点旋转 30°至图 2－71（b）所示位置，操作方法同步骤 3。

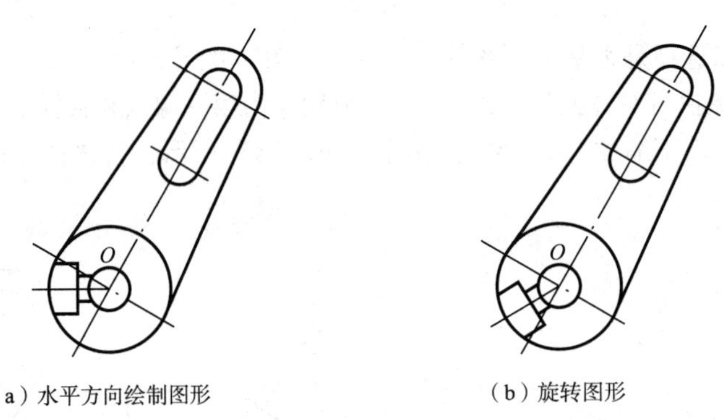

（a）水平方向绘制图形　　（b）旋转图形

图 2－71　绘制圆内倾斜图形

步骤 5：绘制右侧 ϕ24 和 ϕ12 的圆。只打开“切点”捕捉模式，绘制左侧大圆与右侧大圆的相切线，结果如图 2－72（a）所示。

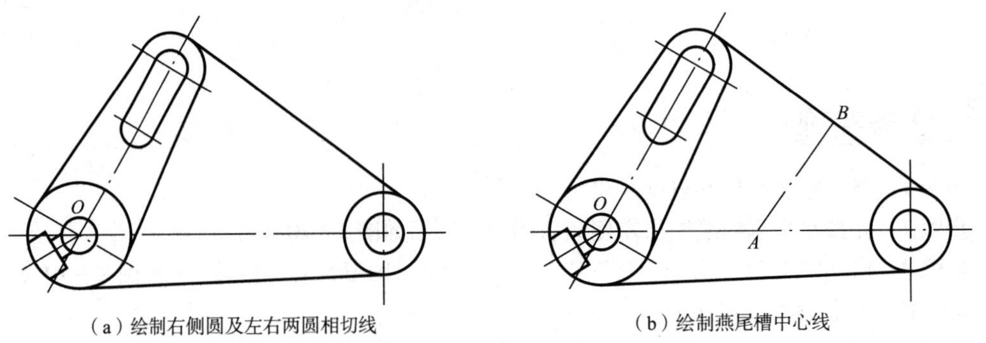

（a）绘制右侧圆及左右两圆相切线　　（b）绘制燕尾槽中心线

图 2－72　绘制右侧图形

步骤6：绘制燕尾槽中心线，打开“垂足”捕捉模式，过点 *A* 作右上方倾斜切线的垂线，垂足点为 *B* 点，结果如图 2－72（b）所示。

步骤7：在水平方向绘制燕尾槽及中心线，结果如图 2－73（a）所示。

步骤8：启动“对齐”命令，将燕尾槽对齐至指定位置，命令行操作显示如下：

①命令：_ align；

②选择对象：指定对角点：找到 8 个（选择燕尾槽为对齐对象）；

③选择对象：（按【Enter】键结束选取）；

④指定第一个源点：（选取点 *C*）；

⑤指定第一个目标点：（选取点 *B*）；

⑥指定第二个源点：（选取点 *D*）；

⑦指定第二个目标点：（选取点 *A*）；

⑧指定第三个源点或 <继续>：（按【Enter】键结束选取）；

⑨是否基于对齐点缩放对象？［是（Y）/否（N）］ <否>：（按【Enter】键默认为不缩放对象）。

完成对齐操作，修剪多余图线，结果如图 2－73（b）所示。

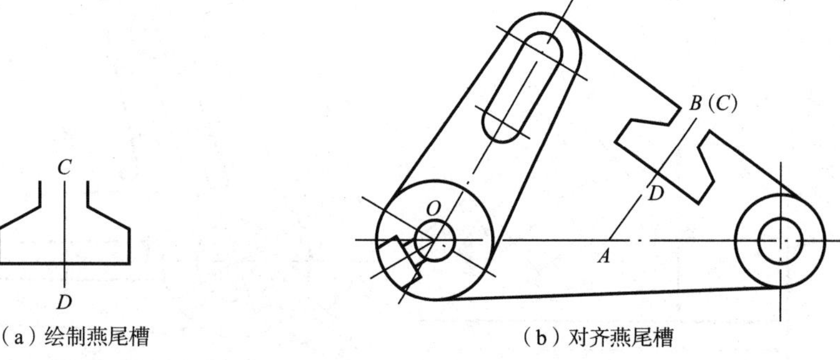

（a）绘制燕尾槽　　（b）对齐燕尾槽

图 2－73　绘制图形燕尾槽

说明：在步骤 8 中也可以用“移动”命令先将燕尾槽移至如图 2－74（a）所示位置，使点 *C* 与点 *B* 重合，再用“旋转”命令将燕尾槽参照旋转至指定位置，命令行操作显示如下：

①命令：_ rotate；

②UCS 当前的正角方向：ANGDIR = 逆时针　ANGBASE = 0；

③选择对象：指定对角点：找到 8（选择燕尾槽为旋转对象并按【Enter】键结束选取）；

④指定基点：（选取点 *B* 为旋转基点）；

⑤指定旋转角度，或［复制（C）/参照（R）］ <0>：R（选取参照模式）；

⑥指定参照角 <0>：（选取点 *C* 为参考角度第一点）；

⑦指定第二点：（选取点 *D* 为参考角度第二点）；

⑧指定新角度或［点（P）］ <0>：（选取点 A 为新角度）。

使燕尾槽中心线 *CD* 与 *AB* 线重合，实现参照旋转操作，修剪多余图线，结果如图 2－74（b）所示。

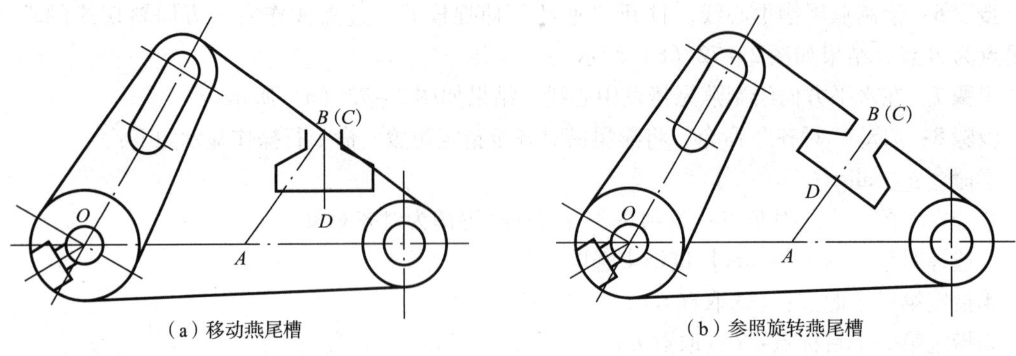

（a）移动燕尾槽　　（b）参照旋转燕尾槽

图 2－74　绘制结果

技能训练

利用旋转、对齐等命令绘制如图 2－75 所示图形。

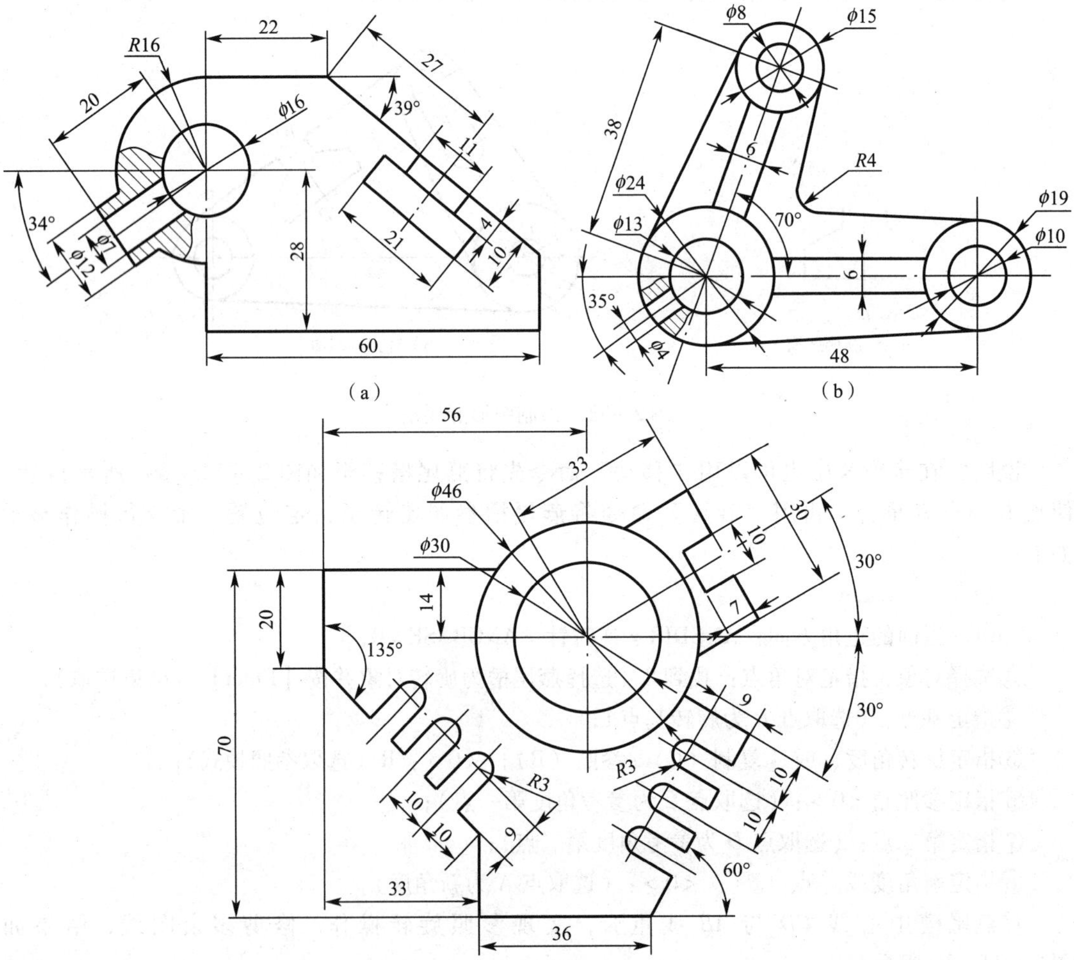

（a）

（b）

（c）

图　2－75

任务9 绘制多孔板

任务描述

绘制如图2－76所示的多孔板，掌握缩放命令的操作方法。

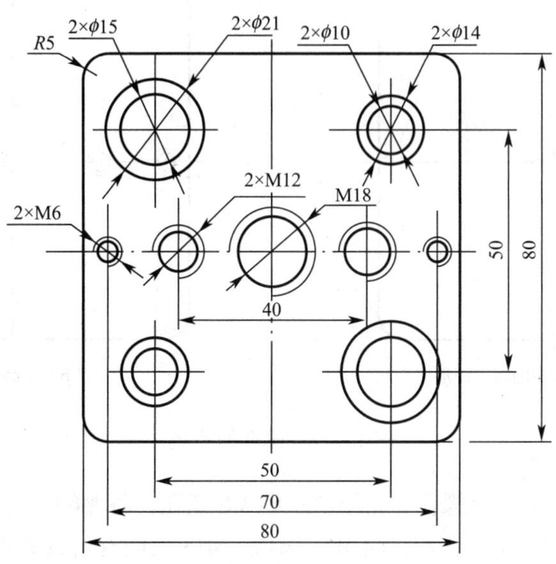

图2－76 多孔板

知识准备

缩放命令

1. 启动"缩放"命令的方法

➢ 在命令行输入"SCALE"或"SC"，按【Enter】键。

➢ 选择下拉菜单中的"修改"→"缩放"命令。

➢ 单击"修改"工具栏中的"缩放"按钮。

➢ 选择要缩放的对象，右击，选择"缩放"选项。

2. 功能

缩放命令可在选定的基点位置对图形对象进行放大或缩小的操作。有指定比例因子和参照两种模式。

3. 主要选项说明

➢ 复制（C）：在缩放时保留源对象。

➢ 参照（R）：按参照长度和指定的新长度缩放所选对象。

任务实施

步骤1：新建粗实线层、细实细层和点画线层。

步骤2：在点画线层绘制中心线，在粗实线层绘制带圆角的矩形，结果如图 2 – 77（a）所示。

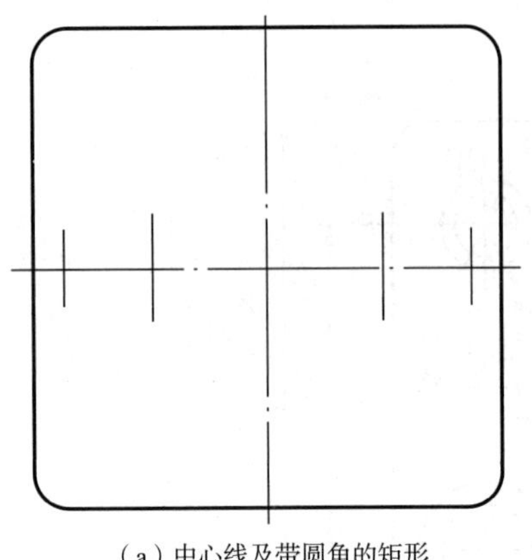

（a）中心线及带圆角的矩形

（b）绘制M6螺孔

图 2 – 77　螺孔的绘制

步骤3：绘制水平方向五个螺孔。先绘制左侧 M6 螺孔，将 M6 螺孔向右复制，位移距离为 15 和 35，结果如图 2 – 77（b）所示。因 M6、M12、M18 之间有倍数关系，启动“缩放”命令，绘制 M12、M18 螺孔，命令行如下：

①命令：_ scale；

②选择对象：指定对角点：找到 2 个（选取螺孔）；

③选择对象：（按【Enter】键结束选取）；

④指定基点：（选取该螺孔的圆心）；

⑤指定比例因子或［复制（C）/参照（R）］：2（输入缩放比例）。

完成 M12 螺孔的绘制，同理按比例因子为 3 缩放螺孔得到 M18 螺孔，结果如图 2 – 78（a）所示。

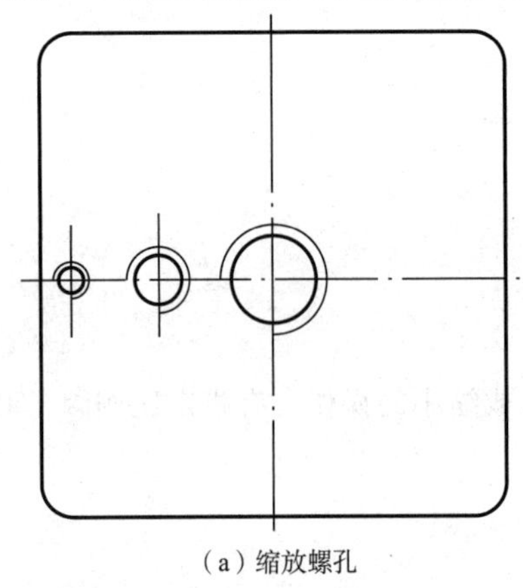

（a）缩放螺孔

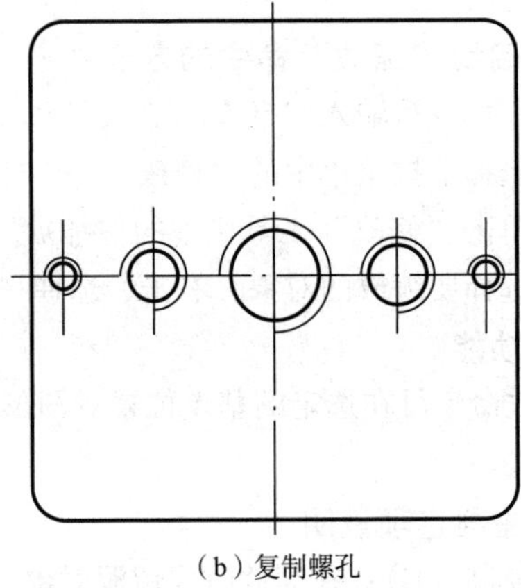

（b）复制螺孔

图 2 – 78　螺孔缩放与复制

步骤 4：分别将左侧 M6 和 M12 螺孔复制到右侧，结果如图 2－78（b）所示。

步骤 5：绘制左下角 ϕ14、ϕ10 圆孔，将其复制至左上角位置，位移距离为 50。用“缩放”命令对两圆孔进行操作，比例因子为 1.5，得到左上角 ϕ21、ϕ15 圆孔，结果如图 2－79（a）所示。

步骤 6：分别复制左侧两组圆孔至右侧指定位置，结果如图 2－79（b）所示。

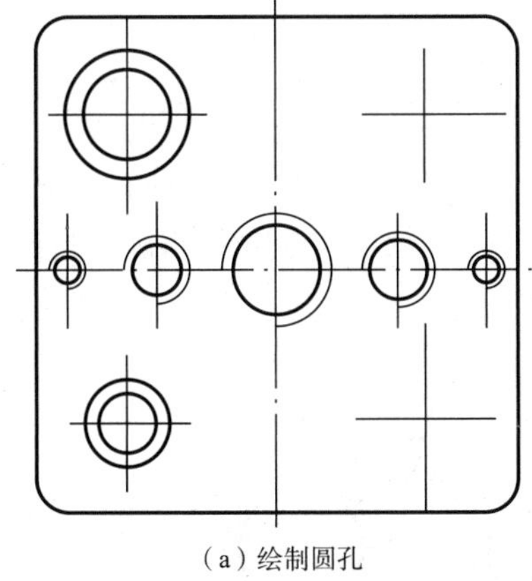

（a）绘制圆孔

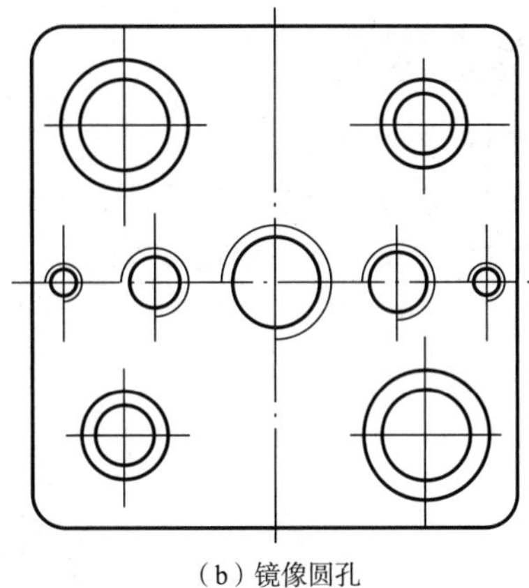

（b）镜像圆孔

图 2－79　圆孔的绘制

友情提示

内螺纹的画法，大径在细实线层绘制，小径在粗实线层绘制，小径按大径的 0.85 近似画出。

子任务 1　绘制圆内多圆相切图形

任务描述

绘制如图 2－80 所示的圆及其内多圆相切的图形，掌握按参照缩放的操作方法。

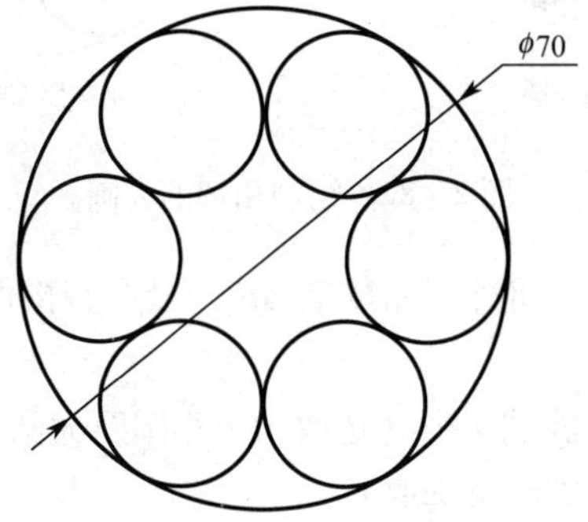

图 2－80　圆及其内多圆相切图形

知识准备

按参照模式缩放对象时可按参照长度和指定的新长度来缩放所选对象。

任务实施

步骤1：新建粗实线层。

步骤2：启动“多边形”命令，绘制任意大小正六边形，结果如图2-81（a）所示。

步骤3：以正六边形的顶点为圆心，以六边形边长的一半为半径绘制圆，将圆复制到其他各顶点处，结果如图2-81（b）所示。

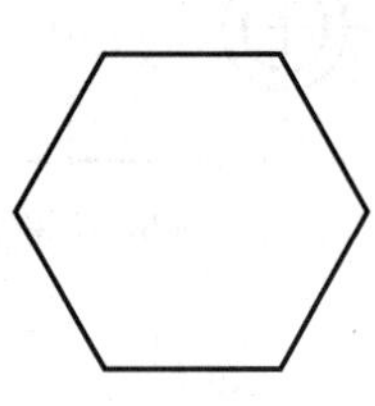

（a）绘制任意六边形

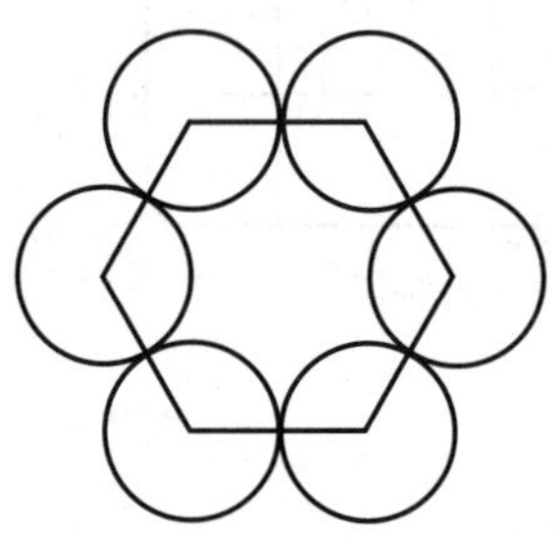

（b）绘制六个相切圆

图2-81 绘制相切圆

步骤4：删除六边形，选择“绘图”→“圆”→“相切、相切、相切”命令，绘制与六个圆都相切的大圆，结果如图2-82（a）所示。

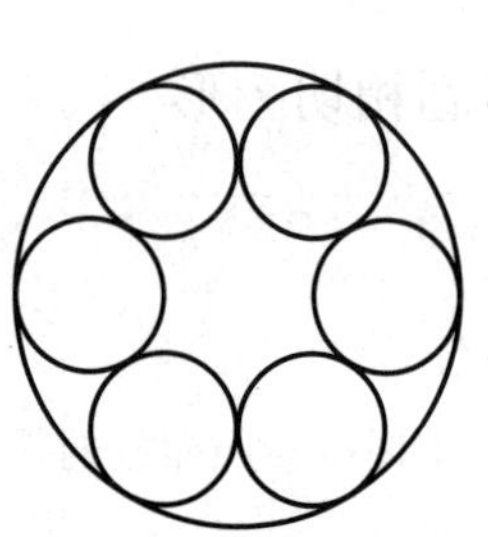

（a）绘制外圆

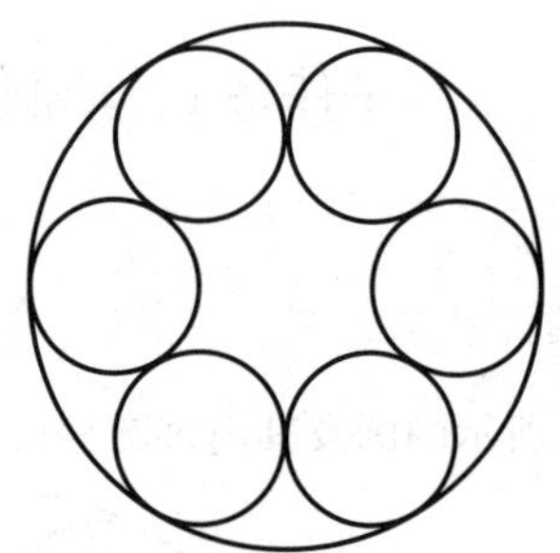

（b）参照缩放图形

图2-82 绘制相切的大圆

步骤5：启动“缩放”命令，将外圆缩放至$\phi70$，命令行操作显示如下：

①命令：_ scale；

②选择对象：指定对角点：找到7个（选取六个小圆及大圆）；

③选择对象：(按【Enter】键结束选取)；

④指定基点：(选取大圆圆心为缩放基点)；

⑤指定比例因子或［复制（C）/参照（R）］：r（选取参照模式）；

⑥指定参照长度<0>：(选取大圆圆心为参照长度第一点)；

⑦指定第二点：(选取大圆右侧象限点为参照长度第二点)；

⑧指定新的长度或［点（P)］ <0>：35（输入“35”作为新的长度并按【Enter】键)。

完成图形的缩放，结果如图2-82（b）所示。

子任务2 绘制栅格板

任务描述

绘制如图2-83所示的栅格板，掌握拉伸命令的操作方法。

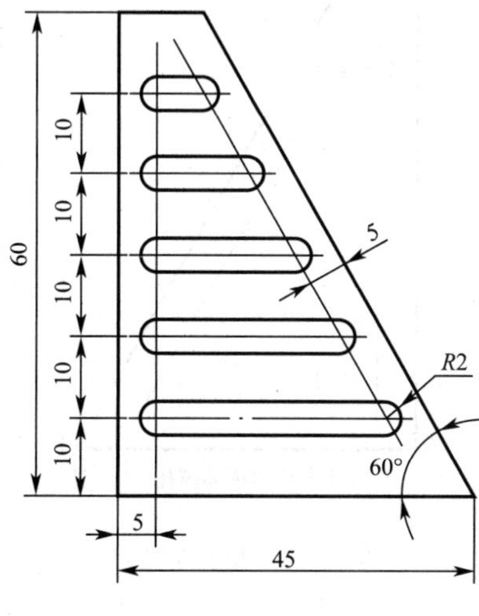

图2-83 栅格板

知识准备

拉 伸 命 令

1. 启动“拉伸”命令的方法

➢ 在命令行输入“STRETCH”或“S”，按【Enter】键。

➢ 选择下拉菜单中的“修改”→“拉伸”命令。

➢ 单击“修改”工具栏中的“拉伸”按钮。

2. 功能

拉伸命令可移动图形中的一部分，并保持移动部分与未移动部分的连接关系，可以拉长、缩短和移动图形对象。

3. 主要选项说明及其他说明

➢ 复制（C)：在缩放时保留源对象。

➢ 使用拉伸命令时，必须用交叉窗口或交叉多边形的方式来选择对象。如果将对象全部选中，则图形将发生平移；如果只选择了部分对象，与窗口边界相交的对象将沿拉伸位移方向拉伸或压缩。

任务实施

步骤 1：新建粗实线层和点画线层。

步骤 2：启动“直线”命令绘制外框线，启动“偏移”命令绘制槽孔的左右两侧中心线，结果如图 2－84（a）所示。

步骤 3：启动“直线”“圆”等命令绘制顶部槽孔，结果如图 2－84（b）所示。

步骤 4：启动“矩形阵列”命令，设置行数为 6，行间距为－10，向下阵列槽孔，结果如图 2－84（c）所示。

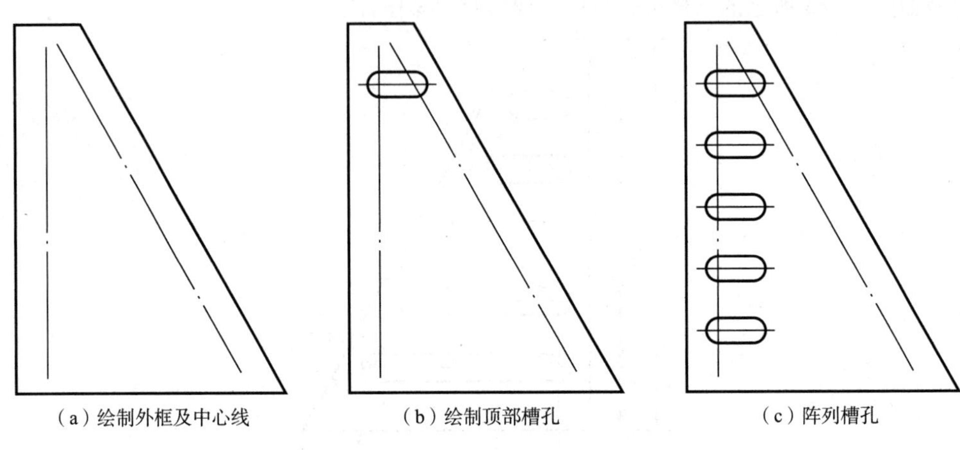

（a）绘制外框及中心线　（b）绘制顶部槽孔　（c）阵列槽孔

图 2－84　槽孔的绘制

步骤 5：拉伸槽孔，启动“拉伸”命令，命令行操作显示如下：

①命令：_ stretch；

②以交叉窗口或交叉多边形选择要拉伸的对象..；

③选择对象：找到 4 个（用交叉窗口方式选择底部槽孔右侧圆弧、两相切线及中心线，如图 2－85（a）所示）；

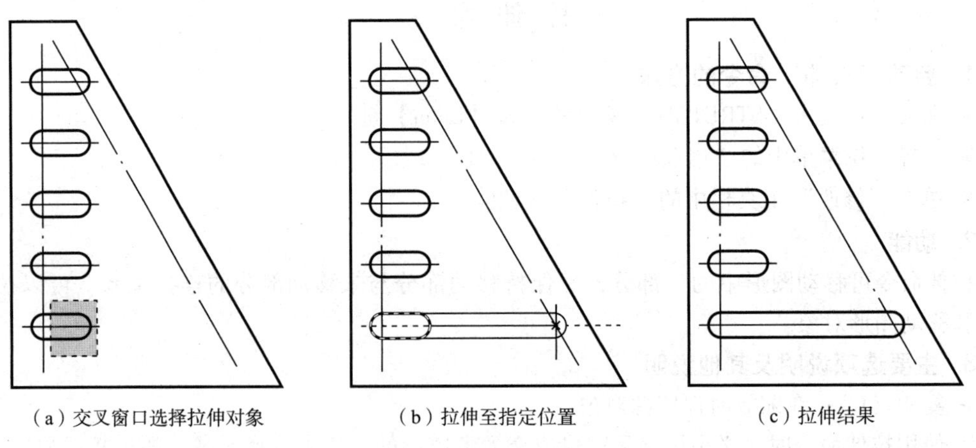

（a）交叉窗口选择拉伸对象　（b）拉伸至指定位置　（c）拉伸结果

图 2－85　槽孔的拉伸

④选择对象：（按【Enter】键结束选取）；

⑤指定基点或［位移（D）］ <位移>：（选取右侧圆弧的中心点为基点）；

⑥指定第二个点或<使用第一个点作为位移>：（水平移动光标至水平线与右侧斜中心线交点处，单击完成拉伸，结果如图 2－85（b）所示）。

同理完成其他槽孔的拉伸。

技能训练

1. 利用缩放等命令绘制如图 2－86 所示图形。

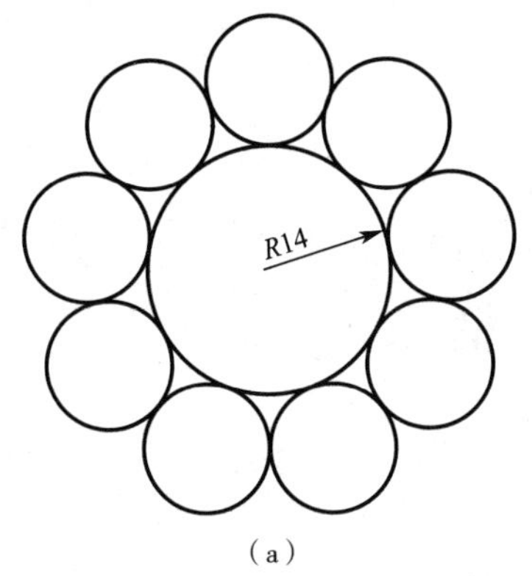

（a）

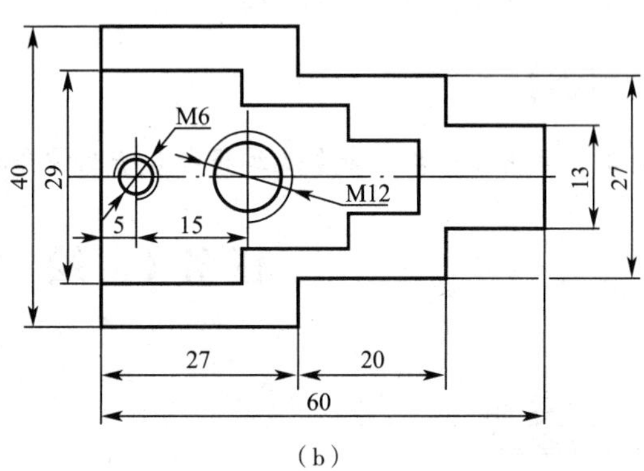

（b）

图　2－86

2. 利用拉伸等命令绘制如图 2－87 所示图形。

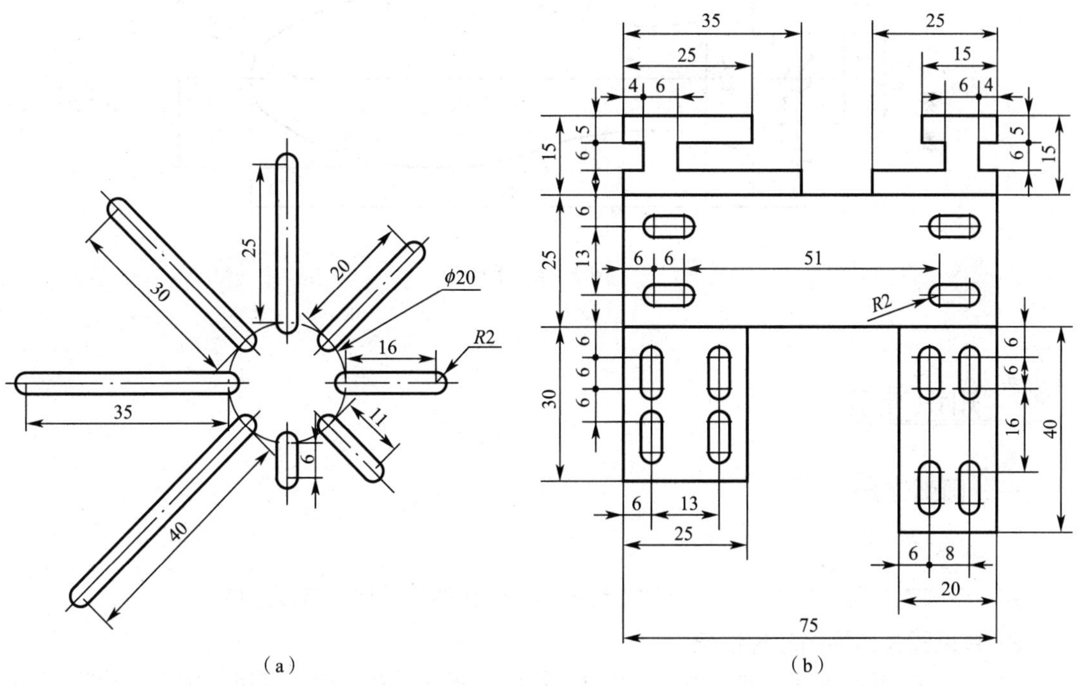

（a）　　（b）

图　2－87

项目3 绘制综合二维图形

【知识目标】

- 掌握应用各种绘图命令和编辑命令绘制综合二维图形的方法。
- 掌握二维图形中圆弧连接的绘制方法。

【能力目标】

能正确运用各种绘图命令及编辑命令绘制综合二维图形。

任务1 绘 制 手 柄

任务描述

综合应用绘图命令和修改命令绘制如图3－1所示的手柄，掌握圆弧连接、综合二维绘图的方法。

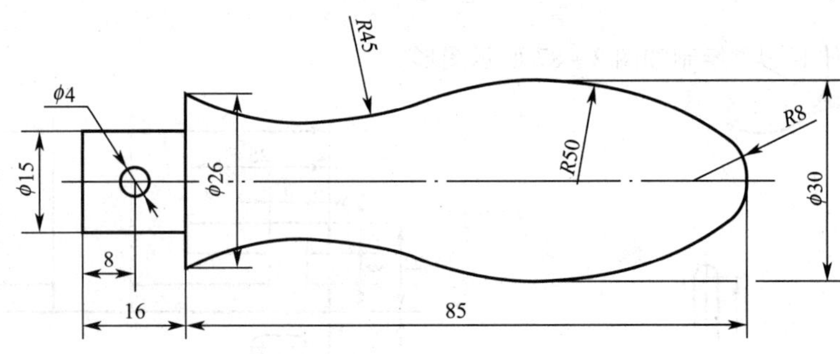

图3－1 手柄

知识准备

一、圆弧连接

1. 概念

用一段圆弧光滑地连接两相邻已知直线或圆弧的作图方法称为圆弧连接。

2. 常见圆弧连接的三种情况

情况一：圆弧连接两已知直线。如图3－2（a）所示，*R*20圆弧可用“圆角”命令绘制，也可用“圆”命令中“相切、相切、半径”方式绘制后用“修剪”命令进行修剪。

情况二：圆弧连接已知直线和圆弧。如图3－2（b）所示，R20圆弧与ϕ20圆外切并与直线相切，R20圆弧可用“圆角”命令绘制。如图3－2（c）所示，R20圆弧与ϕ20圆内切并与直线相切，R20圆弧可用“圆”命令中“相切、相切、半径”方式绘制后用“修剪”命令进行修剪。

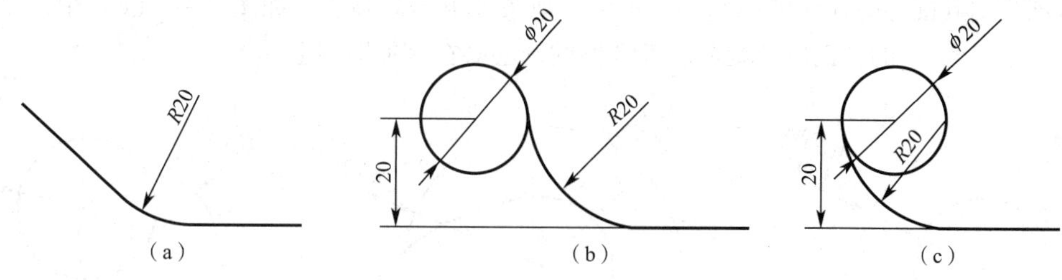

图3－2　圆弧连接情况一、二

情况三：圆弧连接两已知圆弧。如图3－3（a）所示，R35圆弧与ϕ20圆、ϕ30圆外切，可用“圆角”命令绘制，也可用“圆”命令中“相切、相切、半径”方式绘制后用“修剪”命令进行修剪。

如图3－3（b）所示，R60圆弧与ϕ20圆、ϕ30圆内切，可用“圆”命令中“相切、相切、半径”方式绘制后启动“修剪”命令进行修剪。

如图3－3（c）所示，R60圆弧与ϕ20圆外切，与ϕ30圆内切，可用“圆”命令中“相切、相切、半径”方式绘制后启动“修剪”命令进行修剪。

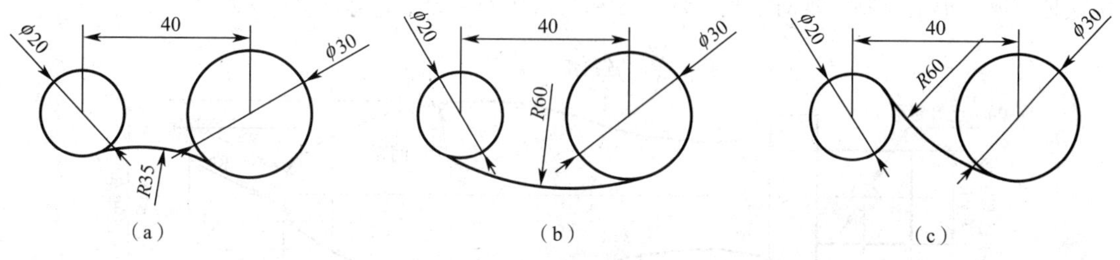

图3－3　圆弧连接情况三

 友情提示

在捕捉切点时要先判断切点大致在所在圆的第几象限，捕捉时应在该象限内进行捕捉。

二、圆弧连接中连接线段圆心的求法

圆弧连接中连接线段是只注出定形尺寸，未注出定位尺寸的线段，其定位尺寸需根据该线段与相邻两线段的连接关系，通过几何作图方法求出，主要有以下三种情况：

情况一：两圆相外切，其中已知一圆的圆心和半径，以及另一个圆的半径。若求另一个圆的圆心则作已知圆的同心圆，半径为两圆的半径值相加的辅助圆，则所求圆的圆心必在该辅助圆上，再由其他条件求出其圆心。如图3－4（a）中，R8圆的圆心必在与R10圆同心，半径为$R=(10+8)$的辅助圆上。

情况二：两圆相内切，则作已知圆的同心圆，以两圆的半径值相减为半径绘出辅助圆，所求圆的圆心必在该辅助圆上，再由其他条件求出其圆心。如图 3－4（b）中，$R30$ 的圆心必在与 $R10$ 圆同心，半径为 $R=(30-10)$ 的辅助圆上。

情况三：已知一圆的半径和其圆周上任意一点，以该任意点为圆心，以该圆的半径为半径画辅助圆，则其圆心必在该辅助圆上，再由其他条件求出其圆心。如图 3－4（c）中，以 A 点为圆心作半径为 10 的辅助圆，则所求 $R10$ 圆的圆心必在该辅助圆上。

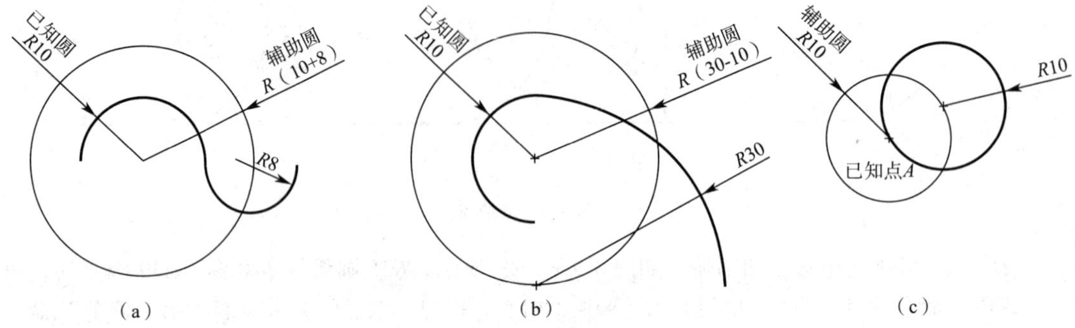

图 3－4　圆弧连接中三种情况连接线段圆心的求法

三、图形分析

绘图前应先分析图形的各元素之间的关系，确定绘图思路，采用正确的作图方法，准确、快速地完成图形的绘制。现对手柄图形尺寸和线段作如下分析，如图 3－5 所示。

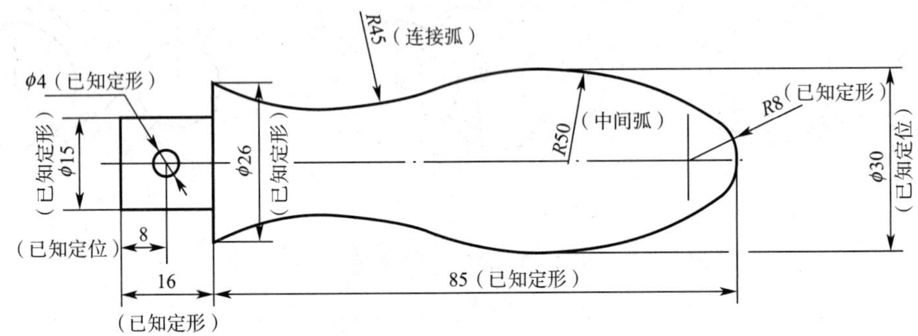

图 3－5　手柄尺寸和线段分析

1. 尺寸分析

平面图形中所标注尺寸按其作用可分为两类：

定形尺寸：确定图形中各线段形状大小的尺寸，例如 $\phi15$、$\phi4$、$\phi26$、$R45$、$R50$、$R8$ 以及 16、85。

定位尺寸：确定图形中各线段间相对位置的尺寸，例如 8、$\phi30$。

2. 线段分析

按线段的尺寸是否标注齐全将线段分为三种：

已知线段：具有完整的定形和定位尺寸，可根据标注的尺寸直接画出。例如 $\phi15$、$\phi4$、$\phi26$、$R8$ 以及 16。

中间线段：注出定形尺寸和一个方向的定位尺寸，须靠相邻线段间的连接关系才能画出的线段，例如 R50 圆弧。

连接线段：只注出定形尺寸，未注出定位尺寸的线段，其定位尺寸需根据该线段与相邻两线段的连接关系，通过几何作图方法求出，例如 R45 圆弧。

任务实施

步骤1：新建粗实线层细实线层和点画线层。

步骤2：绘制手柄左侧基准线、$\phi 4$ 圆和 R8 圆弧的中心线，结果如图3－6所示。

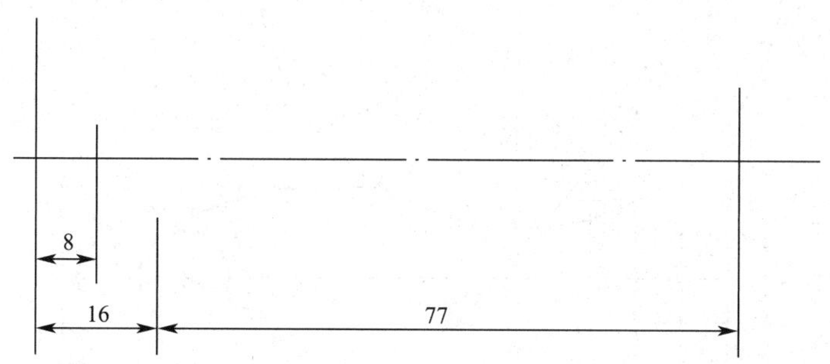

图3－6 画基准线、中心线

步骤3：绘制已知线段 $\phi 15$、$\phi 4$、$\phi 26$、R8（整圆 $\phi 16$）圆弧或圆以及长度为16的线段，结果如图3－7所示。

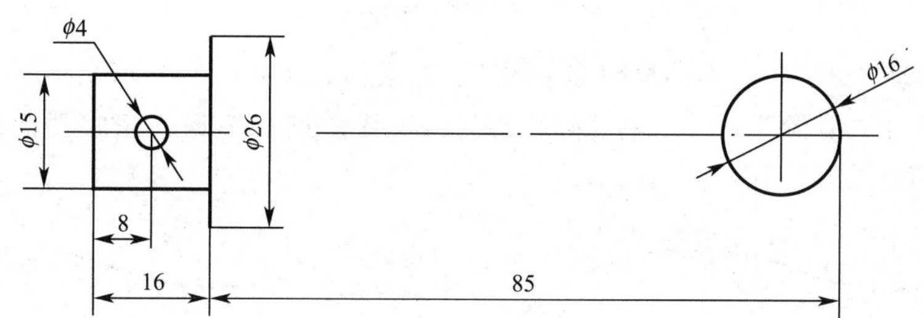

图3－7 画已知线段

步骤4：绘制中间线段 R50，操作步骤如下：

①启动“偏移”命令将水平中心线向上偏移15；

②启动“圆”命令中“相切、相切、半径”方式绘制 R50 圆；

③启动“修剪”命令修剪多余图线，结果如图3－8所示。

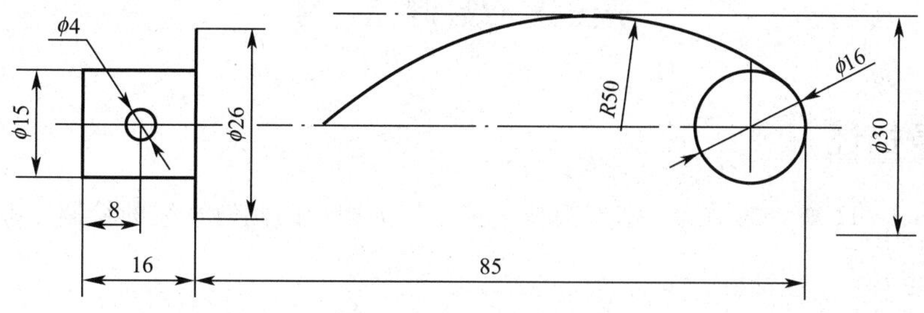

图3－8 绘制中间线段

步骤 5：绘制连接线段 $R45$，操作步骤如下：

①在细实线层上绘图，启动“圆”命令。因 $R45$ 圆弧经过 $\phi26$ 线段端点，以该端点为圆心，以 45 为半径绘出第一个辅助圆，$R45$ 圆弧圆心必在该辅助圆上。

②且 $R45$ 圆弧与 $R50$ 圆弧相外切，以 $R50$ 圆弧圆心为圆心，以 $R=(45+50)$ 为半径绘出第二个辅助圆，$R45$ 圆弧圆心必在该辅助圆上，两个辅助圆的交点即为 $R45$ 的圆心。

③以两个辅助圆的交点为圆心，以 45 为半径绘圆，结果如图 3－9 所示。

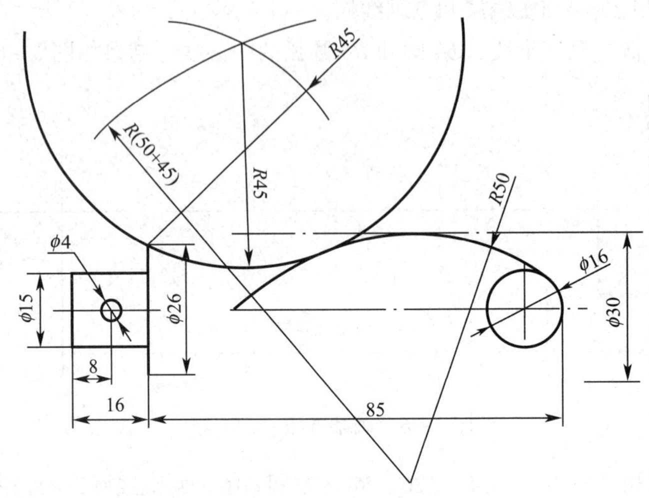

图 3－9　画连接线段

步骤 6：启动“修剪”命令，修剪多余图线，结果如图 3－10（a）所示。

步骤 7：启动“镜像”命令，将 $R45$、$R50$、$R8$ 圆弧进行镜像，完成手柄绘制，结果如图 3－10（b）所示。

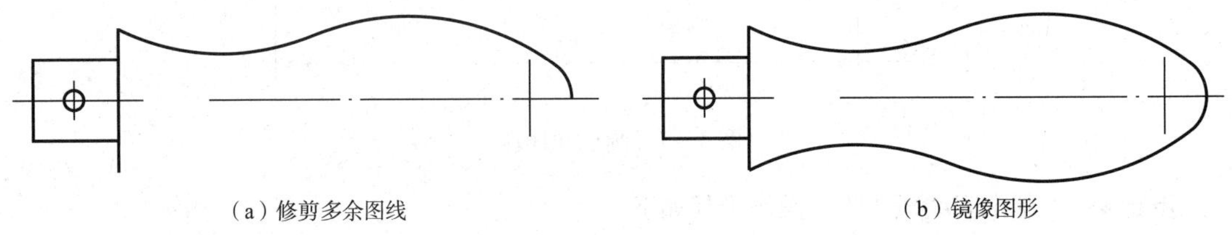

（a）修剪多余图线　　（b）镜像图形

图 3－10　修剪及镜像图形后的结果

子任务　绘制吊钩

任务描述

绘制如图 3－11 所示的吊钩，掌握圆弧连接、与圆相切的倾斜直线的绘制、综合二维绘图的方法。

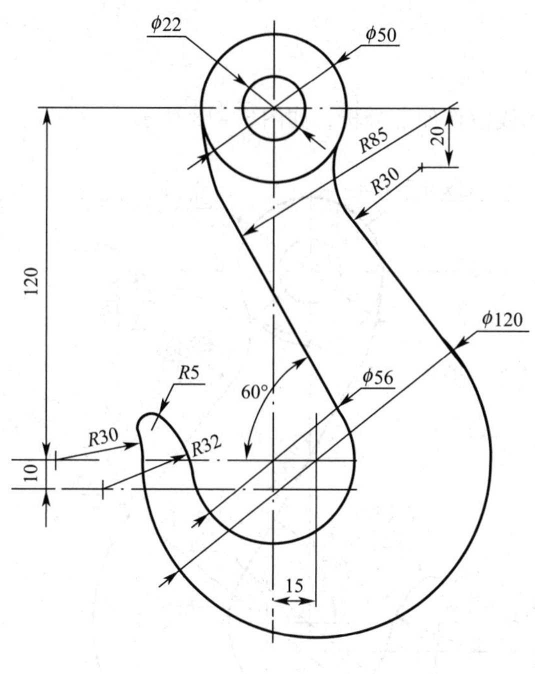

图3－11　吊钩

知识准备

作与圆相切且指定倾角的直线

如图3－12（a）所示，作圆的切线，且切线与水平线之间角夹为56°，操作步骤如下：

①将极轴增量角设置为56°，过任意点作与水平线之间角夹为56°的直线，结果如图3－12（b）所示；

②过圆心作该直线的垂线，如图3－12（c）所示；

③启动“移动”命令，将该直线从垂足点移至垂线与圆周的交点处，则该直线与圆相切，如图3－12（d）所示；

④修剪多余图线，完成作图。

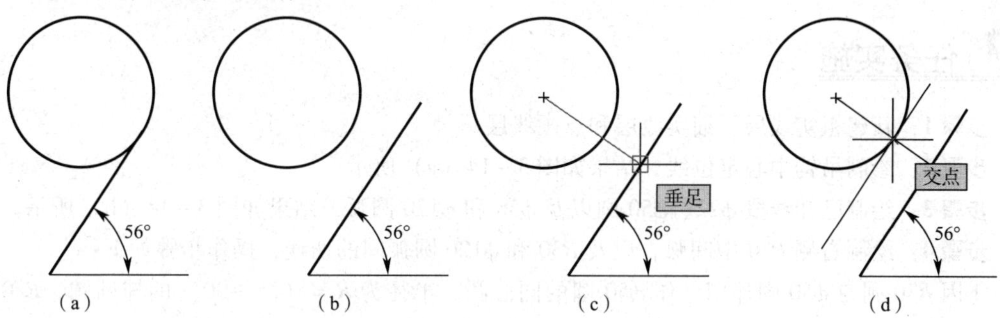

图3－12　作与圆相切且指定倾角的直线

图形分析

现对吊钩图形的尺寸和线段作如下分析，如图 3 - 13 所示。

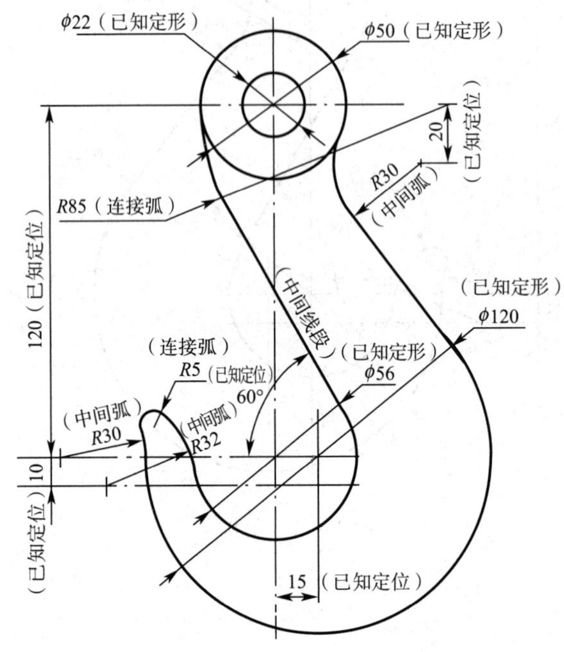

图 3 - 13　吊钩尺寸和线段分析

1. 尺寸分析

定形尺寸：图中 ϕ22、ϕ50、ϕ56、*R*85、两个 *R*30、ϕ120、*R*32、*R*5。

定位尺寸：图中 20、120、10、15 和 60°。

2. 线段分析

已知线段：图中 ϕ22、ϕ50、ϕ56 和 ϕ120 圆弧或圆。

中间线段：图中两个 *R*30、*R*32 圆弧和倾斜 60°的线段。

连接线段：图中 *R*85 和 *R*5 圆弧。

任务实施

步骤 1：新建粗实线层、细实线层和点画线层。

步骤 2：绘制吊钩中心定位线，结果如图 3 - 14（a）所示。

步骤 3：绘制已知线段 ϕ22、ϕ50 圆以及 ϕ56 和 ϕ120 圆弧，结果如图 3 - 14（b）所示。

步骤 4：绘制右侧 *R*30 中间弧，以及 *R*30 和 ϕ120 圆弧间的切线，操作步骤如下：

①因 *R*30 圆与 ϕ50 圆外切，作 ϕ50 圆的同心圆、半径为 *R* =（25 + 30）的辅助圆，*R*30 圆的圆心必在该辅助圆上；

②该辅助圆与 ϕ50 圆水平中心线距离 20 的直线共有两个交点，其中右侧交点即为 *R*30 圆的

圆心；

③以该交点为圆心、30为半径作圆 $\phi60$ 即为所求，结果如图3－15（a）所示；

④启动“直线”命令，只打开“切点”对象捕捉模式，作分别与 $\phi60$、$\phi120$ 圆相切的直线，修剪多余图线，结果如图3－15（b）所示。

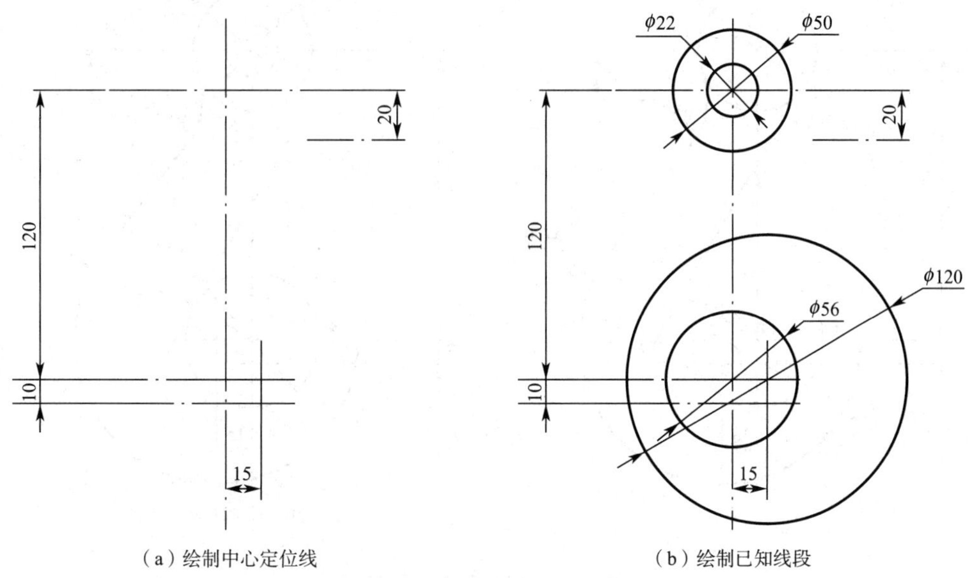

（a）绘制中心定位线　　（b）绘制已知线段

图3－14　绘制中心定位线与已知线段

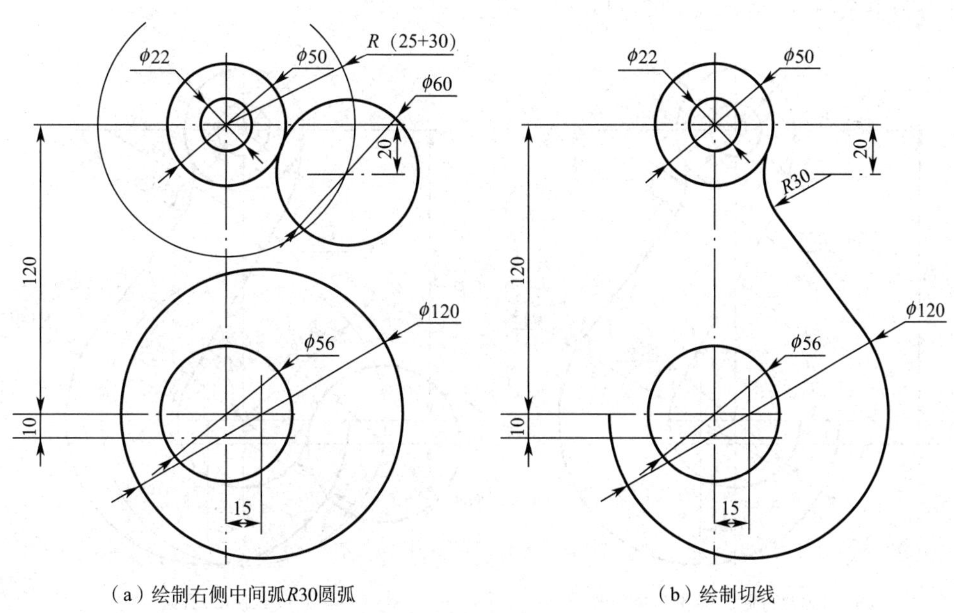

（a）绘制右侧中间弧R30圆弧　　（b）绘制切线

图3－15　绘制圆弧与切线

步骤5：绘制倾斜角度为60°且与 $\phi56$ 圆相切的中间线段，操作步骤如下：

①将极轴增量角设置为30°，过适当位置任意 *A* 点作与水平线之间角夹为300°的直线AB，

结果如图 3－16（a）所示；

②过 $\phi56$ 圆的圆心作该直线的垂线 OC，启动“移动”命令，将该直线从垂足点移至垂线与圆周的交点 D 处，则该直线与圆相切，结果如图 3－16（b）所示；

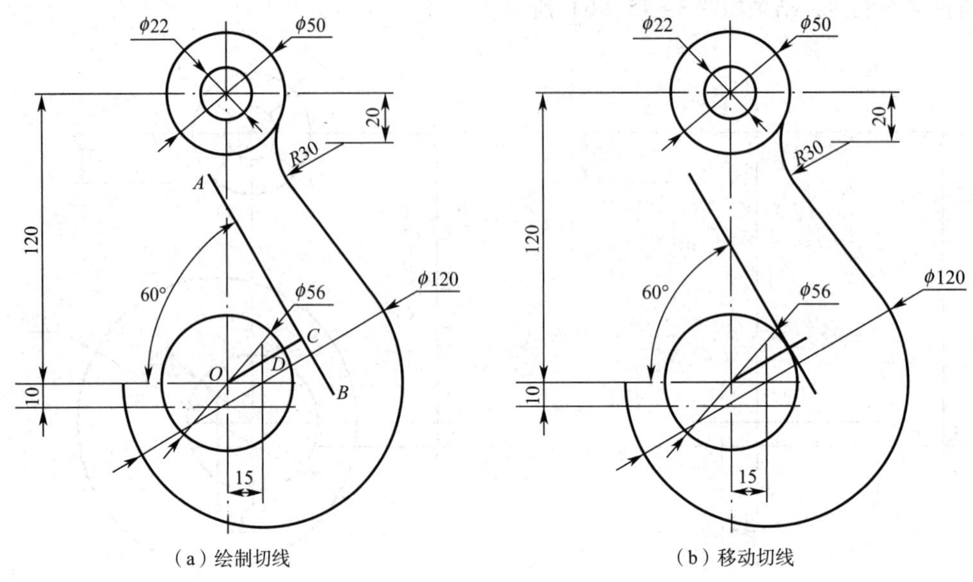

（a）绘制切线　　（b）移动切线

图 3－16　切线的绘制与移动

③启动“圆”命令中“相切、相切、半径”方式绘制 $R85$ 圆弧；

④修剪多余图线，结果如图 3－17（a）所示。

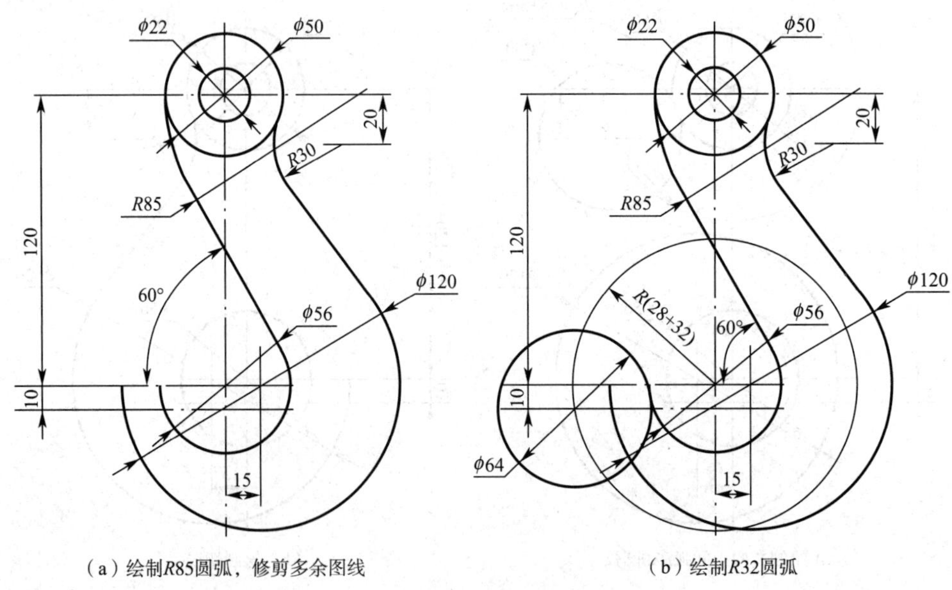

（a）绘制R85圆弧，修剪多余图线　　（b）绘制R32圆弧

图 3－17　绘制圆弧

步骤 6：绘制左下角 $R30$、$R32$、$R5$ 圆弧，操作步骤如下：

①因 $R32$ 圆与 $\phi56$ 圆外切，作 $\phi56$ 同心圆、半径为 R（32＋28）的辅助圆；

②该辅助圆与 ϕ56 圆水平中心线距离为 10 的直线共有两个交点，其中左侧交点即为 *R*32 圆的圆心；

③以该交点为圆心、32 为半径作圆画出 ϕ64 圆；

④同理求出 *R*30 圆，结果如图 3－18（a）所示；

⑤启动“圆角”命令，设置圆角半径为 5，绘制出钩角 *R*5 圆弧。修剪多余图线，完成图形绘制，结果如图 3－18（b）所示。

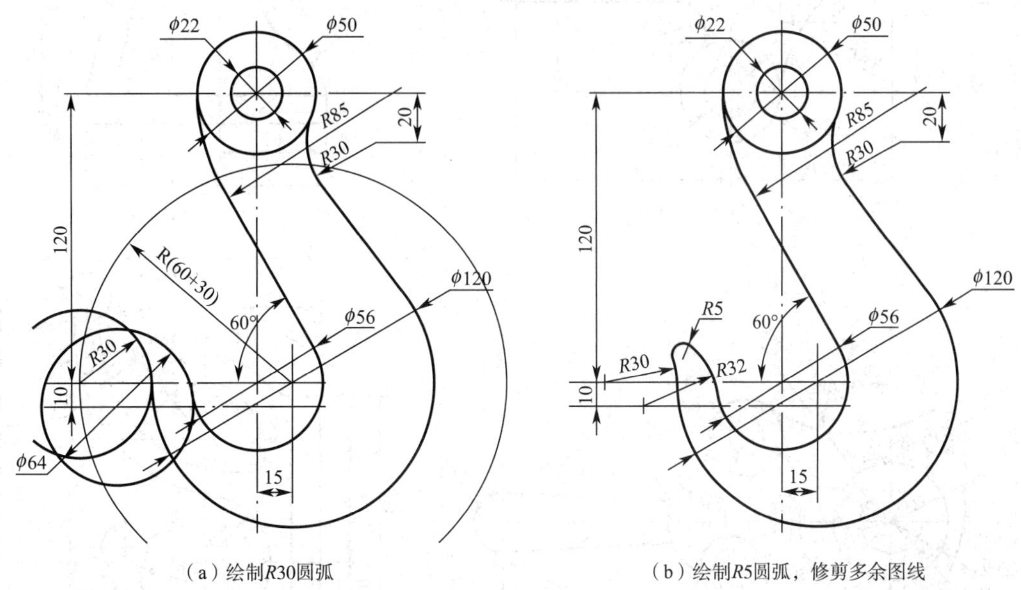

（a）绘制*R*30圆弧　　（b）绘制*R*5圆弧，修剪多余图线

图 3－18　绘制结果

技能训练

综合运用绘图命令和编辑命令绘制如图 3－19 所示的图形。

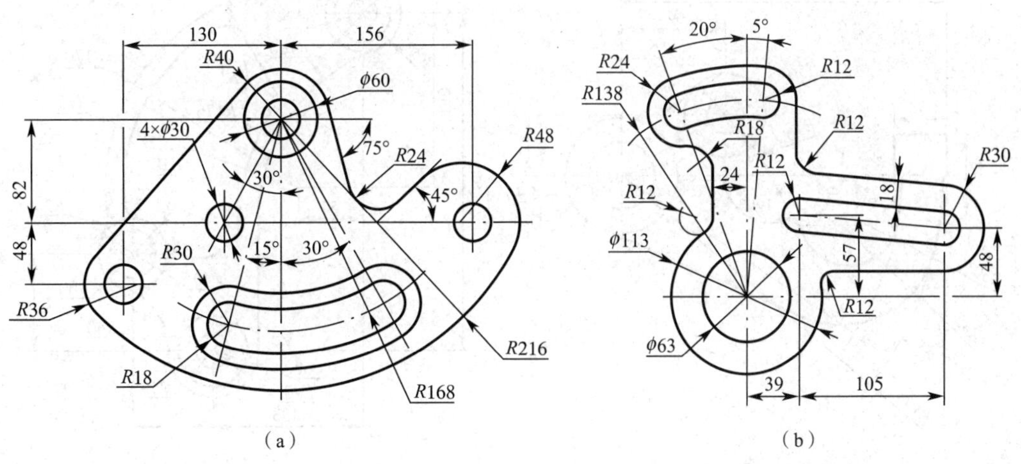

（a）　（b）

图　3－19

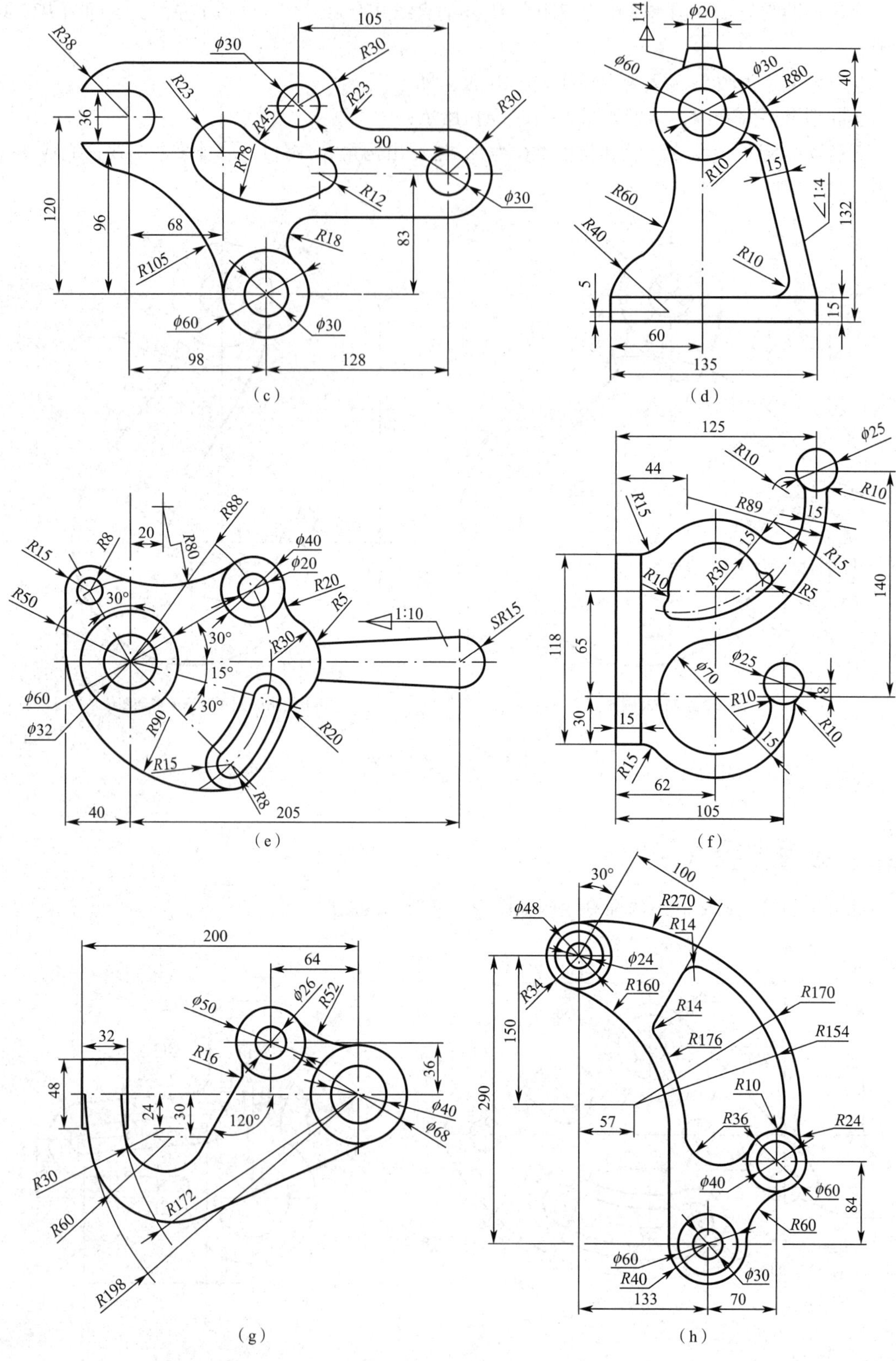

(c)

(d)

(e)

(f)

(g)

(h)

图 3-19（续）

任务2　绘制模板

任务描述

绘制如图3－20所示的模板，掌握综合应用绘图命令和修改命令绘图的方法。

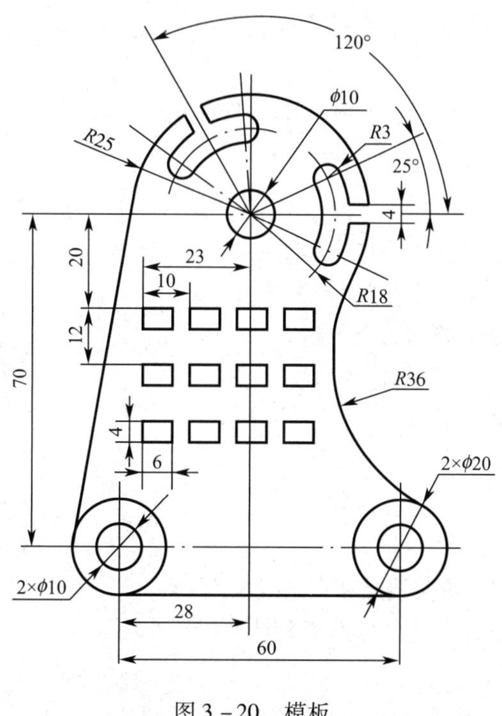

图3－20　模板

知识准备

一、打断命令

1. 启动“打断”命令的方法

➢ 在命令行输入“BREAK”或“BR”，按【Enter】键。

➢ 选择下拉菜单中的“修改”→“打断”命令。

➢ 单击“修改”工具栏中的打断按钮▭。

2. 功能

打断命令可删除直线、圆弧、圆等对象的一部分或将其切断成两个部分，可用于图形中没剪切边或不宜作剪切边的情况。

3. 选项说明及其他说明

➢ 第一点（F）：即打断于点，可将对象断开，但打断对象之间没有间隙。

➢ 打断命令执行过程中，系统会以选择对象时的拾取点作为第一个打断点，在对象上选取另一点时，可将两点间的图形线段去除。若对图 3－21（a）中所示的圆进行打断操作时，会将打断点 1 和点 2 点间逆时针圆弧段删除，结果如图 3－21（b）、（c）所示。

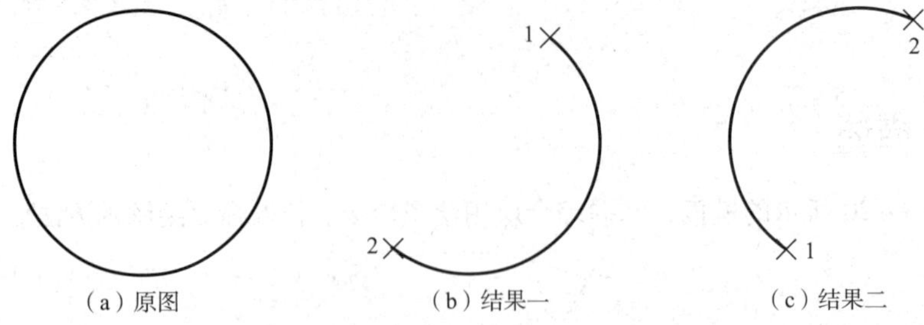

（a）原图　　（b）结果一　　（c）结果二

图 3－21　打断操作

二、图形分析

现对模板图形绘制方法做如下分析，如图 3－22 所示。

①底部两同心圆可用复制命令绘制。

②中间小矩形组可用矩形阵列命令绘制。

③上部分圆弧槽可用旋转复制命令绘制。

④右侧用圆弧连接方法绘制。

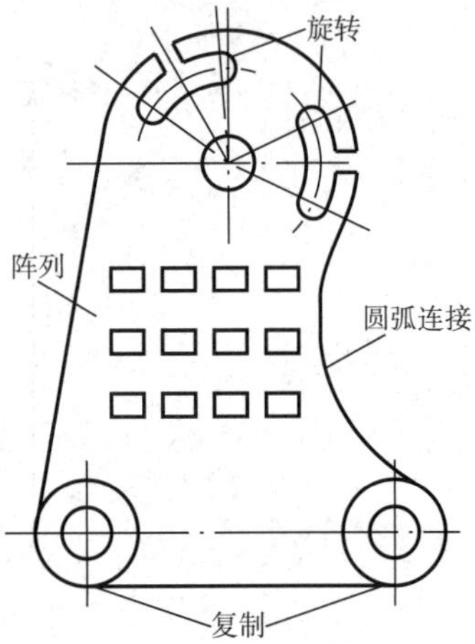

图 3－22　图形分析

任务实施

步骤 1：新建粗实线层、细实线层和点画线层。

步骤 2：绘制模板中心定位线，上部 *R*25 圆及底部两组同心圆，操作步骤如下：

①先绘制底部中心线，用“偏移”命令绘制上部分圆的中心线；

②在底部左侧圆心位置绘制 ϕ10、ϕ20 同心圆，启动“复制”命令并将两圆复制到右侧圆心处；

③绘制上部分 *R*25 圆弧和 ϕ10 圆。

结果如图 3－23（a）所示。

步骤 3：启动“直线”命令，只设置“切点”对象捕捉模式，绘制左侧及底部切线。启动“圆”命令中“相切、相切、半径”方式绘制右侧 *R*36 连接圆弧，并修剪多余图线，结果如图 3－23（b）所示。

步骤 4：绘制上部分 ϕ25 圆中的两个圆弧形槽，操作步骤如下：

①先绘制水平方向的圆弧形槽，圆弧形槽中心线先用圆命令绘制后再用打断命令将其修改，结果如图 3－24（a）所示；

②启动“旋转”命令，选择“复制（C）”选项，将水平方向的圆弧形槽旋转 120°并复制至左上角位置处，结果如图 3－24（b）所示。

步骤 5：绘制中间小矩形组，操作步骤如下：

①启动“矩形”命令，同时单击“捕捉自”按钮，输入相对于 ϕ25 圆心的坐标值“@－23，－20”确定左上角第一个矩形的左上角点，输入相对于左上角点的右下角坐标值“@6，－4”画出第一个矩形，结果如图 3－25（a）所示；

②启动“矩形阵列”命令，设置行数为3，列数为4，行间距为－12，列间距为10，完成阵列，结果如图3－25（b）所示。

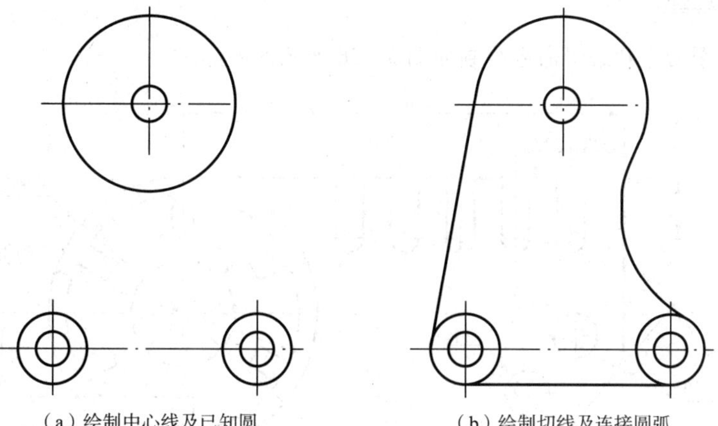

（a）绘制中心线及已知圆　　（b）绘制切线及连接圆弧

图　3－23

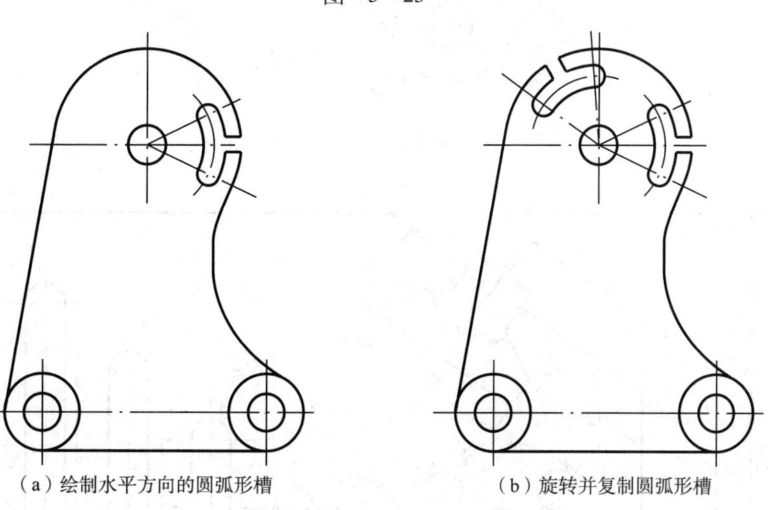

（a）绘制水平方向的圆弧形槽　　（b）旋转并复制圆弧形槽

图　3－24

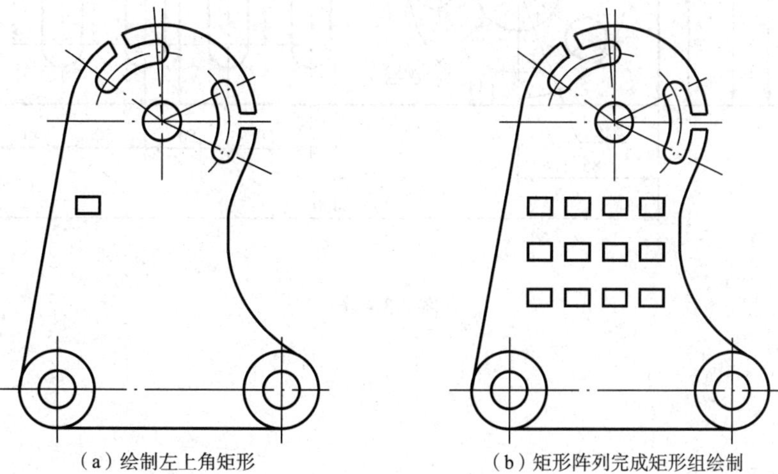

（a）绘制左上角矩形　　（b）矩形阵列完成矩形组绘制

图　3－25

技能训练

综合运用绘图命令和编辑命令绘制如图 3－26 所示的图形。

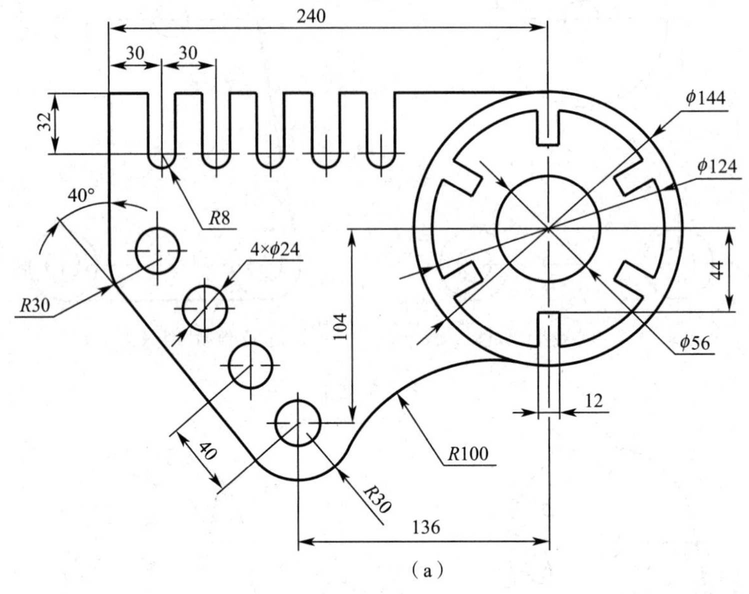

（a）

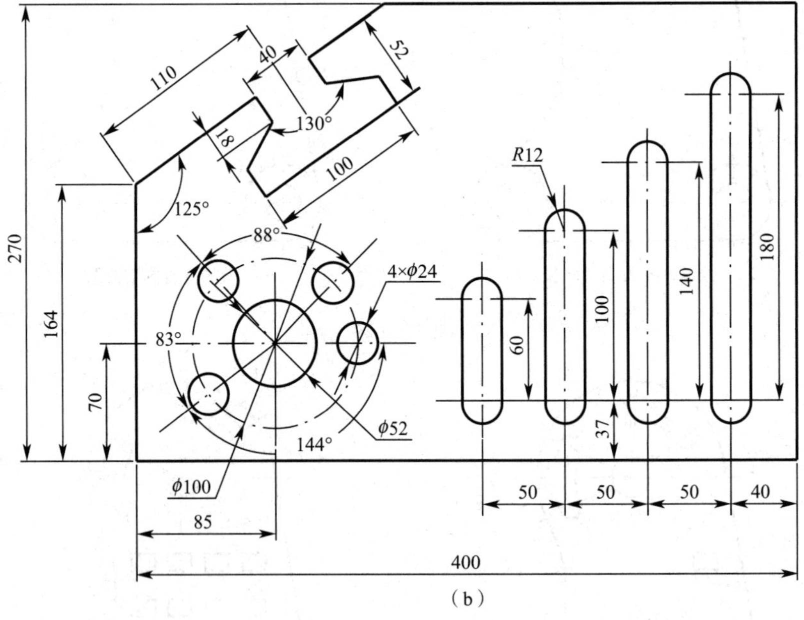

（b）

图 3－26

项目4 文字注释、表格创建及尺寸标注

【知识目标】

- 掌握文字样式的设置，文字书写和编辑的方法。
- 掌握表格创建和编辑的方法。
- 掌握尺寸样式设置和修改的方法。
- 掌握基本尺寸标注、尺寸公差标注、几何公差标注和编辑的方法。
- 掌握创建块与定义属性块的方法，以及表面结构代号标注和基准符号标注的方法。

【能力目标】

能正确运用文字注写、表格创建和尺寸标注等方法来完成机械零件工程图中尺寸信息、注释说明、技术要求、标题栏和明细表等内容的注写。

任务1 绘制标题栏及书写文字

任务描述

绘制如图 4－1 所示的零件图标题栏，并填写标题栏内的文字，掌握文字样式设置、文字创建和编辑的方法。其中“齿轮轴”用 7 号长仿宋体字，宽度因子为 0.7；其余字体为 gbenor. shx和大字体 gbcbig. shx，字号为 3. 5。（注：本标题栏格式非国家标准，本书中标题栏采用本格式）

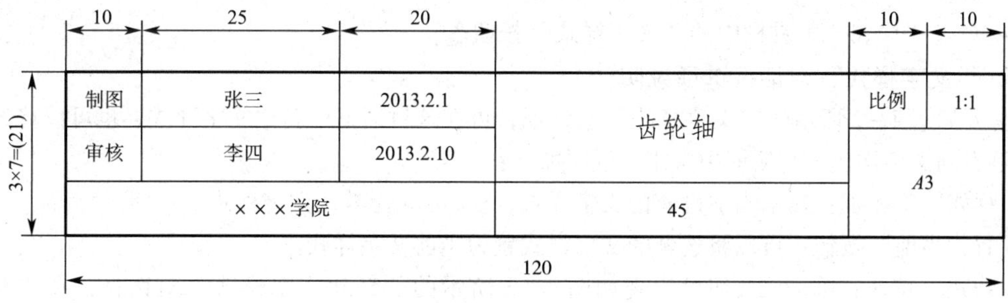

图 4－1　零件图标题栏

知识准备

一、AutoCAD 的字体要求

1. 机械制图文字标准

（1）文字中的汉字应采用长仿宋体。字体的号数即为字体的高度 h，公称尺寸系列为 1.8 mm、2.5 mm、3.5 mm、5 mm、7 mm、10 mm、14 mm、20 mm。汉字字高 h 不应小于 3.5 mm，宽度一般为字高的2/3；在尺寸标注的数字和字母，一般采用3.5、5、7 号字。

（2）数字和字母有直体和斜体两种。一般采用斜体，斜体字字头向右倾斜，与水平线约成 75°角。在同一图样上，只允许选用一种形式的字体。

2. AutoCAD 的字体

（1）一般使用 AutoCAD 中的 SHX 字体和大字体，SHX 字体选择 gbeitc. shx，大字体选择 gbcbig. shx。该字体写出的汉字为直体字，英文和数字为斜体字。

 友情提示

如果设置 SHX 字体选择 gbenor. shx，大字体选择 gbcbig. shx。该字体写出的英文和数字均为正体字。

（2）长仿宋体在 AutoCAD 中可用“仿宋 GB2312”，将宽度因子设为 0.7 来书写。

二、文字样式

在工程图样的绘制过程中，注写文字或标注尺寸前应设置所需的文字样式，在应用中选择所需样式。

1. 启动“文字样式”命令的方法

- 在命令行输入“STYLE”或“ST”，按【Enter】键。
- 选择下拉菜单中的“格式”→“文字样式”命令。
- 单击“样式”工具栏中的“文字样式”按钮。

2. “文字样式”对话框选项说明

打开如图 4-2 所示的“文字样式”对话框，可在该对话框中新建文字样式，也可以修改或删除已有的文字样式。对话框中常用项说明如下：

“样式”文本框：显示当前已有的文字样式，Standard 为默认文字样式。

“置为当前”按钮：可以将选择的文字样式置为当前文字样式。

“新建”按钮：单击该按钮可出现如图 4-3 所示的“新建文字样式”对话框，在“样式名”文本框中输入新样式名。

“删除”按钮：可以删除所选的文字样式，但默认文字样式和已经被使用的文字样式不能删除。

“字体”选项组：可在“SHX 字体”列表框中选取所需字形，当选中“使用大字体”复选框时，也可在“大字体”列表中选取所需字形。

“大小”选项组：在“高度”文本框中输入所需的文字高度。

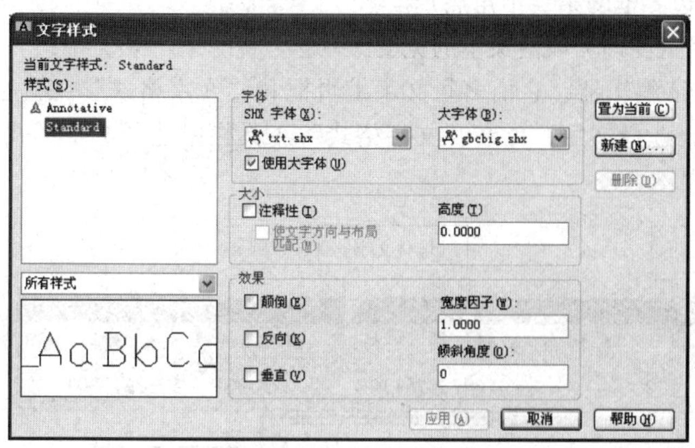

图4－2　“文字样式”对话框

图4－3　“新建文字样式”对话框

 友情提示

如果在“文字样式”的“高度”项中设置了字高数值，在“标注样式”中使用这种文字样式时字高为固定的设置值，不可再设置。若使用默认值为0，则在“标注样式”中使用此文字样式时可根据绘图需要调整文字高度。

“效果”选项组：宽度因子可设置字符的宽高比；倾斜角度可设置文字的倾斜角度。

左下角“预览”区：可以预览设置的文字样式效果。

三、多行文字

AutoCAD提供了两种创建文字的方法：单行文字和多行文字。由于多行文字编辑性更强，因此建议采用多行文字来创建文字。

1. 启动“多行文字”命令的方法

➢ 在命令行输入“MTEXT”或“MT”，按【Enter】键。

➢ 选择下拉菜单中的“绘图”→“文字”→“多行文字”命令。

➢ 单击“绘图”或“文字”工具栏中的“多行文字”按钮A。

2. 功能

可使用多行文字来创建单行、多行文字或段落，所有文字为一个整体，可对其进行复制、旋转等操作。在机械图样中常用多行文字来创建标题栏、明细表内的文字、文字说明和技术要求等。

3. 多行文字编辑器

(1) 启动“多行文字”命令，命令行操作显示如下：

①命令：_ mtext；

②当前文字样式：“Standard”

文字高度：2.5　注释性：否；

③指定第一角点：(指定多行文字矩形边界框的第一个角点)；

④指定对角点或［高度(H)/对正(J)/行距(L)/旋转(R)/样式(S)/宽度

（W）/栏（C）]：（指定多行文字矩形边界框的第二个角点）。

确定多行文字矩形边界框，该边界宽度即为段落文本的宽度。

（2）弹出如图4－4所示的多行文字编辑器，它由多行文字编辑框和“文字格式”工具栏组成。在多行文字编辑框中输入文字，选择文字，可在“文字格式”工具栏中选择文字样式、修改文字高度、宽度等。

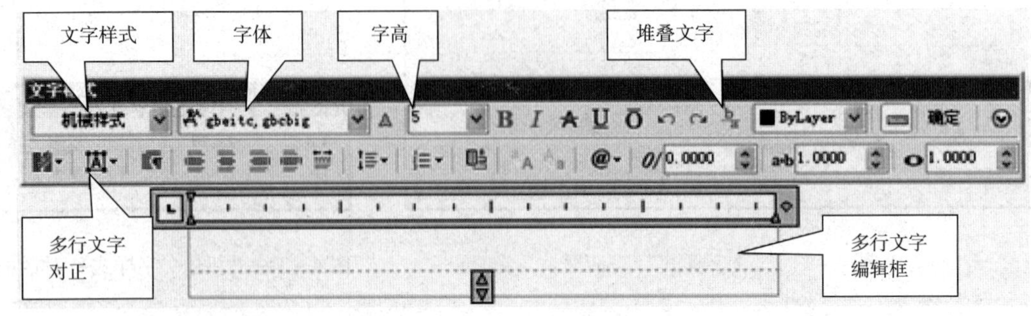

图4－4　多行文字编辑器

（3）常用图标选项说明

“样式”列表框 Standard ：用来选择文字样式。

“多行文字对正”按钮：可选择文字的排列方式。

“段落”按钮：设置文本段落格式。

“行距”按钮：设置行与行之间的距离。

“符号”按钮 @ ：可选择需要的如角度、直径、正/负号、度数等符号。

“宽度因子”文本框 0.7000 ：设置字符的宽高比。

“堆叠”按钮：堆叠文字（垂直对齐的文字和分数），常用于分数和公差格式的创建，创建时先输入要堆叠的文字，然后在其间用符号“/”（以水平线分隔文字）“^”（垂直堆叠文字，不用直线分隔）“#”（以对角线分隔文字）等符号隔开。

举例说明：要创建如图4－5所示的堆叠文字，操作步骤如下：

①分别在“多行文字编辑框”中输入“11/30”“2#3”“L空格^2”“ϕ20＋0.012^－0.024”；

②将光标置于要堆叠的文字前，选中要堆叠的文字“11/30”“2#3”“空格^2”“＋0.012^－0.024”，再单击“堆叠”按钮完成堆叠文字的创建。

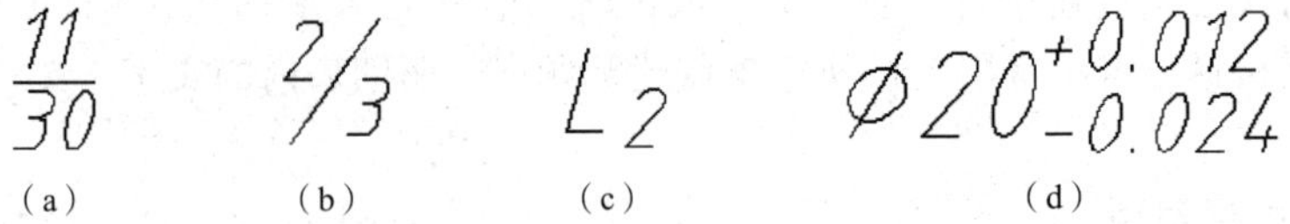

$\frac{11}{30}$　　${}^{2}/{}_{3}$　　L_{2}　　$\phi 20^{+0.012}_{-0.024}$

（a）　（b）　（c）　（d）

图4－5　堆叠文字

4. 编辑多行文字

（1）启动“编辑多行文字”命令的方法

➢ 双击文字。

➢ 在命令行输入“DDEDIT”或“ED”，按【Enter】键。

➢ 选择下拉菜单中的“修改”→“对象”→“文字”→“编辑”命令。

➢ 单击“文字”工具栏中的“编辑”按钮。

（2）功能

可对已书写的文字进行例如内容修改、文字样式、属性的编辑等操作。启动“编辑多行文字”后将会弹出多行文字编辑器。

任务实施

步骤1：按项目1的任务4设置图层。

步骤2：启动“直线”“偏移”“修剪”等命令按尺寸绘制标题栏框线，其中标题栏外框线在“粗实线层”图层上绘制，其余线在“细实线层”图层上绘制，结果如图4－6所示。

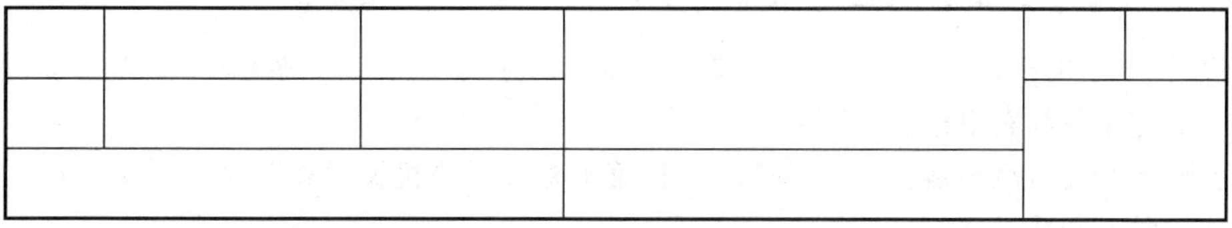

图4－6　标题栏框线

步骤3：设置两种文字样式，“图名”文字样式选用7号长仿宋体字即“仿宋GB2312”，宽度因子为0.7；“机械样式”选用gbenor.shx和大字体gbcbig.shx，字号为3.5。设置“图名”文字样式，操作步骤如下：

①在“文字样式”对话框中新建“图名”文字样式；

②在“文字样式”对话框中设置“图名”文字样式，选择字体名为“仿宋GB2312”，高度设置为7，宽度因子设置为0.7，对话框如图4－7所示，单击“应用”按钮完成设置；

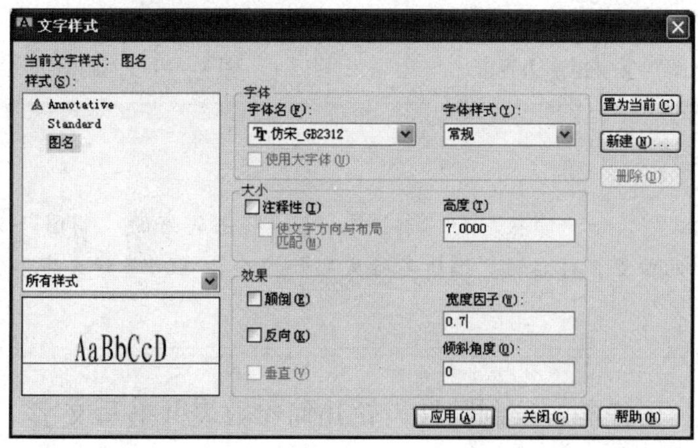

图4－7　设置“图名”文字样式

③同理，新建“机械样式”文字样式，按要求完成设置，对话框如图4－8所示。

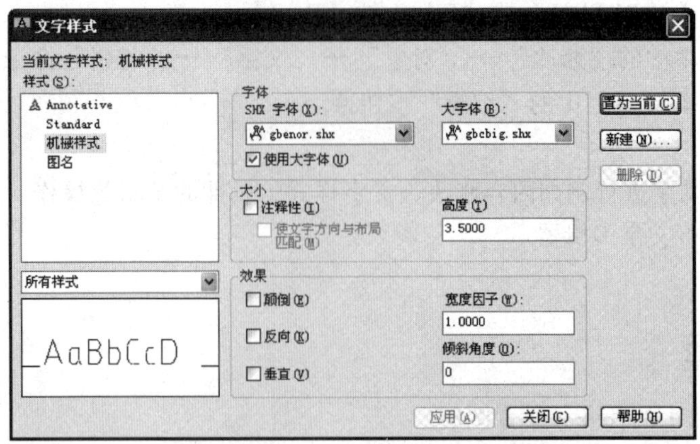

图 4－8　设置“机械样式”文字样式

步骤 4：书写标题栏内文字，操作步骤如下：

①书写“制图”文字，启动“多行文字”命令，分别以图 4－9 所示 1、2 点为多行文字矩形边界框的左上角和右下角点；

②弹出多行文字编辑器，在“样式”下拉菜单中选择“机械样式”文字样式，在“多行文字对正”下拉菜单中选择“正中”；

③在多行文字编辑框中输入文字“制图”，如图 4－10 所示。单击“确定”按钮，完成文字书写。

同理完成其他文字的书写。

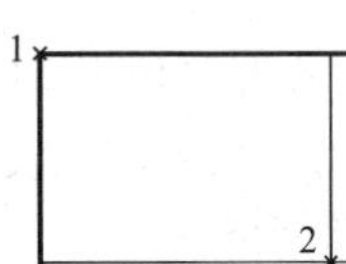

图 4－9　“制图”文字矩形边界框

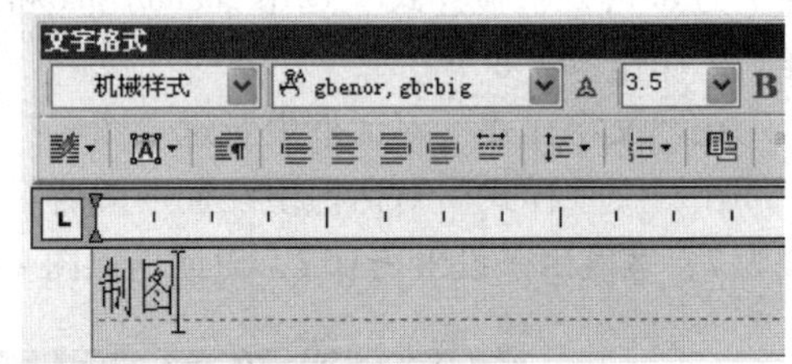

图 4－10　“制图”文字编辑

友情提示

对同宽度的文字，如“审核”与“制图”，可以将书写好的“制图”文字复制到“审核”所在标题栏的位置，再启动“编辑多行文字”命令，在“多行文字编辑框”中修改文字即可。

子任务　绘制圆柱齿轮几何参数表并书写文字

任务描述

绘制如图 4－11 所示的圆柱齿轮几何参数表并书写文字，掌握表格创建和编辑的方法。其中表格行距为7，列距分别为20、15、15；字体为“gbeitc. shx”和大字体gbcbig. shx，字号为3.5。

模数 m		1.5
齿数 Z		34
齿形角 α		20°
精度等级		7FL
齿圈径向跳动 F		0.063
公法线长度公差 F_w		0.028
基节极限偏差 f_{pb}		0.013
齿形公差 f_f		±0.011
公法线检验	长度	16.21
	允差	-0.112 -0.168
跨齿数		4

图4－11　圆柱齿轮几何参数表

知识准备

一、创建表格样式

1. 启动“表格样式”命令的方法

➢ 在命令行输入“TABLESTYLE”或“TS”，按【Enter】键。

➢ 选择下拉菜单中的“格式”→“表格样式”命令。

➢ 单击“样式”工具栏中的“表格样式”按钮。

2. “表格样式”对话框选项说明

启动“表格样式”命令后，系统弹出如图4－12所示的“表格样式”对话框，可在该对话框中新建表格样式，也可以修改或删除已有的表格样式。对话框中常用项说明如下：

➢“样式”文本框：显示当前已有的表格样式，Standard为默认表格样式。

➢“置为当前”按钮：可以将选择的表格样式置为当前表格样式。

➢“删除”按钮：可以删除所选的表格样式，但默认表格样式和已经被使用的表格样式不能删除。

➢“新建”按钮：单击该按钮可出现如图4－13所示的“创建新的表格样式”对话框，在“新样式名”文本框中输入新样式名，单击“继续”按钮打开如图4－14所示的“新建表格样式”对话框。

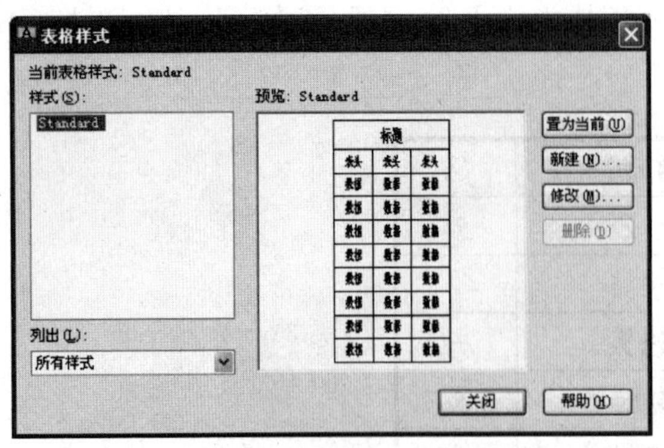

图 4－12　“表格样式”对话框

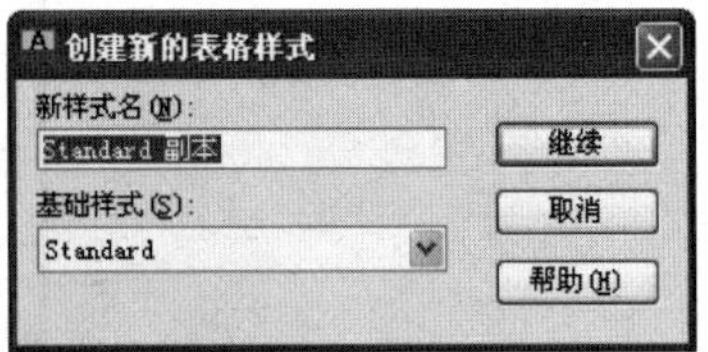

图 4－13　“创建新的表格样式”对话框

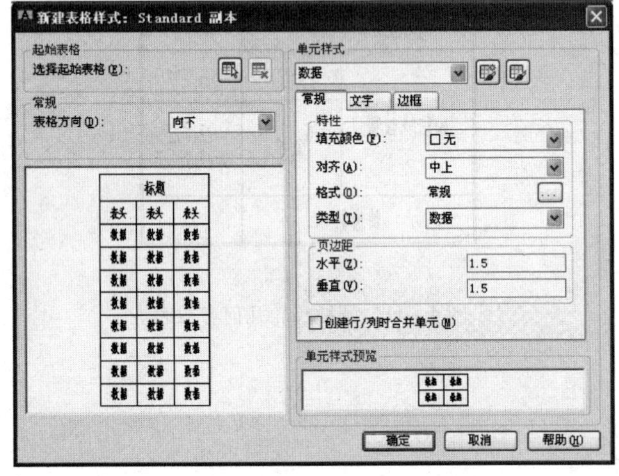

图 4－14　“新建表格样式”对话框

3. “新建表格样式”对话框选项说明

（1）“起始表格”选项组

可在图形中指定一个表格用作样例来设置此表格样式的格式。单击“选择表格”按钮后进入绘图区内选择已有表格，则可复制该表格的格式作为设置此表格样式的格式。

（2）“常规”选项组

用于改变表格的方向，在“表格方向”列表框中选择“向上”或“向下”选项来设置表格方向，若选择“向上”选项将创建由下而上读取的表格，若选择“向下”按钮将创建由上而下读取的表格，如图 4－15 所示为两种表格方向。

数据	数据	数据
数据	数据	数据
表头	表头	表头
标题		

（a）选择“向上”选项的表格方向

标题		
表头	表头	表头
数据	数据	数据
数据	数据	数据

（b）选择“向下”选项的表格方向

图 4－15　表格方向

（3）“单元样式”选项组

用于定义单元样式。样式列表中默认有标题、表头和数据三种单元样式。选择单元样式后，可在“常规”“文字”和“边框”三个选项卡中设置相应格式。

二、创建表格

1. 启动“表格”命令的方法

➢ 在命令行输入“TABLE”，按【Enter】键。

➢ 选择下拉菜单中的“绘图”→“表格”命令。

➢ 单击“绘图”工具栏中的“表格”按钮。

2. 功能

表格主要用来展示图形相关的参数信息等，在机械图样中的标题栏、明细表、参数表等可以用表格进行绘制。

3. “插入表格”对话框选项说明

启动“表格”命令后，系统弹出如图4－16所示的“插入表格”对话框。对话框中各选项组说明如下：

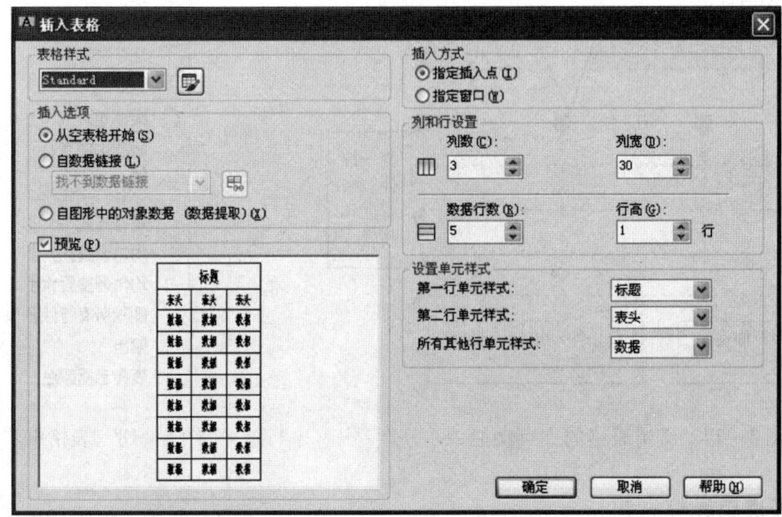

图4－16　“插入表格”对话框

（1）“表格样式”选项组

可以选择已有的表格样式，也可在单击“表格样式”按钮，启动“表格样式”对话框。

（2）“插入选项”选项组

➢ 从空表格开始：创建可以手动填充数据的空表格。

➢ 自数据链接：从外部电子表格中的数据创建表格。

➢ 自图形中的对象数据（数据提取）：从外图形中提取数据来创建表格。

（3）“插入方式”选项组

指定插入点：指定表格左上角的位置，若表格方向为“向上”时，则插入点位于左下角点。

指定窗口：指定表格的大小和位置，选定此项时，行数、列数、列宽和行高取决于窗口的大小以及列和行设置。

（4）“列和行设置”选项组

可以设置列数、列宽、数据行数和行高数值。

（5）“设置单元样式”选项组

可以设置第一行单元样式、第二行单元样式和所有其他行单元样式中的标题、表头和数据三种单元样式。

三、编辑表格

创建好表格后，还可以根据需要对表格及其单元格进行编辑操作。

1. 编辑表格

（1）单击表格任意框线或用窗口选取方式可选中整个表格，表格四周会出现许多夹点，各夹点功能如图 4－17 所示。

（2）选中表格，右击将弹出如图 4－18 所示的快捷菜单，可以对整个表格进行删除、缩放、旋转、均匀调整列大小和均匀调整行大小等操作。

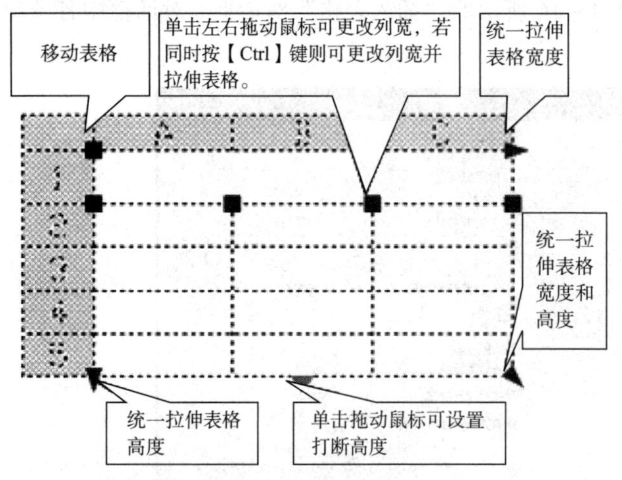

图 4－17　编辑表格的夹点功能

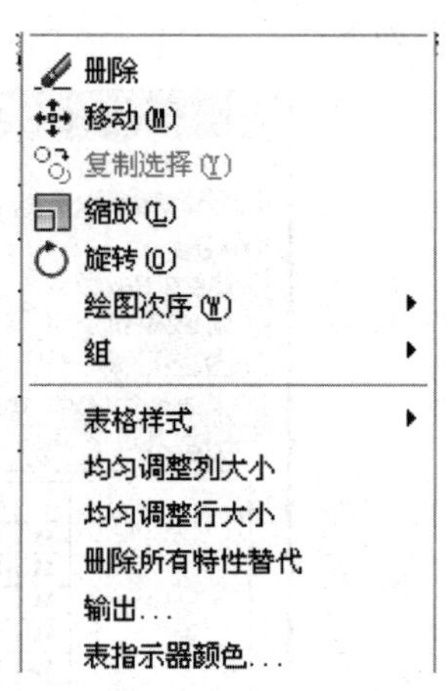

图 4－18　表格编辑快捷菜单

2. 编辑表格单元格

（1）单击单元格内任意位置可选中该单元格，如图 4－19 所示选中 B4 单元格，右击将弹出如图 4－20 所示的快捷菜单，可以对单元格进行单元样式、对齐、边框等编辑。

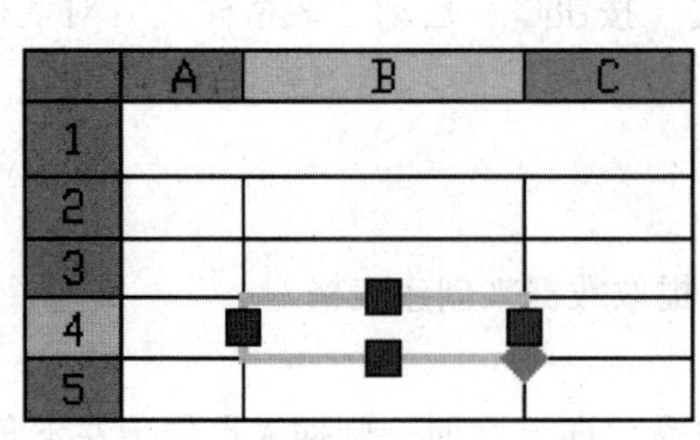

图 4－19　选中 B4 单元格

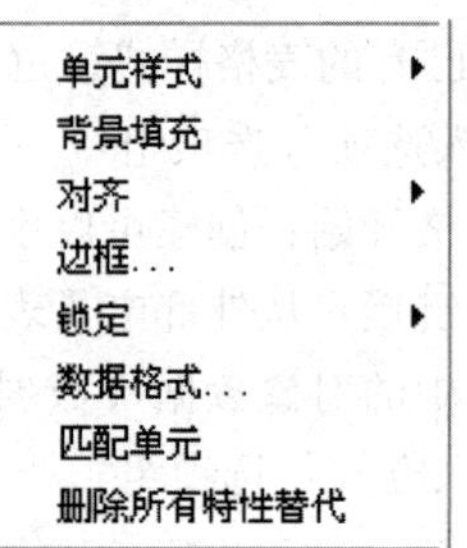

图 4－20　单元格编辑快捷菜单

（2）选中单元格或多个单元格，可出现如图4－21所示的“表格”工具栏，可在该工具栏中选择“插入行”“插入列”“单元边框”“合并单元格”等选项。

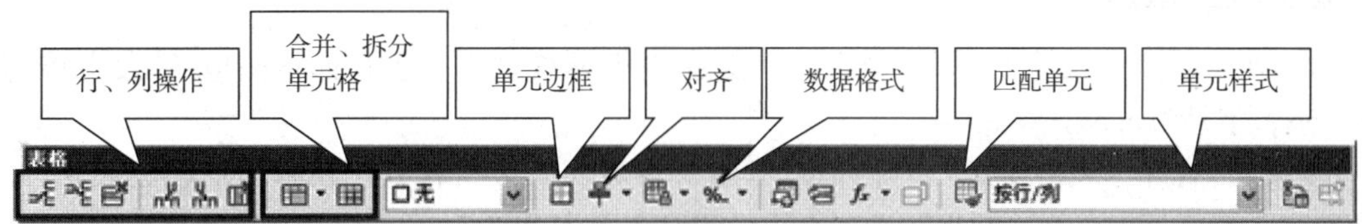

图4－21　“表格”工具栏

友情提示

选择多个单元格的方法是按鼠标左键并在要选择的单元格上拖动。

（3）选中单元格，在“标准”工具栏中单击“特性”按钮或按【Ctrl＋1】组合键打开如图4－22所示的特性表，可以在“单元高度”“单元宽度”选项里设置表格的行高、列宽等。

3. 书写及编辑单元格内容

（1）书写单元格内容

①双击单元格内任意位置可在该单元格输入文字，这时出现“文字格式”工具栏，如图4－23所示，可在“文字格式”工具栏中选择文字样式、修改文字高度、宽度等操作。

②当单元格宽度不够宽时，文字会自动换行，行高会随之调整。

③要移至其他单元格输入文字时可按【Tab】键或“上”“下”“左”“右”四个方向键来选中单元格。

图4－22　表格特性表

图4－23　书写单元格内容

（2）编辑单元格内容

双击单元格内任意位置激活单元格，可对已输入文字进行修改操作。

任务实施

步骤 1：打开“文字样式”对话框，新建“机械样式”，选用 gbeitc. shx 和大字体 gbcbig. shx，字号为 3. 5。

步骤 2：打开“表格样式”对话框，新建“参数表”表格样式。在弹出的新建表格样式“参数表”对话框中：在“常规”选项卡中设置对齐方式为“正中”，页边距水平和垂直均为 1，如图 4 – 24（a）所示；在“文字”选项卡中选择“机械样式”为文字样式，如图 4 – 24（b）所示。单击“确定”按钮，返回“表格样式”对话框，将“参数表”置为当前样式。

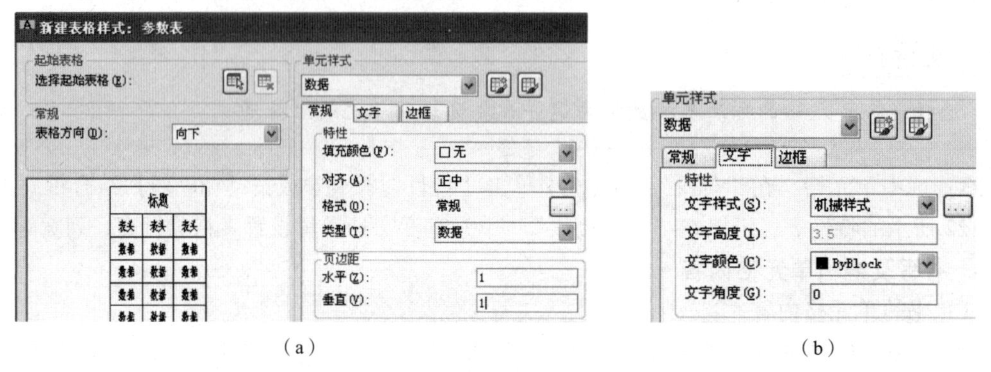

（a）　　　　（b）

图 4 – 24　创建“参数表”表格样式

步骤 3：启动“表格”命令，设置“插入表格”对话框，如图 4 – 25 所示。选中“指定插入点”单选按钮；将列数、列宽、数据行数和行高分别设为 3、15、10（因表格带有标题行和表头行）和 1；第一行单元样式、第二行单元样式和所有其他行单元样式都选择数据单元样式；单击“确定”按钮后在绘图区内选取插入点，则插入如图 4 – 26 所示的 12 行 3 列的表格。

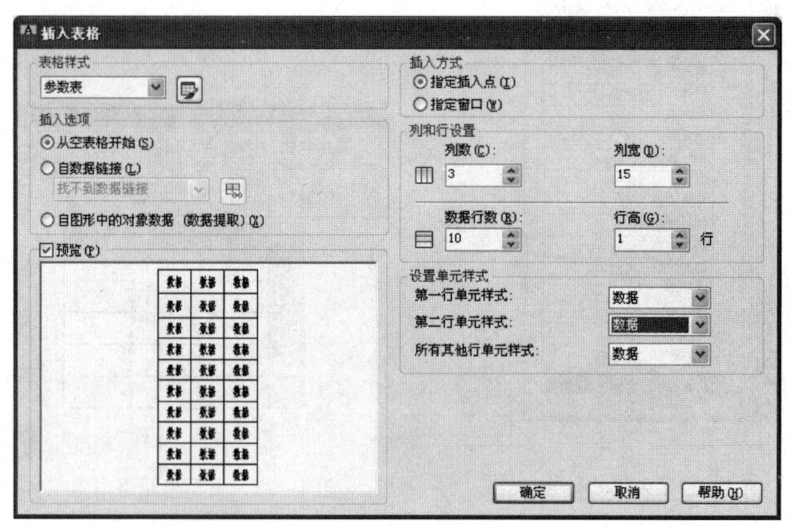

图 4 – 25　设置“插入表格”对话框

步骤4：设置表格宽度和高度。选中第一列所有单元格，打开特性表，设置单元宽度和单元高度分别为20和7，如图4－27所示。

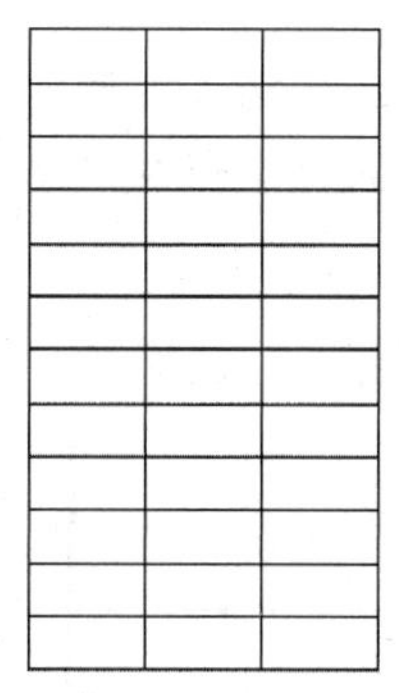

图4－26　5行3列表格

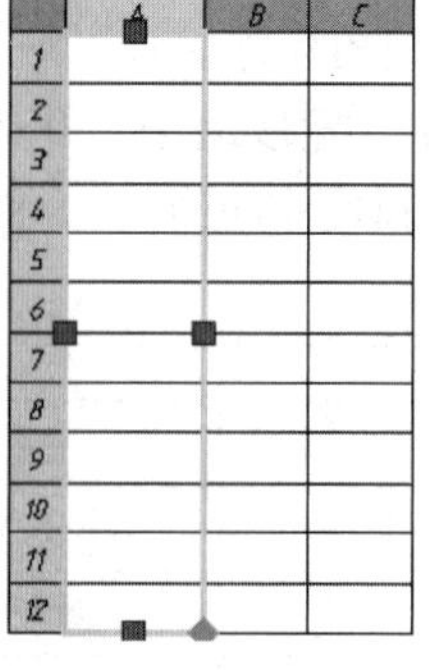

图4－27　设置第一列的列宽和所有行的行高

> **友情提示**
>
> 如果发现在“单元高度”选项内不能精确设置行高，比如输入行高为6，但是特性表里最多变成6.6667等比6大的数，这是因为表格所使用的文字高度太大了，可以考虑将其改小一点，然后再设置行高。

步骤5：合并单元格操作。选中A1至B8单元格，在“合并单元格”下拉列表框中选择“按行”选项，如图4－28所示，同理完成其他单元格合并，结果如图4－29所示。

步骤6：表格边框设置。选中所有单元格，在“表格”工具栏中单击“单元边框”按钮，打开“单元边框特性”对话框，在“线宽”下拉列表框中选择“0.35 mm”选项，并单击“外边框”按钮，完成表格边框的设置，结果如图4－30所示。

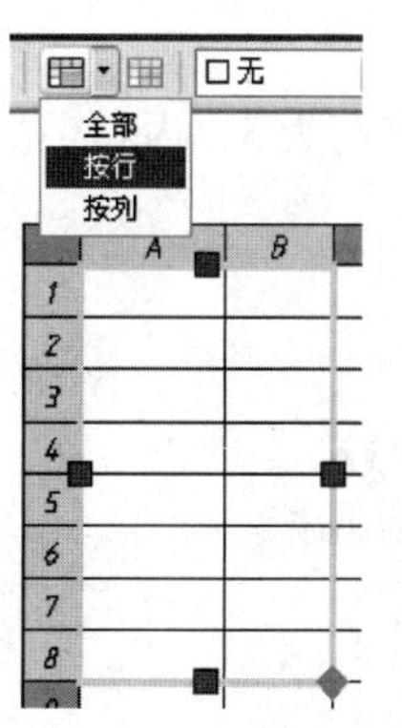

图4－28　合并单元格

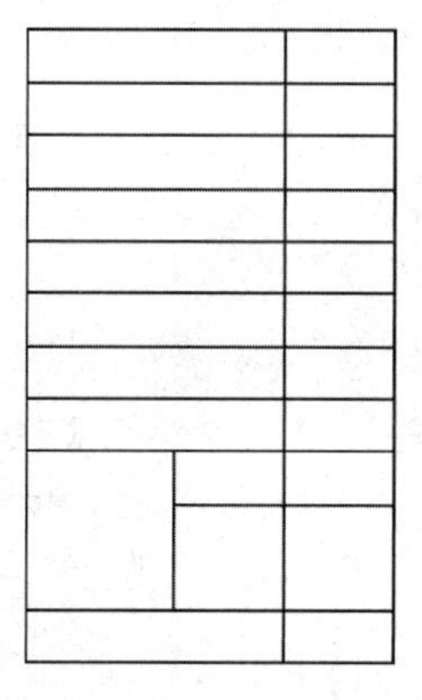

图4－29　合并单元格结果

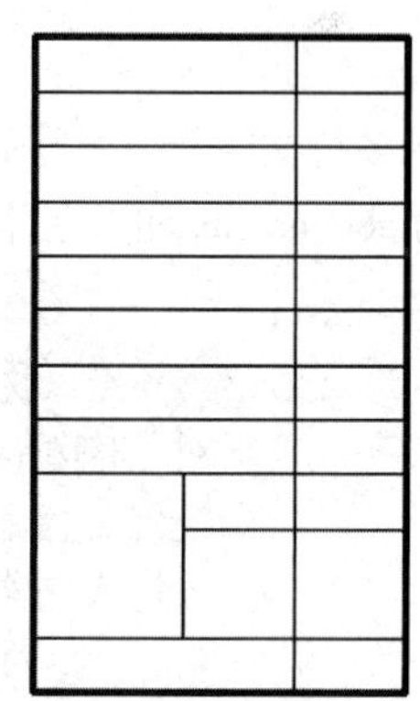

图4－30　设置表格边框结果

步骤7：在各单元格内输入相应文字。如“$^{-0.112}_{-0.168}$”可用堆叠文字的方法来创建，再将字体高度设置为5。完成如图4－11所示的圆柱齿轮几何参数表。

技能训练

1. 绘制如图 4－31 所示装配图标题栏和明细表，并填写标题栏和明细表内相关内容。其中"机用虎钳"用 7 号长仿宋体字，宽度因子为 0.7；其余字体为 gbeitc. shx 和大字体 gbcbig. shx，字号为 3.5。(其中标题栏格式和尺寸同图 4－1 相同)

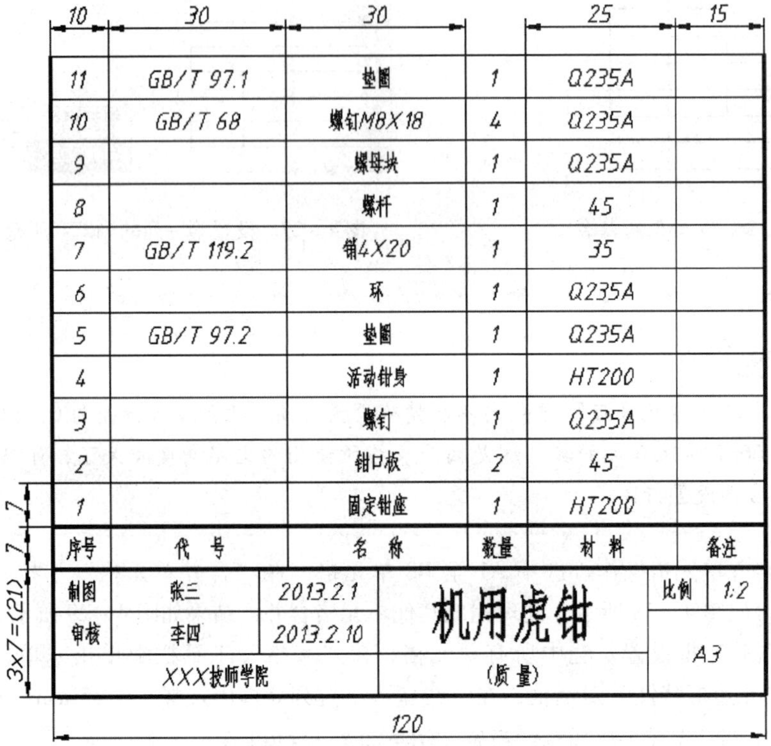

11	GB/T 97.1	垫圈	1	Q235A	
10	GB/T 68	螺钉M8X18	4	Q235A	
9		螺母块	1	Q235A	
8		螺杆	1	45	
7	GB/T 119.2	销4X20	1	35	
6		环	1	Q235A	
5	GB/T 97.2	垫圈	1	Q235A	
4		活动钳身	1	HT200	
3		螺钉	1	Q235A	
2		钳口板	2	45	
1		固定钳座	1	HT200	
序号	代　号	名　称	数量	材　料	备注

制图	张三	2013.2.1	机用虎钳	比例	1:2
审核	李四	2013.2.10		A3	
XXX技师学院			(质 量)		

尺寸：10、30、30、25、15；7、7、3x7=(21)；120

图 4－31

2. 用多行文字命令书写如图 4－32 所示的技术要求。其中标题字高为 5，内容字高为 3.5，字体均为 gbenor. shx 和大字体 gbcbig. shx。

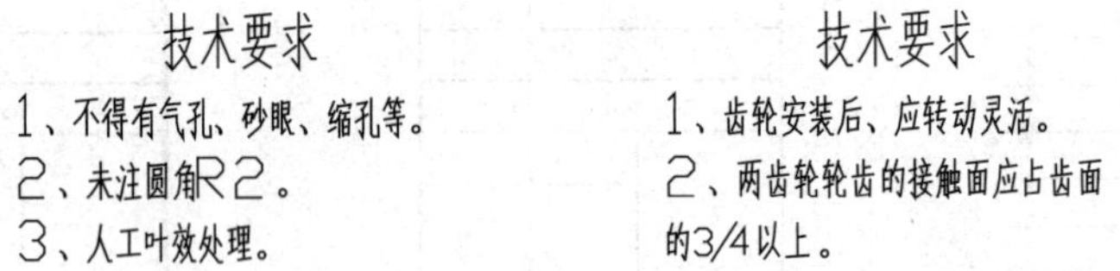

技术要求

1、不得有气孔、砂眼、缩孔等。

2、未注圆角R2。

3、人工叶效处理。

(a)

技术要求

1、齿轮安装后、应转动灵活。

2、两齿轮轮齿的接触面应占齿面的3/4以上。

(b)

图 4－32

3. 完成图 4－33 中文本的书写。

4. 用表格命令创建如图 4－34 所示表格，并在单元格内容输入文本。文字字高为 3.5，字体均为 gbeitc. shx 和大字体 gbcbig. shx。

$\phi30^{0}_{-0.001}$　$\phi30\pm0.001$　105°　50^{2}　Z_{ab}　$^{18}/_{19}$　$\frac{2}{5}$

图 4－33

公称直径D、d		螺距P		粗牙小径D_1、d_1
第一系列	第二系列	粗牙	细牙	
16		2	1.5，1	13.835
	18			15.294
20		2.5	2，1.5，1	17.294
	22			19.294
24		3	2，1.5，1	20.752

7　15　15　15　25　90

图 4－34

任务2　绘制输出轴主视图并标注尺寸

任务描述

绘制如图4－35所示的输出轴主视图（此图省略绘制退刀槽和倒角），并标注尺寸。掌握尺寸样式设置、线性标注、基线标注、连续标注等操作方法。

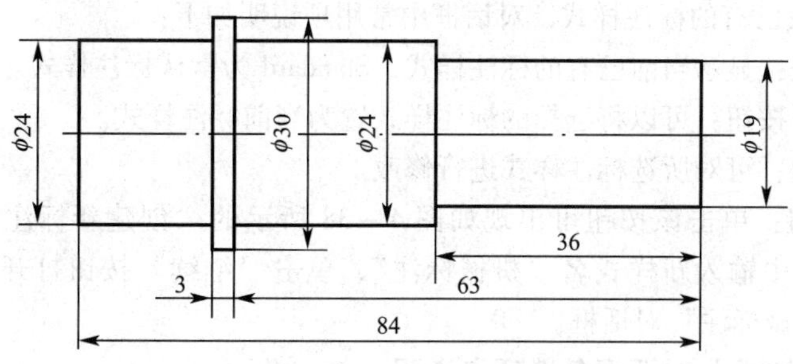

图4－35　输出轴主视图

知识准备

一、标注尺寸的要素

图形只能表示物体的形状，其大小是由标注的尺寸确定的。尺寸是图样中重要的内容之一。尺寸标注由尺寸界线、尺寸线和尺寸数字三个要素组成，如图 4－36 所示。

1. 尺寸界线

尺寸界线用细实线绘制。尺寸界线从图形的轮廓线、轴线或对称中心线处引出，也可将轮廓线、轴线或对称中心线作为尺寸界线。尺寸界线一般应与尺寸线垂直，必要时可以倾斜，如图 4－35 所示的 ϕ30 尺寸。尺寸界线应超出尺寸线 2～3 mm。

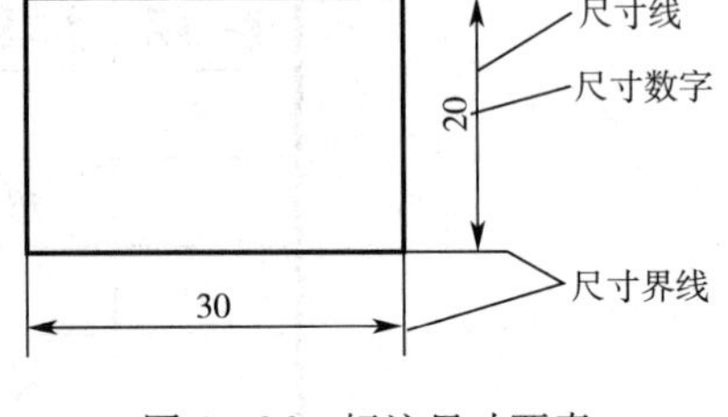

图 4－36　标注尺寸要素

2. 尺寸线

尺寸线用细实线绘制。尺寸线不得与其他图线重合或画在其他线的延长线上。在标注线性尺寸时，尺寸线应与标注线段平行。标注角度时，尺寸线是一段圆弧。机械图样中的尺寸线终端常为箭头形式。

3. 尺寸数字

线性尺寸的尺寸数字一般标注在尺寸线的上方或尺寸线中断处。同一图样内尺寸数字的高度应相同。尺寸数字不可被任何线通过，否则必须将该图线断开。

二、创建尺寸标注样式

1. 启动“标注样式管理器”命令的方法

➢ 在命令行输入“DIMSTYLE”或“D”，按【Enter】键。

➢ 选择下拉菜单中的“格式”→“标注样式”命令。

➢ 单击“标注”工具栏中的“标注样式”按钮。

启动“标注样式管理器”命令后，弹出如图 4－37 所示的对话框，可在该对话框中新建标注样式，也可以修改已有的标注样式。对话框中常用项说明如下：

➢“样式”列表：显示当前已有的标注样式，Standard 为默认标注样式。

➢“置为当前”按钮：可以将选择的标注样式置为当前标注样式。

➢“修改”按钮：可对所选标注样式进行修改。

➢“新建”按钮：单击该按钮可出现如图 4－38 所示的“创建新标注样式”对话框，在“新样式名”文本框中输入新样式名“机械标注”，单击“继续”按钮打开如图 4－39 所示的“新建标注样式：机械标注”对话框。

2. “新建标注样式”对话框各选项卡说明

(1)“线”选项卡

本选项卡有“尺寸线”和“尺寸界线”两个选项组，它可以设置尺寸线和尺寸界线的特性。各选项组中常用选项说明：

基线间距：用于设置基线标注中尺寸线之间的距离，如图 4－40 所示，在机械图样标注中，一般取值为 7～10，这里取值为 7。

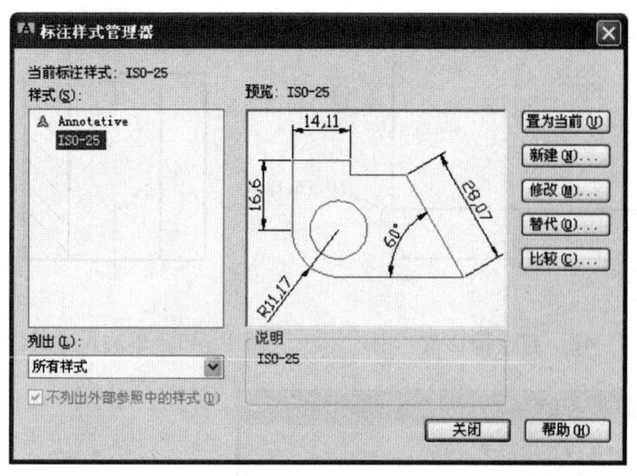

图4－37　“标注样式管理器”对话框

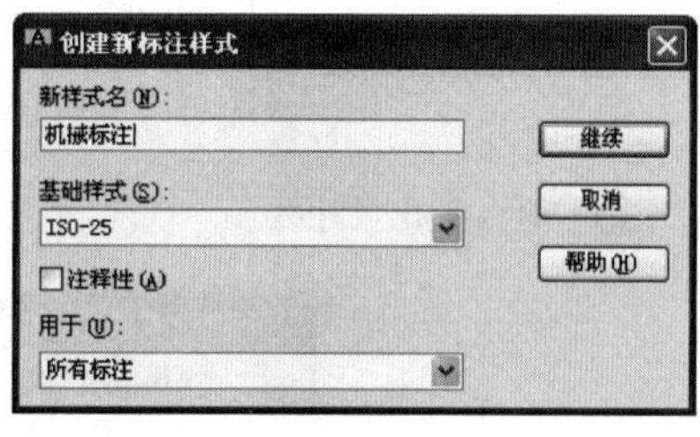

4－38　“创建新标注样式”对话框

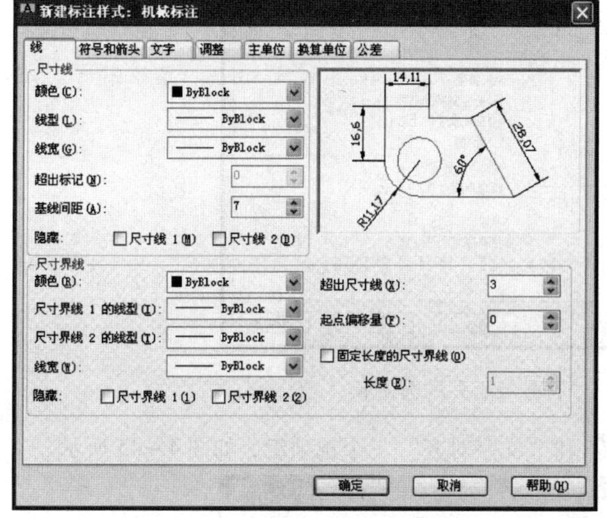

图4－39　“新建标注样式”对话框

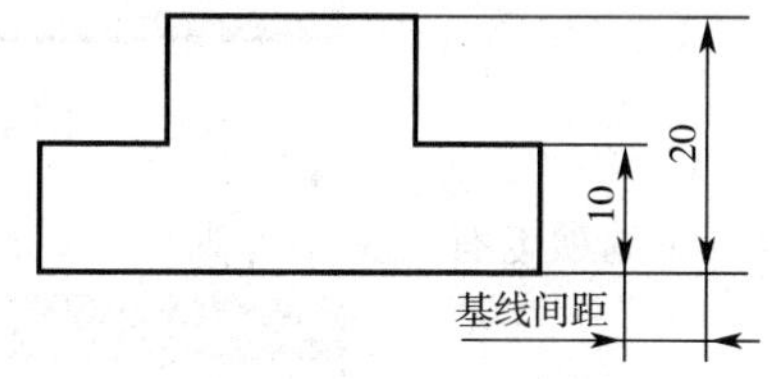

图4－40　基线间距

超出尺寸线：设置尺寸界线超过尺寸线的距离，在机械图样标注中一般取值为3，如图4－41所示。

起点偏移量：设置尺寸界线起点对于图形中标注起点的距离，如图4－42所示，在机械图样标注中一般取值为0。

隐藏尺寸线（尺寸界线）：设置隐藏尺寸线或尺寸界线，常用于对半剖视图图形的标注，如图4－43所示ϕ10尺寸标注中设置隐藏尺寸线1和尺寸界线1。

（2）“符号与箭头”选项卡

本选项卡有“箭头”“圆心标记”和“折断标注”等六个选项组，如图4－44所示。各选项组中常用选项说明：

“箭头大小”文本框：设置尺寸标注中箭头的大小。

（3）“文字”选项卡

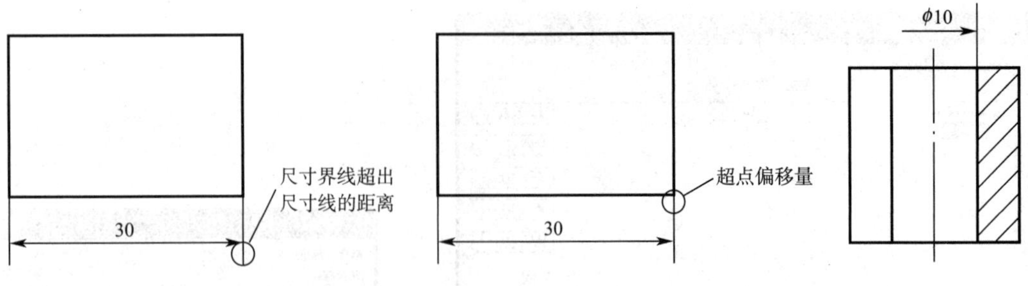

图 4－41　超出尺寸线　　图 4－42　起点偏移量　　图 4－43　单边尺寸标注

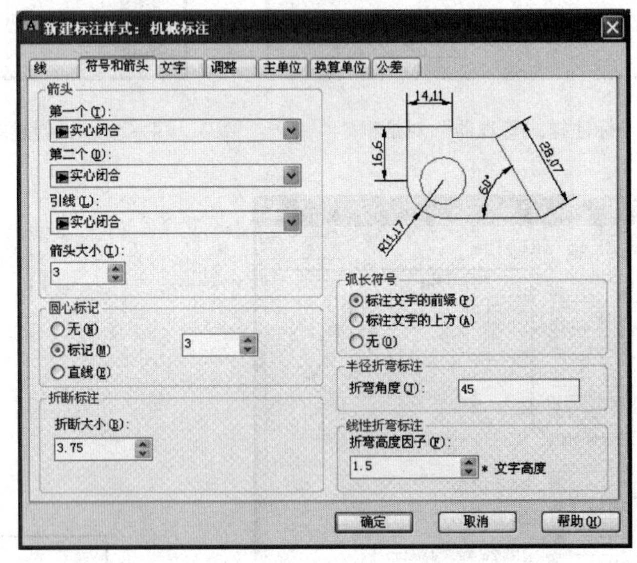

图 4－44　“符号与箭头”选项卡

本选项卡有“文字外观”“文字位置”和“文字对齐”三个选项组，如图 4－45 所示。

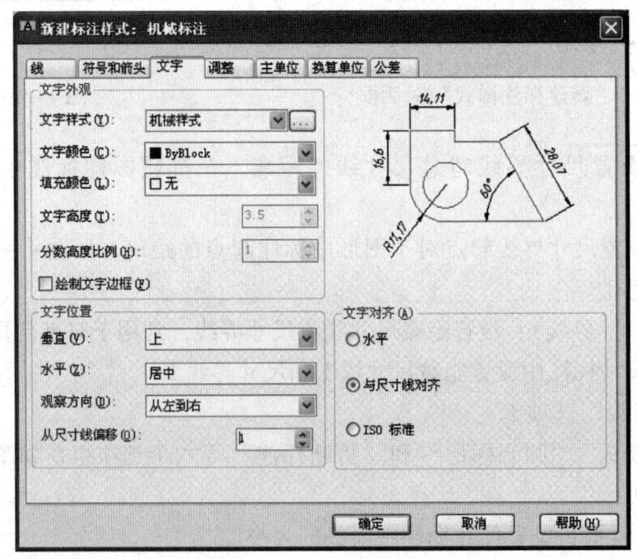

图 4－45　“文字”选项卡

①“文字外观”选项组常用选项说明

文字样式：选择尺寸文字的样式。

文字高度：设置尺寸文字的字高，如果在所选择的文字样式中已设置了大于0的字高，此处不能再设置数值。

②“文字位置”选项组常用选项说明

垂直：设置尺寸文字在垂直方向上相对于尺寸线的位置，选择“上”和“居中”两个选项，如图4-46所示。

水平：设置尺寸文字在水平方向上相对于尺寸界线的位置，常用“居中”位置。

从尺寸线偏移：设置尺寸文字与尺寸线间的距离，如图4-47所示。

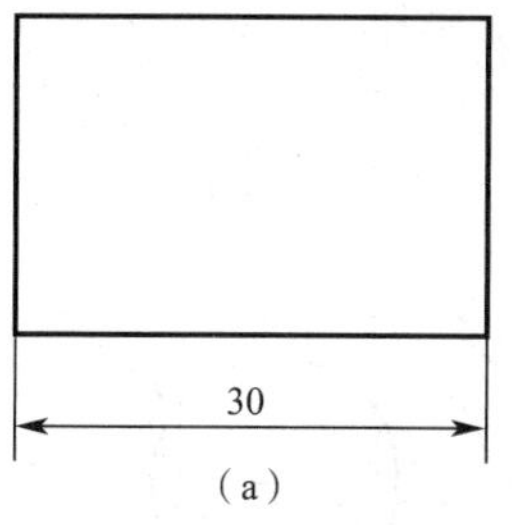

（a）

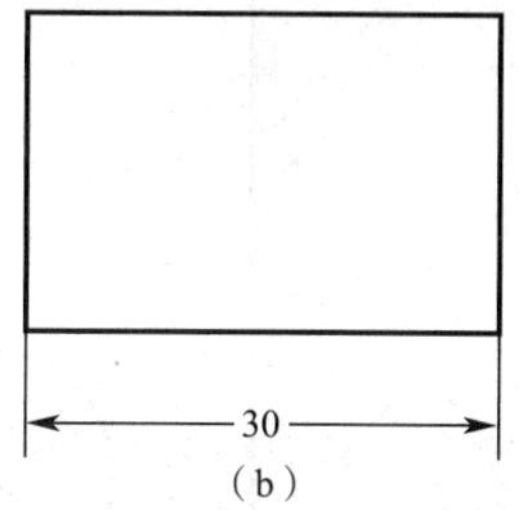

（b）

图4-46 尺寸文字在垂直方向上的位置

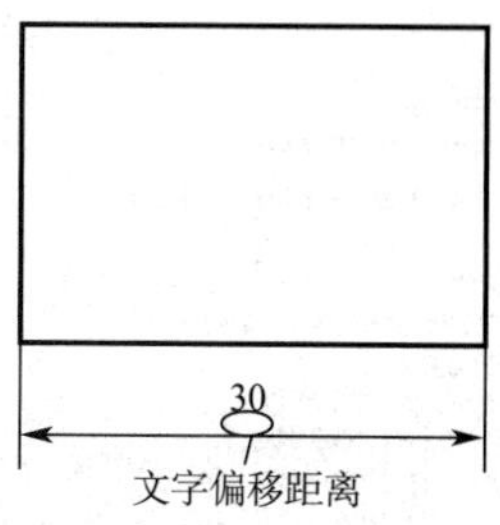

图4-47 尺寸文字偏移距离

③“文字对齐”选项组常用选项说明

水平：文字水平放置。

与尺寸线对齐：文字与尺寸线平行。

ISO标准：当文字在尺寸界线内时，文字与尺寸线对齐，文字在尺寸界线外时，文字水平放置。

尺寸文字的对齐方式如图4-48所示。

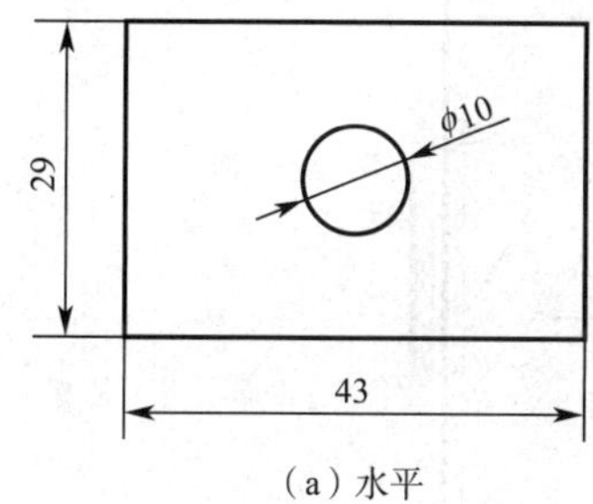

（a）水平

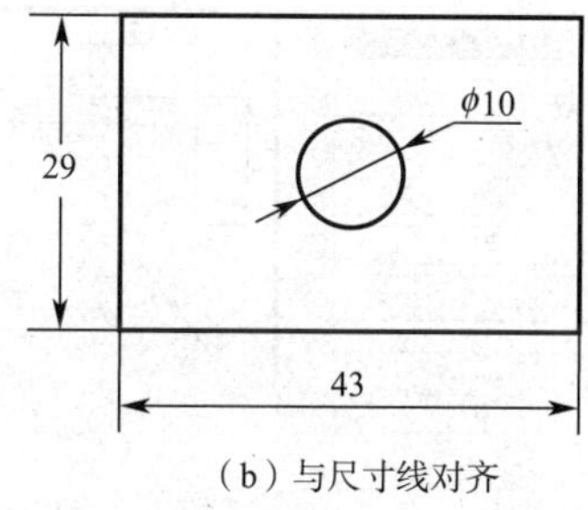

（b）与尺寸线对齐

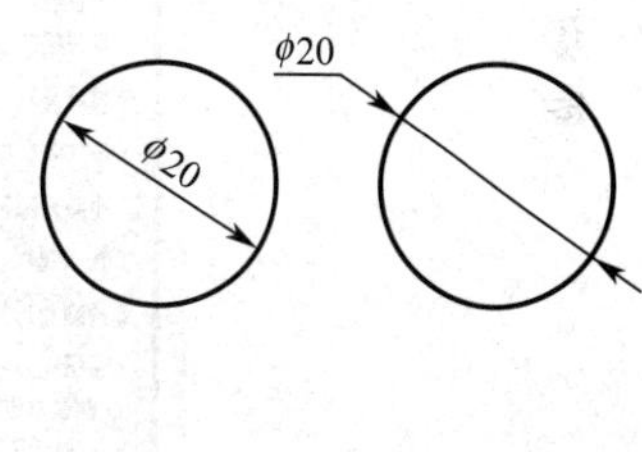

（c）ISO标准

图4-48 尺寸文字的对齐方式

（4）“调整”选项卡

本选项卡有“调整选项”“文字位置”“标注特征比例”和“优化”四个选项组，如图4-49所示。

①“调整选项”选项组作用是当尺寸界线之间没有足够空间来放置文字和箭头时，控制文字和箭头的位置关系。

②“文字位置”选项组可以设置当标注文字不在默认位置时应放置的位置。

③“标注特征比例”选项组可以设置全局标注比例或图纸空间比例。

④“优化”选项组常用选项说明

手动放置文字：忽略所有水平对正设置，标注时可手动放置文字。

在尺寸界线之间绘制尺寸线：箭头放在测量点之外，也在测量点之间绘制尺寸线。例如在直径标注中，若选中“在尺寸界线之间绘制尺寸线”复选框，结果如图 4－50（a）所示，不选中结果则如图 4－50（b）所示。

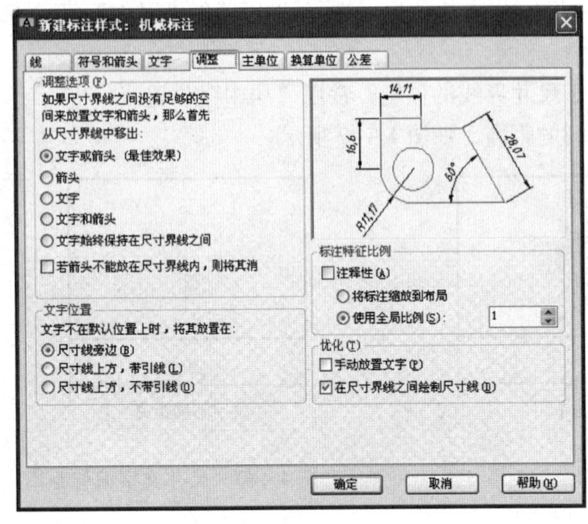

图 4－49 “调整”选项卡

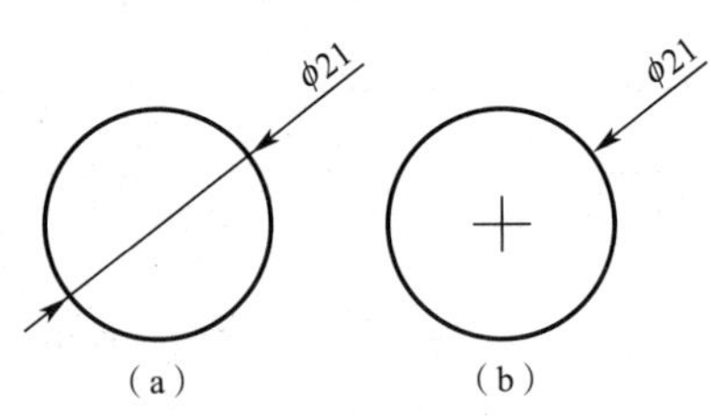

图 4－50 在尺寸界线间是否绘制尺寸线情况

(5)“主单位”选项卡

本选项卡有“线性标注”和“角度标注”两个选项组，如图 4－51 所示。

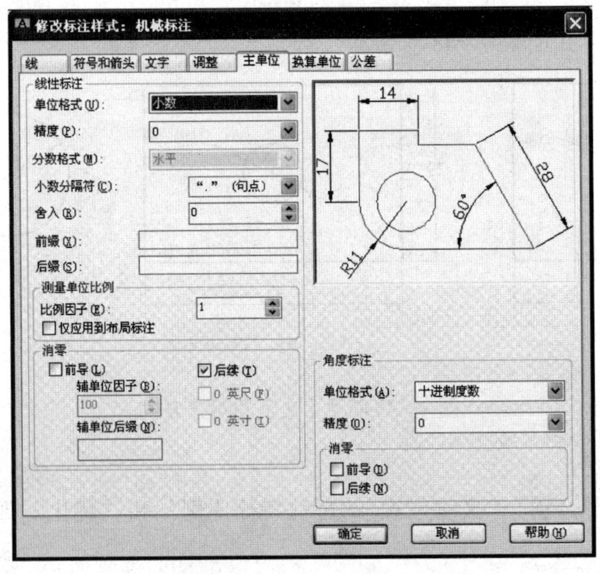

图 4－51 “主单位”选项卡

①“线性标注”选项组常用选项说明

单位格式：设置线性标注的单位格式。

精度：设置线性标注的小数位数。

前缀（后缀）：在标注文字前添加一个前缀或后缀，如直径或度等。

比例因子：设置线性测量值的比例因子。例如当该比例因子为 2 时，实际测量值为 10 时，显示标注数值应为 20。

消零：可以消除所有小数标注中的前导或后续的零。

②“角度标注”选项组可以设置角度标注的单位样式、标注精度等。

(6)“换算单位”选项卡

该选项卡有“显示换算单位”复选框，当选中该复选框时才能对“换算单位”“消零”和“位置”三个选项组内容进行设置。“换算单位”选项卡如图 4－52 所示。

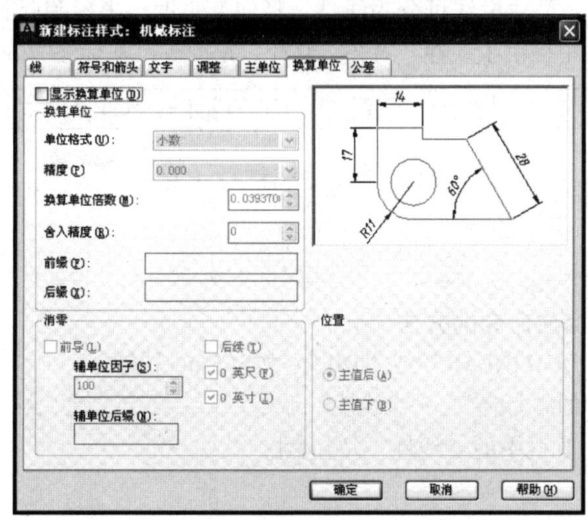

图 4－52　“换算单位”选项卡

(7)“公差”选项卡

本选项卡有“公差格式”和“显示换算公差”两个选项组，如图 4－53 所示。在“公差格式”选项组中可以设置公差的方式、精度、公差数值及位置等参数。

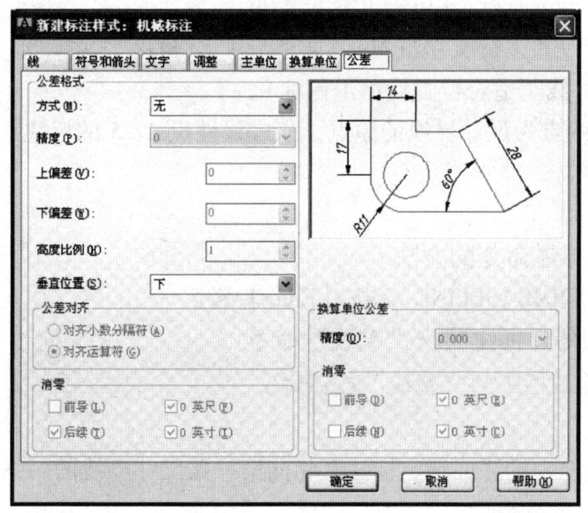

图 4－53　“公差”选项卡

 友情提示

在尺寸公差标注时，因为各尺寸公差值不同，因此一般不在“公差”选项卡中设置，而是在注出尺寸数值后利用“特性”“文字格式”等方法来注写公差，此内容在本项目的任务5中会详细讲解。

三、“标注”工具栏

按标注对象的不同，尺寸标注可分为线性、径向、角度、坐标和弧长五种类型。图4－54所示的“标注”工具栏中提供了线性、对齐、直径、角度等尺寸标注方式。

图4－54　“标注”工具栏

四、线性标注

1. 启动“线性”标注命令的方法

➢ 在命令行输入“DIMLINEAR”或“DIL”，按【Enter】键。

➢ 选择下拉菜单中的“标注”→“线性”命令。

➢ 单击“标注”工具栏中的“线性”按钮。

2. 功能

线性标注可用于标注两点之间水平或垂直方向上的长度尺寸。

3. 操作说明

以标注图4－55中线性尺寸20为例，启动“线性”标注，命令行操作显示如下：

①命令：_ dimlinear；

②指定第一个尺寸界线原点或 <选择对象>：（单击点 A 位置）；

③指定第二条尺寸界线原点：（单击点 B 位置）；

④指定尺寸线位置或［多行文字（M）/文字（T）/角度（A）/水平（H）/垂直（V）/旋转（R）］：（拖动尺寸线至适合位置后单击鼠标）。

同理分别以 B、C 两点为尺寸界线的原点，完成线性尺寸25的标注。

五、基线标注

1. 启动“基线”标注命令的方法

➢ 在命令行输入“DIMBASELINE”，按【Enter】键。

➢ 选择下拉菜单中的“标注”→“基线”命令。

➢ 单击“标注”工具栏中的“基线”按钮。

2. 功能

基线标注可用于与前一标注或选定标注有相同第一条尺寸界线的一系列尺寸。

3. 常用选项说明

➢ 选择（S）：使用基线标注时，系统会默认前一个尺寸标注的尺寸界线起点为基线标注的

起点，输入“S”可重新选择基准标注尺寸。

4. 操作说明

以标注图4－56中线性尺寸9、19、29为例，操作如下：

步骤1：启动“线性”标注命令，标注线性尺寸9。

步骤2：启动“基线”标注命令，命令行操作显示如下：

①命令：_ dimbaselime；

②指定第二条尺寸界线原点或［放弃（U）/选择（S）］ <选择>：(单击第二个圆的圆心)；

③指定第二条尺寸界线原点或［放弃（U）/选择（S）］ <选择>：(单击第三个圆的圆心)。

标注好与线性尺寸9有相同第一条尺寸界线的线性尺寸19，同理标注尺寸29。

六、连续标注

1. 启动“连续”标注命令的方法

➢ 在命令行输入“dimcontinue”，按【Enter】键。

➢ 选择下拉菜单中的“标注”→“连续”命令。

➢ 单击“标注”工具栏中的“连续”按钮。

2. 功能

连续标注可用于与前一标注或选定标注的某一尺寸界线连接的一系列尺寸。

3. 常用选项说明

➢ 选择（S）：使用基线标注时，系统会将前一个尺寸标注的尺寸界线终点作为连续标注的起点，输入“S”可重新选择基准标注尺寸。

4. 操作说明

以标注图4－57中两个线性尺寸10为例，操作如下：

步骤1：启动“线性”标注命令，标注线性尺寸9。

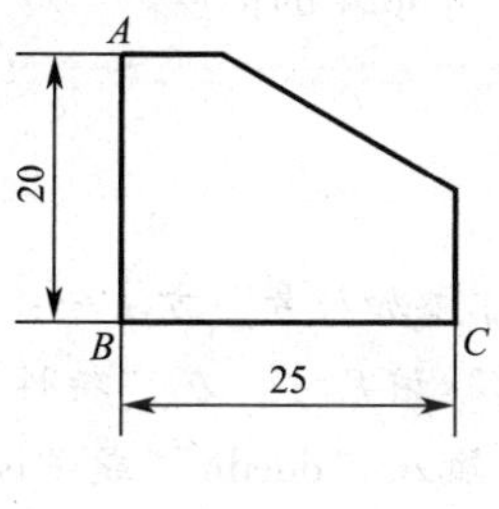

图4－55　线性标注

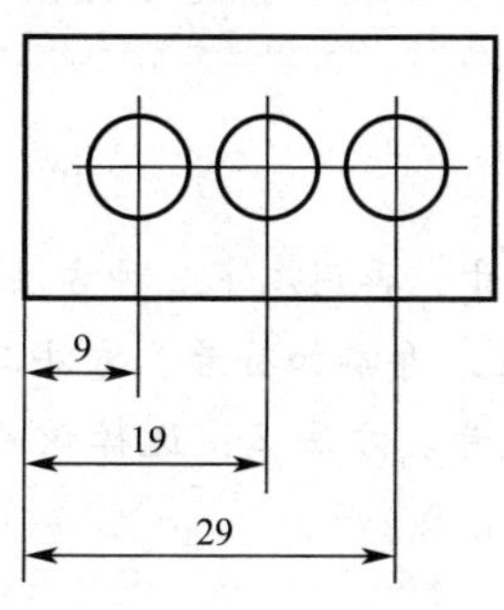

图4－56　基线标注

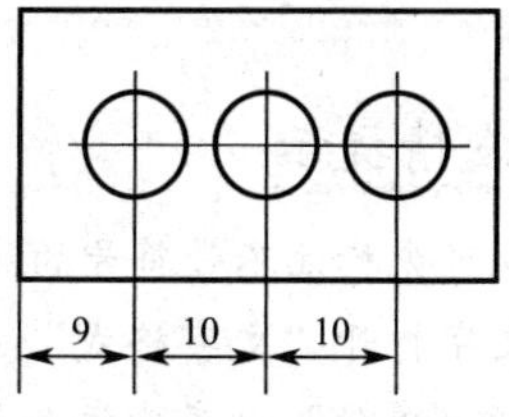

图4－57　连续标注

步骤2：启动“连续”标注命令，命令行操作显示如下：

①命令：_ dimcontinue；

②指定第二条尺寸界线原点或［放弃（U）/选择（S）］ <选择>：(单击第二个圆的圆心)；

③指定第二条尺寸界线原点或［放弃（U）/选择（S）］ <选择>：(单击第三个圆的圆心)。

标注好与线性尺寸9相连的线性尺寸10，同理标注第二个尺寸10。

任务实施

步骤1：按项目1的任务4设置图层。

步骤2：启动“直线”“修剪”“镜像”等命令按尺寸绘制出输出轴主视图。

步骤3：打开“文字样式”对话框，新建“机械样式”样式，选用 gbenor. shx 和大字体 gbcbig. shx。

步骤4：打开“标注样式管理器”对话框，新建“机械标注”样式。

（1）在“线”选项卡中设置基线间距为7；超出尺寸线为3；起点偏移量为0。

（2）在“符号和箭头”选项卡中设置箭头大小为3，圆心标记为3。

（3）在“文字”选项卡中设置文字样式为已建立的“机械样式”样式，文字高度为3.5。文字位置在垂直方向上为上；水平方向上为居中；文字对齐方式为与尺寸线对齐。

（4）在“主单位”选项卡中设置线性标注中精度为0。

（5）在“换算单位”选项卡中不选中“显示换算单位”复选框。

（6）在“公差”选项卡中设置方式为无。

单击“确定”按钮，完成“机械标注”样式的设置，并将该样式置为当前样式。

步骤5：标注输出轴的径向尺寸 ϕ24。启动“线性”标注命令，命令行操作显示如下：

①命令：_ dimlinear；

②指定第一个尺寸界线原点或 <选择对象>：（单击图4-60中的点 *A*）；

③指定第二条尺寸界线原点：（单击图4-60中的点 *B*）；

④指定尺寸线位置或［多行文字（M）/文字（T）/角度（A）/水平（H）/垂直（V）/旋转（R）］：m（因标注文字24前有 ϕ 符号，输入“m”并按【Enter】键，打开“文字格式”工具栏）。

在编辑器内显示的文字“24”前插入“文字格式”工具栏的“直径”符号，如图4-58（a）所示，结果如图4-58（b）所示，单击“确定”按钮完成尺寸 ϕ24 的标注。

友情提示

也可先标注不带符号的线性尺寸，再用以下三种方法给尺寸添加符号。方法一：双击该尺寸文字打开“文字格式”工具栏，再添加符号。方法二：选择该尺寸，在“特性”对话框中“主单位”列表中添加符号代号。方法三：选择该尺寸，输入“ddedit”或“ed”，打开“文字格式”工具栏再添加符号。

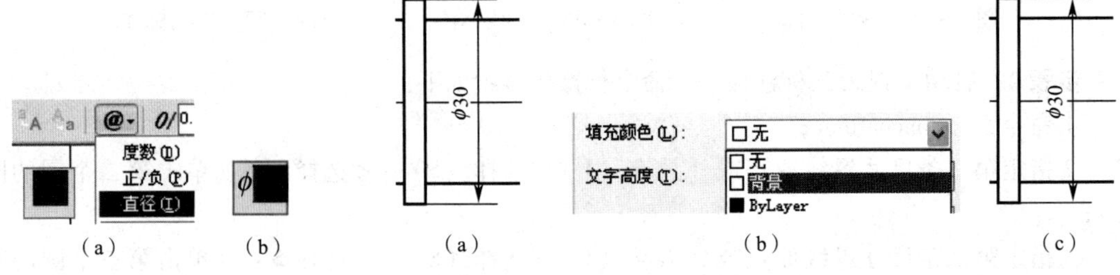

（a）（b）

图4-58 添加符号

（a）（b）（c）

图4-59 设置尺寸文字背景

友情提示

在标注 φ30 尺寸时，会出现如图 4－59（a）所示的情况，此时中心线通过尺寸数字，可以通过在“修改标注样式：机械标注”对话框中的“文字”选项卡中设置填充颜色为背景，如图 4－59（b）所示，从而解决这一问题，结果如图 4－59（c）所示。

同理标注其他径向尺寸 φ30、φ24、φ19，结果如图 4－60 所示。

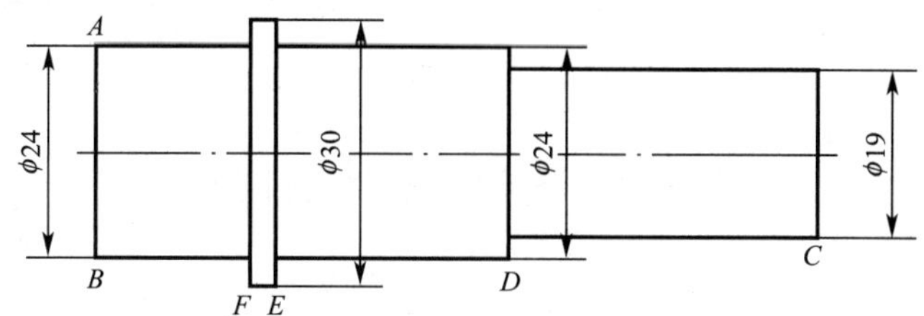

图 4－60　标注轴的径向尺寸

步骤 6：标注输出轴的轴向尺寸 36。启动“线性”标注命令，分别以点 *C* 和点 *D* 作为第一条、第二条尺寸界线的原点，标注出尺寸 36。

步骤 7：标注轴向尺寸 63 和 84。启动“基线”标注命令，命令行操作显示如下：

①命令：_ dimbaseline；

②指定第二条尺寸界线原点或［放弃（U）/选择（S）］<选择>：（单击 *E* 点，标注出尺寸 63）；

③指定第二条尺寸界线原点或［放弃（U）/选择（S）］<选择>：（单击 *B* 点，标注出尺寸 84）。

步骤 8：标注轴向尺寸 3。启动“连续”标注命令，命令行操作显示如下：

①命令：_ dimcontinue；

②指定第二条尺寸界线原点或［放弃（U）/选择（S）］<选择>：（输入“S”）；

③选择连续标注：（选择尺寸 63）；

④指定第二条尺寸界线原点或［放弃（U）/选择（S）］<选择>：（单击 *F* 点，标注出尺寸 3）。

结果如图 4－61（a）所示，尺寸界线之间没有足够空间，因此文字 3 被引出标注。可选中尺寸 3，光标移至文字 3 上的夹点，出现如图 4－61（b）所示的快捷菜单，选择“仅移动文字”选项，将文字移至适合位置处，完成输出轴的尺寸标注，结果如图 4－62 所示。

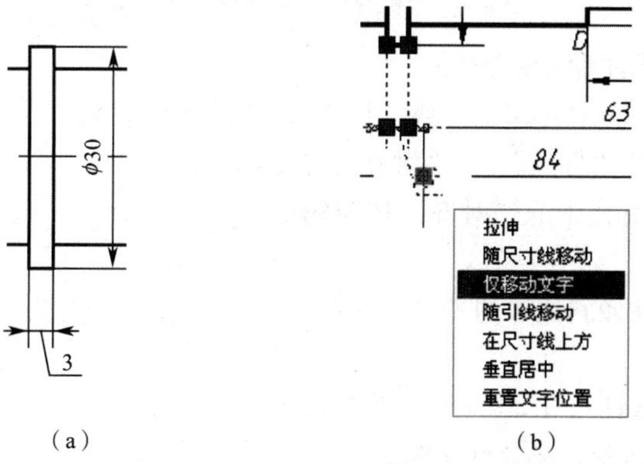

图 4－61　移动尺寸文字

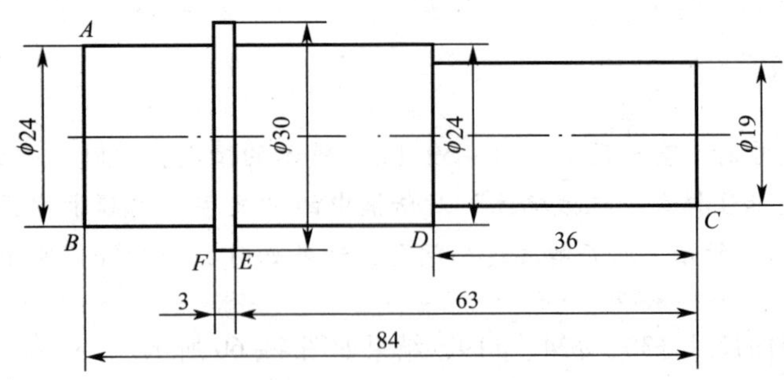

图 4－62　标注轴的轴向尺寸

子任务 1　绘制卡槽并标注尺寸

任务描述

绘制如图 4－63 所示的卡槽并标注尺寸（除角度标注外），掌握对齐标注的操作方法。

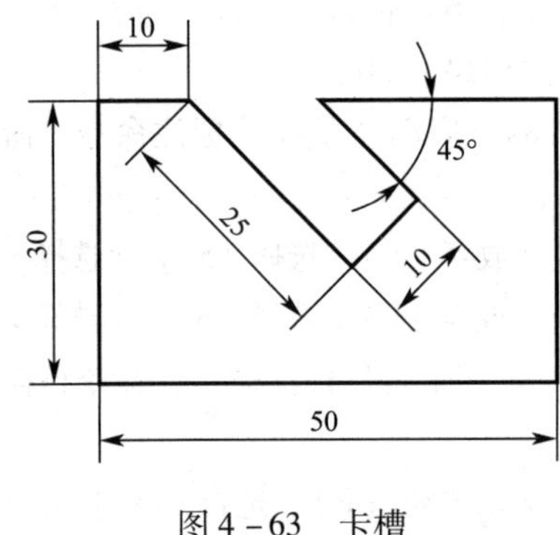

图 4－63　卡槽

知识准备

对 齐 标 注

1. 启动“对齐”标注命令的方法

➢ 在命令行输入“DIMALIGNED”或“DAL”，按【Enter】键。

➢ 选择下拉菜单中的“标注”→“对齐”命令。

➢ 单击“标注”工具栏中的“对齐”按钮。

2. 功能

对齐标注可用于标注倾斜线段的平行尺寸标注。

3. 操作说明

以标注图 4－64 中线性尺寸 20 为例，操作如下：

启动“对齐”标注命令，命令行操作如下：

①命令：_ dimaligned；

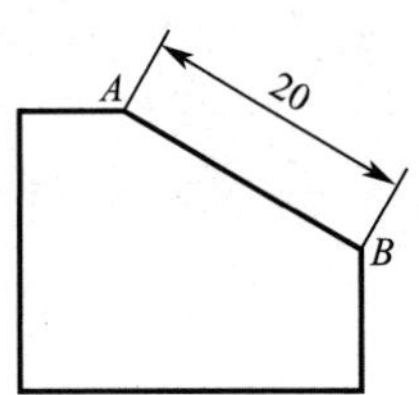

图 4－64　对齐标注

②指定第一个尺寸界线原点或 <选择对象>：（单击点 A 位置）；

③指定第二条尺寸界线原点：（单击点 B 位置）；

④指定尺寸线位置或［多行文字（M）/文字（T）/角度（A）］：（拖动尺寸线至适合位置后单击鼠标）。

任务实施

步骤1：按项目1的任务4设置图层。

步骤2：启动“直线”命令，打开“极轴追踪”功能按尺寸绘制出卡槽。

步骤3：新建“机械样式”文字样式，方法同前。

步骤4：新建“机械标注”标注样式，方法同本项目任务2的步骤4，将“机械标注”样式置为当前样式。

步骤5：启动“线性”标注命令，标注尺寸30、50和10。

步骤6：启动“对齐”命令标注，以尺寸为25的线段两端点为第一、第二条尺寸界线原点标注出尺寸25，同理标注尺寸10。完成卡槽的尺寸标注。

子任务2　绘制顶尖并标注尺寸

任务描述

绘制如图4－65所示的顶尖并标注尺寸（除角度标注外），掌握引线标注、倾斜尺寸界线的操作方法。

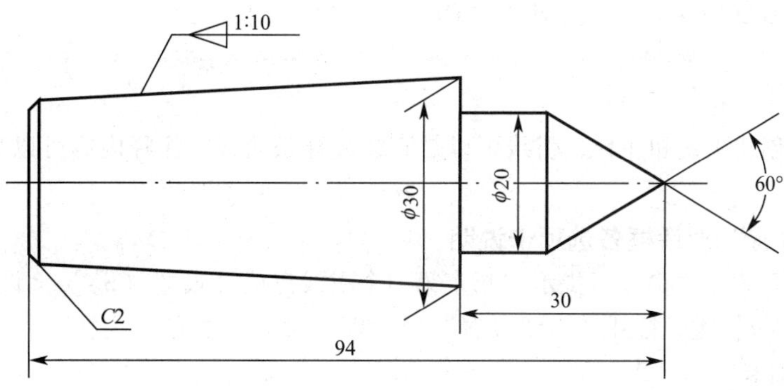

图4－65　顶尖

知识准备

一、倾斜尺寸界线

1. 启动“倾斜”命令的方法

➢ 单击“标注”工具栏的“编辑标注” ，命令行提示“输入标注编辑类型［默认

(H) /新建 (N) /旋转 (R) /倾斜 (O)] <默认>:”时，输入“O”，按【Enter】键。

➢ 选择下拉菜单中的“标注”→“倾斜”命令。

2. 功能

倾斜可以使非角度标注的尺寸界线倾斜一个角度，从而得到与尺寸线成一倾斜角的尺寸界线的一种线性标注。

3. 说明

图4-66 (a) 的尺寸倾斜60°后的效果如图4-66 (b) 所示。

(a) 原尺寸　　(b) 倾斜60°后

图4-66　倾斜尺寸

二、引线标注

1. 启动“引线”命令的方法

➢ 在命令行输入“QLEADER”“QL”或“LE”，按【Enter】键。

➢ 单击“标注”工具栏中的“标注，引线”按钮。

 友情提示

在 AutoCAD 2008 及以上版本的“标注”工具栏中没有“标注，引线”按钮，可选择下拉菜单中的“视图”→“工具栏”命令，在如图4-67所示的“自定义用户界面”窗口中将“标注，引线”按钮拖至“标注”工具栏中。

在 AutoCAD 2008 及以下版本中无“QL”和“LE”(快捷键)。

2. 功能

引线标注可创建引线和注释，引线可以是直线或样条曲线，注释内容可以是文字、块或几何公差等。

3. “引线设置”对话框各选项卡说明

启动“引线”命令，命令行提示“指定第一个引线点或 [设置 (S)] <设置>:”时，输入“S”，按【Enter】键。打开“引线设置”对话框，对话框中有“注释”“引线和箭头”和“附着”三个选项卡。

(1) “注释”选项卡

本选项卡有“注释类型”“多行文字选项”和“重复使用注释”三个选项组，如图4-68所示。

①“注释类型”选项组有多行文字、复制对象、公差、块参数和无五种类型。

②“多行文字选项”选项组当注释类型为多行文字时才可进行设置。

③“重复使用注释”选项组设置是否重复使用注释。

(2) “引线和箭头”选项卡

本选项卡有“引线”“箭头”、“点数”和“角度约束”四个选项组，如图4-69所示。

①“引线”选项组中可选直线引线或样条曲线引线。

②“箭头”选项组可设置箭头的样式，例如选用“无”样式可设置不带箭头的引线。

③“点数”选项组可设置引线的点数，该数值要大于 1。

④“角度约束”选项组可设置第一段、第二段引线的角度。

(3)“附着”选项卡

本选项卡只当注释类型为多行文字时才出现，如图 4－70 所示。它可设置引线和多行文字之间的位置关系。

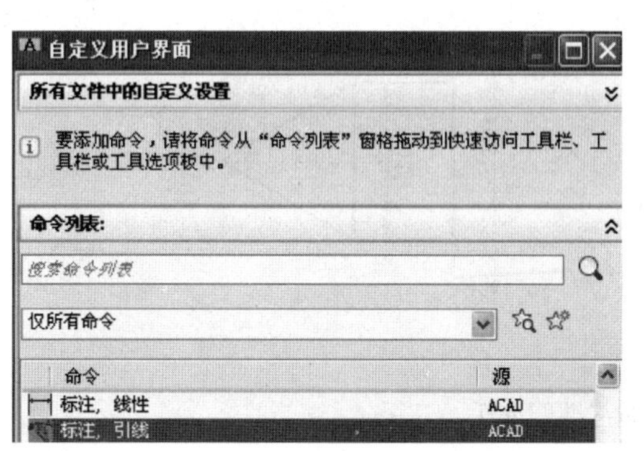

图 4－67　在工具栏中添加命令

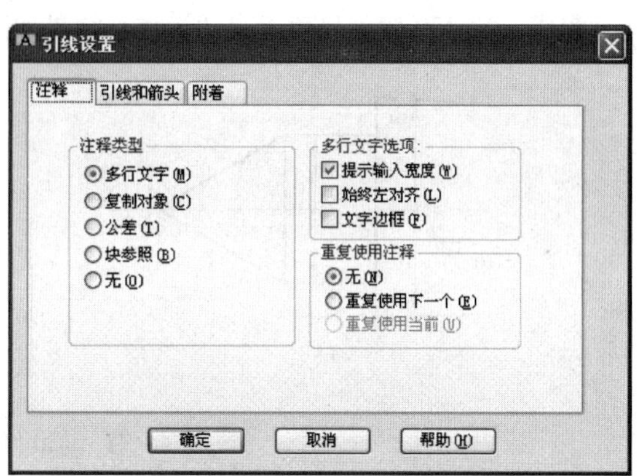

图 4－68　“注释”选项卡

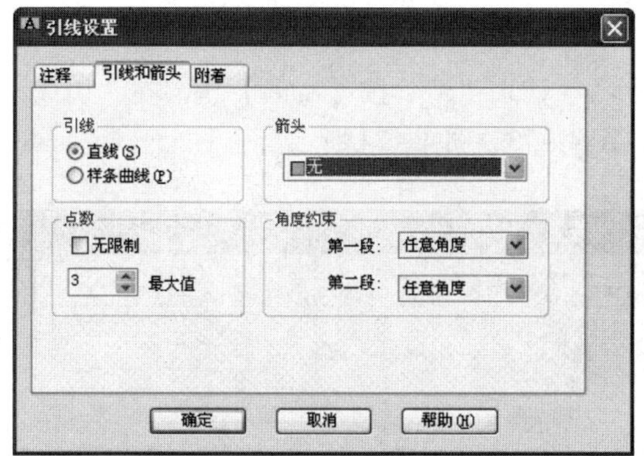

图 4－69　“引线和箭头”选项卡

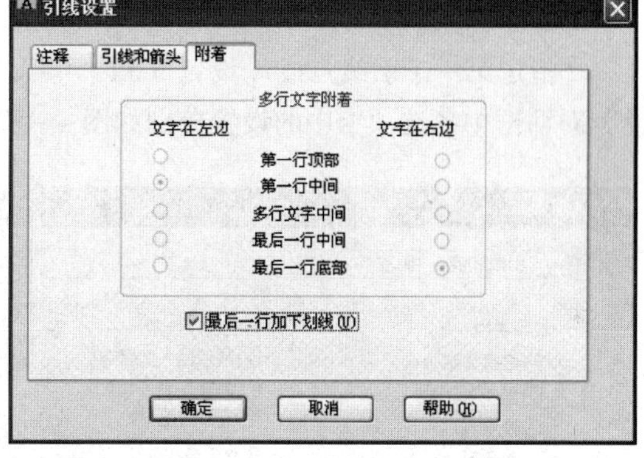

图 4－70　“附着”选项卡

任务实施

步骤 1： 按项目 1 的任务 4 设置图层。

步骤 2： 启动“直线”命令、开启“极轴追踪”功能，按锥度的作图方法按尺寸绘制出顶尖图形。

步骤 3： 新建“机械样式”文字样式，方法同前。

步骤 4： 新建“机械标注”标注样式，方法同本项目任务 2 中步骤 4，将“机械标注”标注样式置为当前样式。

步骤 5： 启动“线性”标注命令，标注尺寸 $\phi30$ 和 $\phi20$，结果如图 4－71（a）所示。

步骤6：倾斜 $\phi30$ 尺寸界线。启动“倾斜”命令，命令行操作显示如下：

①命令：_ dimedit；

②输入标注编辑类型［默认（H）/新建（N）/旋转（R）/倾斜（O）］ <默认>：O；

③选择对象：（选择 $\phi30$ 尺寸）；

④选择对象：（按【Enter】键结束选取）；

⑤输入倾斜角度（按 ENTER 表示无）：30（输入倾斜角度值 30，按【Enter】键）。

完成尺寸 $\phi30$ 倾斜尺寸界线的操作，结果如图 4－71（b）所示。

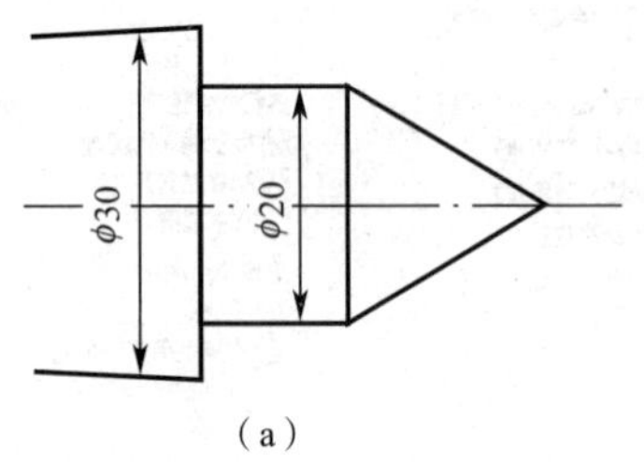

（a）

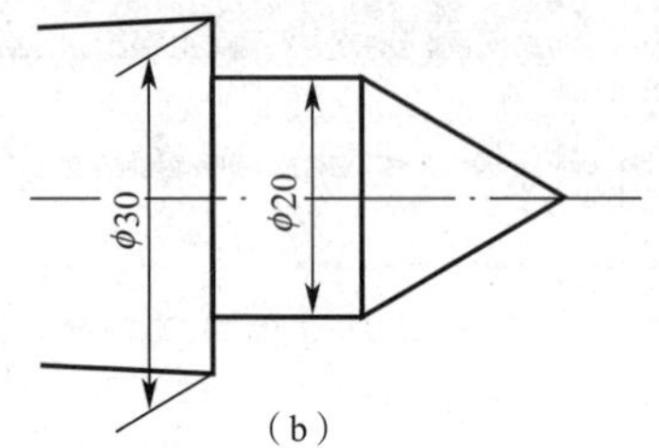

（b）

图 4－71　$\phi30$ 倾斜尺寸的标注

步骤7：标注尺寸 30 和 94。启动“线性”标注命令，标注尺寸 30，再启动“基线”标注命令，标注尺寸 94。

步骤8：标注倒角 *C*2。启动“引线”标注命令，命令行提示操作显示如下：

①命令：_ qleader；

②指定第一个引线点或［设置（S）］ <设置>：（输入“S”，按【Enter】键。在“引线设置”对话框中各选项卡中的设置分别如图 4－72、图 4－73、图 4－74 所示）；

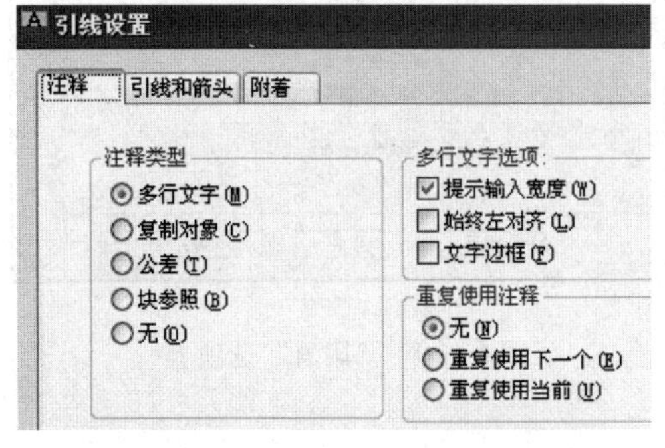

图 4－72　设置“注释”选项卡

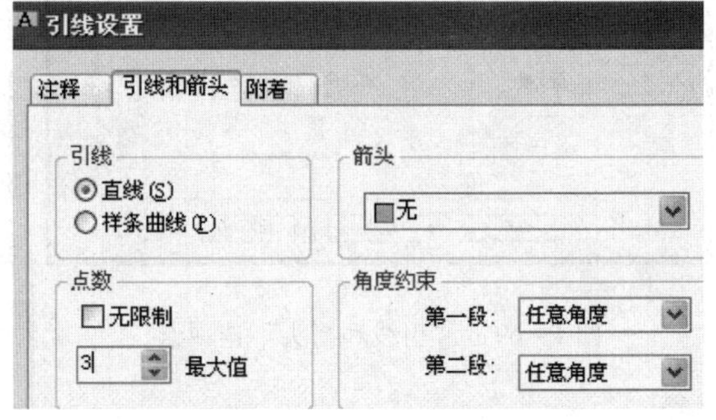

图 4－73　设置“引线和箭头”选项卡

③指定第一个引线点或［设置（S）］ <设置>：（单击图 4－75 中点 1 作为引线第 1 点）；

④指定下一点：（单击图 4－75 中点 2 作为引线第 2 点）；

⑤指定下一点：（单击图 4－75 中点 3 作为引线第 3 点）；

⑥指定文字宽度 <2. 6997>：（按【Enter】键）；

⑦输入注释文字的第一行 <多行文字（M）>：（按【Enter】键，进入“多行文字编辑器”，在“多行文字编辑框”中输入“C2”）。

完成倒角 *C*2 的标注。

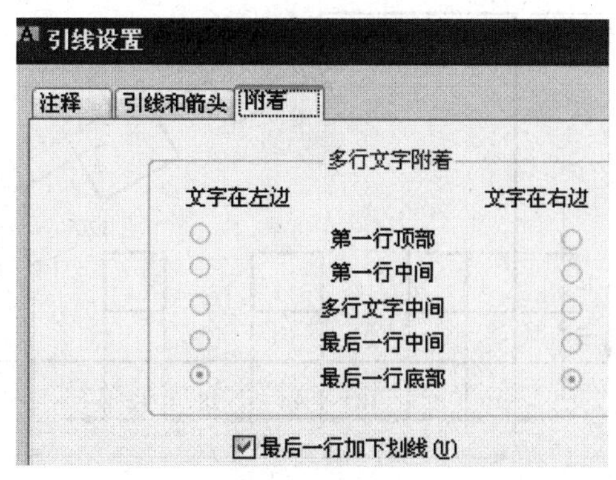

图 4－74　设置“附着”选项卡

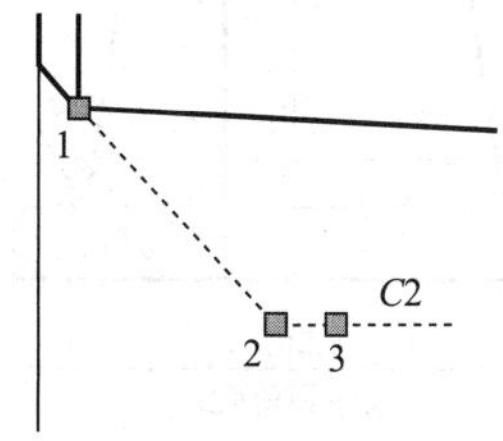

图 4－75　标注倒角 C2

步骤 9：标注锥度。

（1）启动“引线”标注命令，锥度标注与倒角标注的引线设置格式相同，不需重复设置“引线设置”对话框中的内容。以图 4－76（a）的点 1、2、3 为引线的第 1、2、3 点，按标注倒角的方式标注出 1:10。注意 2 和 3 点的距离要够放置锥度符号。

（2）绘制如图 4－76（b）所示的锥度符号。

（3）将锥度符号移动至引线合适位置，结果如图 4－76（c）所示。

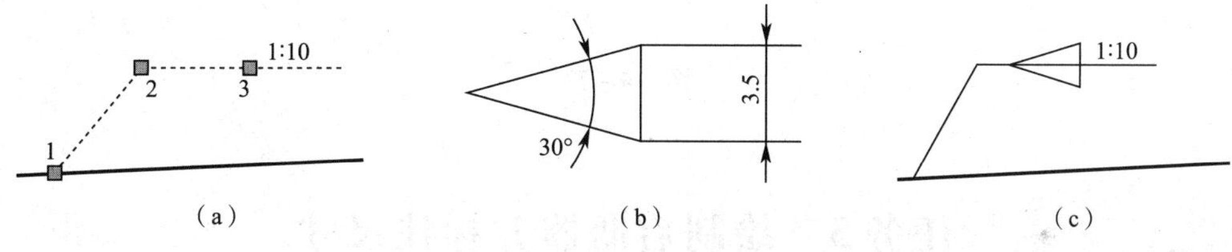

（a）　（b）　（c）

图 4－76　标注锥度

友情提示

在多行文字编辑器中可以书写锥度符号⌲。方法：在“文字格式”下拉列表框中选择字体为 gdt，在“多行文字编辑框”中输入“y”，则可得到锥度符号⌲。同理当字体为 gdt 时，分别输入“a”“x”“v”“w”，可得到倾斜度符号⌳、沉孔深度符号↧、锪平孔符号⌴、锥形沉孔⌵。

在本题中因锥度符号方向不同，因此不适合用此方法书写。

技能训练

创建尺寸样式，绘制如图 4－77 所示的图形并标注尺寸，其中角度不需标注。

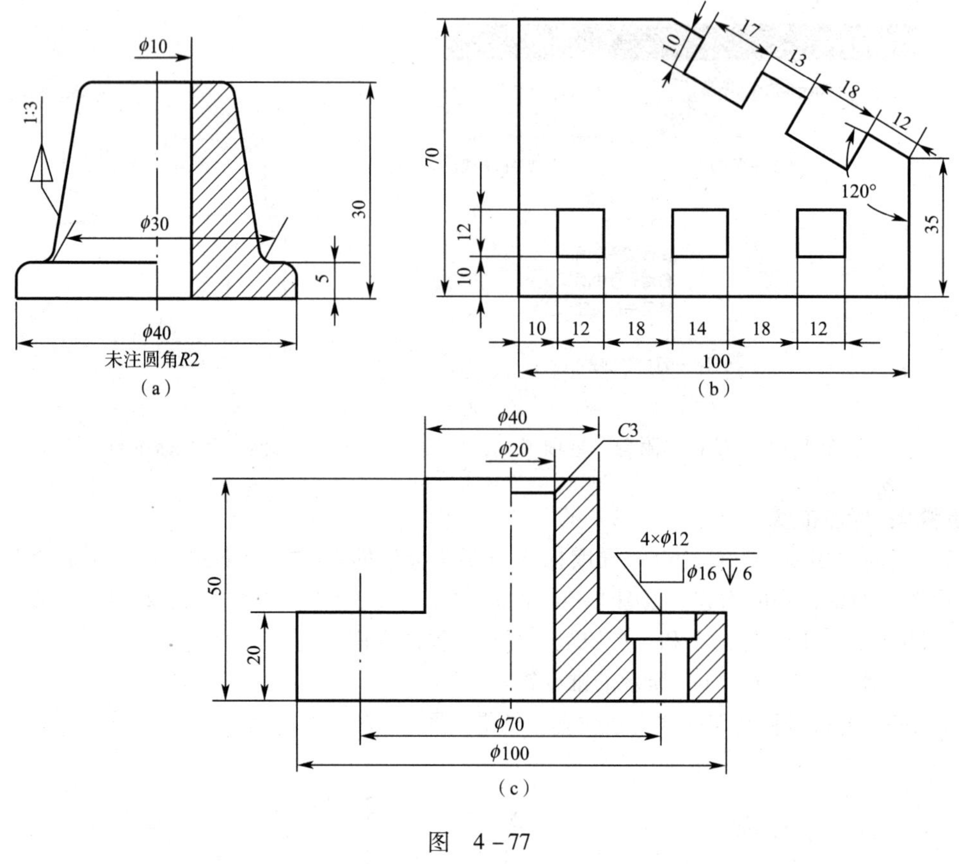

图 4-77

任务3　绘制启瓶器并标注尺寸

任务描述

绘制如图 4-78 所示的启瓶器，并标注尺寸。掌握直径、半径、折弯标注和尺寸样式的设置等操作方法。

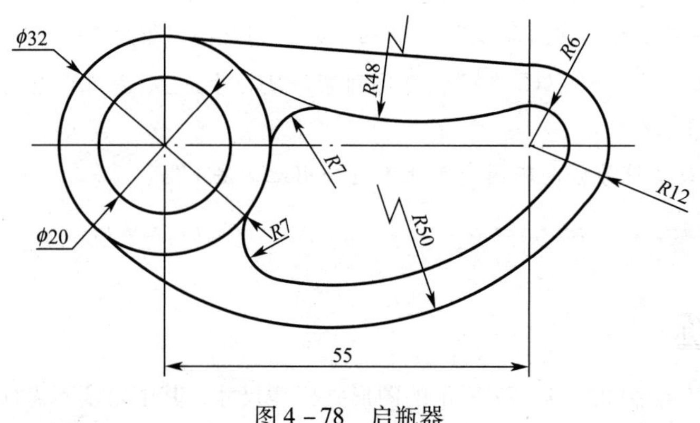

图 4-78　启瓶器

知识准备

一、创建标注样式子样式

在已设置的某尺寸样式基础上可以创建子样式，子样式的大部分选项可与基础样式相同，只需设置个别选项来达到满足尺寸标注的需要。创建尺寸子样式的步骤如下：

（1）新建“机械标注”尺寸样式，选项设置及新建方法前面已介绍，这里不再重复。

（2）打开“标注样式管理器”对话框，在“样式”列表中选中“机械样式”，单击“新建”按钮，打开如图4-79所示的“创建新标注样式”对话框，在“用于”下拉列表框中选择标注类型，例如角度标注、直径标注、半径标注等。

（3）单击“继续”按钮，打开“新建标注样式”对话框，可在各选项卡中设置个别选项。

（4）单击“确定”按钮，返回“标注样式管理器”对话框，在“样式”列表中可见如图4-80所示“机械标注”样式下的子样式。

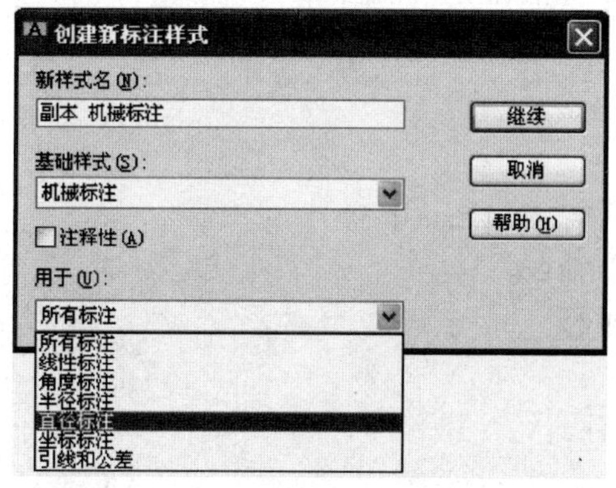

图4-79　创建标注样式子样式

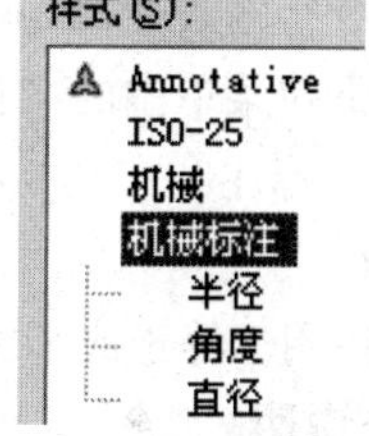

图4-80　样式列表中子样式名

二、直径标注

1. 启动“直径”标注命令的方法

- 在命令行输入“DIMDIAMETER”，按【Enter】键。
- 选择下拉菜单中的“标注”→“直径”命令。
- 单击“标注”工具栏中的“直径”按钮。

2. 功能

直径标注用于整圆或大于半圆的圆弧的标注。

3. 操作说明

以标注图4-81（a）中直径尺寸$\phi28$和$\phi16$为例，启动“直径”标注命令，命令行操作显示如下：

①命令：_ dimdiameter;

②选择圆弧或圆：(单击$\phi28$圆周任意位置);

③指定尺寸线位置或［多行文字（M）/文字（T）/角度（A）]：(在合适的位置单击)。

完成直径尺寸 $\phi 28$ 的标注，同理标注直径尺寸 $\phi 16$。

4. 说明

（1）当设置标注样式的文字对齐方式为水平时，对两圆直径的标注结果如图 4 - 81（b）所示。

（2）当设置标注样式的“调整”选项卡中不选中“在尺寸界线之间绘制尺寸线”复选框时，尺寸线将在圆外，对两圆直径的标注结果如图 4 - 81（c）所示。

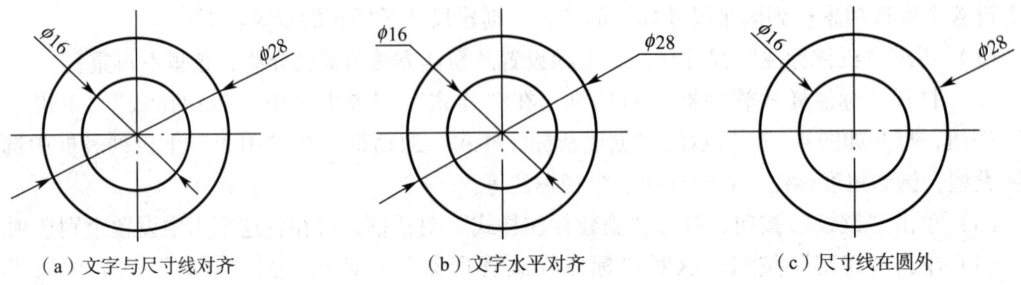

（a）文字与尺寸线对齐　（b）文字水平对齐　（c）尺寸线在圆外

图 4 - 81　直径标注

三、半径标注

1. 启动“半径”标注命令的方法

➢ 在命令行输入“DIMRADIUS”或“DRA”，按【Enter】键。

➢ 选择下拉菜单中的“标注”→“半径”命令。

➢ 单击“标注”工具栏中的“半径”按钮。

2. 功能

半径标注用于等于或小于半圆的圆弧的标注。

3. 操作说明

以标注图 4 - 82 中半径尺寸 *R*10 和 *R*6 为例，启动“半径”标注命令，命令行操作显示如下：

①命令：_ dimradius；

②选择圆弧或圆：（单击 *R*10 圆弧任意位置）；

③指定尺寸线位置或［多行文字（M）/文字（T）/角度（A）］：（在圆弧内合适的位置单击，则尺寸在圆弧内标注）。

同理标注尺寸 *R*6，当要求指定尺寸线位置时在圆弧外侧合适的位置单击，则在圆弧外标注，完成半径的标注。

四、折弯标注

1. 启动“折弯”标注命令的方法

➢ 在命令行输入“DIMJOGGED”，按【Enter】键。

➢ 选择下拉菜单中的“标注”→“折弯”命令。

➢ 单击“标注”工具栏中的“折弯”按钮。

2. 功能

折弯标注用于大圆弧的折弯半径标注，也称为缩放半径标注。该命令常用于当圆和圆弧的中心位于图纸尺寸之外而无法显示其实际位置时。

3. 操作说明

以标注图 4－83（a）中半径尺寸 *R*55 为例，启动“折弯”标注命令，命令行操作显示如下：

①命令：_ dimjogged；

②选择圆弧或圆：(单击如图 4－83（b）所示圆弧点 1 处)；

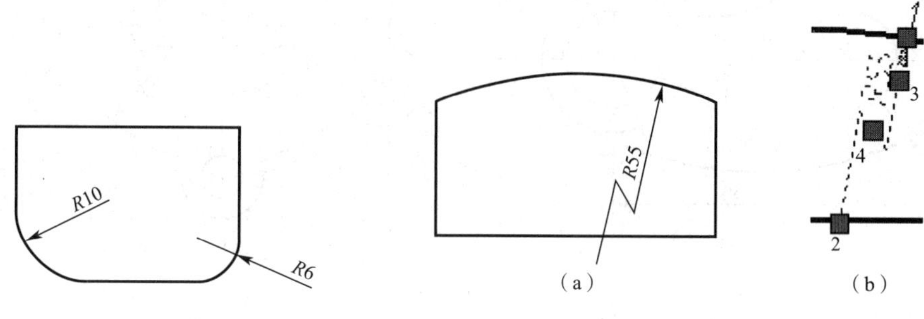

图 4－82　半径标注　　　　图 4－83　折弯标注

③指定图示中心位置：(单击如图 4－83（b）所示点 2 处)；

④指定尺寸线位置或［多行文字（M）/文字（T）/角度（A）］：(单击如图 4－83（b）所示点 3 处)；

⑤指定折弯位置：(单击如图 4－83（b）所示点 4 处)。

4. 说明

如果创建的折弯标注形状不适合时，可选中折弯标注，标注会出现四个夹点，拖动夹点可调整折弯形状。

任务实施

步骤 1：按项目 1 的任务 4 设置图层。

步骤 2：启动“直线”“圆”“圆角”和“修剪”等命令按尺寸绘制出启瓶器。

步骤 3：新建“机械样式”文字样式，方法同前。

步骤 4：新建“机械标注”标注样式，方法同本项目任务 2 中步骤 4，创建基于“机械标注”标注样式的“直径”子样式，设置文字的对齐方式为水平。将“机械标注”标注样式置为当前。

步骤 5：启动“线性”标注命令，标注尺寸 55。

步骤 6：启动“直径”标注命令，标注尺寸 ϕ32 和 ϕ20。

步骤 7：启动“半径”标注命令，标注两个尺寸 *R*7、*R*6 和 *R*12。

步骤 8：启动“折弯”标注命令，标注两个尺寸 *R*48 和 *R*50。

技能训练

创建尺寸样式，绘制如图 4－84 所示的图形并标注尺寸，其中角度不需标注。

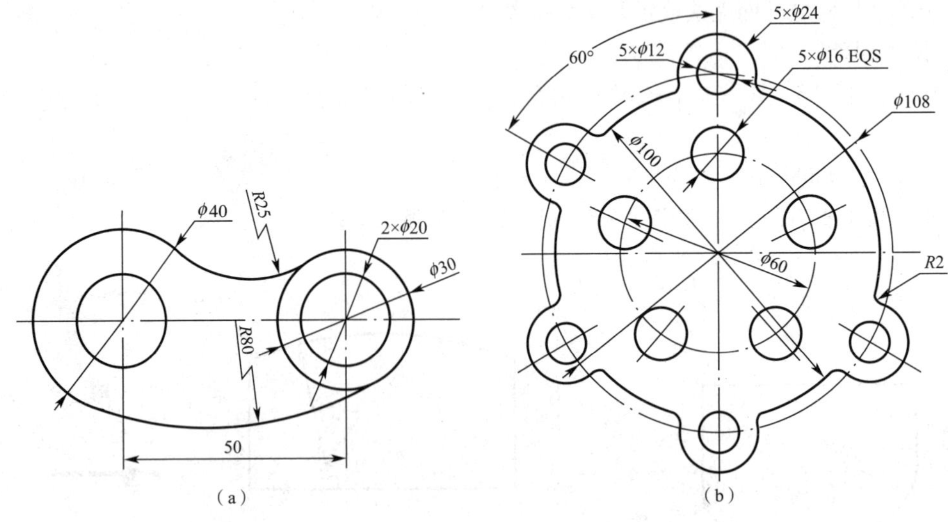

图 4-84

任务4 绘制止动垫圈并标注尺寸

任务描述

绘制如图 4-85 所示的止动垫圈，并标注尺寸。掌握角度标注的操作方法。

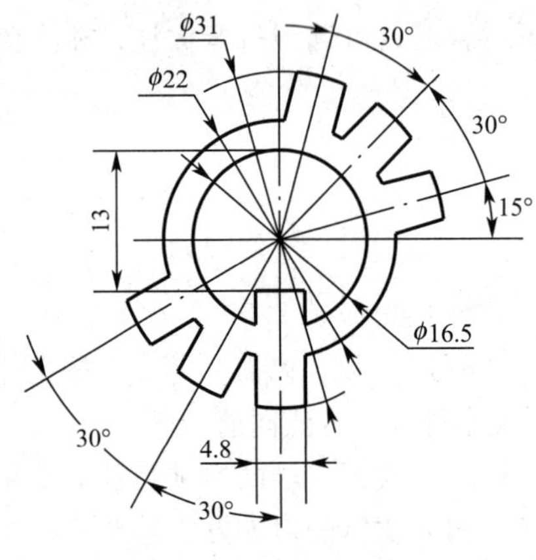

图 4-85 止动垫圈

知识准备

角 度 标 注

1. 启动“角度”标注命令的方法

➢ 在命令行输入“DIMANGULAR”或“DAN”，按【Enter】键。

➢ 选择下拉菜单中的“标注”→“角度”命令。

➢ 单击“标注”工具栏中的“角度”按钮。

2. 功能

角度标注用于两条相交直线形成的夹角、三点之间的夹角和圆弧对应的中心角的标注。

3. 操作说明

以标注图 4－86（a）中两直线夹角尺寸 28°为例。首先设置“角度”标注子样式，文字对齐方式为水平，文字位置水平、垂直方向均选居中，如图 4－86（b）所示。

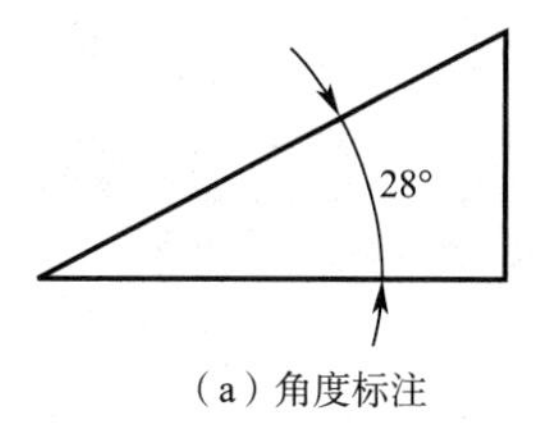

（a）角度标注

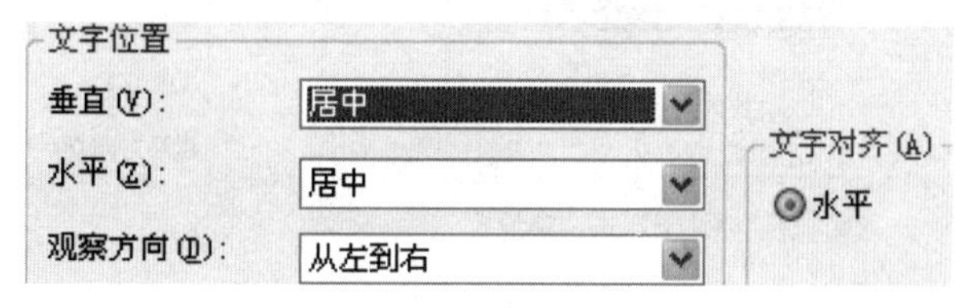

（b）角度标注子样式选项设置

图 4－86　标注两直线间夹角

启动“角度”标注命令，命令行操作显示如下：

①命令：_ dimangular；

②选择圆弧、圆、直线或 < 指定顶点 >：（单击选取第一条直线）；

③选择第二条直线：（单击选取第二条直线）；

④指定标注弧线位置或［多行文字（M）/文字（T）/角度（A）/象限点（Q）］：（拖动光标到适合的位置处单击）。

4. 说明

（1）角度标注时，其数字一律水平书写，数字一般写在尺寸线的中断处，也可写在尺寸线外部。

（2）标注圆弧的圆心角时，在命令行提示下直接选取圆弧即可标注。

（3）设置“角度”标注子样式时，将角度单位格式选为度/分/秒，且精度设为 0d00'，如图 4－87（a）所示，标注结果如图 4－87（b）所示。

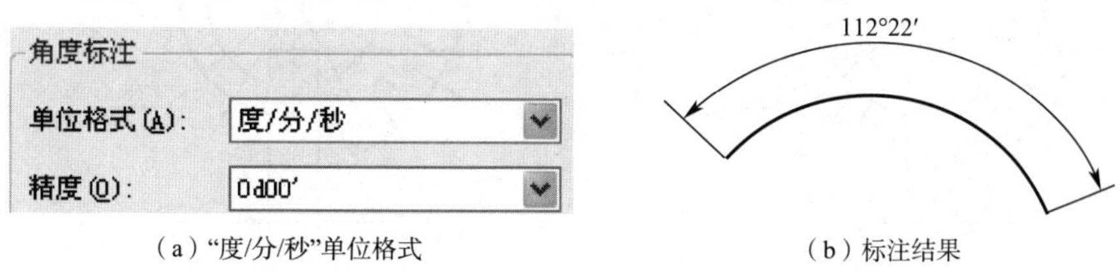

（a）“度/分/秒”单位格式　　（b）标注结果

图 4－87　标注圆弧圆心角

任务实施

步骤 1：按项目 1 的任务 4 设置图层。

步骤 2：启动“直线”“圆”“偏移”和“修剪”等命令按尺寸绘制出止动垫圈。

步骤3：创建“机械样式”文字样式，方法同前。

步骤4：创建“机械标注”标注样式，方法同本项目任务2中步骤4。

（1）创建基于“机械标注”标注样式的“直径”子样式，其中在“直径”子样式中设置文字的对齐方式为水平，如图4－88（a）所示。

（2）创建基于“机械标注”标注样式的“角度”子样式，设置文字的对齐方式为水平，文字位置在垂直方向上为外部，如图4－88（b）所示。将“机械标注”标注样式置为当前。

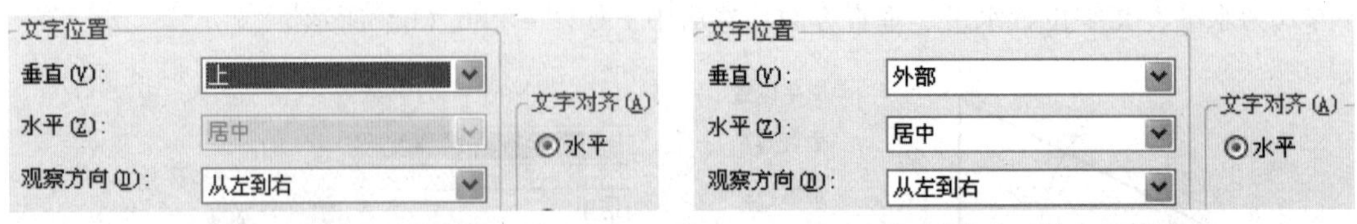

（a）直径标注子样式选项设置　　（b）角度标注子样式选项设置

图4－88　设置直径和角度标注子样式

步骤5：启动“线性”标注命令，标注尺寸13和4.8。

步骤6：启动“直径”标注命令，标注ϕ16.5、ϕ31和ϕ22，结果如图4－89所示。

步骤7：启动“角度”标注命令，标注左上角尺寸15°。启动“连续”标注命令，标注左上角尺寸两个30°，命令行操作显示如下：

①命令：_ dimcontinue；

②指定第二条尺寸界线原点或［放弃（U）/选择（S）］＜选择＞：（选择中心线端点1，标注出第一个30°尺寸，如图4－90所示）；

③指定第二条尺寸界线原点或［放弃（U）/选择（S）］＜选择＞：（选择中心线端点2，标注出第二个30°尺寸，如图4－90所示）。

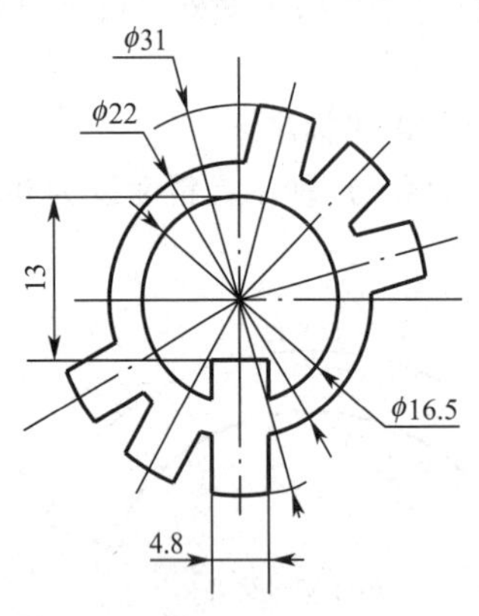

图4－89　标注线性尺寸和直径

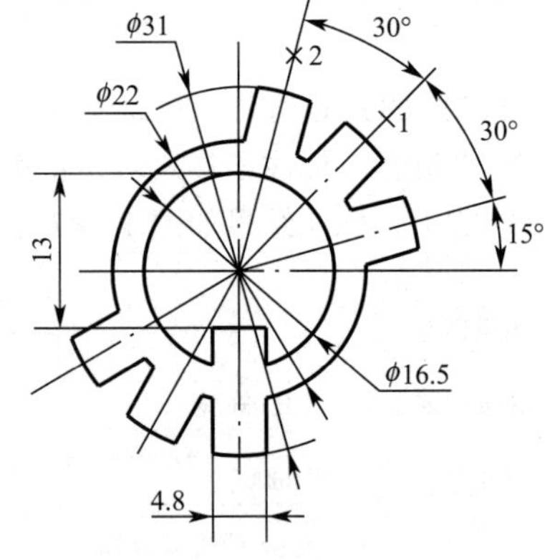

图4－90　连续标注角度

步骤8：同理完成左下角两个30°的标注，选中标注，出现快捷菜单，选择“垂直居中”选项，文字“30°”将居中放置，完成止动垫圈的标注。

技能训练

新建尺寸样式，绘制如图4－91所示的图形并标注尺寸。

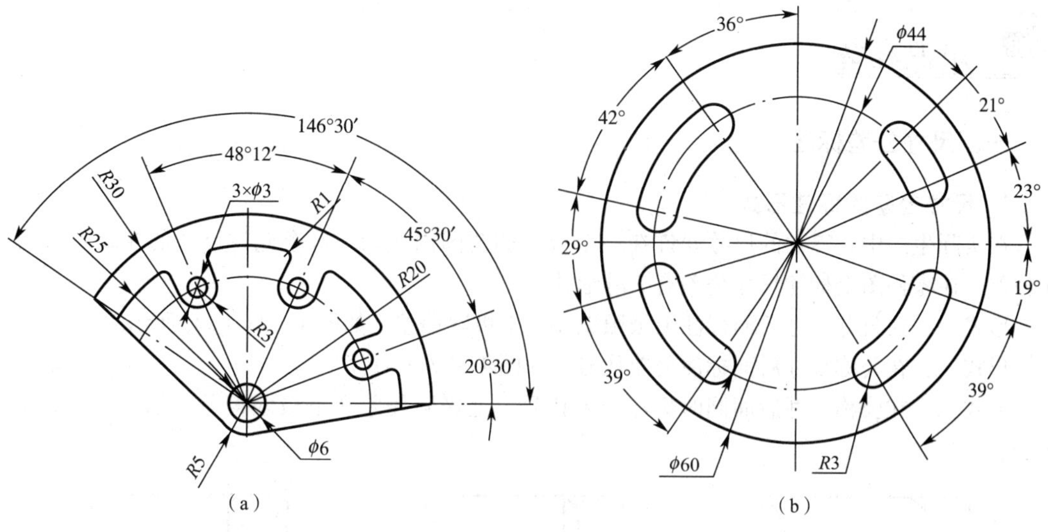

图　4－91

任务5　绘制齿轮零件并标注尺寸

任务描述

绘制如图4－92所示的齿轮零件并标注尺寸。掌握尺寸公差标注、块的创建、表面结构代号标注的方法。

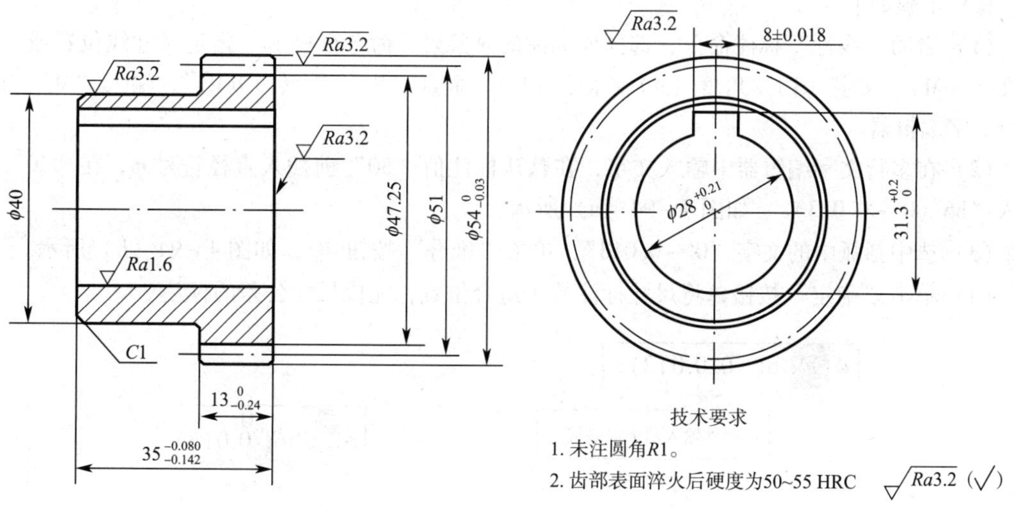

图4－92　齿轮零件

知识准备

一、尺寸公差标注

1. 尺寸公差的标注形式

在实际生产中，零件的尺寸允许在一个合理的范围内变动，这个允许尺寸的变动量称为尺寸公差。在零件图上标注尺寸公差有三种形式。

形式一：在公称尺寸后面标注上极限偏差、下极限偏差，如图 4 - 93（a）所示。

形式二：在公称尺寸后面标注公差代号，如图 4 - 93（b）所示。

形式三：在公称尺寸后面同时标注公差代号、上极限偏差和下极限偏差，如图 4 - 93（c）所示。

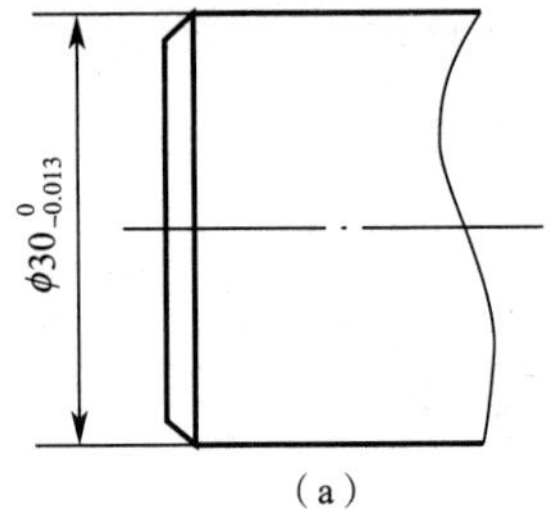

(a)

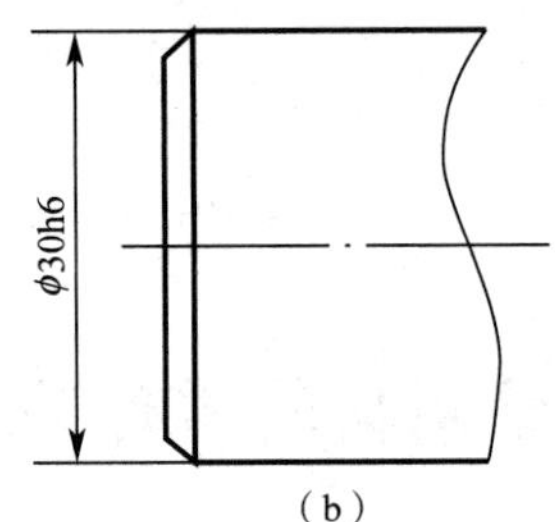

(b)

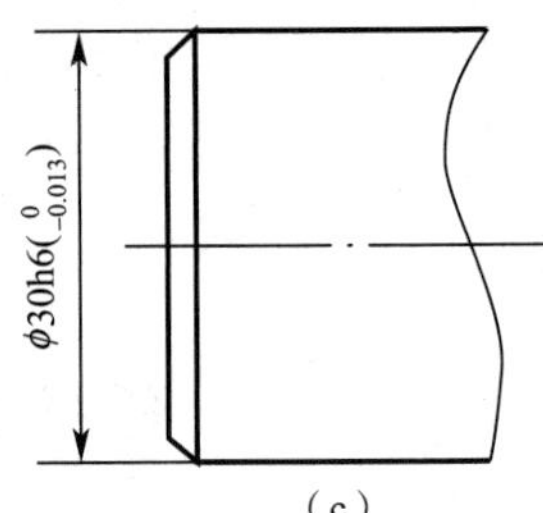

(c)

图 4 - 93　尺寸公差的标注形式

2. 尺寸公差的标注方法

常用两种方法进行尺寸公差的标注。

方法一：在“多行文字编辑器”中设置尺寸公差，以标注图 4 - 93（c）中的尺寸公差为例，操作步骤如下：

（1）启动“线性”标注命令，选择要标注的对象后，命令行提示“指定尺寸线位置或［多行文字（M）/文字（T）/角度（A）/水平（H）/垂直（V）/旋转（R）］”，输入“M”打开多行文字编辑器。

（2）在多行文字编辑器中输入文字，在默认标注值“30”前插入直径符号 ϕ，在“30”后输入“h6（0^ - 0.013）”，如图 4 - 94（a）所示。

（3）选中括弧中的文字“0^ - 0.013”，单击“堆叠”按钮[b/a]，如图 4 - 94（b）所示。

（4）单击“确定”按钮，将尺寸标注放于适合位置，完成尺寸公差的标注。

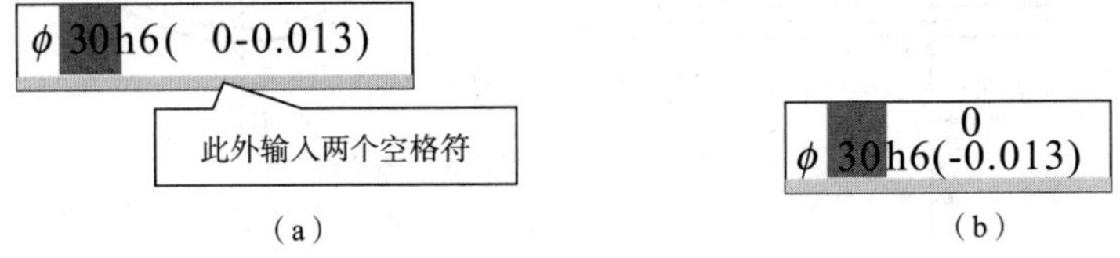

图 4 - 94　在“多行文字编辑器”中设置尺寸公差

方法二：在“特性”选项板中设置尺寸公差，以标注图 4 - 95（a）的尺寸公差为例，操作

步骤如下:

(1) 启动“线性”标注命令，先标注尺寸“18”，选中该尺寸，单击“特性”按扭，打开“特性”对话框。

(2) 在“主单位”列表中的“标注前缀”文本框中输入直径代号“%%c”，如图4－95(b) 所示。在“公差”列表中的“显示公差”下拉列表框中选择“极限偏差”选项，在“公差下偏差”文本框中输入“0.034”，在“公差上偏差”文本框中输入“－0.016”，“水平放置公差”下拉列表框中选择“中”选项，“公差精度”下拉列表框中选择“0.000”选项，“公差文字高度”文本框中输入“0.7”，如图4－95 (c) 所示。

完成在“特性”对话框中设置尺寸公差。

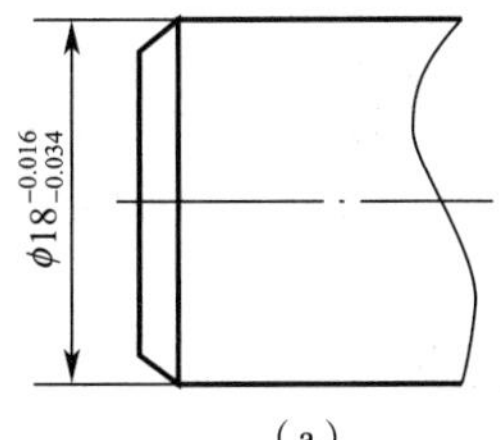

(a)

(b)

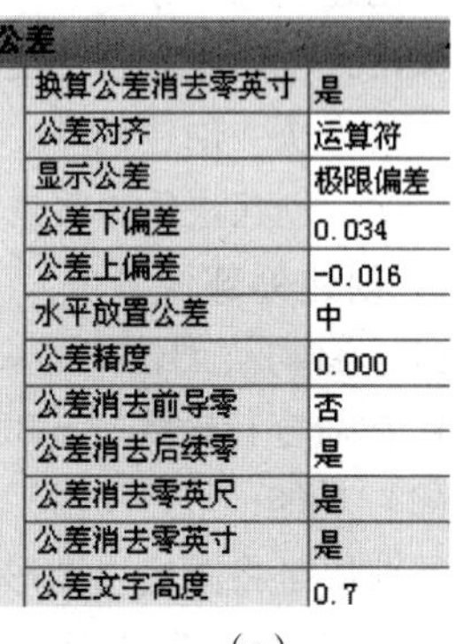

公差	
换算公差消去零英寸	是
公差对齐	运算符
显示公差	极限偏差
公差下偏差	0.034
公差上偏差	-0.016
水平放置公差	中
公差精度	0.000
公差消去前导零	否
公差消去后续零	是
公差消去零英尺	是
公差消去零英寸	是
公差文字高度	0.7

(c)

图4－95 在“特性”对话框中设置尺寸公差

友情提示

在“特性”选项板“公差”选项区的“公差下偏差”中，系统会在输入的数字前加“—”号，“公差上偏差”中，系统会在输入的数字前加“+”号，因此要输入正值的下偏差或负值的上偏差时，需在数字前输入“—”号。

二、块

在机械绘图的过程中，常需要一些反复使用的图形，为方便使用，可以将其定义成块。块是由一个或多个对象组成的对象集合，当块创建后，可作为单一的对象插入到零件图或装配图中。它具有提高绘图速度、节省储存空间、便于数据管理等特点。

块分为内部块和外部块两种。

1. 创建内部块

(1) 启动“创建内部块”命令的方法

➢ 在命令行输入“BLOCK”或“B”，按【Enter】键。

➢ 选择下拉菜单中的“绘图”→“块”→“创建”命令。

➢ 单击“绘图”工具栏中的“创建块”按钮。

（2）功能

内部块只能在创建它的图形文件中使用。

（3）“块定义”对话框主要选项说明

启动创建内部块命令，打开如图 4－96 所示的“块定义”对话框，该对话框有“名称”文本框以及“基点”“对象”“方式”“设置”和“说明”五个选项组。

①“名称”文本框：输入块的名称。

②“基点”选项组：设置块的插入点位置。单击“拾取点”按钮，切换到绘图窗口拾取一点作为基点。也可以在 X、Y、Z 文本框中输入基点坐标值。

③“对象”选项组：设置组成块的图形对象。单击“选择对象”按钮，切换到绘图窗口选择要创建块的对象。

保留：创建块后将选定对象保留在图形中，不作为块。

转换为块：创建块后，将选定对象转换成块。

删除：创建块后，将选定对象从图形中删除。

2. 创建外部块

（1）启动“创建外部块”命令的方法

➢ 在命令行输入“WBLOCK”，按【Enter】键。

（2）功能

外部块是将图块以图形文件的形式来保存，它可以被其他图形文件调用。

（3）“块定义”对话框主要选项说明

启动“创建外部块”命令，打开如图 4－97 所示的“写块”对话框。

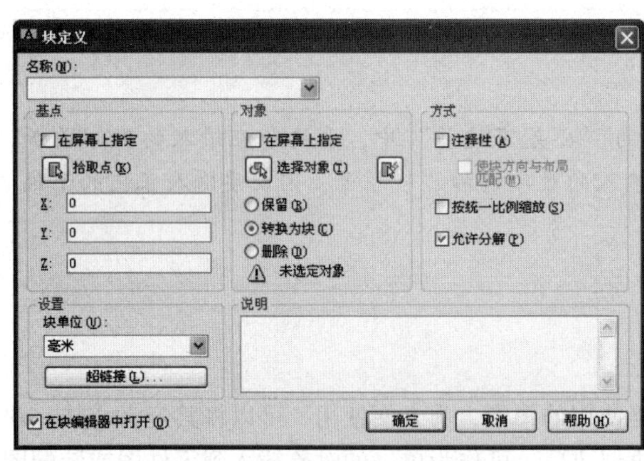

图 4－96 “块定义”对话框

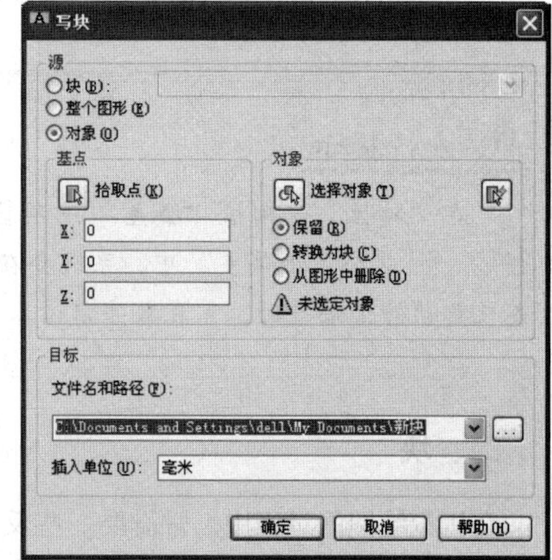

图 4－97 “写块”对话框

①“源”选项组：设置组成外部块的对象。

块：从列表中选择已创建的块，另存为外部块。

整个图形：将绘图窗口中全部图形创建为外部块。

对象：在绘图窗口中选中图形对象创建为外部块。选中本单选按钮时，“基点”“对象”选项组变为可用状态，其用法与创建内部块相同。

②“目标”选项组：设置外部块的文件名称和保存路径。

3. 定义块属性

(1) 启动“定义属性”命令的方法

➢ 在命令行输入“ATTDEF”或“ATT”，按【Enter】键。

➢ 选择下拉菜单中的“绘图”→“块”→“定义属性”命令。

(2) 功能

块属性是属于块的非图形信息，是块的组成部分。块属性描述块的标记、提示、值、文字格式以及位置等。如果要创建成块的对象包括须变化的文本信息时，先要将该文本信息定义属性，再与其他图形创建成块。

(3)“属性定义”对话框主要选项说明

启动“属性定义”命令，打开如图4－98所示的“属性定义”对话框。

①“模式”选项组：设置属性模式。

不可见：设置插入块时不显示属性值。

固定：设置插入块时赋予属性固定值。

锁定位置：锁定块参照中属性的位置。

②“属性”选项组：设置属性参数。

“标记”文本框：输入标识图形中每次出现的属性。

“提示”文本框：输入在插入包含属性定义的块时显示的提示。

“默认”文本框：输入默认属性值。

③“文字设置”选项组：设置属性文字的格式。

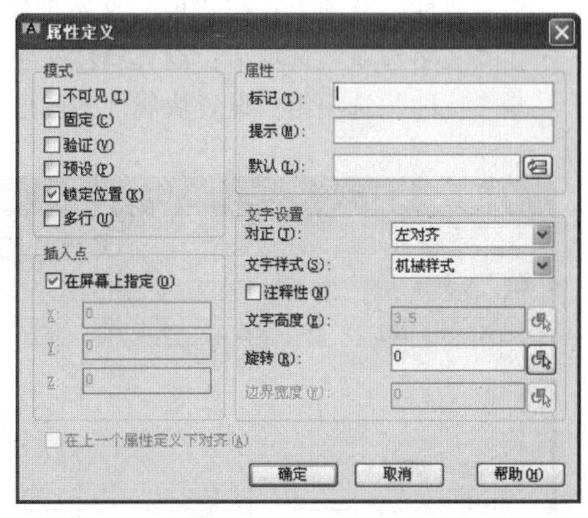

图4－98　“属性定义”对话框

对正：设置属性文字的对正形式。

文字样式：在下拉列表中选择属性文字的样式。

④“插入点”选项组：设置属性文字的插入点。

4. 插入块

(1) 启动“插入块”命令的方法

➢ 在命令行输入“INSERT”或“I”，按【Enter】键。

➢ 选择下拉菜单中的“插入”→“块”命令。

➢ 单击“绘图”工具栏中的“插入块”按钮。

(2) 功能

将已创建的块插入到其他图形文件作为块插入到图形中。

(3)“插入”对话框主要选项说明

启动“插入块”命令，打开如图4－99所示的“插入”对话框。

①名称：在列表中选择已有的块名称或单击“浏览”按钮选择图形文件。

②“插入点”选项组：设置块的插入点。

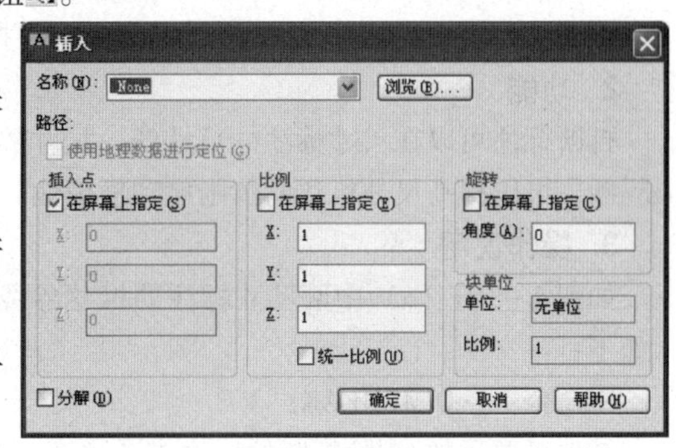

图4－99　“插入”对话框

5. 修改属性定义

(1) 启动“修改属性定义”命令的方法

➢ 双击已插入的块。

➢ 在命令行输入“EATTEDIT”或“EAT”，按【Enter】键。

➢ 选择下拉菜单中的“修改”→“对象”→“属性”→“单个”命令。

(2) 功能

修改已创建块的属性值。

(3)“增强属性编辑器”对话框主要选项说明

启动“修改属性定义”命令，打开如图 4 - 100 (a) 所示的“增强属性编辑器”对话框。该对话框有“属性”“文字选项”和“特性”三个选项卡。

①“属性”选项卡：在“值”文本框中输入新的参数。

②“文字选项”选项卡：设置属性文字的格式，如图 4 - 100 (b) 所示。

③“特性”选项组：设置块属性的图层、线型等要素。

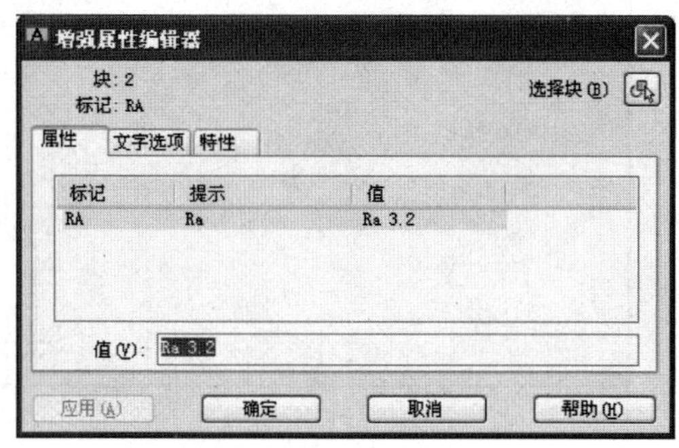

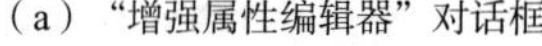
(a)“增强属性编辑器”对话框

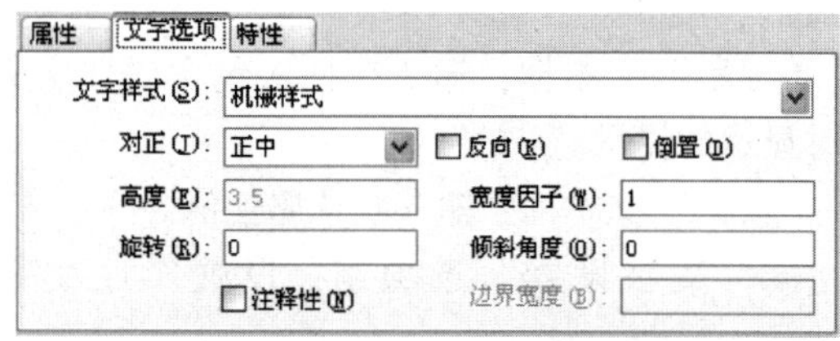

(b)“文字选项”选项卡

图 4 - 100

三、打断标注

1. 启动“打断标注”命令的方法

➢ 在命令行输入“DIMBREAK”，按【Enter】键。

➢ 选择下拉菜单中的“标注”→“标注打断”命令。

➢ 单击“标注”工具栏中的“折断标注”按钮。

2. 功能

打断标注可以在尺寸标注的尺寸线、尺寸界线或引线与尺寸标注或图形中线段的交点处形成隔断，可以提高尺寸标注的清晰度和准确性。

3. 操作说明

如图 4 - 101 (a) 中两尺寸标注的尺寸界线相交，启动“打断标注”命令，命令行操作显示如下：

①命令：_ DIMBREAK；

②选择要添加/删除折断的标注或［多个（M）］：(选择尺寸 35)；

③选择要折断标注的对象或［自动（A）/手动（M）/删除（R）］ <自动>：(选择尺寸 25)；

④选择要折断标注的对象：（按【Enter】键结束选取）。

完成打断标注，结果如图 4-101（b）所示。

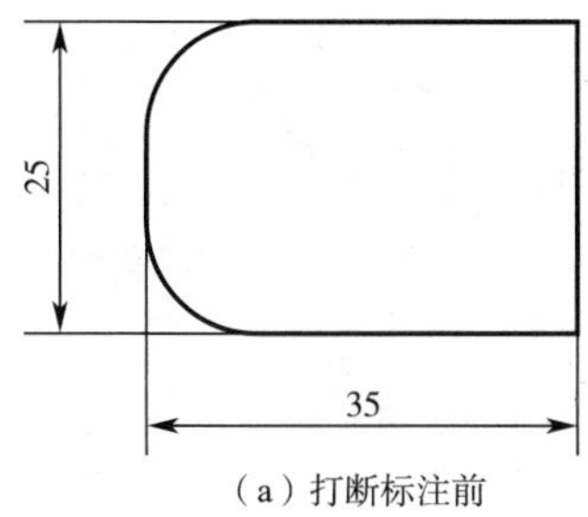

（a）打断标注前

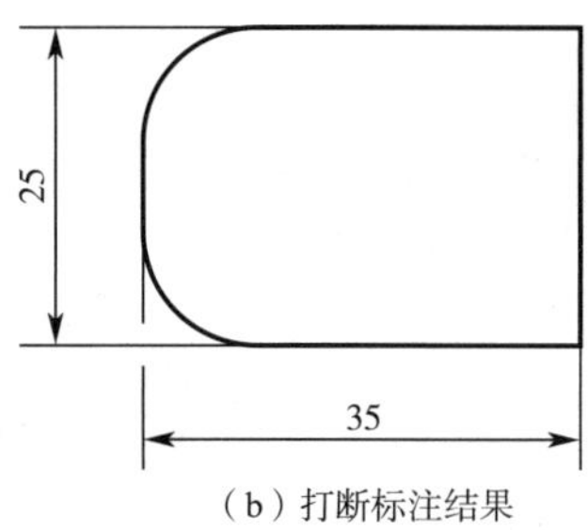

（b）打断标注结果

图 4-101 打断标注

任务实施

步骤 1：按项目 1 的任务 4 设置图层。

步骤 2：启动“直线”“圆”“镜像”“圆角”“图案填充”等命令按尺寸绘制出齿轮零件的主视图和左视图。

步骤 3：新建“机械样式”文字样式，方法同前。

步骤 4：新建“机械标注”标注样式，方法同本项目任务 2 中步骤 4。创建基于“机械标注”标注样式的“直径”子样式，其中在“直径”子样式中的“调整”选项卡中设置调整选项为文字和箭头。将“机械标注”标注样式置为当前。

步骤 5：启动“线性”标注命令，标注尺寸 $\phi40$、$\phi47.25$ 和 $\phi51$。

步骤 6：标注尺寸公差 $35_{-0.142}^{-0.080}$、$13_{-0.24}^{0}$、$31.3_{0}^{+0.2}$、8 ± 0.018 和 $\phi54_{-0.03}^{0}$。在多行文字编辑器中设置尺寸公差，以标注 $35_{-0.142}^{-0.080}$尺寸公差为例，操作步骤如下：

①启动“线性”标注命令，选择要标注的对象后，输入“M”打开多行文字编辑器。

②在多行文字编辑器中输入文字，在“35”后输入“-0.080^-0.142”，选中“-0.080^-0.142”，单击“堆叠”按钮[b/a]。

③单击“确定”按钮，将尺寸标注放于适合位置，完成尺寸公差的标注。

同理完成其他尺寸公差的标注。

步骤 7：标注尺寸公差 $\phi28_{0}^{+0.21}$。启动“直径”标注命令，利用多行文字编辑器编辑尺寸公差，操作步骤同步骤 6。

步骤 8：启动“引线”标注命令，标注倒角 $C1$。

步骤 9：创建带属性的表面结构符号块。

（1）在“细实线层”图层中绘制表面结构符号，如图 4-102 所示。

（2）定义表面结构代号的属性：

①启动“定义属性”命令，打开“属性定义”对话框，分别在“标记”“提示”“默认”文本框中输入“RA”“表面结构”“Ra3.2”；设置对正方式为中上，文字样式为机械样式，如图 4-103 所示。

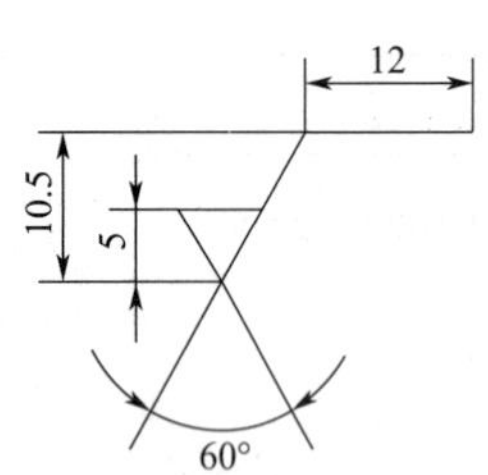

图 4－102　表面结构符号

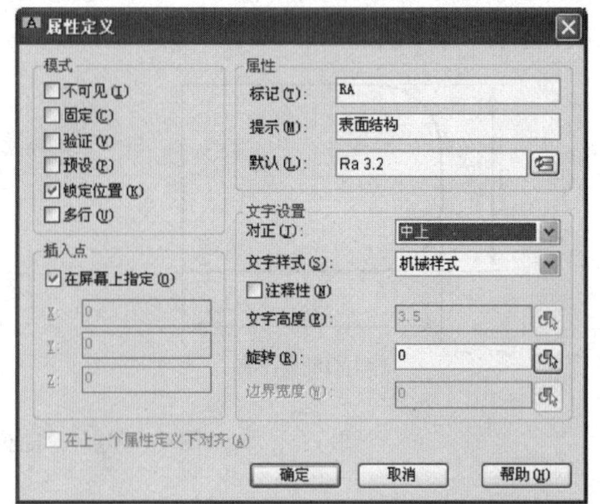

图 4－103　【属性定义】对话框

②单击“确定”按钮，在绘图区绘制的表面结构代号上横线的中点处单击，如图 4－104（a），结果如图 4－104（b）所示。

（3）创建带属性的表面结构代号块：

①启动“创建块”命令，打开“块定义”对话框，在“名称”文本框内输入“表面结构”。

②单击“基点”选项组中的“拾取点”按钮，在绘图区内单击表面结构代号三角块下端点，如图 4－105（a）所示。

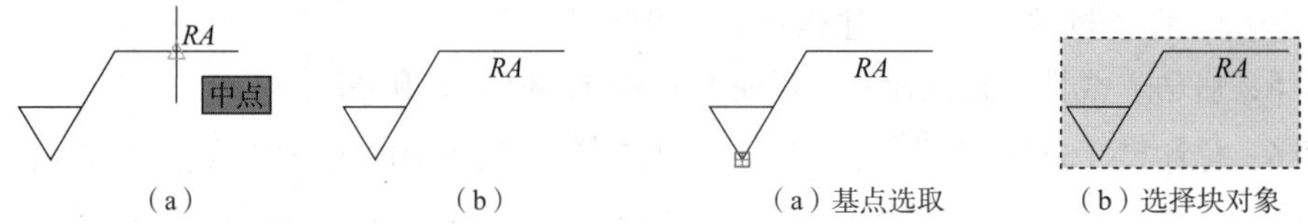

（a）　（b）　（a）基点选取　（b）选择块对象

图 4－104　定义表面结构代号的属性　　图 4－105　创建表面结构代号块

③单击“对象”选项组中的“选择对象”按钮，在绘图区内选择如图 4－105（b）所示的对象。“块定义”对话框设置如图 4－106 所示。

④单击“确定”按钮，弹出如图 4－107 所示的“编辑属性”对话框，单击“确定”按钮，完成表面结构代号块的创建。

步骤 10：标注表面结构代号。

（1）标注图中 ϕ40 轴、ϕ51 处、和尺寸 8 ± 0.018 处的表面结构代号。操作步骤如下：

①启动“插入块”命令，打开“插入”对话框，在“名称”列表框中选择“表面结构”选项，单击“确定”按钮。

②在绘图区 ϕ40 轴上合适位置处单击，如图 4－108（a）所示，命令行出现“输入属性值表面结构 <Ra3.2>：”时，按【Enter】键，完成对 ϕ40 轴的表面结构代号标注。

③同理完成尺寸 8 ± 0.018 处的表面结构代号标注。

④同理完成 ϕ51 处的表面结构代号标注，结果如图 4－108（b）所示。因该表面结构代号

与 $\phi54_{-0.03}^{\ 0}$ 尺寸界线相交，启动“打断标注”命令将其在交点处形成隔断，结果如图 4-108（c）所示。

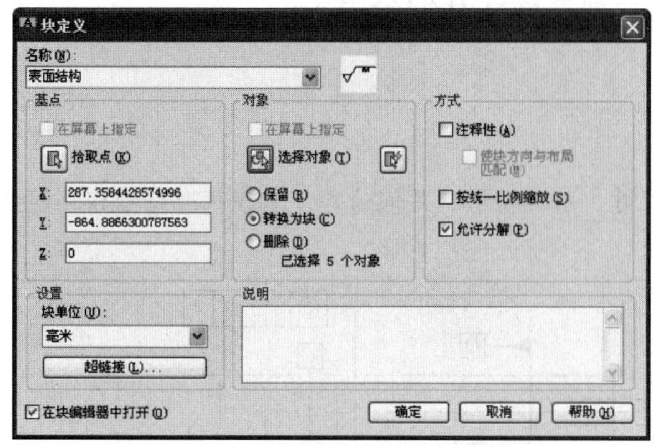

图 4-106　创建表面结构“块定义”对话框

图 4-107　“编辑属性”对话框

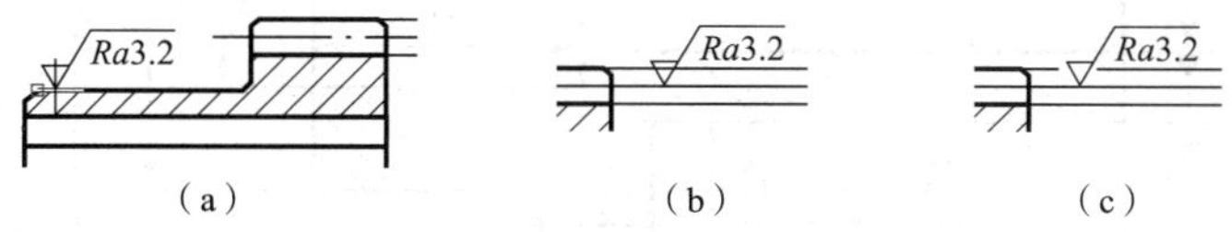

图 4-108　标注表面结构代号

（2）标注主视图中 $\sqrt{Ra1.6}$ 表面结构代号。步骤同标注 $\sqrt{Ra3.2}$，当命令行出现“输入属性值 表面结构 <Ra3.2>：”时，输入“Ra1.6”，按【Enter】键完成标注。

（3）标注主视图右端面的表面结构代号。

①启动“引线”标注命令，输入“S”打开“引线设置”对话框，选择注释类型为块参照，如图 4-109（a）所示。

②在绘图区合适位置绘制引线，如图 4-109（b）所示，命令行出现“输入块名或［?］<表面结构>：”时，按【Enter】键。

③命令行出现“指定插入点或［基点（B）/比例（S）/X/Y/Z/旋转（R）］：”在绘图区内引线上横线中点处单击，如图 4-109（c）所示。

④按命令行提示操作完成标注，结果如图 4-109（d）所示。

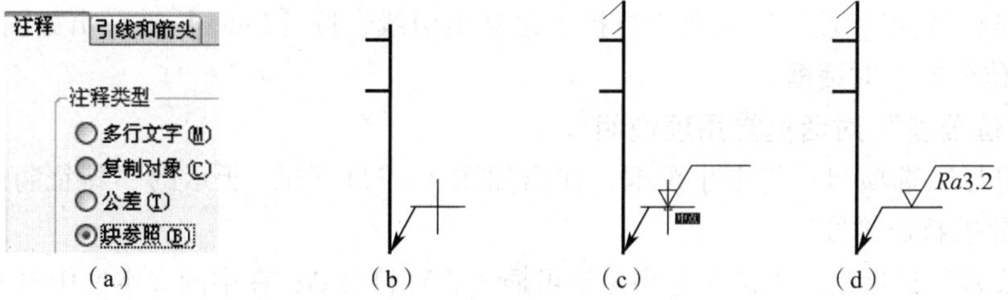

图 4-109　引线标注表面结构代号

步骤 11：启动“多行文字”命令，书写技术要求内容。

步骤 12：绘制技术要求处的其余$\sqrt{Ra3.2}$，完成齿轮零件的绘制及尺寸、表面结构代号标注。

子任务　绘制套筒并标注几何公差

任务描述

绘制如图 4－110 所示的套筒，并标注尺寸、基准符号、几何公差，掌握基准符号和几何公差标注的方法。

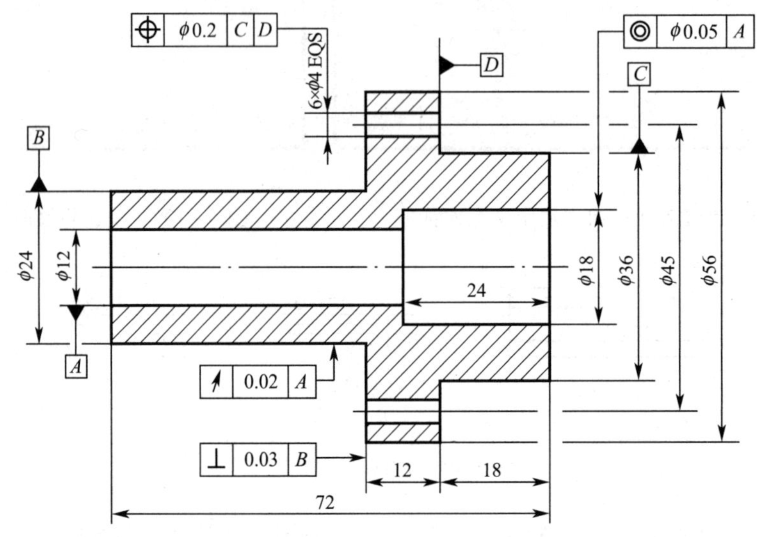

图 4－110　套筒

知识准备

一、几何公差标注

1. 启动“几何公差”标注的方法

(1) 启动“引线”标注命令，输入“S”，在打开的“引线设置”对话框的“注释”选项卡中选择注释类型为公差。

(2) 单击“确定”按钮，按命令行提示绘制出引线，按【Enter】键弹出如图 4－111 (a) 所示的“形位公差”对话框。

2. “形位公差”对话框常用项说明

(1) “符号”选项组：单击小黑框，弹出如图 4－111 (b) 所示的“特征符号”对话框，可选择几何公差特征符号。

(2) “公差”选项组：单击左边小黑框可插入直径符号 ϕ；在中间文本框中输入公差值；在右边小黑框中选择附加符号。

(3) “基准”选项组：在文本框中输入基准参照值；在右边小黑框中选择附加符号。

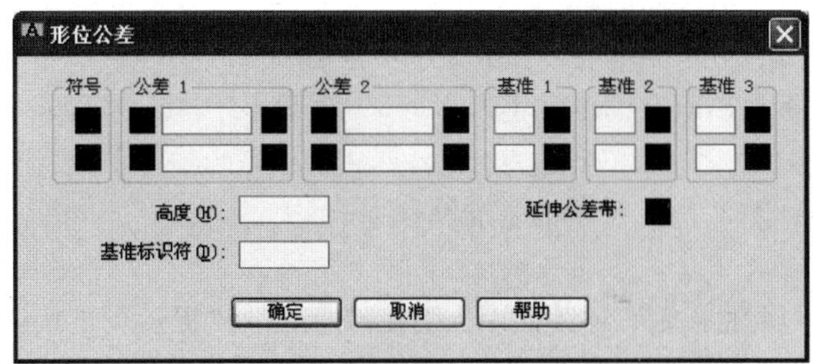

（a）"形位公差"对话框

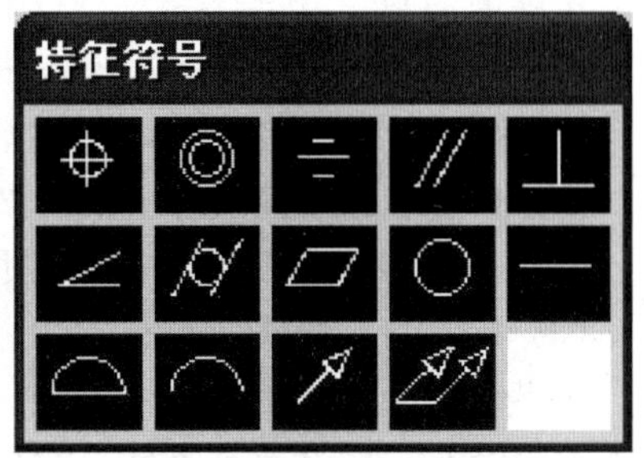

（b）"特征符号"对话框

图4－111　形位公差

友情提示

启动"引线"命令标注几何公差的方法可以标注带有引线的几何公差。而标注工具栏中的"公差"按钮⊕1可标注不带引线的几何公差，引线还需启动"引线"命令进行绘制，因此启动"引线"命令标注几何公差的方法更为方便。

二、基准符号标注

1. 基准符号的画法

基准符号由基准字母表示，字母标注在基准方格内，字母一定要水平书写，用一条细实线与一个涂黑或空白的三角形相连接。图4－112（a）中h为字高，图4－112（b）所示为$h=3.5$时的尺寸，本例中用此尺寸。

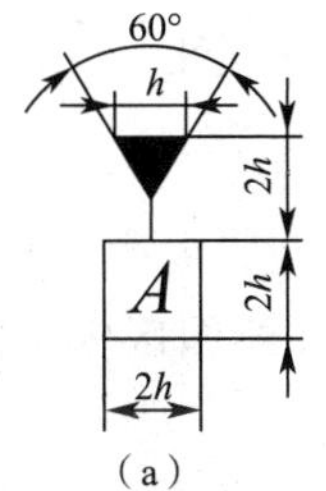

（a）

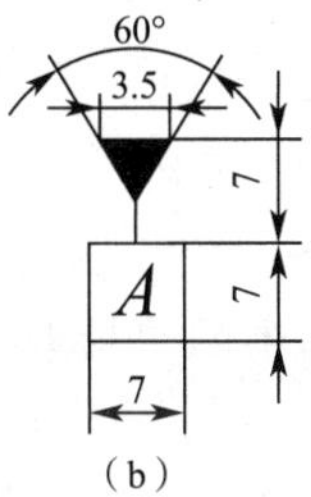

（b）

图4－112　基准符号

2. 基准符号的标注

在绘制机械工程图时，可先将基准符号创建为带属性的块，再用插入块的方法来标注。具体的方法在本例的任务实施中将详细讲解。

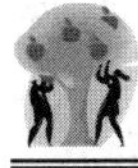

任务实施

步骤1：按项目1的任务4设置图层。

步骤2：启动"直线""镜像"和"图案填充"等命令按尺寸绘制出套筒图形。

步骤3：新建“机械样式”文字样式，方法同前。

步骤4：新建“机械标注”标注样式，方法同本项目任务2中步骤4。

步骤5：启动“线性”标注命令，标注出所有线性尺寸。

步骤6：创建带属性的基准符号块。

（1）在“细实线层”中绘制如图4－113（a）所示的基准符号。

（2）定义基准符号的属性。

①启动“定义属性”命令，打开“属性定义”对话框，分别在“标记”“提示”“默认”文本框中输入“A”“基准符号”“A”；设置对正方式为正中，文字样式为机械样式，如图4－113（b）所示。

②单击“确定”按钮，在绘图区绘制的基准符号的方格中点处单击，如图4－113（c），结果如图4－113（d）所示。

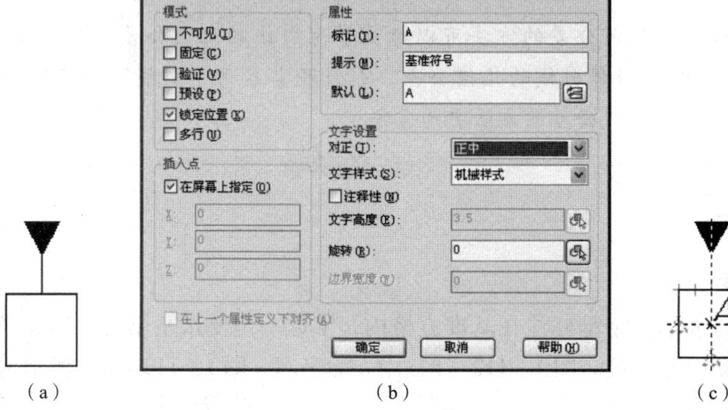

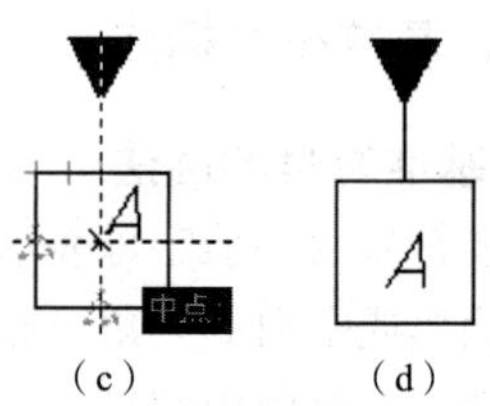

（a）　（b）　（c）　（d）

图4－113　定义基准符号的属性

（3）创建带属性的基准符号块。

①启动“创建块”命令，打开“块定义”对话框，在“名称”文本框内输入“基准符号”。

②单击“基点”选项组中的“拾取点”按钮，在绘图区内单击基准符号三角块顶边中点，如图4－114（a）所示。

③单击“对象”选项组中的“选择对象”按钮，在绘图区内选择如图4－114（b）所示的对象。“块定义”对话框设置如图4－114（c）所示。

④单击“确定”按钮，弹出“编辑属性”对话框，单击“确定”按钮，完成基准符号块的创建。

步骤7：标注基准符号。

（1）标注图中基准 *A*、*B*、*C*、*D*：

①启动“插入块”命令，打开“插入”对话框，在“名称”列表框中选择“基准符号”选项，单击“确定”按钮。

②将插入点与 ϕ12 尺寸线箭头端点重合，如图4－115（a）所示。当命令行出现“基准符号 <A>：”时，按【Enter】键，完成基准 *A* 的标注，用“打断标注”将基准 A 与其他尺寸线在交点处形成隔断。

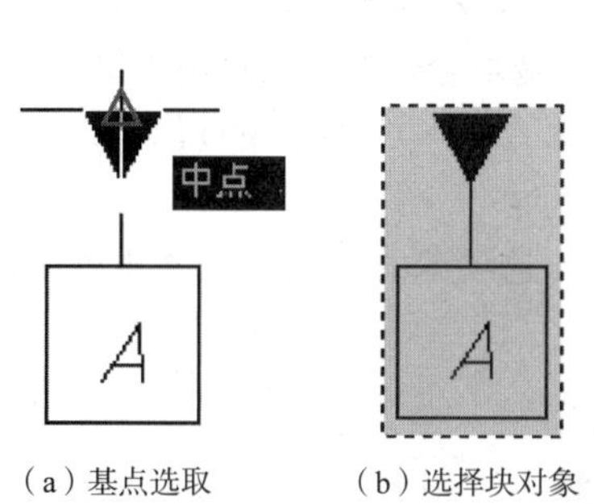

(a) 基点选取　　(b) 选择块对象

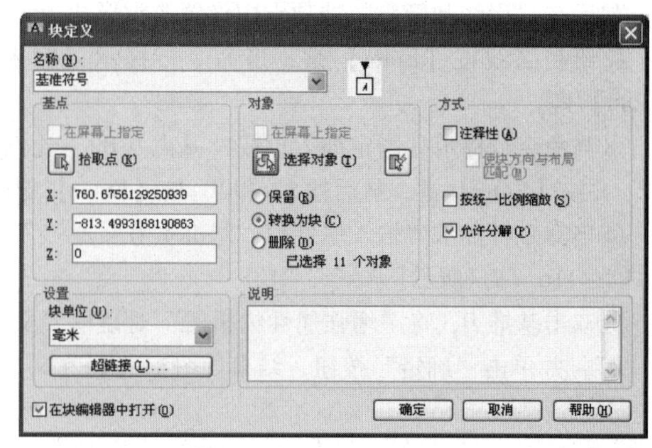

(c) "块定义"对话框

图4-114 创建基准符号块

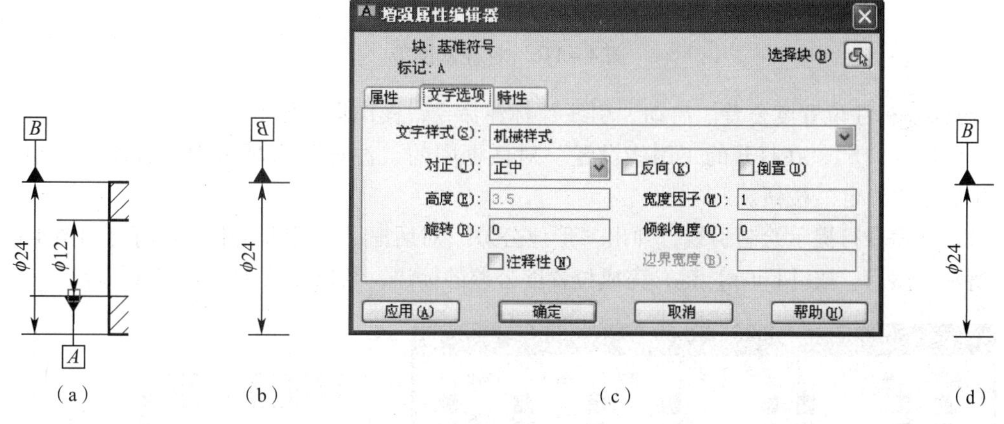

(a)　(b)　(c)　(d)

图4-115 标注基准 A、B

(2) 标注图中基准 B 和基准 C。启动"插入块"命令，命令行操作显示如下：

①命令：_ insert;

②指定插入点或［基点（B）/比例（S）/X/Y/Z/旋转（R）]：R（输入"R"并按【Enter】键）；

③指定旋转角度 <0>：180（输入块的旋转角度）；

④指定插入点或［基点（B）/比例（S）/X/Y/Z/旋转（R）]：（单击 $\phi 24$ 尺寸线箭头端点）；

⑤输入属性值　基准符号 <A>：B（输入"B"并按【Enter】键）。

标注结果如图4-115（b）所示，符号"B"倒置，不符合要求。双击基准 B，打开"增强属性编辑器"对话框，在"文字选项"选项卡的"旋转"文本框中输入"0"，单击"确定"按钮，结果如图4-115（d）所示。

同理标注基准 C，启动"打断标注"命令将基准 C 与其他尺寸线在交点处形成隔断。

(3) 标注图中基准 D。启动"引线"标注命令，操作步骤如下：

①输入"S"，在打开的"引线设置"对话框中的"注释"选项卡中设置注释类型为块参

照。然后在“引线和箭头”选项卡中设置箭头形式为无，并单击“确定”按钮。

②绘制引线按【Enter】键，当命令行提示“输入块名或［?］<基准符号>:”时，按【Enter】键。

③当命令行提示“指定插入点或［基点（B）/比例（S）/X/Y/Z/旋转（R）］:”时，输入“R”并按【Enter】键，然后输入“90”按【Enter】键确认，并选取合适的插入点插入块。

④当命令行提示“输入属性值　基准符号<A>:”时，输入“D”并按【Enter】键，结果如图4－116（a）所示。

⑤双击基准 *D*，将“增强属性编辑器”对话框“文字选项”选项卡的“旋转”文本框中输入“0”，并单击“确定”按钮，结果如图4－116（b）所示。

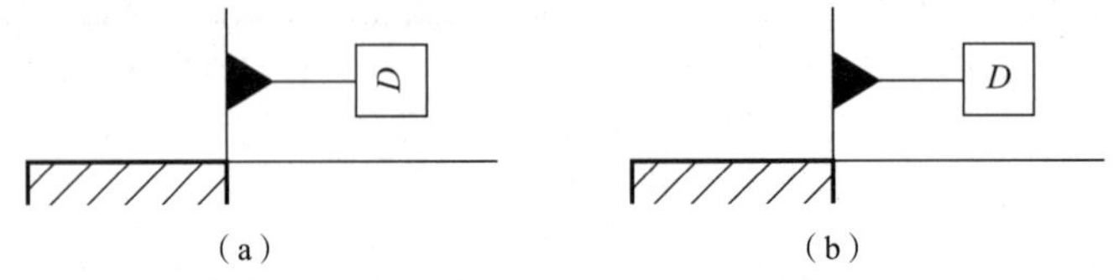

图4－116　标注基准 *D*

步骤8： 标注位置度公差。启动“引线”标注命令，操作步骤如下：

（1）输入“S”，在打开的“引线设置”对话框中的“注释”选项卡中设置注释类型为公差，并单击“确定”按钮。

（2）按命令行提示绘制引线，弹出“形位公差”对话框，在对话框中设置内容如图4－117（a）所示。然后，按【Enter】键，完成位置度公差的标注，结果如图4－117（b）所示。

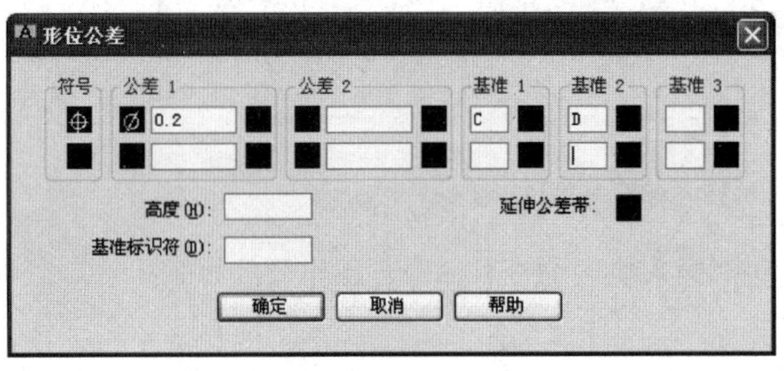

（a）设置“形位公差”对话框

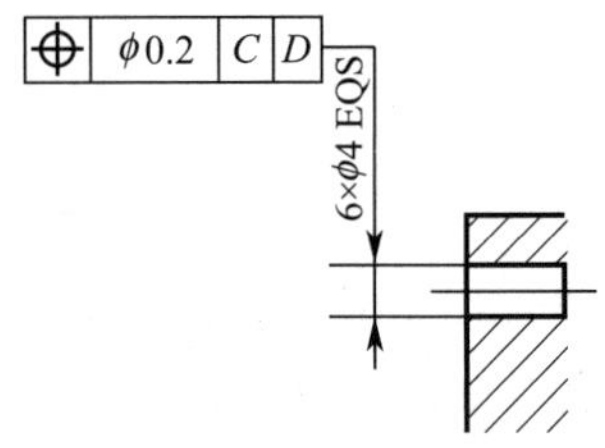

（b）标注位置度公差结果

图4－117　标注位置度公差

步骤9： 按步骤8的方法，标注图中径向圆跳动公差、垂直度公差和圆柱度公差。

技能训练

绘制如图4－118所示的图形，创建尺寸样式、创建带属性的表面结构代号块和基准符号块，标注尺寸、表面结构代号和基准符号。

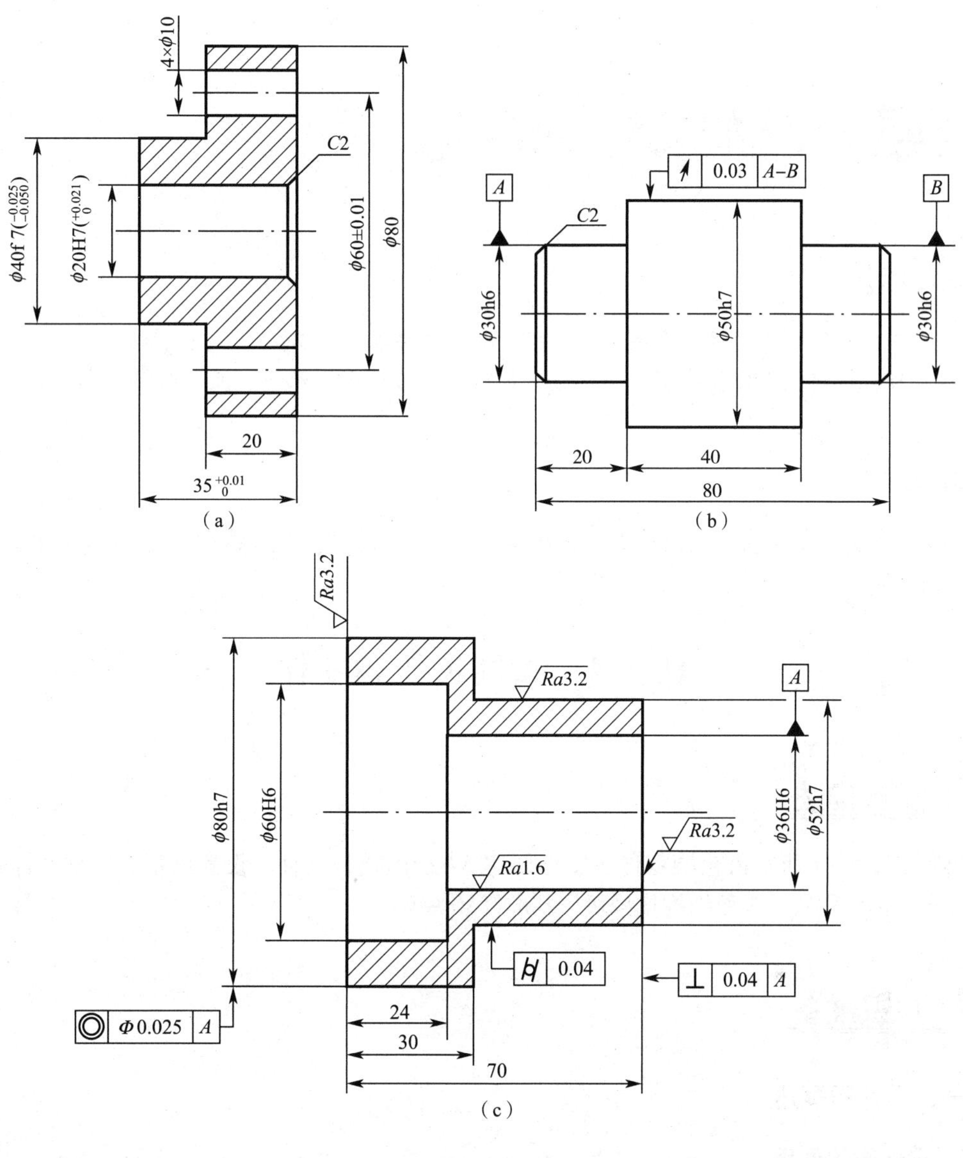
4×φ10
C2
φ40f 7(−0.025 −0.050)
φ20H7(+0.021 0)
φ60±0.01
φ80
20
35 +0.01 0
(a)
0.03 A−B
A
B
C2
φ30h6
φ50h7
φ30h6
20
40
80
(b)
Ra3.2
Ra3.2
A
φ80h7
φ60H6
φ36H6
φ52h7
Ra3.2
Ra1.6
0.04
0.04 A
Φ0.025 A
24
30
70
(c)

图　4－118

项目 5 绘制机械零件图

【知识目标】

- 掌握机械零件图的视图表达、尺寸标注和技术要求等知识。
- 掌握机械典型零件的绘制方法，进一步熟练二维绘图及编辑、尺寸标注、标题栏绘制等操作。

【能力目标】

能正确运用二维绘图及编辑命令、文字注写、表格创建和尺寸标注等方法来完成机械典型零件图的绘制。

任务1　绘制齿轮轴零件

任务描述

绘制如图 5 -1 所示齿轮轴零件。要求创建 A4 绘图模板文件，设置图层、图框、标题栏、绘图界限、标注样式、表面结构代号块、基准符号块等。

知识准备

一、零件图概述

1. 零件图的作用

表示单个零件的结构、大小、形状和技术要求的图样称为零件图，它是制造和检验零件的主要依据。

2. 零件图的内容

一张完整的零件图应包括以下几点内容：

（1）一组图形：根据零件的结构特点，用视图、剖视图、断面图、局部放大图和简化画法等正确、完整、清晰和简便地表达出零件内外结构和形状。

（2）完整的尺寸：正确、完整、清晰、合理地标注出零件在制造和检验时所需的全部尺寸。

（3）技术要求：用规定的符号、代号、标记和文字说明等简明地给出零件制造和检验时所达到的各项技术指标与要求。如表面结构要求、尺寸公差、几何公差、热处理和表面处理等。

（4）标题栏：填写零件的名称、材料、数量、比例、图号以及设计、制图、审核者的姓名和日期等。

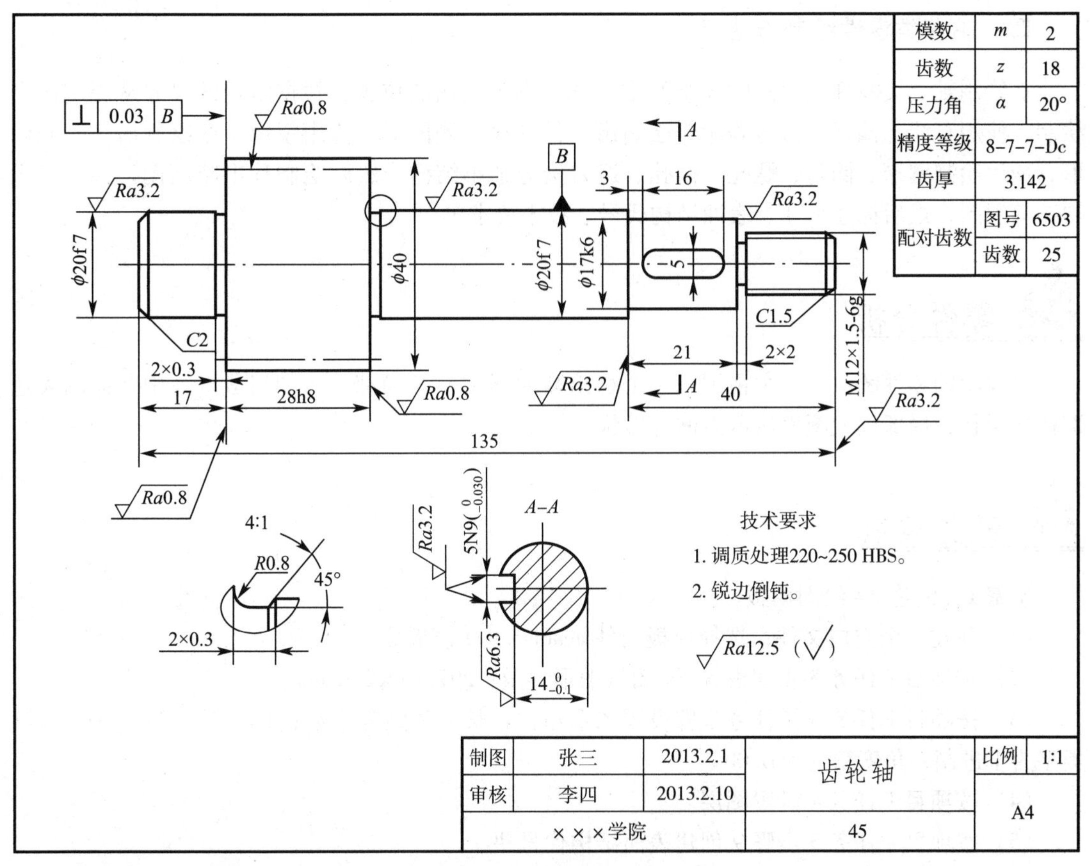

图5－1　齿轮轴零件图

二、零件图的种类

零件的种类很多，按其结构特点大致可分为轴套类、轮盘类、叉架类和箱体类四种。

三、轴套类零件

轴套类零件包括轴、丝杆、套筒、衬套等，此类零件主要用来支撑传动件，传递运动和动力。

（1）结构特点

轴套类零件大多数由位于同一轴线上数段直径不同的回转体组成，轴向尺寸一般比径向尺寸大。实心的称为轴，空心的称为套。常有键槽、销孔、螺纹、退刀槽、越程槽、中心孔、油槽、倒角、圆角、锥度等结构。

（2）表达方法

由于轴套类零件在加工时轴线水平放置，因此常按加工位置绘制主视图。用局部视图、局部剖视图、断面图、局部放大图等表达轴上的键槽、孔、退刀槽等结构。对于较长轴且沿长度方向的形状一致或按一定规律变化时，轴向尺寸较长的部分常断开后缩短绘制。套筒或空心轴零件中由于多存在内部结构，一般采用全剖视图、半剖视图或局部剖视图绘制。

四、轴套类零件绘制方法

在绘制轴套类零件主视图时先绘制中心线，确定视图的位置，根据给定的尺寸从左端向右绘制，使用直线、偏移、修剪等命令绘制出零件轴线一侧图形，再用镜像命令绘制出另一侧图形，最后绘制键槽、倒角、螺孔、销孔、退刀槽等细小结构。然后绘制移出断面图、局部放大视图等视图，最后标注尺寸、表面结构代号、技术要求等。

零件分析

本齿轮轴零件图由一个主视图、一个移出断面图和一个局部放大图组成。其中断面图表达键槽的形状，局部放大图表达退刀槽的形状。

任务实施

步骤 1：创建 A4 绘图模板。

（1）新建一个空白文件，选择样板文件 acadiso. dwt 模板。

（2）按项目 1 任务 3 步骤设置 A4 图纸图形界限：297mm × 210 mm。

（3）按项目 1 任务 3 子任务步骤设置图形单位：长度类型为小数；长度精度为 0. 00；角度类型为十进制；角度精度为 0. 00。

（4）按项目 1 任务 4 设置图层。

（5）按项目 4 任务 5 步骤 9 创建表面结构代号块。

（6）按项目 4 任务 5 子任务步骤 6 创建基准符号块。

（7）新建“机械样式”字体样式，选用 gbenor. shx 和大字体 gbcbig. shx，字号为 3. 5。

（8）新建“机械标注”标注样式，方法同项目 4 任务 2 的步骤 4。

（9）启动“直线”“偏移”和“修剪”等命令绘制如图 5 - 2 所示 A4 图纸边框。

（10）按项目 4 任务 1 步骤绘制标题栏，并书写文字。结果如图 5 - 3 所示。

（11）保存图形，选择保存路径，输入文件名为“A4 绘图模板”，文件类型为 *. dwt。完成 A4 绘图模板文件的创建。

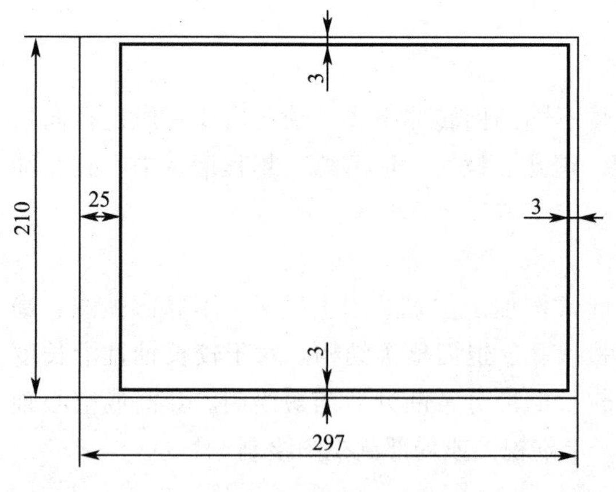

图 5 - 2　A4 图纸边框

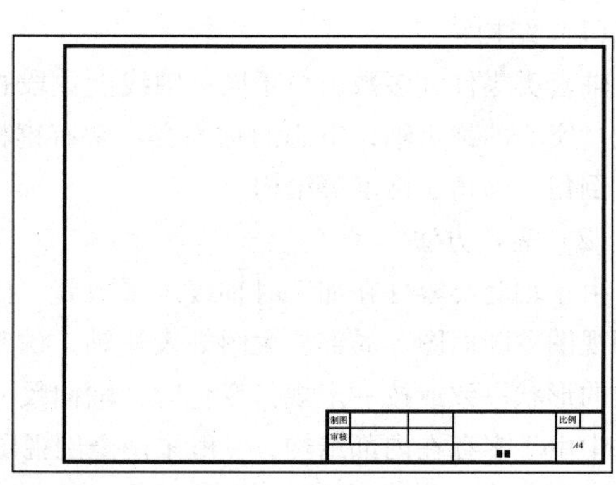

图 5 - 3　A4 图纸及标题栏

步骤2：打开“A4绘图模板.dwt”文件，另存为“齿轮轴.dwg”文件。

步骤3：绘制主视图。

(1) 在点画线层中，启动“直线”命令绘制主视图轴线。

(2) 在粗实线层中，启动“直线”“修剪”等命令，开启“对象捕捉”“90°角增量极轴追踪”及“对象追踪”功能，绘制出如图5-4所示的主视图轮廓线。

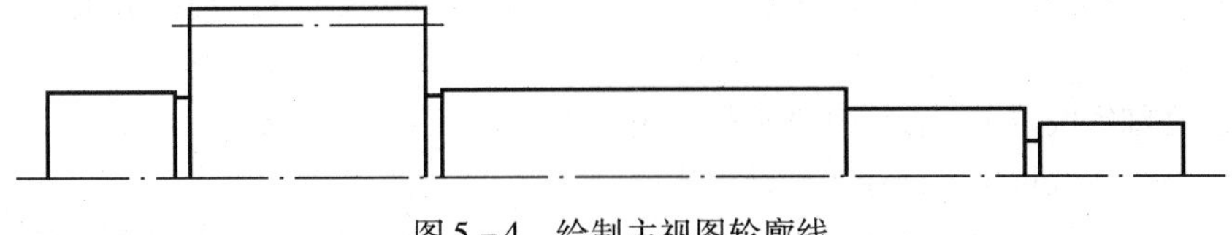

图5-4 绘制主视图轮廓线

(3) 启动“镜像”命令，以轴线为镜像线，镜像结果如图5-5所示。

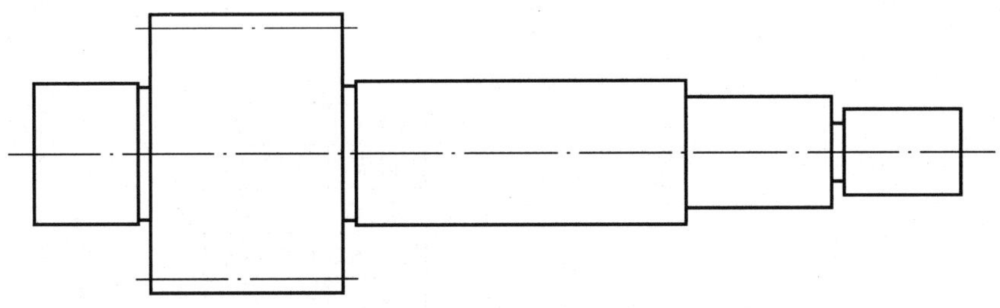

图5-5 镜像主视图轮廓线

(4) 启动“倒角”命令，绘制 *C*2、*C*1.5 倒角。在“细实线层”图层中绘制 M12×1.5 螺纹的牙底线，螺纹小径可近似用大径的0.85倍来绘制；在 *Φ*17k6 轴段绘制键槽，结果如图5-6所示。

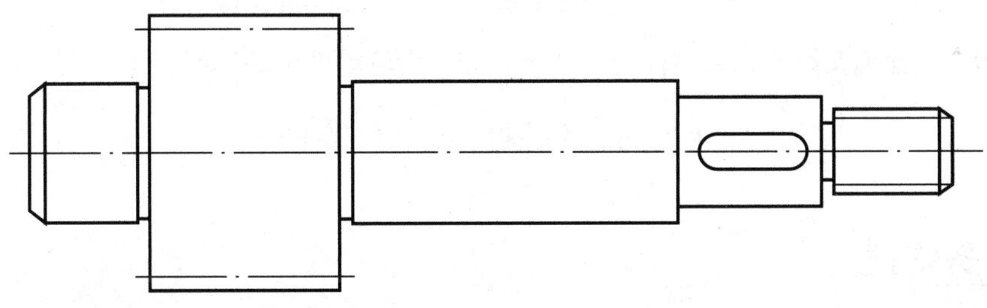

图5-6 绘制螺纹、倒角、键槽

步骤4：绘制局部放大图和移出断面图。

(1) 绘制退刀槽局部放大图，按1∶1尺寸绘制后再放大四倍，结果如图5-7(a)所示。

(2) 在尺寸线层中，启动“多段线”命令在主视图中合适位置绘制如图5-7(b)所示的剖切符号，其中 *AB* 段长3，*A* 和 *B* 点线宽为0.5；*BC* 段长3.5，*B*、*C* 点线宽为0；*CD* 段长3，*C* 点线宽为1，*D* 点线宽为0。启动“镜像”命令得到另一侧剖切符号。

(3) 绘制 *A*-*A* 移出断面图，启动“图案填充”命令在“剖面线层”中绘制剖面线，结果如图5-7(c)所示。

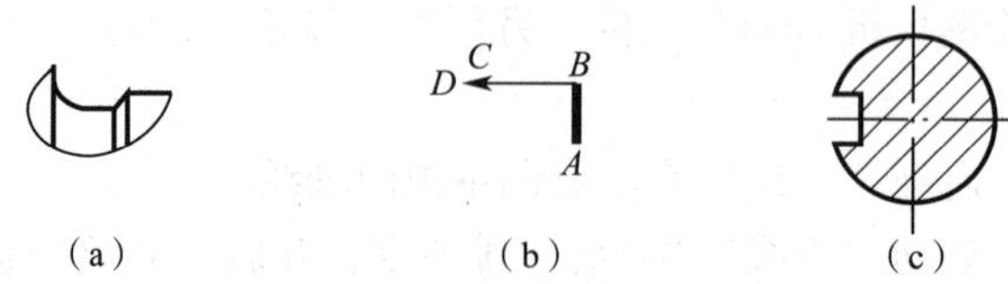

（a）　　（b）　　（c）

图 5－7　绘制局部放大图和移出断面图

步骤 5：在尺寸线层中，使用“标注”命令标注各视图中的尺寸，局部放大视图按原尺寸标注。

步骤 6：在细实线层中，标注基准符号，用引线命令标注几何公差。

步骤 7：在细实线层中，标注表面结构代号。

步骤 8：在细实线层中，标注移出断面图名称、局部放大图比例。在标题栏附近标注技术要求，结果如图 5－8（a）所示。

步骤 9：启动表格命令绘制右上角齿轮几何参数表，并书写文字，结果如图 5－8（b）所示。

技术要求

1. 调质处理220~250 HBS；
2. 锐边倒钝。

（a）

模数	m	2
齿数	z	18
压力角	α	20°
精度等级	8-7-7-Dc	
齿厚	3.142	
配对齿数	图号	6503
	齿数	25
15	10	10

7

（b）

图 5－8　书写技术要求、绘制齿轮几何参数表

步骤 10：选择细实线层，书写标题栏文字，完成齿轮零件图的绘制。

子任务　绘制固定套筒零件

任务描述

绘制如图 5－9 所示的固定套筒零件。要求创建 A4 绘图模板文件，设置图层、图框、标题栏、绘图界限、标注样式、表面结构代号块、基准符号块等。

零件分析

本固定套筒零件图由一个主视图、两个移出断面图和一个局部放大图组成。其中断面图表达两个断面处的内外结构形状，局部放大图表达退刀槽的形状。

本零件图的比例为 1∶2，在绘制时先按 1∶1 尺寸进行绘制，图形绘制好后再缩小$\frac{1}{2}$，将图形放于 A4 图纸内。标注尺寸时将标注样式的测量单位比例的比例因子设置为 2，则标注出的尺寸为实际尺寸。

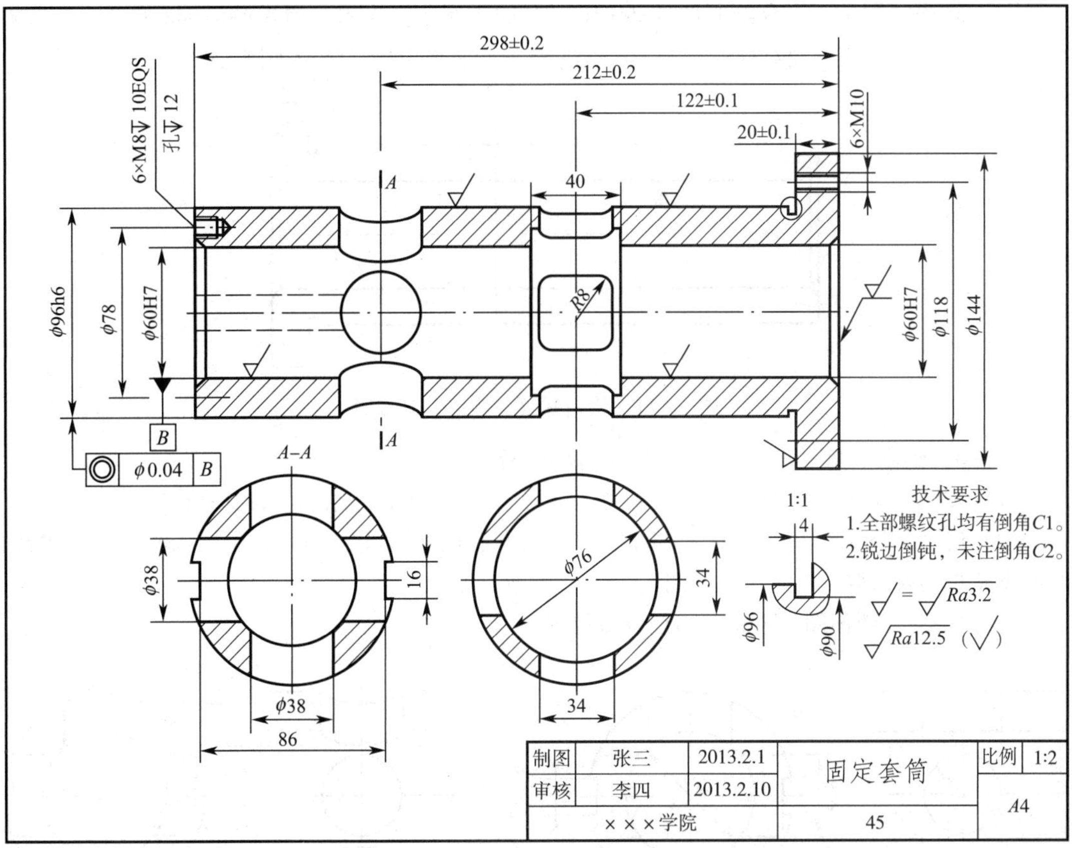

技术要求

1.全部螺纹孔均有倒角C1。

2.锐边倒钝，未注倒角C2。

制图	张三	2013.2.1	固定套筒	比例	1:2
审核	李四	2013.2.10		A4	
×××学院			45		

图 5－9　固定套筒零件图

任务实施

步骤 1：打开项目 5 任务 1 中创建的“A4 绘图模板 . dwt”文件，另存为“固定套筒零件 . dwg”文件。

步骤 2：绘制主视图轮廓。

（1）在点画线层中，启动“直线”命令绘制主视图轴线及两处断面图中心线。

（2）在粗实线层中，启动“直线”“修剪”和“镜像”等命令，开启“对象捕捉”“90°角增量极轴追踪”及“对象追踪”功能，绘制出如图 5－10 所示的主视图轮廓线。

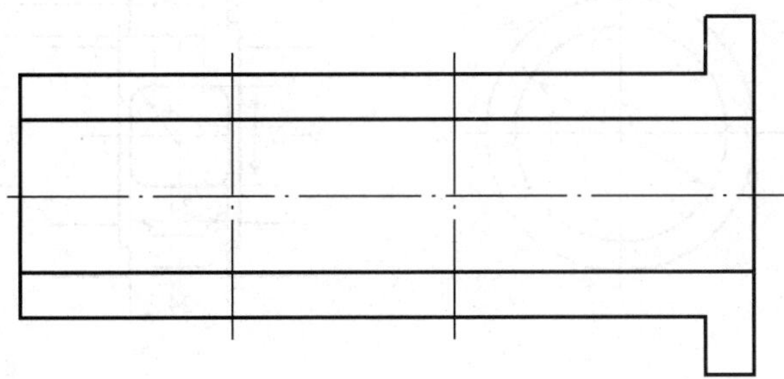

图 5－10　绘制主视图轮廓线

（3）启动“倒角”命令绘制两处 ϕ60H7 孔和 C2 倒角。绘制套筒左端面 M8 螺孔，以及右端面 M10 螺孔，并在轴线对称处绘制中心线，然后绘制退刀槽，结果如图 5－11 所示。

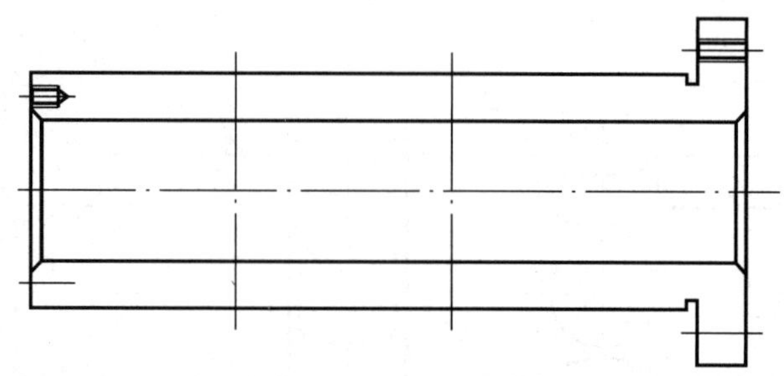

图 5－11 绘制螺纹、倒角、退刀槽

步骤 3：绘制主视图 $A-A$ 处的结构及其移出断面图。

（1）按图 5－12（a）所示尺寸在主视图中绘制出 $A-A$ 处的结构，及其移出断面图。

（2）启动“圆弧”命令绘制 ϕ96h6 圆柱与 ϕ38 孔的相贯线，ϕ60H7 孔与 ϕ38 孔的相贯线，相贯线最低点的选取及绘制结果如图 5－12（b）所示。

绘制好 $A-A$ 断面图后再将其移至合适位置。

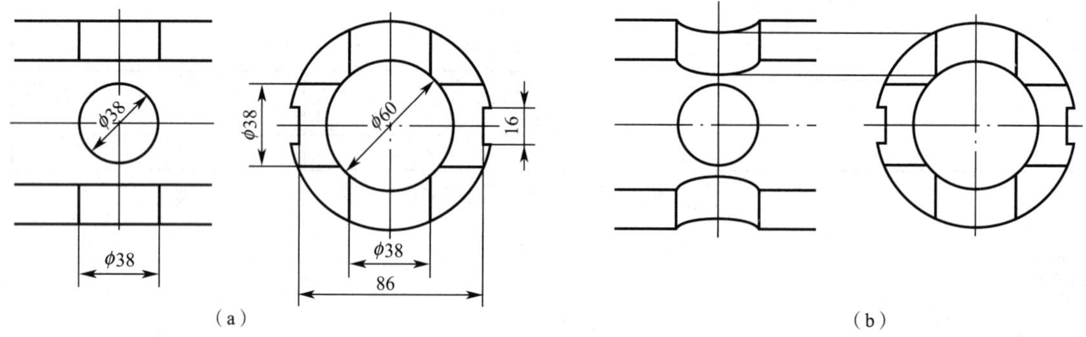

图 5－12 绘制主视图 $A-A$ 处结构及其移出断面图

步骤 4：绘制主视图距右端面 122 mm 处的结构及其移出断面图。

（1）按图 5－13（a）所示尺寸在主视图中绘制 ϕ76 孔及其移出断面图轮廓。

（2）绘制上下前后方向的带 R8 圆角的方形槽，绘制带圆角方形槽与 ϕ96h6 圆柱和 ϕ76 孔的截交线，截交线的位置选取及绘制结果如图 5－13（b）所示。

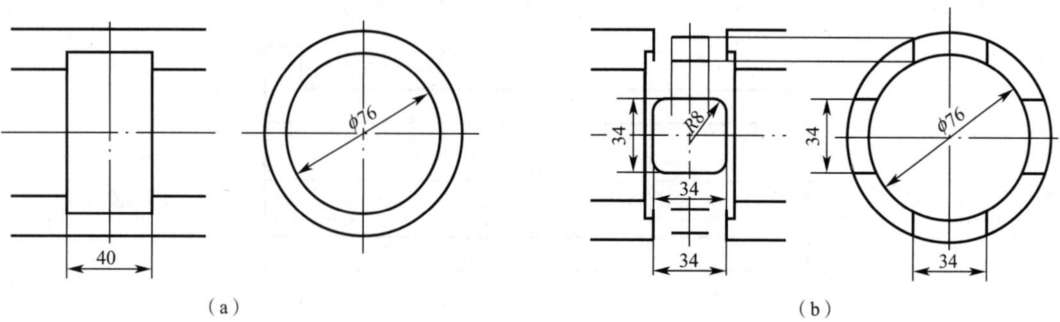

图 5－13 绘制 ϕ76 孔及其移出断面图轮廓

（3）绘制方形槽圆角 $R8$ 与 $\phi96h6$ 圆柱的相贯线，此处可以想象成 $\phi16$ 的圆与 $\phi96h6$ 圆柱相交，启动“圆弧”命令，相贯线最高点在主视图的投影点 a′可根据断面图中点 a″位置对应求出，相贯线最低点在主视图的投影点 b′可根据断面图中点 b″位置对应求出，相贯线另一侧最高点在主视图的投影点 c′可根据点 a′对称求出，如图 5－14（a）所示。

修剪后得到如图 5－14（b）所示的方形槽圆角 $R8$ 与 $\phi96h6$ 圆柱的相贯线，同理绘制出方形槽圆角 $R8$ 与 $\phi76$ 孔的相贯线，启动“镜像”命令完成其他位置相贯线的绘制。

绘制好此处断面图后再将其移至合适位置。

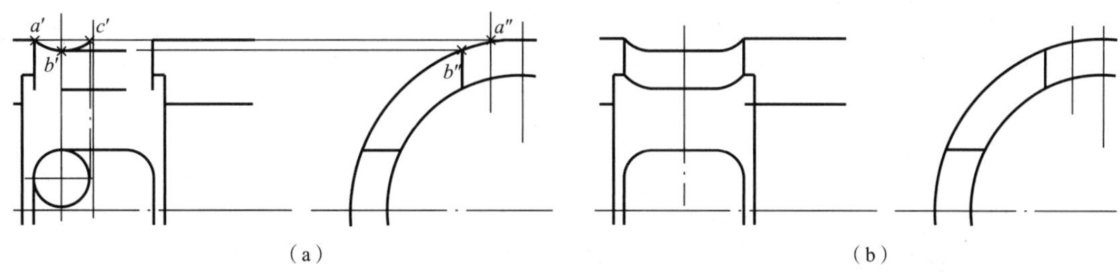

（a）　　　　（b）

图 5－14　方形槽圆角 $R8$ 与 $\phi96h6$ 圆柱的相贯线

步骤 5：绘制局部放大图，先按 1∶1 尺寸绘制后再放大两倍。

步骤 6：将绘制后的所有图形按比例因子 0.5 进行缩放，将所有图形移至 A4 图幅内合适位置。

步骤 7：修改“机械标注”标注样式，在“主单位”选项卡中将测量单位比例的设置比例因子设置为 2，则标注时可显示原尺寸。选择“尺寸线层”，使用标注命令标注各视图中的尺寸，局部放大视图按原尺寸标注。

步骤 8：在细实线层中，标注基准符号，用引线命令标注几何公差。

步骤 9：在细实线层中，标注表面结构代号。

步骤 10：在细实线层中，标注移出断面图名称、局部放大图比例。在标题栏附近标注技术要求。

步骤 11：在细实线层中，书写标题栏文字，完成固定套筒零件图的绘制。

技能训练

1. 绘制如图 5－15 所示的丝杆零件，调用或创建项目 5 子任务 1 中的 A4 绘图模板。
2. 绘制如图 5－16 所示的导套零件，调用或创建项目 5 子任务 1 中的 A4 绘图模板。
3. 绘制如图 5－17 所示的曲轴零件，调用或创建项目 5 子任务 1 中的 A4 绘图模板。
4. 绘制如图 5－18 所示的主轴零件，调用或创建项目 5 子任务 1 中的 A4 绘图模板。

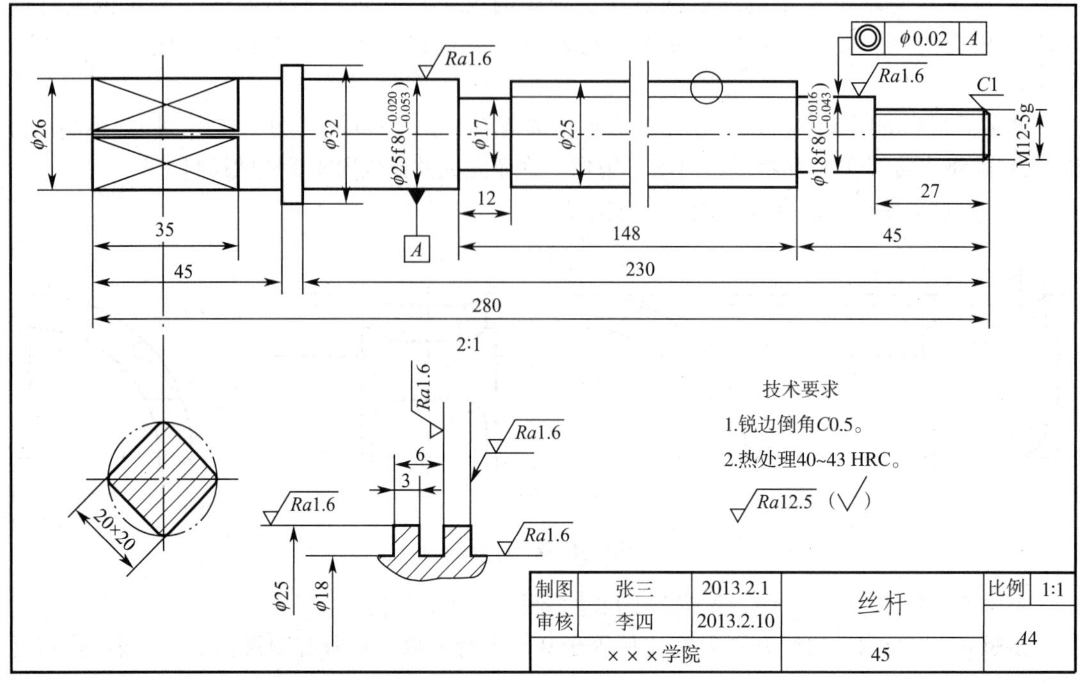

制图	张三	2013.2.1	丝杆	比例	1:1
审核	李四	2013.2.10		A4	
×××学院			45		

图 5－15　丝杆零件

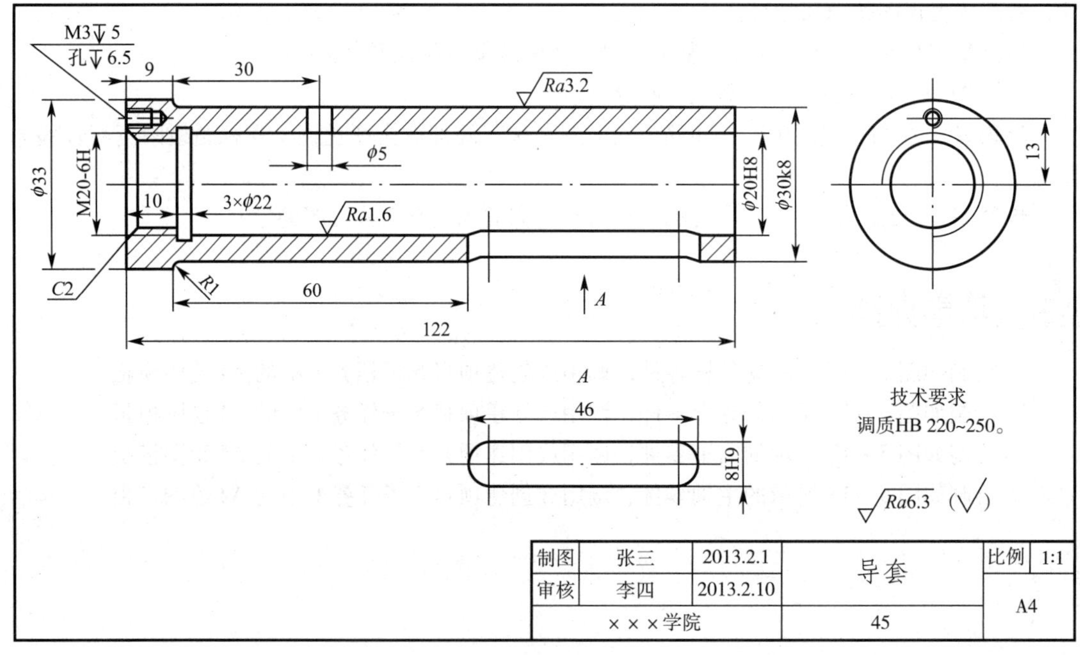

制图	张三	2013.2.1	导套	比例	1:1
审核	李四	2013.2.10		A4	
×××学院			45		

图 5－16　导套零件

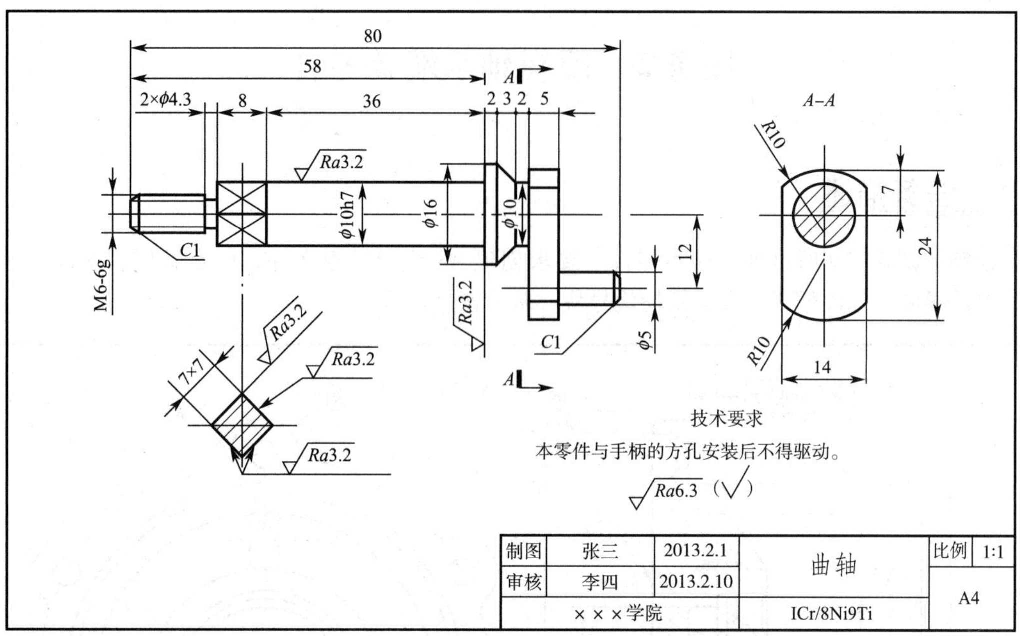

图 5－17　曲轴零件

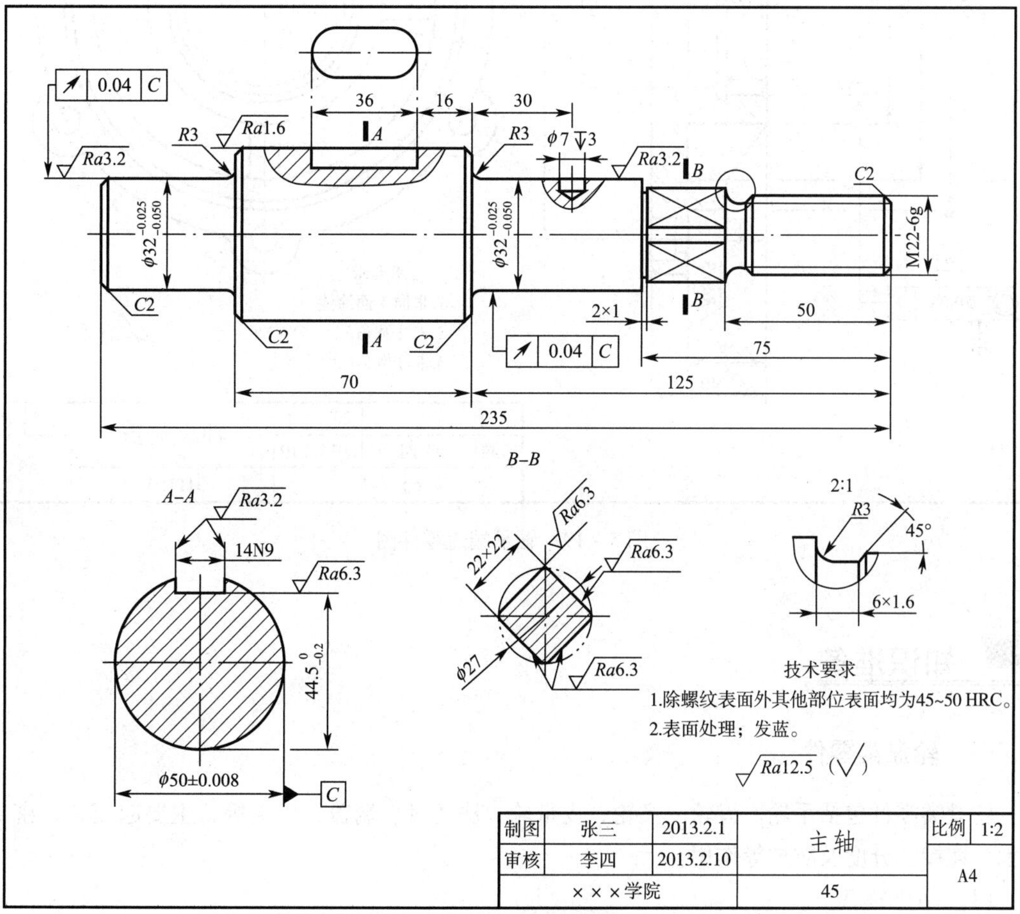

技术要求

1.除螺纹表面外其他部位表面均为45~50 HRC。

2.表面处理；发蓝。

Ra12.5 (√)

制图	张三	2013.2.1	主轴	比例	1:2
审核	李四	2013.2.10		A4	
×××学院			45		

图 5－18　主轴零件

任务 2　绘制轴承端盖零件

任务描述

绘制如图 5－19 所示轴承端盖零件。要求创建 A3 绘图模板文件，设置图层、图框、标题栏、绘图界限、标注样式、表面结构代号块、基准符号块等。

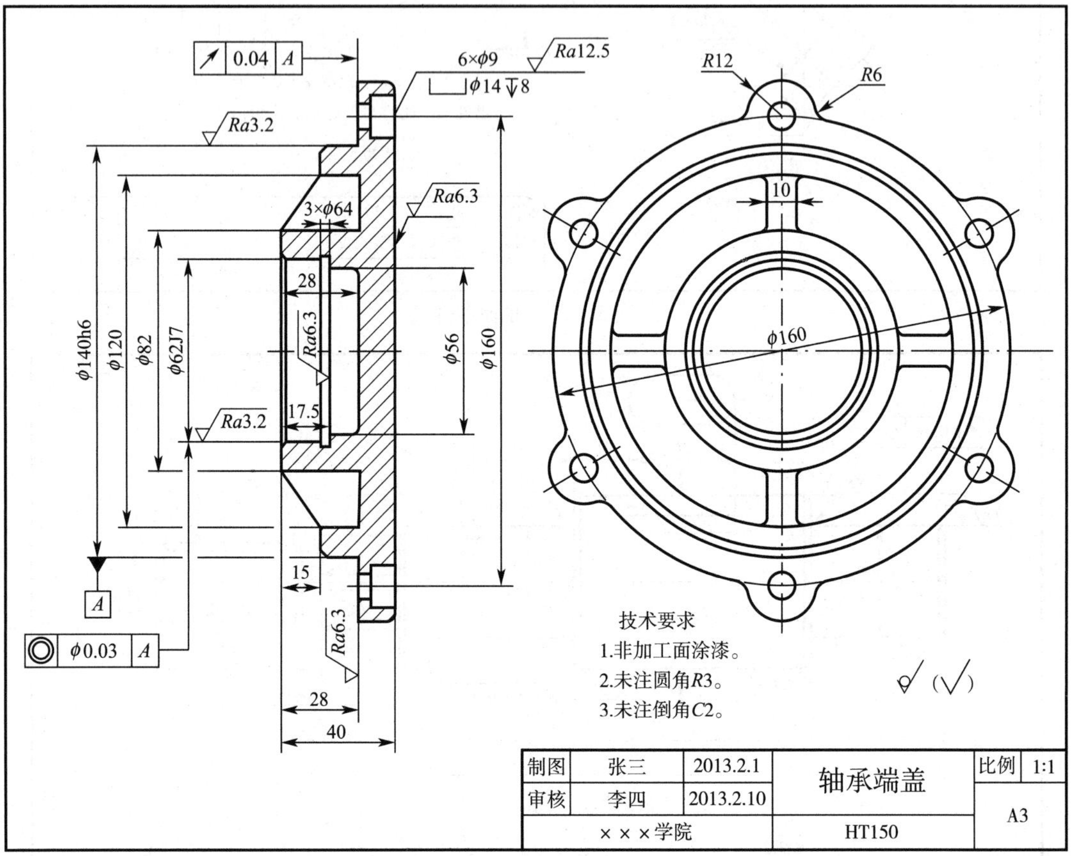

技术要求
1.非加工面涂漆。
2.未注圆角$R3$。
3.未注倒角$C2$。

制图	张三	2013.2.1	轴承端盖	比例	1:1
审核	李四	2013.2.10		A3	
×××学院			HT150		

图 5－19　轴承端盖零件图

知识准备

一、轮盘类零件

轮盘类零件包括手轮、齿轮、飞轮、皮带轮、法兰盘、端盖、压盖等，主要起压紧、密封、支承、连接、分度及防护等作用。

（1）结构特点

轮盘类零件的主要部分一般由回转体或平板形零件构成，厚度方向的尺寸一般比其他两个方向的尺寸小。常有孔、销孔、肋板、轮辐、凸台、凹坑等结构。

（2）表达方法

轮盘类零件的加工若以车削加工为主时，一般按加工位置将轴线水平放置来确定主视图，否则按工作位置来确定主视图。主视图一般采用全剖或半剖方式来表达零件的内部结构，另一个基本视图主要表达其外轮廓以及零件各种孔的分布，对局部细节如孔、筋、轮辐等可采用局部剖视图、断面图、局部视图和放大视图来表达。

二、轮盘类零件绘制方法

在绘制轮盘类零件时，可以选择从主视图画起，几个视图相互配合一起画，也可以先画出一个视图再利用“高平齐”投影原则画出另一个视图。对于对称图形，可先画一半再启动“镜像”命令生成另一半，最后绘制孔、螺孔、销孔等细小结构。然后绘制移出断面图、局部放大图等视图，最后标注尺寸、技术要求等。

零件分析

本轴承端盖零件图由一个主视图和一个左视图组成，主视图采用全剖方式来表达沉孔及端盖内部结构，左视图表达了端盖的外部形状。

任务实施

步骤1：创建A3绘图模板文件。

（1）打开项目5任务1中创建的“A4绘图模板 . dwt”文件，设置A3图纸图形界限：420 mm × 297 mm。绘制如图5－20所示的A3图纸边界线及图框线，A3图纸及标题栏如图5－21所示。

（2）保存图形，选择保存路径，输入文件名为“A3绘图模板”，文件类型为 * . dwt。

完成A3绘图模板文件的创建。

（3）打开“A3绘图模板 . dwt”文件，另存为“轴承端盖零件 . dwg”文件。

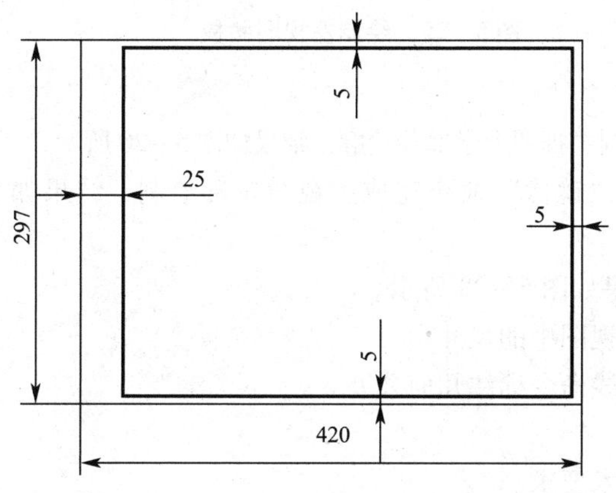

图5－20 A3图纸边框

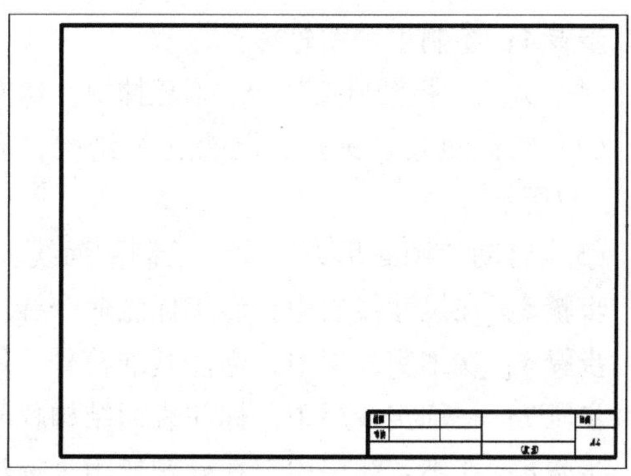

图5－21 A3图纸及标题栏

步骤2：在点画线层中，启动“直线”命令绘制主视图及左视图的中心线，结果如图5－22所示。

步骤 3：绘制左视图轮廓。

（1）启动“圆”命令按尺寸绘制左视图中 ϕ160、ϕ140、ϕ120、ϕ82、ϕ62、ϕ56 圆，及两个倒角投影 ϕ136 和 ϕ66 圆，结果如图 5－23 所示。

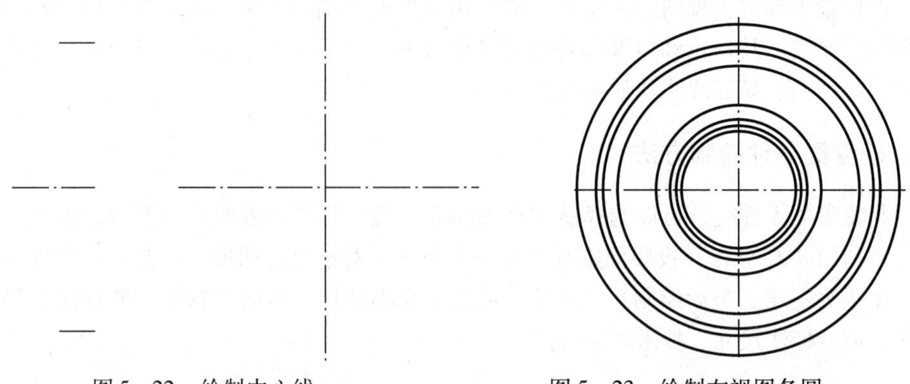

图 5－22　绘制中心线　　　　图 5－23　绘制左视图各圆

（2）绘制圆弧状凸缘 R12 和 ϕ9 圆，修剪多余图线后启动“阵列”命令，阵列数目为 6，修剪多余图线，结果如图 5－24 所示。

（3）启动“直线”“圆角”“修剪”和“阵列”等命令绘制肋板，结果如图 5－25 所示。

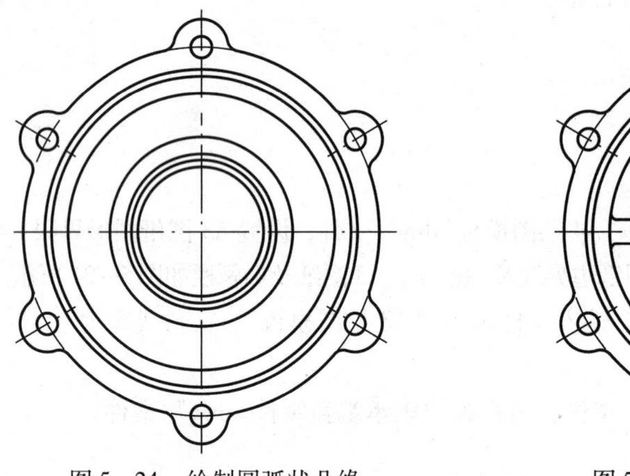

图 5－24　绘制圆弧状凸缘

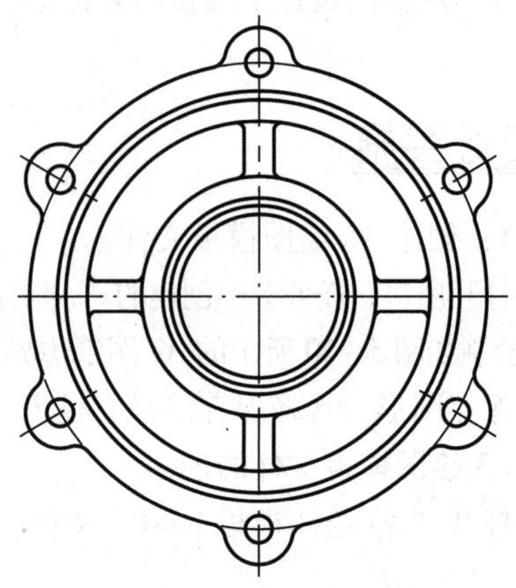

图 5－25　绘制左视图肋板

步骤 4：绘制主视图轮廓。

（1）开启“极轴追踪”和“对象捕捉”功能绘制主视图上半部分轮廓，结果如图 5－26 所示。

（2）绘制倒角、圆角、沉头孔等结构，启动“镜像”命令完成主视图轮廓绘制，结果如图 5－27所示。

（3）启动“图案填充”命令绘制剖面线，结果如图 5－28 所示。

步骤 5：在尺寸线层中，使用标注命令标注各视图中的尺寸。

步骤 6：在细实线层中，标注基准符号，用引线命令标注几何公差。

步骤 7：在细实线层中，标注表面结构代号。

步骤 8：在细实线层中，在标题栏附近标注技术要求。

步骤 9：在细实线层中，书写标题栏文字，完成轴承端盖零件图的绘制。

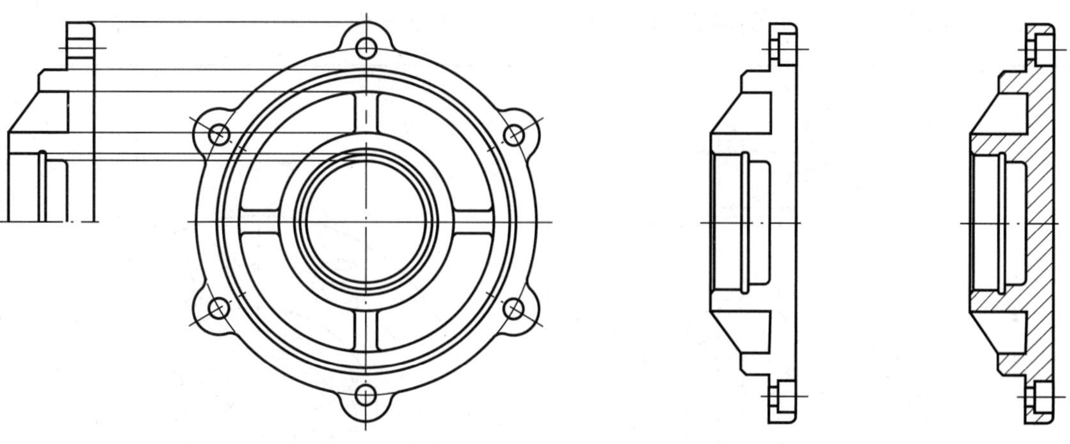

图 5－26　绘制主视图上半部分轮廓

图 5－27　完成主视图

图 5－28　绘制剖面线

技能训练

1. 绘制如图 5－29 所示的端盖零件，调用或创建项目 5 子任务 1 中的 A4 绘图模板。

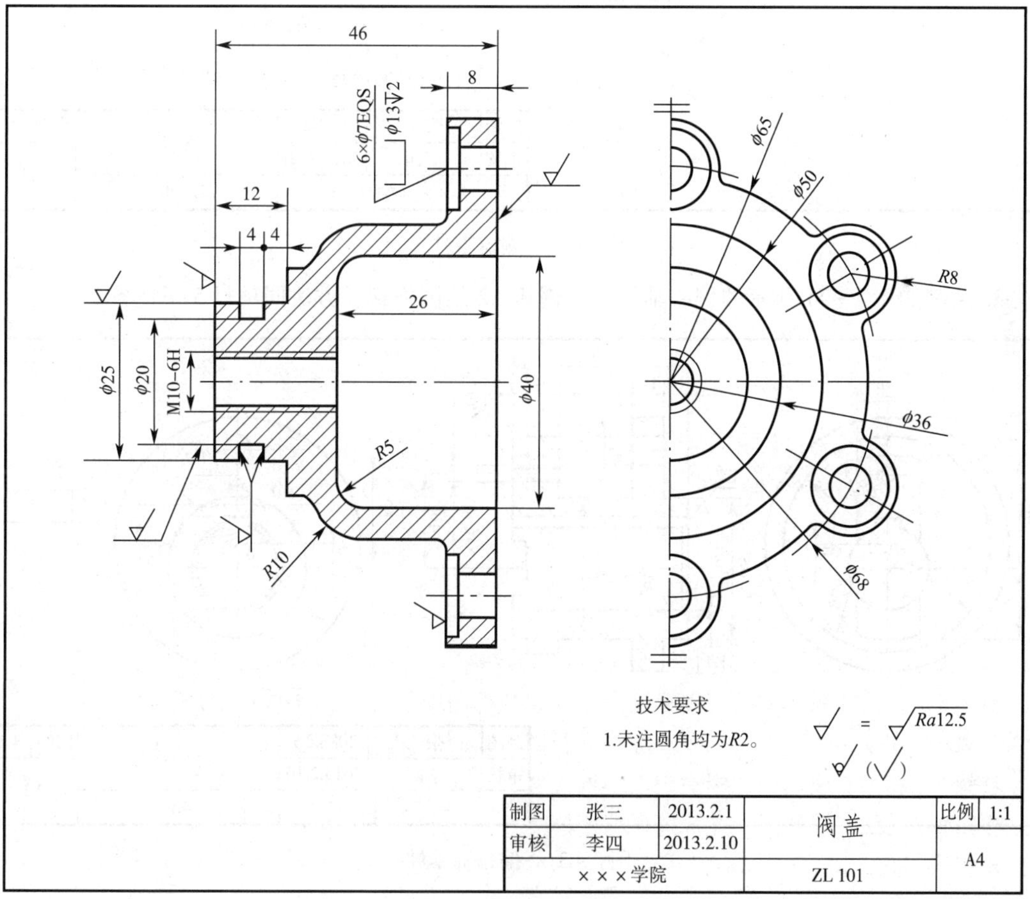

46
8
6×φ7EQS
φ13▽2
12
4
4
26
φ25
φ20
M10-6H
φ40
R5
R10
φ65
φ50
R8
φ36
φ68
技术要求
1.未注圆角均为R2。
= Ra12.5
(√)
制图
张三
2013.2.1
阀盖
比例
1:1
审核
李四
2013.2.10
A4
×××学院
ZL 101

图 5－29　端盖零件一

2. 绘制如图 5－30 所示的端盖零件，调用或创建项目 5 子任务 1 中的 A4 绘图模板。

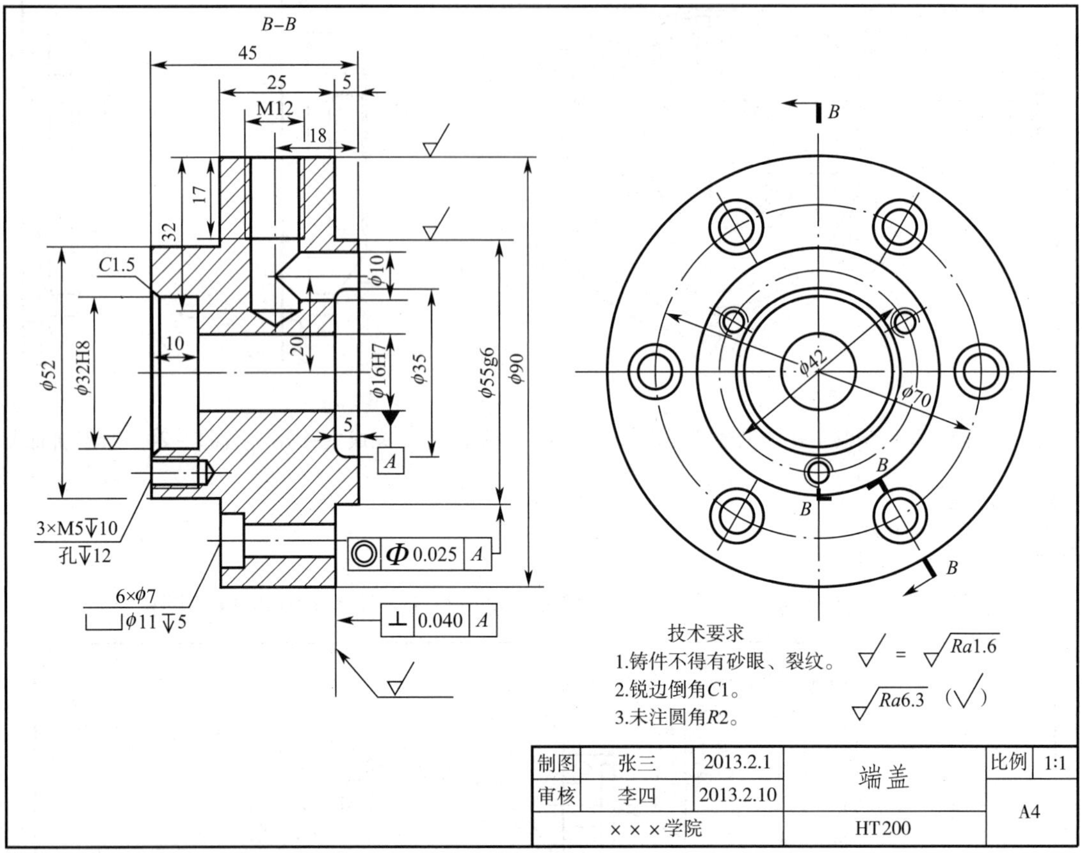

技术要求

1.铸件不得有砂眼、裂纹。

2.锐边倒角C1。

3.未注圆角R2。

制图	张三	2013.2.1	端盖	比例	1:1
审核	李四	2013.2.10		A4	
×××学院			HT200		

图 5－30　端盖零件二

3. 绘制如图 5－31 所示的偏心轴零件，创建 A2 绘图模板，方法同项目 5 子任务 2。

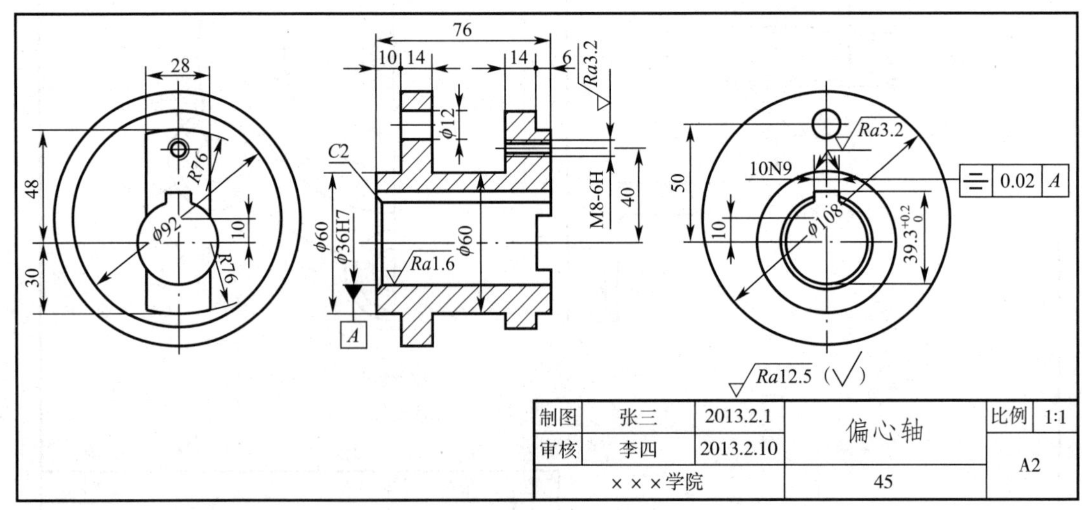

图 5－31　偏心轴零件

任务3 绘制拨叉零件

任务描述

绘制如图5－32所示的拨叉零件。要求创建A3绘图模板文件，设置图层、图框、标题栏、绘图界限、标注样式、表面结构代号块、基准符号块等。

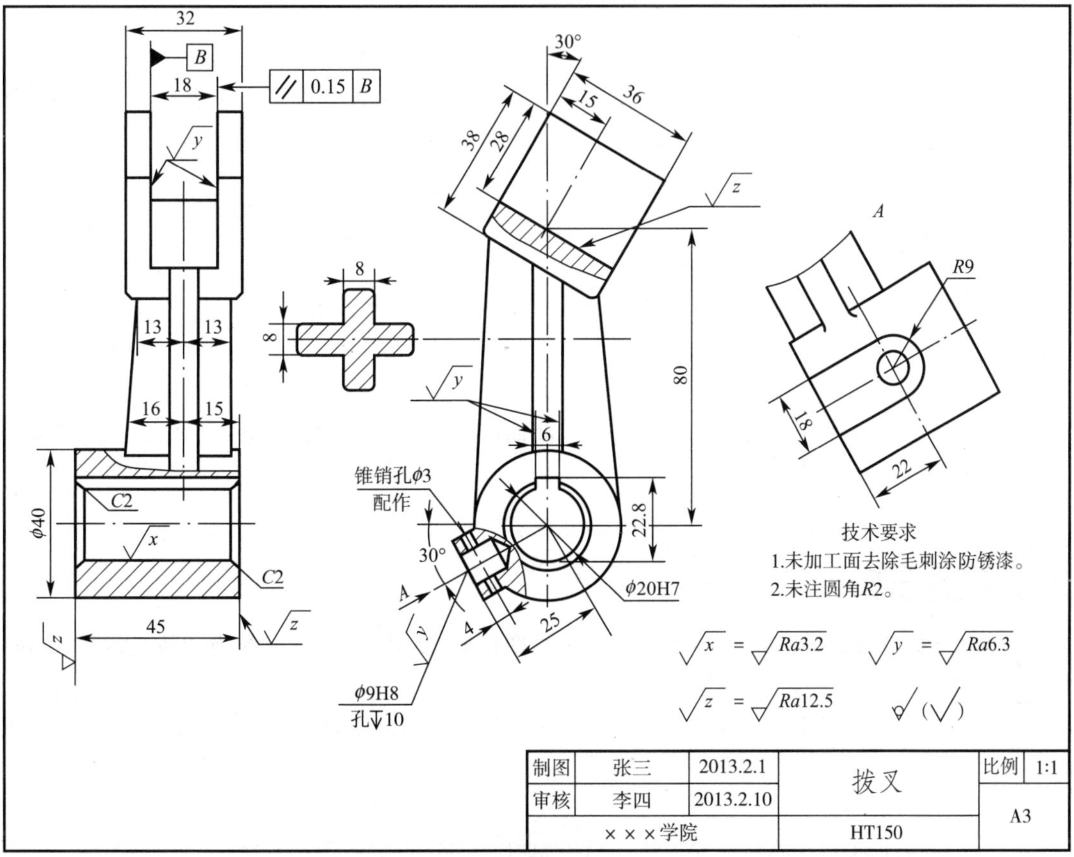

技术要求

1.未加工面去除毛刺涂防锈漆。

2.未注圆角$R2$。

制图	张三	2013.2.1	拨叉	比例	1:1
审核	李四	2013.2.10		A3	
×××学院			HT150		

图5－32 拨叉零件图

知识准备

一、叉架类零件

叉架类零件包括拨叉、连杆、支架、支座、托架、摇臂、杠杆等。叉架类零件在机器中主要起到支承、操纵、传动、连接等作用。

(1) 结构特点

叉架类零件多数为铸件或锻件毛坯，经机械加工而成，结构比较复杂，形状不规则。一般由工作部分、支承部分和连接部分组成，工作部分一般为孔、平面、各种槽面或圆弧面等结构，连接部分和支承部分结构多为肋、板和杆等结构，其截面形状有矩形、椭圆形、工字形、T字形、十字形等多种形式，零件上常有铸造圆角、肋、凸缘、凸台等结构。

（2）表达方法

叉架类零件常按形体特征明显的方向作为主视图投影方向，一般除主视图外还需要1~2个基本视图来表达主要形状和结构，常用局部视图、断面图、局部剖视图、斜视图等表达局部结构。

二、叉架类零件绘制方法

在绘制叉架类零件时，可以选择从主视图画起，几个视图相互配合一起画，也可以先画出一个视图再利用“高平齐”投影原则画出另一个视图，再绘制局部剖视图来表达细小结构，然后绘制移出断面图、局部视图、斜视图等视图，最后标注尺寸、技术要求等。

零件分析

拨叉零件主要用于机床、内燃机等各种机器上的操纵机构，用来操纵机器、调节速度等。本拨叉零件图由一个主视图、一个右视图、一个移出断面图和一个斜视图组成，主视图表达拨叉的外形。其中用两处采用局部剖视图来表达方形叉口内部结构及圆柱孔上的销孔；右视图采用局部剖视图来表达圆柱孔的内部结构；移出断面图表达十字形肋板的断面形状；A 向斜视图表达圆柱筒上小孔的位置。

任务实施

步骤1：打开项目5任务2中创建的“A3绘图模板.dwt”文件，另存为“拨叉零件.dwg”文件。

步骤2：开启“点画线层”图层，启动“直线”命令绘制主视图、左视图的中心线，结果如图5-33所示。

步骤3：绘制主视图。

（1）绘制方形叉口、圆柱孔轮廓线，结果如图5-34（a）所示。

（2）绘制方形叉口圆角及局部剖结构，圆柱筒处凸台局部剖结构，十字形肋板轮廓线，结果如图5-34（b）。

步骤4：绘制右视图。

（1）按“高平齐”投影规律绘制右视图中方形叉口、圆柱孔轮廓线，结果如图5-35（a）所示。

（2）绘制方形叉口圆角，圆柱筒局部剖结构，十字形肋板轮廓线，结果如图5-35（b）所示。

步骤5：绘制 A 向斜视图。

（1）先在水平方向上绘制 A 向斜视图，其中肋板的画法与右视图的相同［见图5-36（a）］。

（2）将绘制好的 A 向斜视图旋转30°，在主视图中绘制 A 方向箭头［见图5-36（b）］。

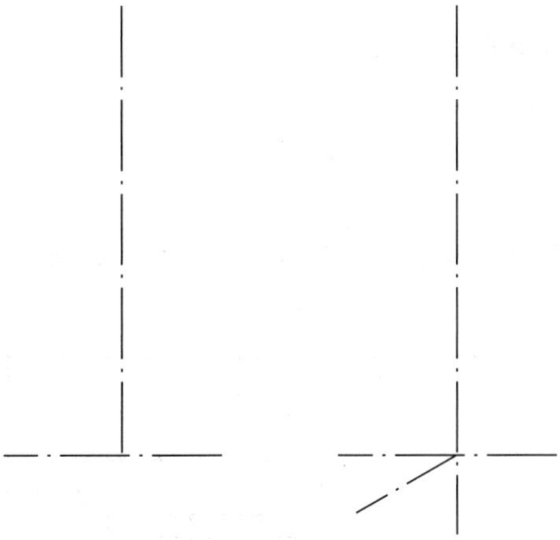

图 5－33　绘制中心线

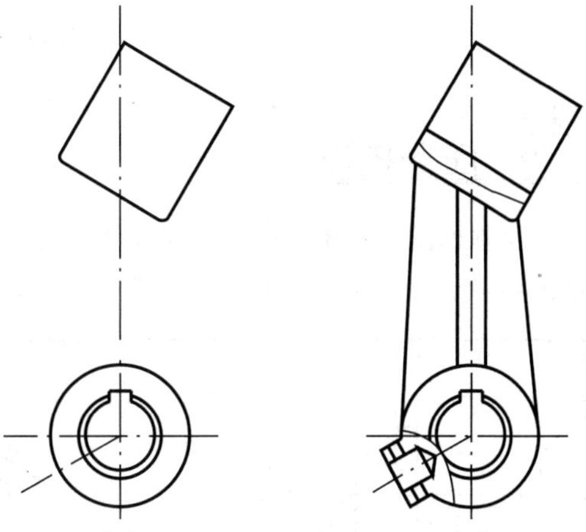

(a)　(b)

图 5－34　绘制主视图

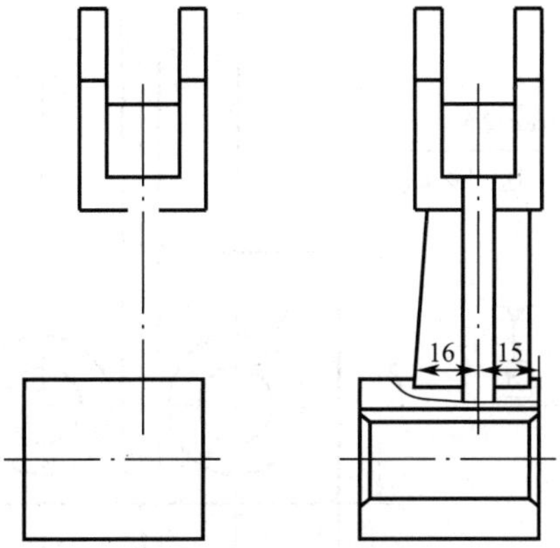

(a)　(b)

图 5－35　绘制右视图

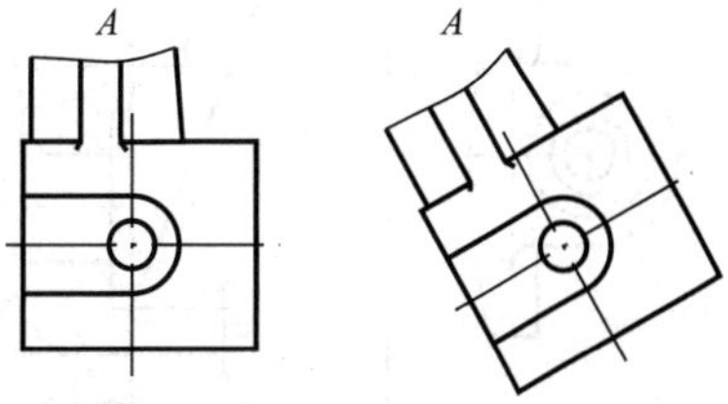

(a)　(b)

图 5－36　绘制 A 向斜视图

步骤6：绘制移出断面图。在主视图合适位置处绘制移出断面图中心线，在中心线处绘制移出断面图轮廓线，其中断面图中各尺寸与主视图、右视图的尺寸对应关系如图 5－37 所示。

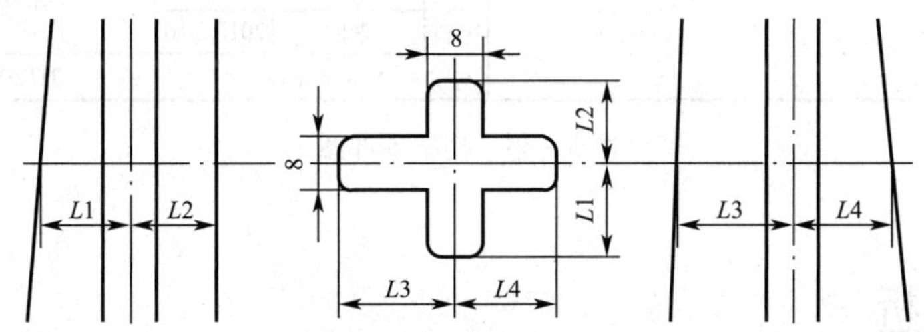

图 5－37　绘制移出断面图

步骤7：在细实线层中，启动“图案填充”命令绘制主视图、右视图和移出断面图的剖面线。

步骤8：在尺寸线层中，启动“标注”命令标注各视图中的尺寸。

步骤9：在细实线层中，标注基准符号，启动“引线”命令标注几何公差。

步骤10：在细实线层中，标注表面结构代号。

步骤11：在细实线层中，在标题栏附近标注技术要求。

步骤12：在细实线层中，输入标题栏文字，完成拨叉零件图的绘制。

子任务　绘制托架零件

任务描述

绘制如图 5－38 所示的托架零件。要求创建 A3 绘图模板文件，设置图层、图框、标题栏、绘图界限、标注样式、表面结构代号块、基准符号块等。

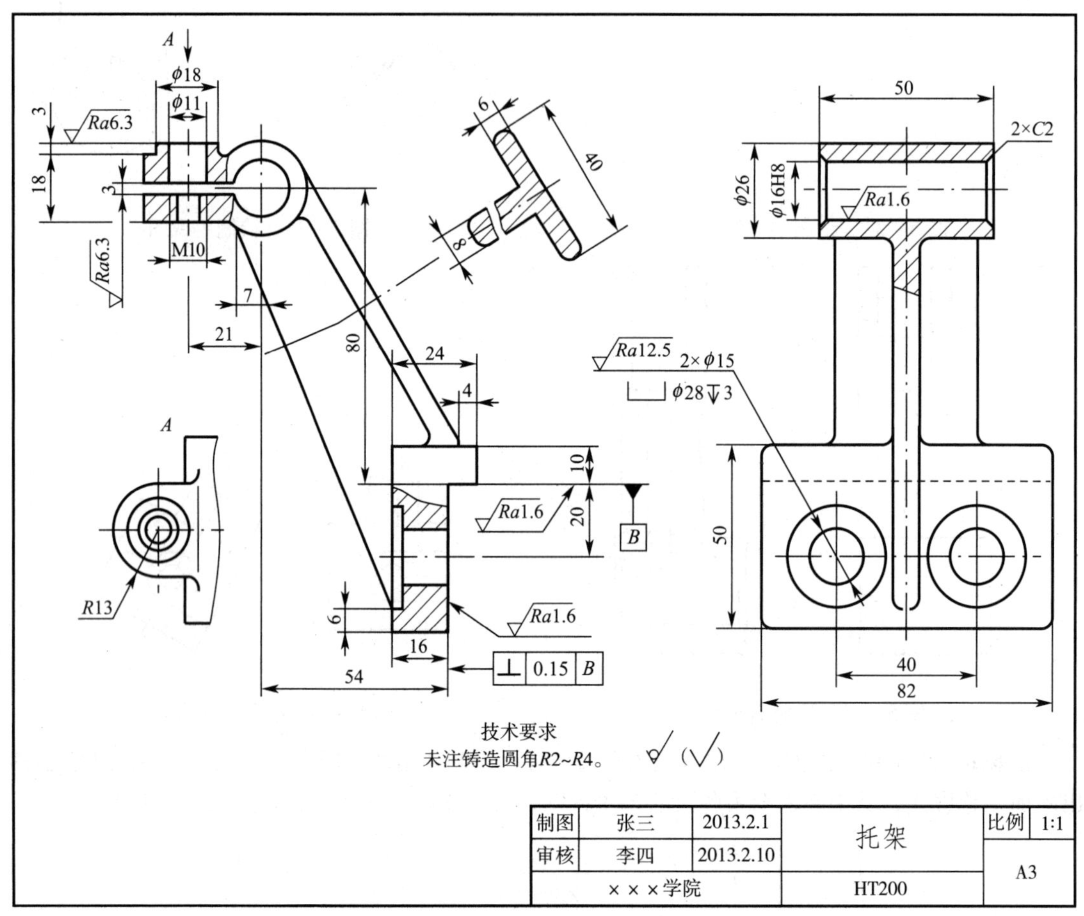

图 5－38　托架零件图

零件分析

本托架零件图由一个主视图、一个左视图、一个移出断面图和一个局部视图组成，主视图方向是以工作位置并考虑形状特征来确定的，它表达了托架的相互垂直的安装面、T 形肋板、支撑孔以及螺纹夹紧部分等结构。其中用两处采用局部剖视图来表达夹紧用的螺孔及安装部分柱形沉孔结构；左视图主要表示了安装板的形状、安装孔的位置及工作部分等，采用局部剖视图来表达圆柱支撑孔的内部结构；移出断面图表达 T 形肋板的断面形状；*A* 向视图表达螺纹夹紧部分的外形结构。

任务实施

步骤1：打开项目5任务2中创建的“A3绘图模板.dwt”文件，另存为“托架零件.dwg”文件。

步骤2：选择相应图层，启动“直线”“偏移”命令绘制主视图、左视图的中心线和基准线，结果如图5－39所示。

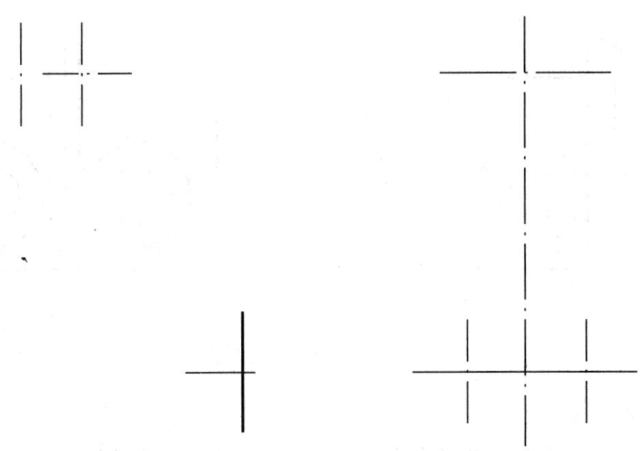

图5－39　绘制中心线和基准线

步骤3：绘制主视图。

（1）绘制安装板、支撑孔以及螺纹夹紧部分轮廓线，结果如图5－40（a）所示。

（2）绘制连接部分T形肋板，安装板及螺纹夹紧部分的剖视图，以及各处圆角，结果如图5－40（b）所示。

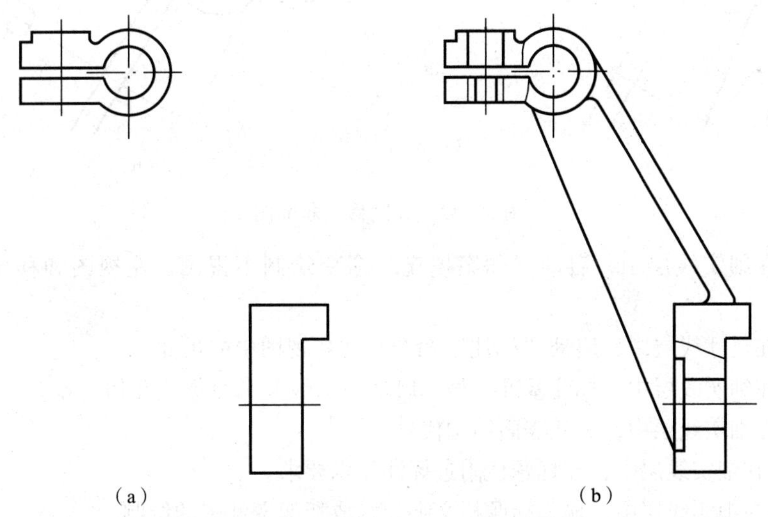

图5－40　绘制主视图

步骤4：绘制左视图。

（1）绘制安装板及柱形沉孔、支撑孔以及T形肋板轮廓线，结果如图5－41（a）所示。

（2）绘制支撑孔局部剖视图、各处圆角，结果如图5－41（b）所示。

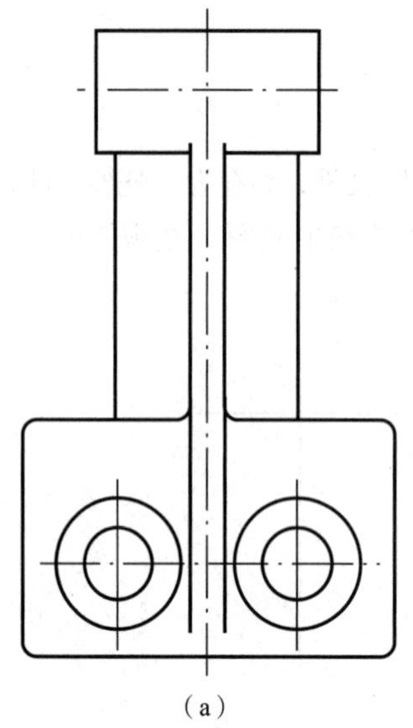

（a）

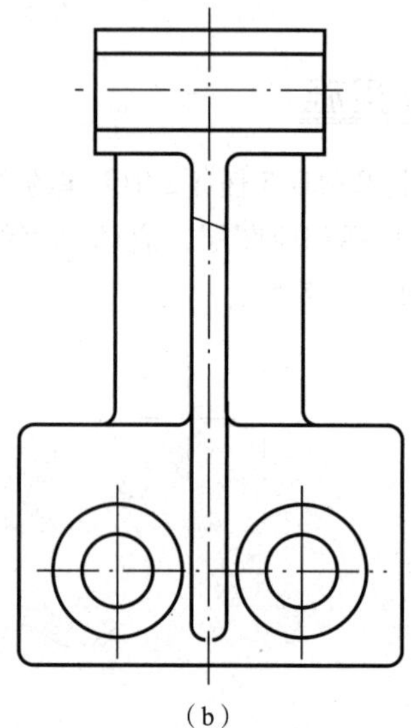

（b）

图 5－41　绘制左视图

步骤 5：绘制移出断面图。

（1）在主视图合适位置处绘制两条移出断面图中心线，两条中心线分别垂直于 T 形肋板的轮廓线，结果如图 5－42（a）所示。

（2）在中心线处绘制移出断面图轮廓线、断裂线，以及圆角处理，结果如图 5－42（b）所示。

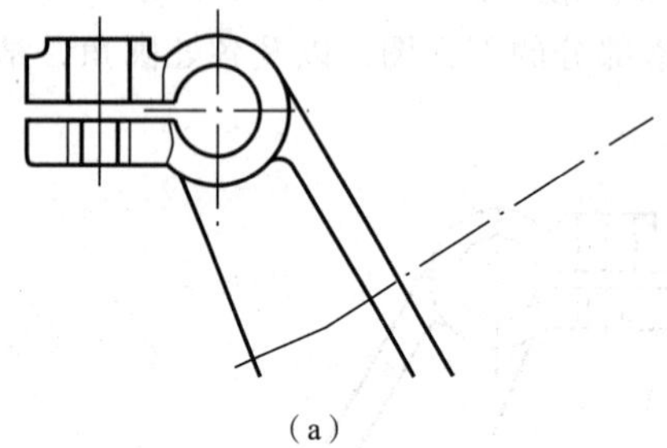

（a）

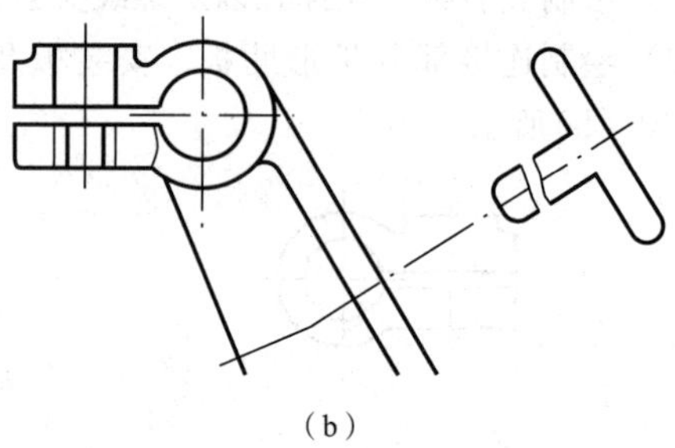

（b）

图 5－42　绘制移出断面图

步骤 6：在细实线层中，启动“图案填充”命令绘制主视图、左视图和移出断面图的剖面线。

步骤 7：在尺寸线层中，启动“标注”命令标注各视图中的尺寸。

步骤 8：在细实线层中，标注基准符号，启动“引线”命令标注几何公差。

步骤 9：在细实线层中，标注表面结构代号。

步骤 10：在细实线层中，在标题栏附近标注技术要求。

步骤 11：在细实线层中，输入标题栏文字，完成托架零件图的绘制。

技能训练

1. 绘制如图 5－43 所示的脚踏杆零件，调用或创建项目 5 子任务 2 中的 A3 绘图模板。
2. 绘制如图 5－44 所示的支座零件，调用或创建项目 5 子任务 1 中的 A4 绘图模板。

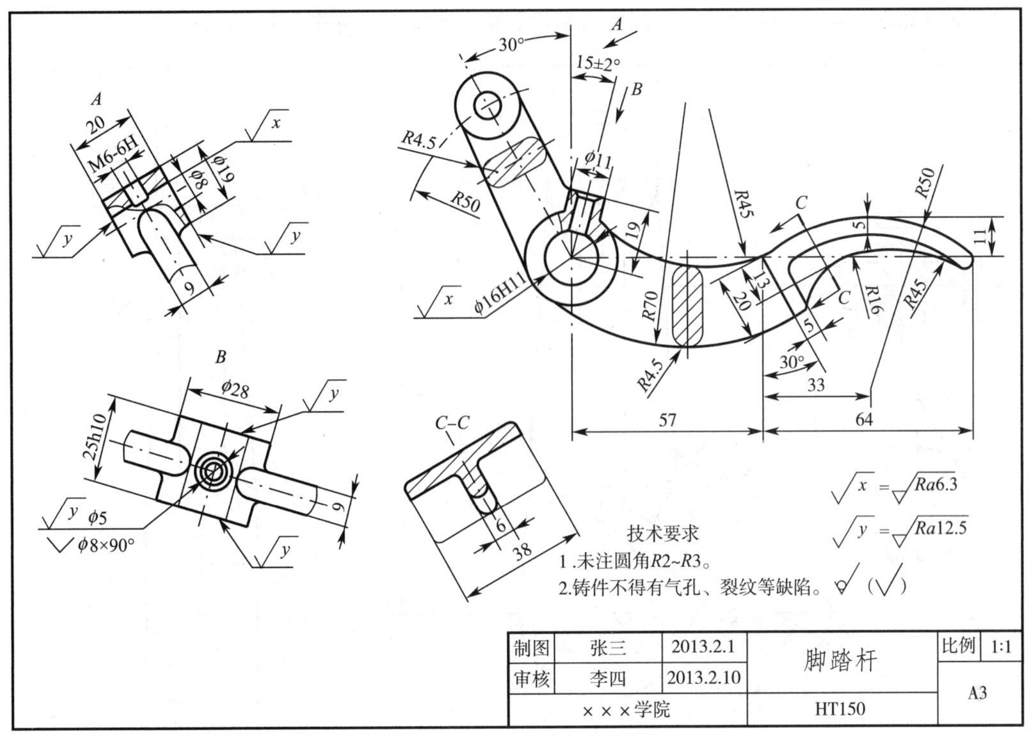

图5－43　脚踏杆零件

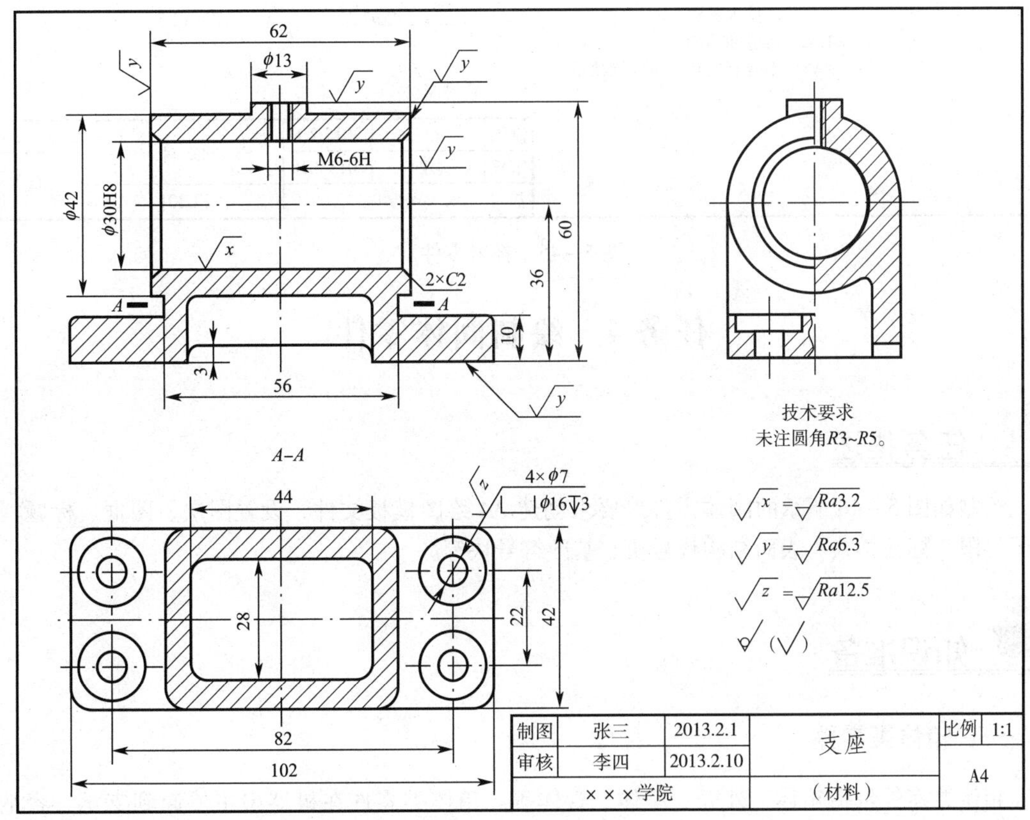

图5－44　支座零件

3. 绘制如图 5－45 所示的摇臂零件，调用或创建项目 5 子任务 1 中的 A4 绘图模板。

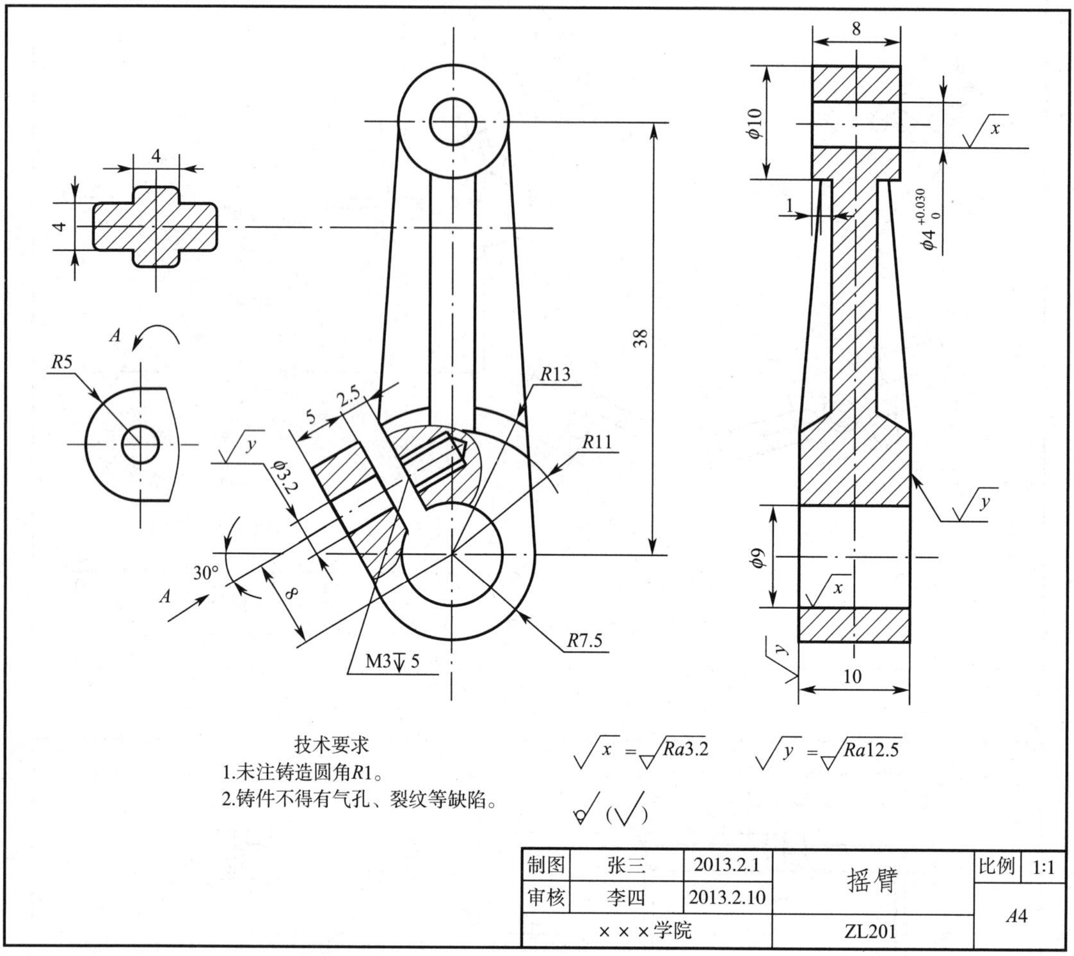

技术要求
1.未注铸造圆角$R1$。
2.铸件不得有气孔、裂纹等缺陷。

制图	张三	2013.2.1	摇臂	比例	1:1
审核	李四	2013.2.10		$A4$	
×××学院			ZL201		

图 5－45　摇臂零件

任务 4　绘制阀体零件

任务描述

绘制如图 5－46 所示的阀体零件。要求创建 A4 绘图模板文件，设置图层、图框、标题栏、绘图界限、标注样式、表面结构代号块、基准符号块等。

知识准备

一、箱体类零件

箱体类零件包括箱体、外壳、座体、管体等。箱体类零件在机器中主要起到支承、容纳、零件定位等作用。

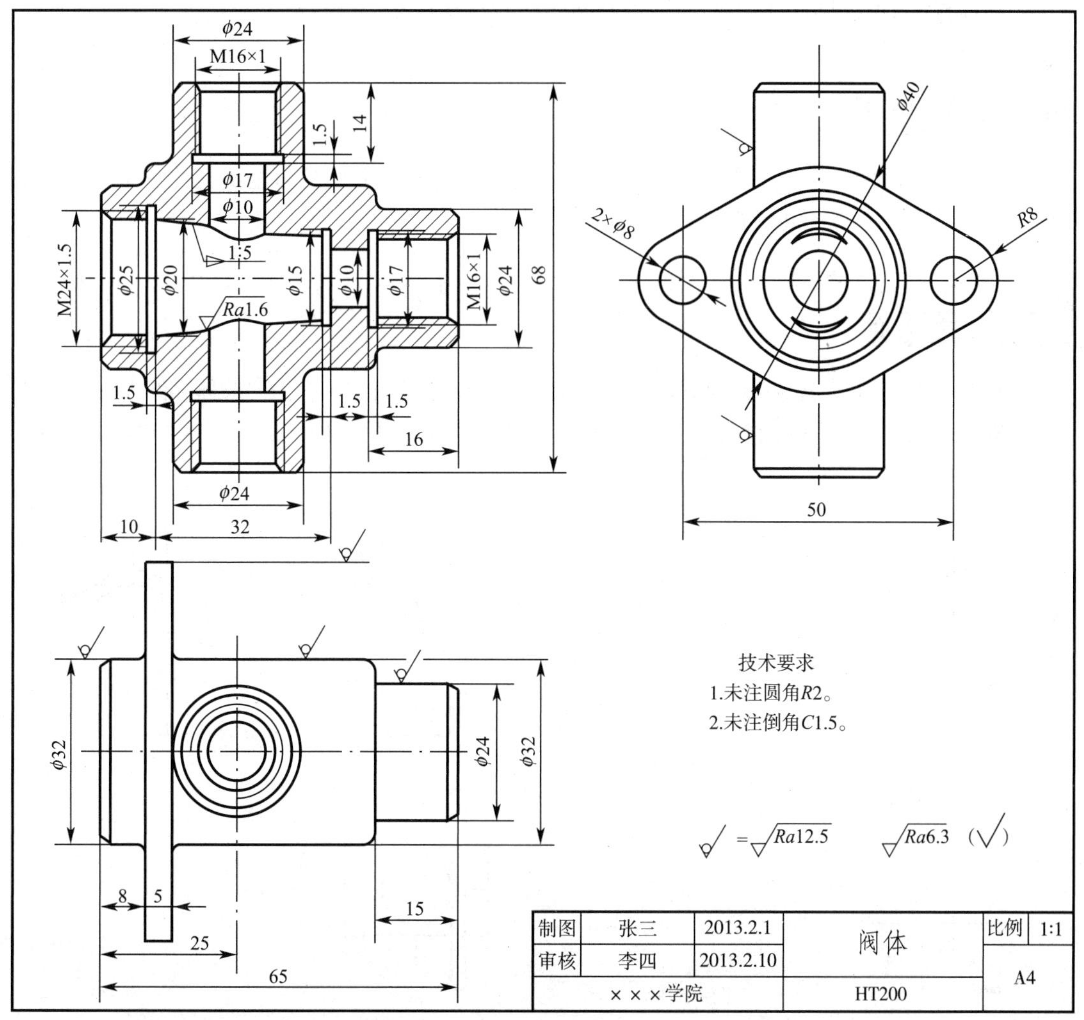

图 5－46　阀体零件图

（1）结构特点

箱体类零件内外结构都很复杂，内部呈腔形，多数为铸件毛坯，经机械加工而成。一般由容纳运动零件、贮存润滑液的内腔和厚薄较均匀的壁部组成，箱体上常有支承孔、凸台、凹坑或螺孔、安装底板、肋板、润滑油孔、放油螺孔等结构。

（2）表达方法

箱体类零件常以自然安放位置或工作位置作为主视图的位置，以最能反映其形状特征及结构间相对位置的一面作为主视图的投影方向。一般除主视图外还需要 1～2 个基本视图来表达其主要形状和结构，常用局部视图、局部剖视图、局部放大视图、断面图、斜视图等表达局部结构。

二、箱体类零件绘制方法

在绘制箱体类零件时，可以选择从主视图画起，几个视图相互配合一起画，也可以先画出一个视图再利用“高平齐”投影原则画出另一个视图。再绘制局部剖视图来表达细小结构，然后绘制局部视图、斜视图、移出断面图等视图，最后标注尺寸、技术要求等。

零件分析

本阀体零件图由一个主视图、一个左视图和俯视图组成。主视图为全剖视图，主要表达阀体内部空腔结构；左视图和俯视图表达了阀体的外形。

任务实施

步骤1：打开项目5 任务1 中创建的“A4 绘图模板. dwt”文件，另存为“阀体零件. dwg”文件。

步骤2：在点画线层中，启动“直线”“偏移”命令绘制各视图的中心线，结果如图5－47（a）所示。

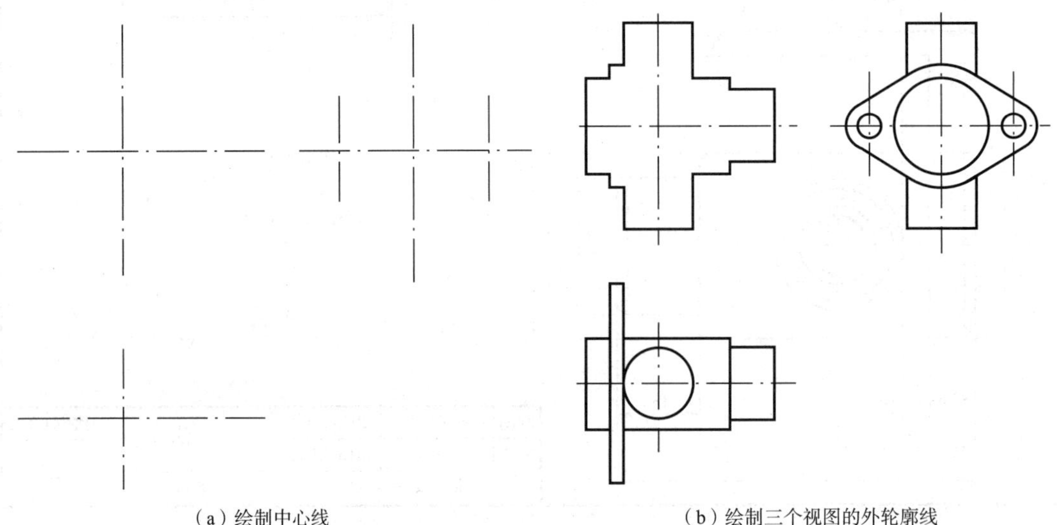

图5－47　外轮廓浅的绘制

步骤3：绘制三个视图的外轮廓线。在粗实线层中，启动“直线”“圆”“偏移”“镜像”“修剪”等命令，开启“极轴追踪”和“对象捕捉”功能，按“长对正”“高平齐”“宽相等”投影规律绘制三个视图的外轮廓线，结果如图5－47（b)所示。

步骤4：绘制主视图内部结构。

（1）绘制上、下两端 M16 螺孔、右端 M16 螺孔和左端 M24 螺孔，以及 $\Phi10$ 孔，结果如图5－48（a）所示。

（2）绘制锥度为1:5 的锥孔，结果如图5－48（b）所示。锥度的作图方法如图5－48（c）所示。

（3）绘制锥孔与 $\Phi10$ 孔的相贯线在主视图与左视图的投影。因为圆锥孔的表面没有积聚性，因此采用辅助平面法来求出相贯线上点的投影。过 $\Phi10$ 孔的轴线作一辅助平面 P，P 面与圆锥孔的轴线相垂直，P 面与 $\Phi10$ 孔相交于点Ⅰ和点Ⅱ，如图5－49（a）所示。相贯线上另两个特殊点Ⅲ和点Ⅳ如图5－49（b）所示。

①P 面与圆锥孔的交线是圆，其在侧面的投影为圆，在左视图中画出 P 面与 $\Phi10$ 圆柱孔的投影，它们相交于两个点1″和2″，由投影关系求出点Ⅰ和点Ⅱ在主视图的投影1′（2′），结果如图5－50（a）所

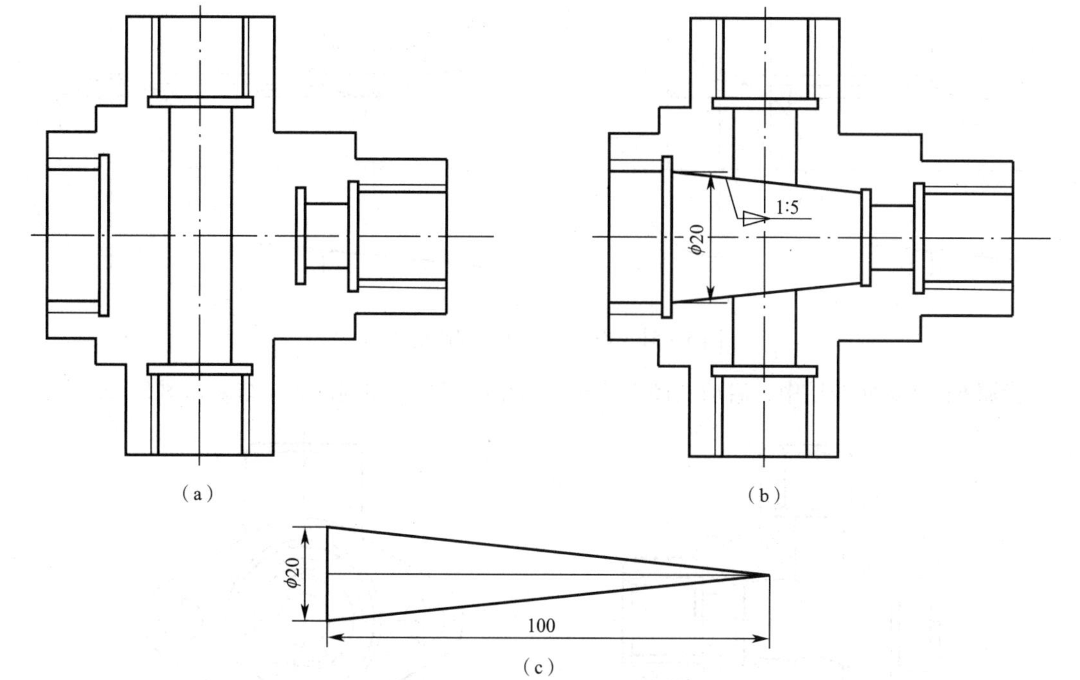

(a)　(b)

(c)

图5－48　绘制主视图内部结构

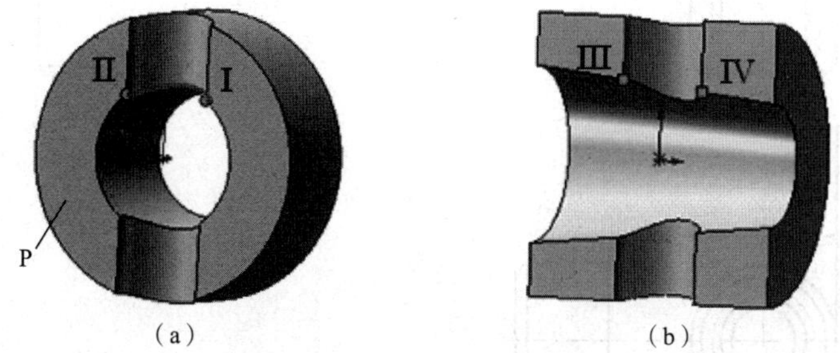

(a)　(b)

图5－49　相贯线特殊点

示。启动“三点绘圆弧”命令绘制主视中图锥孔与Φ10孔的相贯线的投影，如图5－50（b）所示。

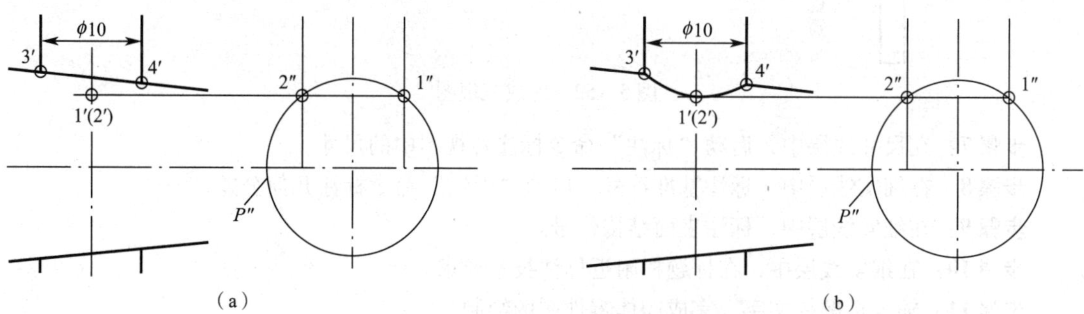

图5－50　作相贯线在主视图的投影

②由投影关系求出点Ⅲ和点Ⅳ在主视图的投影3″和4″，结果如图5－51（a）所示。

③启动“三点绘圆弧”命令绘制左视中图锥孔与Φ10孔的相贯线的投影，如图5－51（b）所示。

④启动“镜像“命令求出另一侧相贯线。

步骤5：绘制圆角、倒角，补齐左视图、左视图投影。

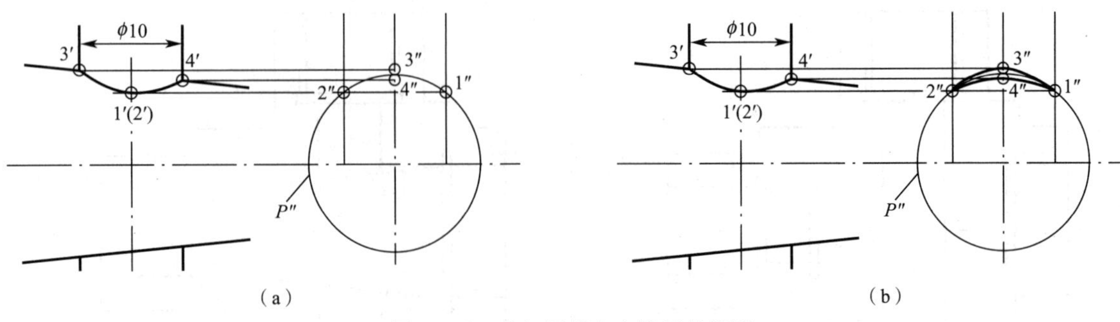

（a） （b）

图 5－51　作相贯线在左视图的投影

步骤 6：在细实线层中，启动“图案填充”命令绘制主视图剖面线。结果如图 5－52所示。

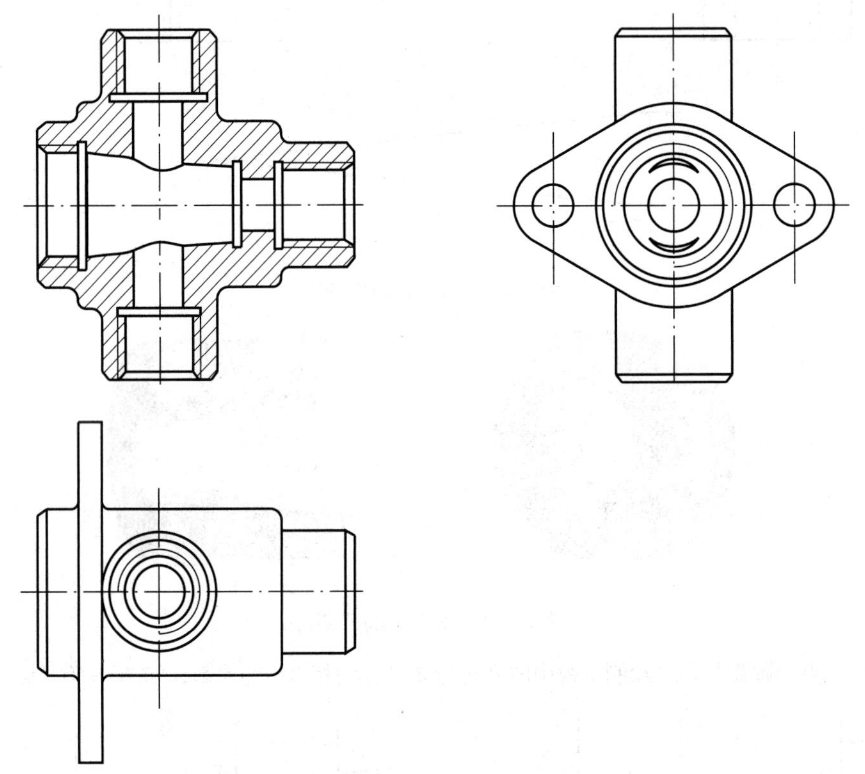

图 5－52　完成三视图

步骤 7：在尺寸线层中，启动“标注”命令标注各视图中的尺寸。

步骤 8：在细实线层中，标注基准符号，启动“引线”命令标注几何公差。

步骤 9：在细实线层中，标注表面结构代号。

步骤 10：在细实线层中，在标题栏附近标注技术要求。

步骤 11：输入标题栏文字，完成阀体零件图的绘制。

技能训练

1. 绘制如图 5－53 所示的阀体零件，调用或创建项目 5 子任务 2 中的 A3 绘图模板。
2. 绘制如图 5－54 所示的泵体零件，调用或创建项目 5 子任务 2 中的 A3 绘图模板。

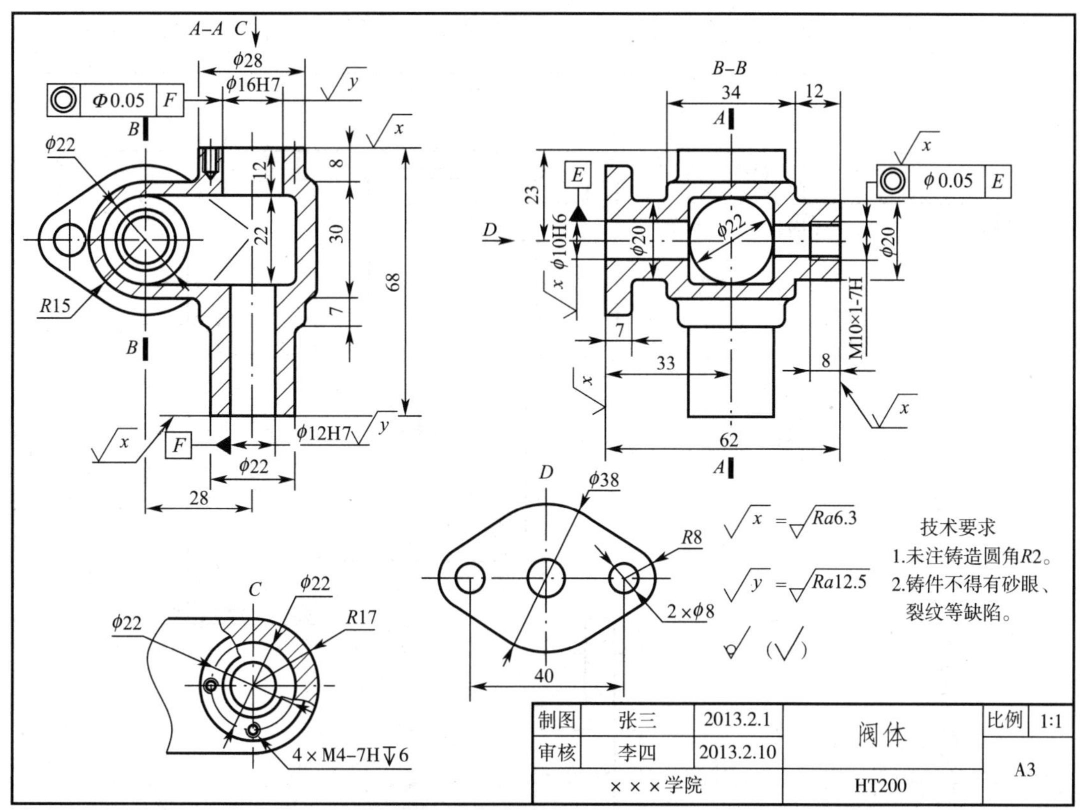

图5–53 阀体零件

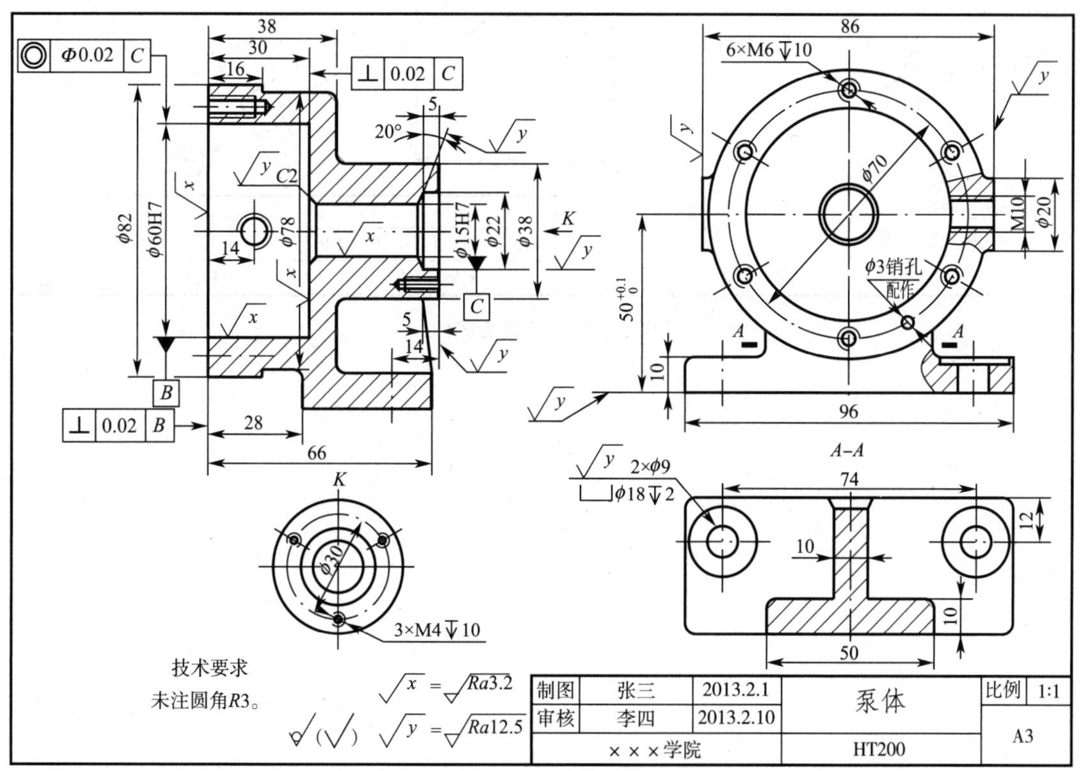

图5–54 泵体零件

3. 绘制如图 5－55 所示的管接头零件，调用或创建项目 5 子任务 2 中的 A3 绘图模板。

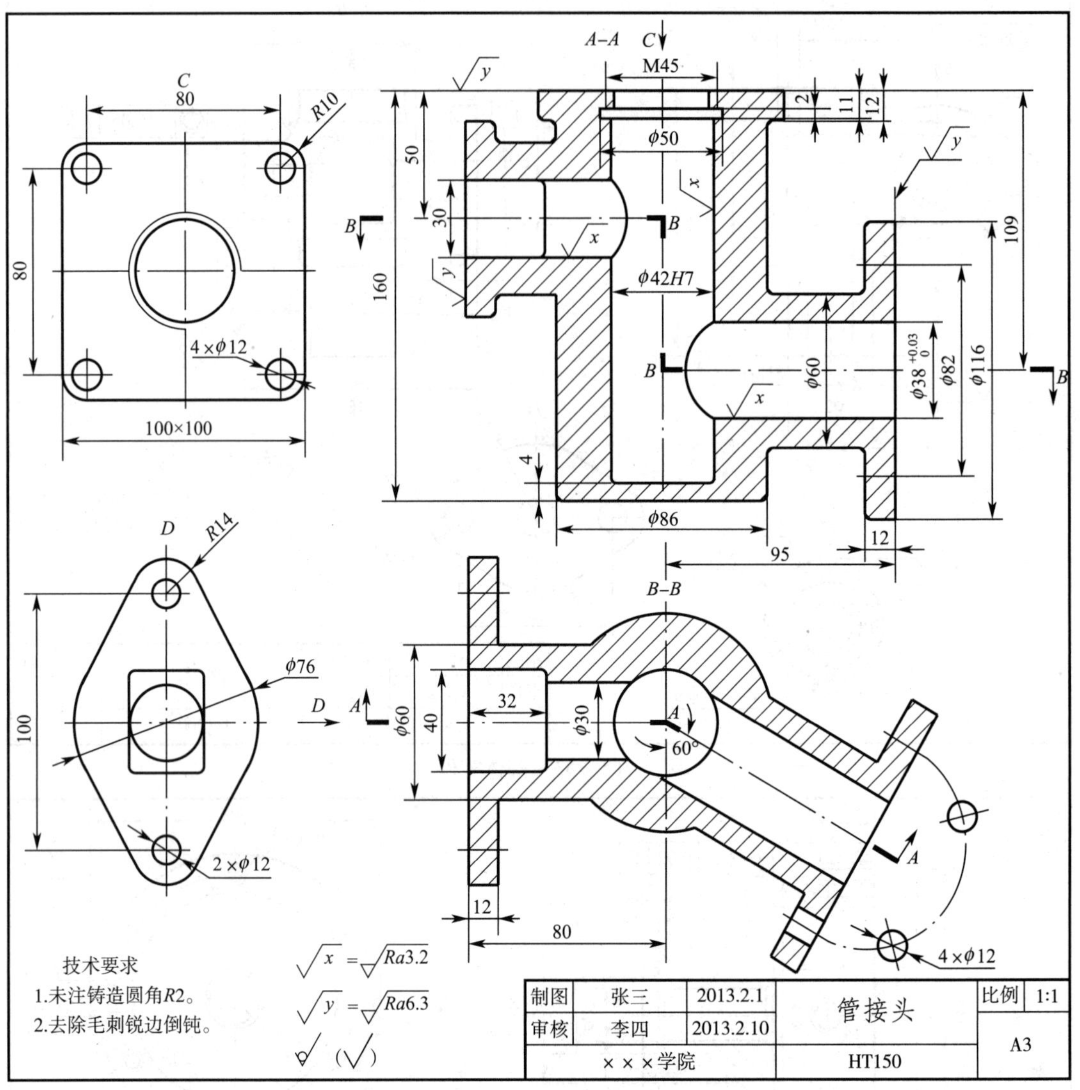

图 5－55　管接头零件

项目6 绘制机械装配图

【知识目标】

- 了解装配图的作用、内容、表达方法、视图的选择等内容。
- 掌握由零件图拼画装配图的方法和步骤。
- 掌握零件序号标注方法，装配图明细表、标题栏填写的方法。

【能力目标】

根据已给的装配示意图和机械零件图，能正确运用二维绘图及编辑命令、文字注写、表格创建和尺寸标注等方法，以及装配图的绘制方法来完成机械装配图的绘制。

任务　绘制千斤顶装配图

任务描述

根据如图6－1所示的千斤顶装配示意图以及图6－2～图6－6所示的千斤顶各零件图，绘制出千斤顶装配图。

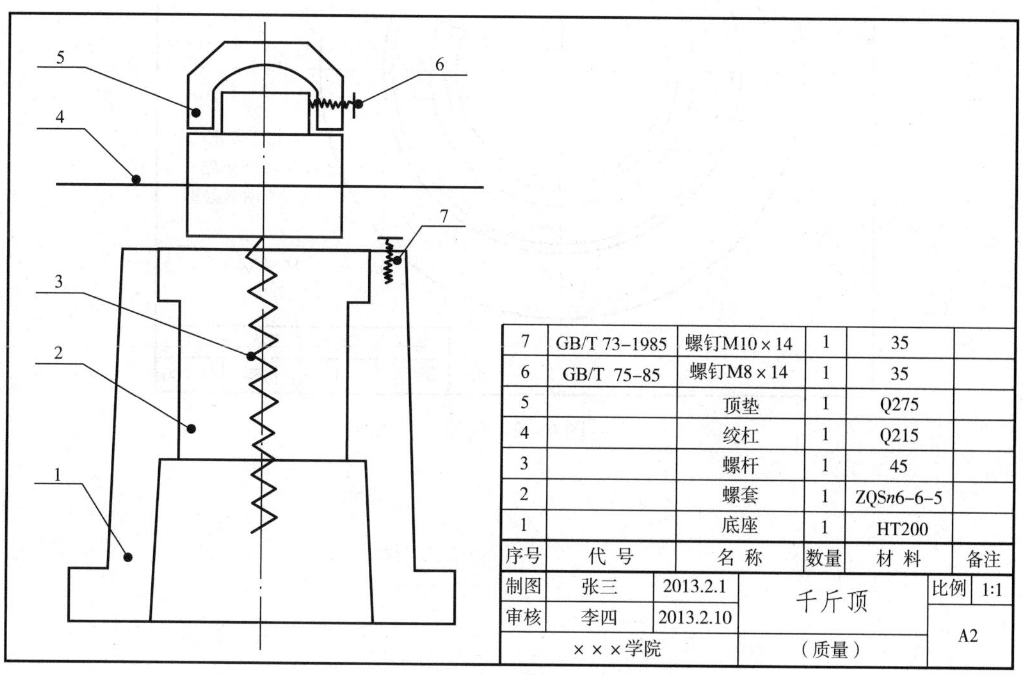

序号	代 号	名 称	数量	材 料	备注
7	GB/T 73–1985	螺钉M10×14	1	35	
6	GB/T 75–85	螺钉M8×14	1	35	
5		顶垫	1	Q275	
4		绞杠	1	Q215	
3		螺杆	1	45	
2		螺套	1	ZQSn6–6–5	
1		底座	1	HT200	

制图	张三	2013.2.1	千斤顶	比例	1:1
审核	李四	2013.2.10		A2	
×××学院			（质量）		

图6－1　千斤顶装配示意图

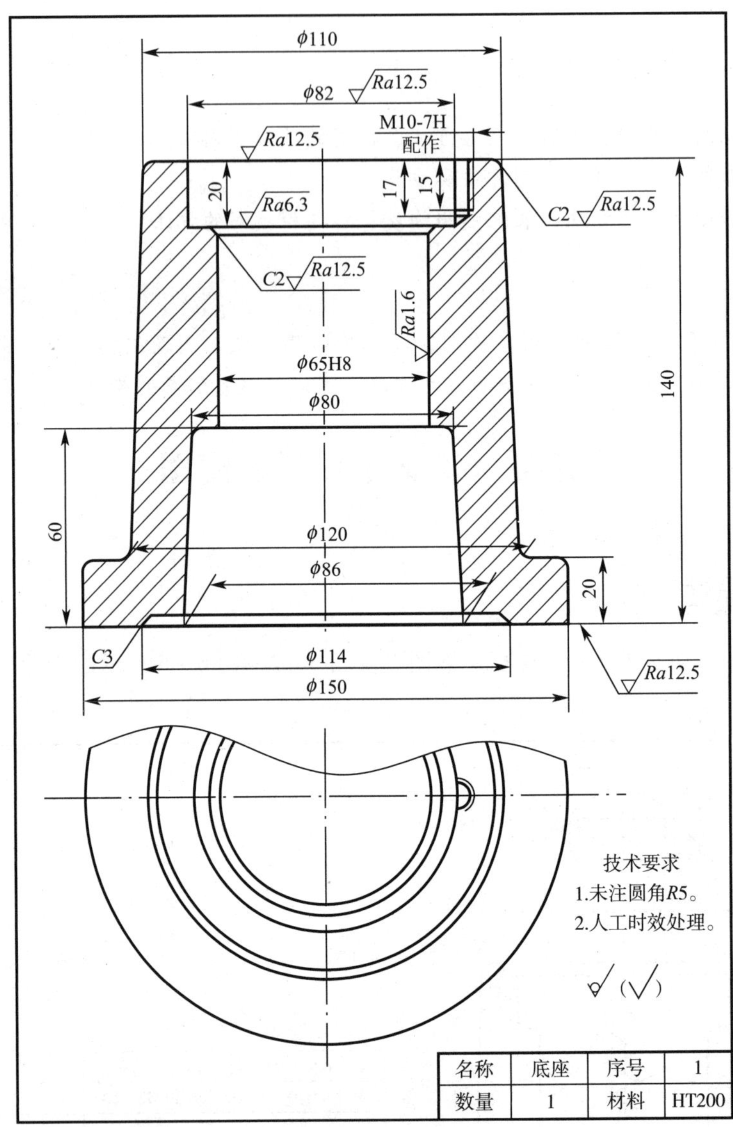

名称	底座	序号	1
数量	1	材料	HT200

图 6－2　底座

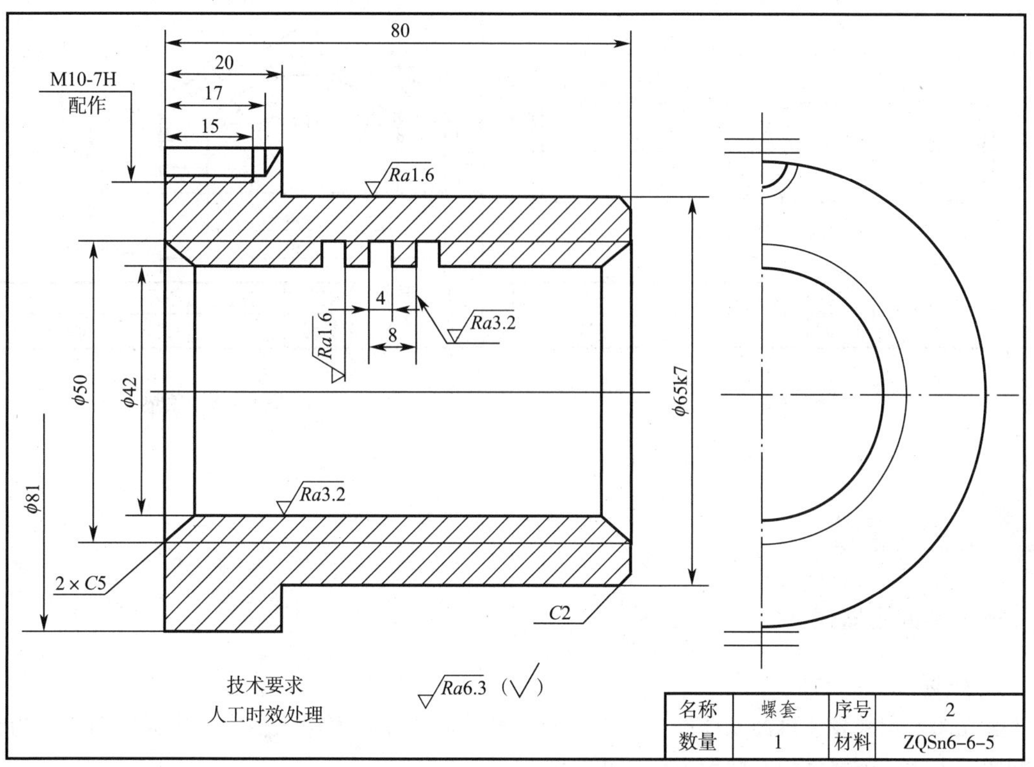
80
20
17
15
M10-7H
配作
Ra1.6
4
Ra1.6
8
Ra3.2
φ50
φ42
φ65k7
φ81
Ra3.2
2×C5
C2
技术要求
人工时效处理
Ra6.3（√）
名称
螺套
序号
2
数量
1
材料
ZQSn6-6-5

图6－3　螺套

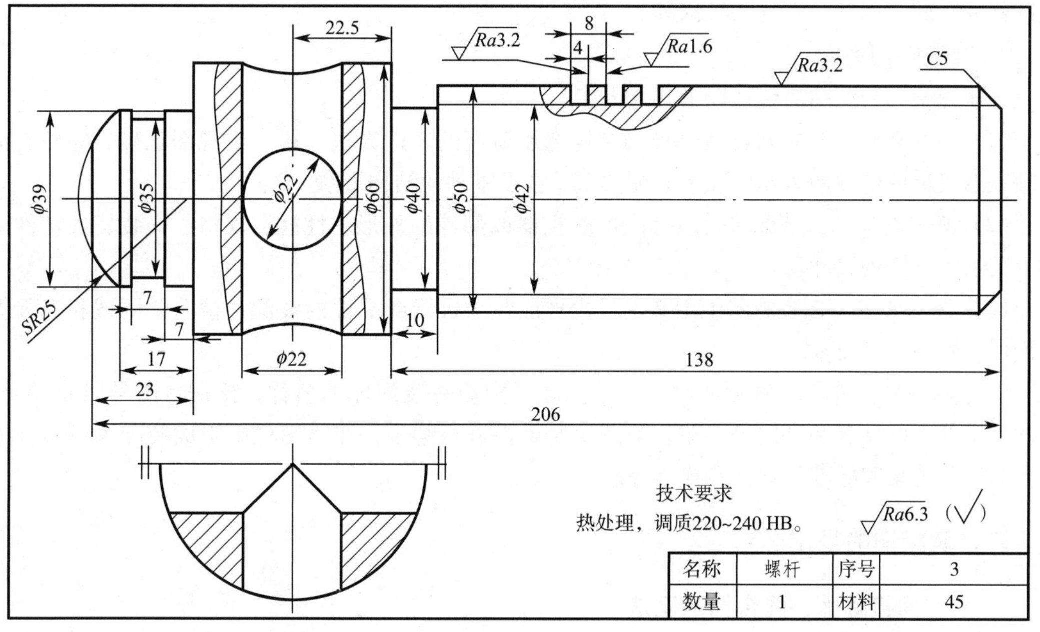
22.5
8
4
Ra3.2
Ra1.6
Ra3.2
C5
φ39
φ35
φ22
φ60
φ40
φ50
φ42
SR25
7
7
10
17
φ22
138
23
206
技术要求
热处理，调质220~240 HB。
Ra6.3（√）
名称
螺杆
序号
3
数量
1
材料
45

图6－4　螺杆

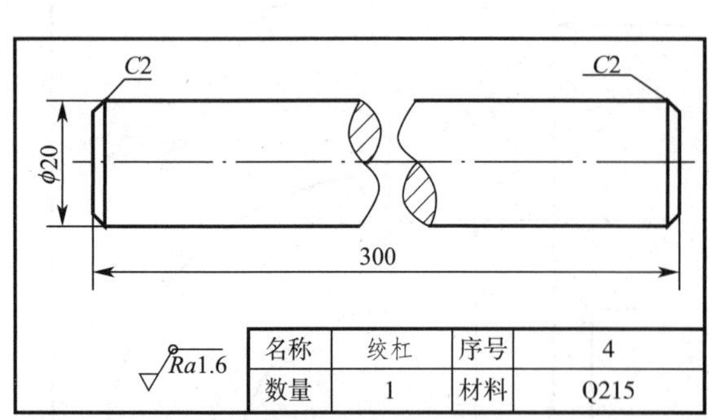

图 6-5 绞杠

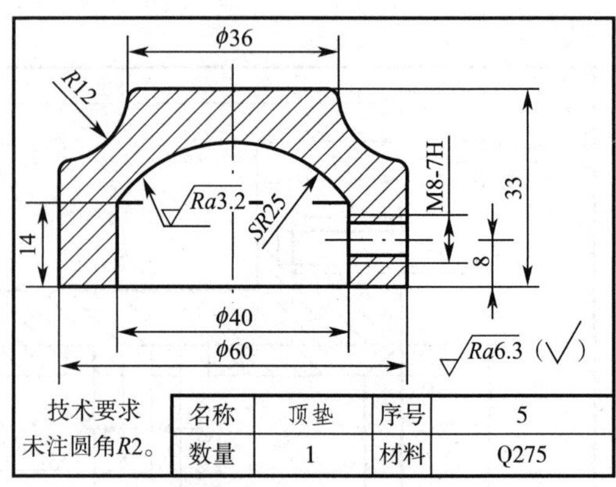

图 6-6 顶垫

知识准备

一、装配图概述

1. 概述

装配图是用来表达机器或部件整体结构的一种机械图样。表达一台完整机器的图样称为总装配图；表达一个部件的图样称为部件装配图。

2. 装配图的作用

装配图主要表达机器或部件的工作原理、装配关系、结构形状和技术要求，用来指导机器或部件的装配、调试、安装和维修等。

3. 装配图的内容

一张完整的装配图应包括以下几点内容：

（1）一组图形：根据机器或部件的结构选用适当的表达方法，用一组视图正确、完整、清晰地表达机器或部件的工作原理、装配关系及主要零件的结构形状。

（2）必要的尺寸：装配图上应标注反映机器或部件的外形、性能、规格、安装、各零件间配合关系等方面的尺寸。

（3）技术要求：在装配图中用文字或代号说明该机器或部件的装配、检验、调试和安装等方面所达到的技术要求。

（4）标题栏、零件序号和明细栏：在标题栏中填写装配体的名称、比例、图号以及设计、制图、审核者的姓名和日期等。在装配图中对零件进行编号，在明细栏中组成装配体各零件序号、名称、数量和标准件规格和代号等。

二、装配图的规定画法

1. 零件间接触面、配合面的画法

相邻两个零件的接触面和公称尺寸相同的配合面只画一条轮廓线，但若相邻两个零件的公称尺寸不相同，则无论间隙大小，均要画成两条轮廓线。

2. 紧固件及实心件的画法

对于紧固件、轴、手柄、键、连杆等实心零件，若按纵向剖切且剖切平面通过其对称平面或轴线时，这些零件均按不剖绘制。

3. 相邻零件剖面线画法

相邻的两个或两个以上金属零件，剖面线的倾斜方向应相反或方向一致但以不同间隔以示区别。对于同一零件在装配图所有视图中的剖面线方向及间隔应完全一致。

三、装配图的特殊画法

1. 拆卸画法

在装配图的某个视图上，如果有些零件在其他视图上已经表示清楚，而又遮住了需要表达的零件时，则可将其拆卸掉不画而画剩下部分的视图，这种画法称为拆卸画法。为了避免看图时产生误解，常在图上加注“拆去零件 X、X……”。

2. 沿结合面剖切画法

在装配图的某个视图上，为了表示内部结构，可假想沿着某些零件的结合面剖开后绘制。

3. 单独表示某个零件

在装配图中，当某个零件的形状未表达清楚，或对理解装配关系有影响时，可另外单独画出该零件的某一向视图，并在该视图上方注写“零件 XX”，并在相应视图上用箭头和字母指明投影方向。

4. 夸大画法

在装配图中，对于薄片零件或微小间隙以及较小的斜度和锥度，无法按其实际尺寸画出或图线密集难以区分时，可将零件或间隙适当放大画出。

5. 假想画法

（1）对于运动零件，当需要表明其运动极限位置时，可以在一个极限位置上画出该零件，而在另一个极限位置用双点画线来表示。

（2）为了表明本部件与其他相邻部件或零件的装配关系，可用双点画线画出该件的轮廓线。

6. 展开画法

在传动机构中，为了表示传动关系及各轴的装配关系，可假想用剖切平面按传动顺序沿各轴的轴线剖开，将其展开后绘制。

四、装配图的简化画法

（1）在装配图中，对若干相同的零件组，例如螺栓、螺钉连接等，可以仅详细地画出一处，其余只需用点画线表示其位置。

（2）装配图中滚动轴承只需表达其主要结构时，可采用简化画法或示意画法。但同一张图样只允许采用一种画法。

（3）在装配图中，对于零件上的一些工艺结构，如圆角、倒角、起模斜度、退刀槽和砂轮越程槽等可以不画。螺栓、螺母的倒角和因倒角而产生的曲线可以省略。

五、装配图中的零件序号及明细栏

为了便于看图和图纸的配套管理以及生产组织工作的需要，装配图中的零件和部件都必须编写序号，同时要编制相应的明细栏。

1. 零件序号的一般规定

（1）装配图中所有零、部件都必须编写序号。

（2）装配图中，一个部件可只编写一个序号，例如滚动轴承就只编写一个序号。同一装配图中，尺寸规格完全相同的零、部件，应编写相同的序号。

（3）装配图中的零、部件的序号应与明细栏中的序号一致。

2. 零件序号的排列

序号在装配图周围按水平或垂直方向排列整齐。序号数字可按顺时针或逆时针方向依次增大。在一个视图上无法连续编完全部所需序号时，可在其他视图上按上述原则继续编写。

3. 零件序号的标注形式

标注一个完整的序号，一般应有三个部分：指引线、水平线（或圆圈）及序号数字，也可以不画水平线或圆圈，如下图 6－7 所示。

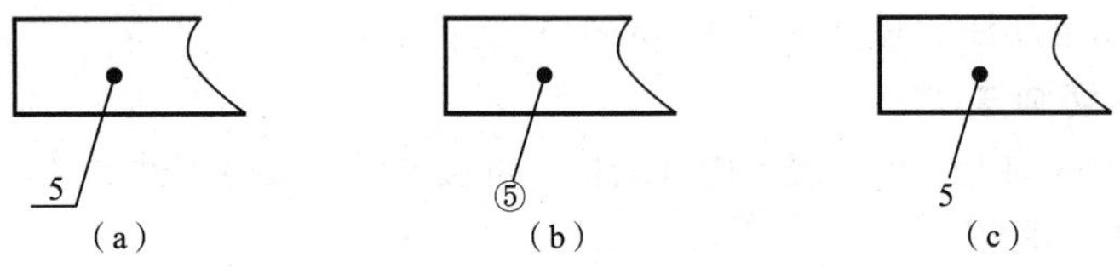

图 6－7　零件序号的标注形式

（1）指引线用细实线绘制，应从所指部分的可见轮廓内引出，并在可见轮廓内的起始端画一圆点。

（2）水平线或圆圈用细实线绘制，用以注写序号数字。

（3）在指引线的水平线上或圆圈内注写序号时，其字高比该装配图中所注尺寸数字高度大一号或大两号。当不画水平线或圆圈，在指引线附近注写序号时，序号字高必须比该装配图中所标注尺寸数字高度大两号。

4. 零件序号的其他规定

（1）同一张装配图中，编注序号的形式应一致。

（2）当序号指引线所指部分内不便画圆点时（如很薄的零件或涂黑的剖面），可用箭头代替圆点，箭头需指向该部分轮廓，如图 6－8（a）所示。

（3）指引线可以画成折线，但只可曲折一次。

（4）指引线不能相交。

（5）当指引线通过有剖面线的区域时，指引线不应与剖面线平行。

（6）一组紧固件或装配关系清楚的零件组，可采用公共指引线，应注意水平线或圆圈要排列整齐，如图 6－8（b）所示。

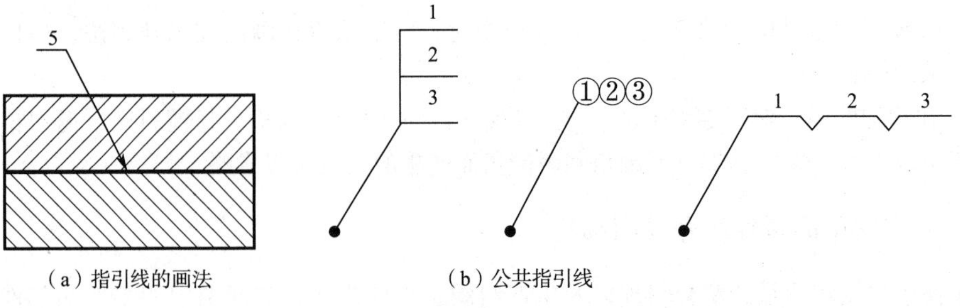

（a）指引线的画法　　（b）公共指引线

图 6－8　零件序号的其他规定

5. 明细栏的填写规定

明细栏应绘制在标题栏上方，左边外框线为粗实线，内框为细实线，最上方（最末）的边线一般用细实线绘制。栏中的编号与装配图中的零、部件序号必须一致。填写内容时应注意以下几点：

（1）零件序号应自下而上，如标题栏上方位置不够时，其余部分可在标题栏左边自下而上延续。

（2）代号栏用来注写每种零件的图样代号或标准代号；名称栏中应注写每种零件的名称，若为标准件应注出规定标记中除标准号以外的其余内容；数量栏内填写该零件的件数；材料栏内应填写制造该零件所用的材料牌号；备注栏可填写该项的附加说明或其他有关内容。

（3）当装配图中的零、部件较多位置不够时，可作为装配图的续页按A4幅面单独绘制出明细栏。若一页不够，可连续加页。

六、装配图的绘制方法

装配图的绘制方法一般有直接绘制法、零件插入法和零件图块插入法三种。

1. 直接绘制法

直接绘制法利用二维绘图及编辑命令按零件图的绘制方法将装配图绘制出来，这种方法适用于比较简单的装配图。

2. 零件插入法

零件插入法是指首先绘制装配图中的各个零件，选择其中一个主体零件为基准，将其他零件通过复制、粘贴等方法插入主体零件中来绘制配图。

3. 零件图块插入法

零件图块插入法是先将装配图中的各个零件绘制好后以图块的形式保存起来，再按零件间的相对位置关系，将零件图块逐个插入拼画成装配图。

本书中介绍用零件插入的方法法来绘制装配图。

七、装配图的绘制步骤

1. 确定表达方案

绘制装配图时，应先根据装配体的工作原理及零件间的装配关系选择一组合理的视图进行表达。

（1）主视图的选择：主视图的选择应尽量符合机器或部件的工作位置。通常选择最能反映机器或部件的工作原理、零件间装配关系和主要结构特征的方向作为主视图的投影方向。

（2）其他视图的选择：选定主视图后，可选择适当的其他视图来补充表达未能表达清楚的部分。

2. 确定比例和图幅

（1）在估算图幅时，要考虑各视图的位置。

（2）注意留出标题栏、明细栏、零件序号、尺寸及技术要求的书写位置。

3. 画底稿

（1）画出各视图的主要轴线、中心线和图形定位基准线。

（2）绘制零、部件的主体结构。

（3）按主要装配干线首先画出装配基准件，然后依次画其他零件。

4. 检查校核

擦去多余图线，加深图线，画出剖面线，标注尺寸，填写标题栏、明细栏及技术要求，最后完成装配图。

零件分析

一、千斤顶的工作原理

图 6－1 所示的千斤顶是机械安装或汽车修理时用来起重或顶压的工具，它利用螺旋传动顶举重物。它由底座、螺套、螺杆、顶垫、绞杠、螺钉等零件组成。

千斤顶的工作原理和过程：绞杠 4 穿过螺杆 3 上部的通孔中，转动绞杠 4 使螺杆 3 转动，通过螺杆 3 与螺套 2 间的螺纹作用使螺杆 3 上升而顶起重物。螺套 2 镶在底座 1 的内孔中，并用螺钉紧固。在螺杆 3 的球面形顶部套一个顶垫 5，二者用螺钉 6 紧固，以防止顶垫在螺杆转动时脱落。

二、千斤顶装配图表达方案的确定

以千斤顶的工作位置画出主视图，主视图采用全剖及局部剖来表达，主视图表达千斤顶各零件间的装配关系、工作原理、装配结构和零件形状。根据确定的主视图，沿螺套与螺杆的结合面剖切作为俯视图，表示螺套和底座的外形，再补充一个辅助视图反映螺杆上部用于穿绞杠的四个通孔的局部结构，因绞杠较长且形状简单，故采用断裂画法。

任务实施

步骤 1： 创建 A2 装配图绘图模板文件。

（1）打开项目 5 任务 1 中创建的“A4 绘图模板 . dwt”文件，按图 6－9（a）所示绘制 A2 图纸边界及图框线，装配图标题栏及明细表如图 6－9（b）所示。

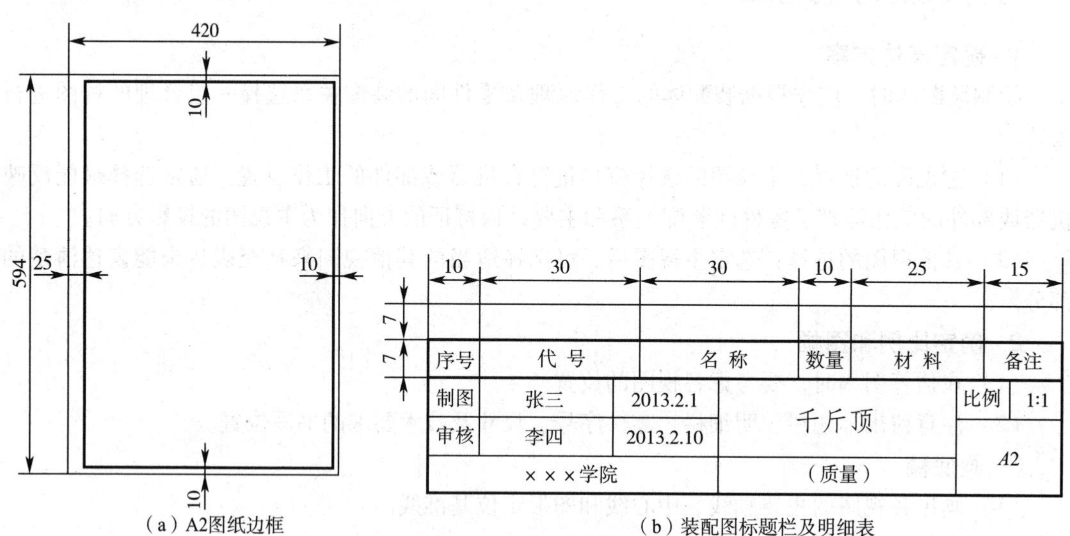

（a）A2图纸边框

（b）装配图标题栏及明细表

图 6－9　绘制图纸边框及标题栏、明细表

（2）保存图形，选择保存路径，输入文件名为“A2装配图绘图模板”，文件类型为 *.dwt。完成装配图绘图模板文件的创建。

（3）打开“A2装配图绘图模板.dwt”文件，另存为“千斤顶装配图.dwg”文件。

步骤2：用二维绘图、编辑命令等将底座、螺套、螺杆、顶垫、绞杠等零件图绘制在“千斤顶装配图.dwg”文件里，并填写标题栏，标注各零件尺寸、表面结构代号、几何公差、技术要求等。

步骤3：绘制装配图主视图，关闭尺寸线层和剖面线层。

（1）将底座零件的主视图及俯视图分别复制到A2图框内合适位置，结果如图6－10（a）所示。将螺孔、倒角等结构删除，补齐图线，结果如图6－10（b）所示。

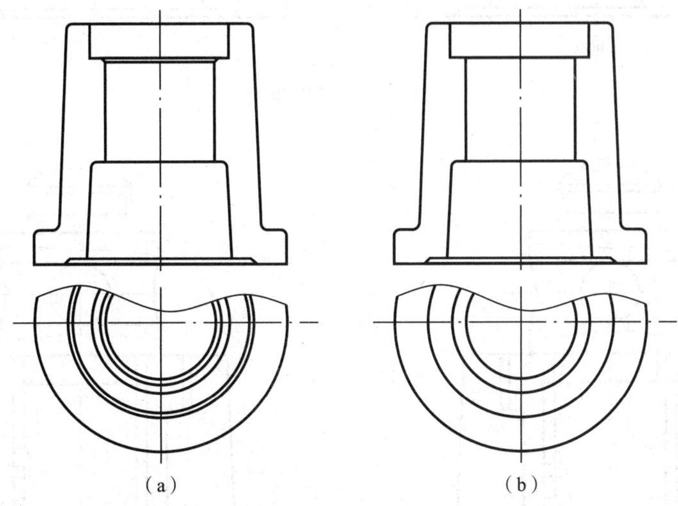

图6－10　复制底座

 友情提示

底座和套筒装配在一起后，它们之间有缝隙，为防止二者转动移位，在接缝处钻孔、攻丝加工螺孔，使螺孔在两机件上各有一半。再旋入紧定螺钉，起固定作用、定位作用，这些螺钉就称为骑缝螺钉。一般情况下螺孔是先装配后配钻的，因此在画装配图时也先将底座和套筒装配在一起后再画螺孔，最后再绘制螺钉。

（2）将螺套零件的主视图螺孔删除，旋转90°后，以上端面中点为基点复制到底座主视图上，使基点与底座上端面中心重合，结果如图6－11（a）所示。根据需要修剪零件连接处多余图线，将螺套零件的倒角结构及螺纹删除，结果如图6－11（b）所示（因底座与螺套间有细小缝隙，这里采用夸大画法画出两条轮廓线）。

（3）将螺杆零件的主视图旋转90°后，以 $\Phi60$ 轴段下端面中点为基点复制到底座主视图上，使基点与底座上端面中心重合，结果如图6－12（a）所示。根据需要修剪零件连接处多余图线，修改螺套零件的螺纹线，结果如图6－12（b）所示。

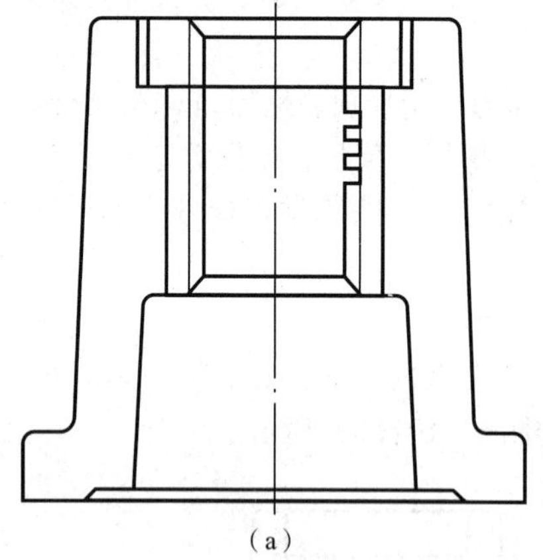

（a）

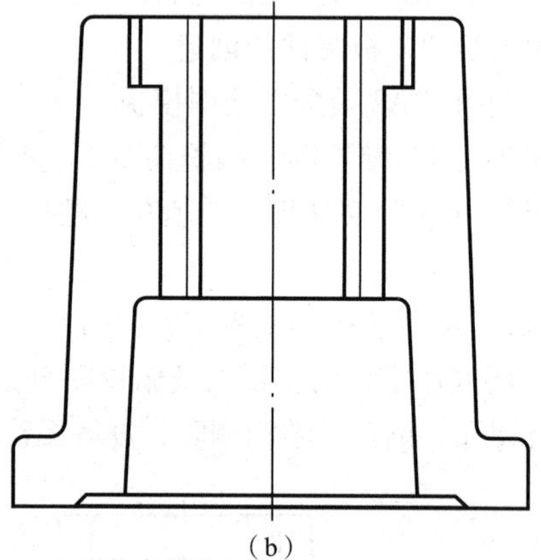

（b）

图 6－11　装配螺套

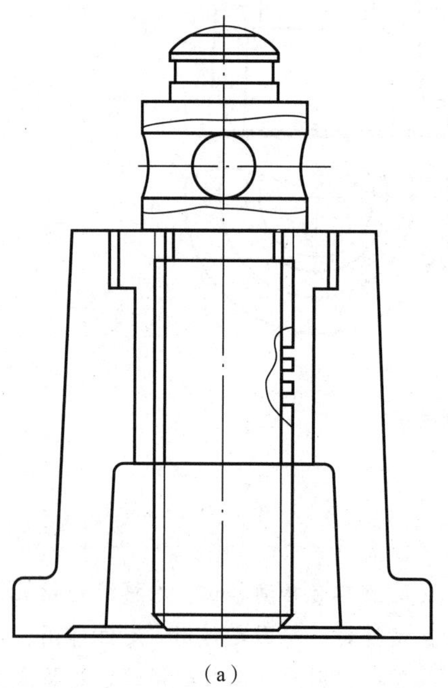

（a）

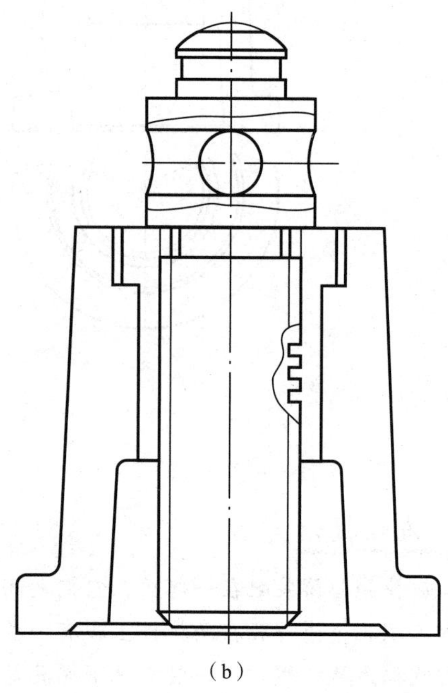

（b）

图 6－12　装配螺杆

（4）拉伸绞杠零件的主视图，移动断裂处波浪线至合适位置。以轴线中心点为基点将绞杠零件主视图复制到螺杆主视图上，使基点与螺杆上部分圆孔圆心重合，结果如图 6－13（a）所示。修剪零件连接处多余图线，结果如图 6－13（b）所示。

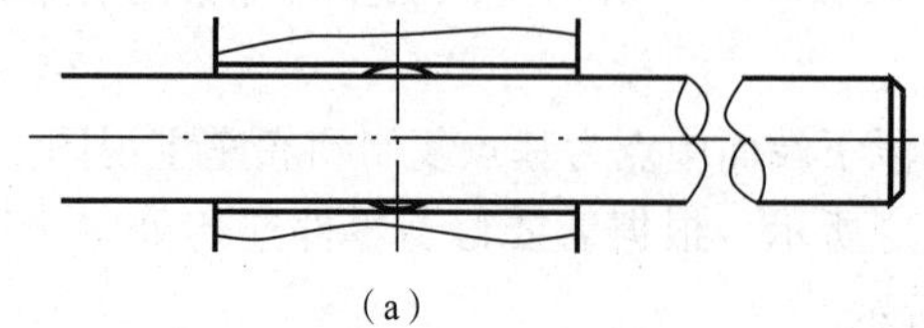

（a）

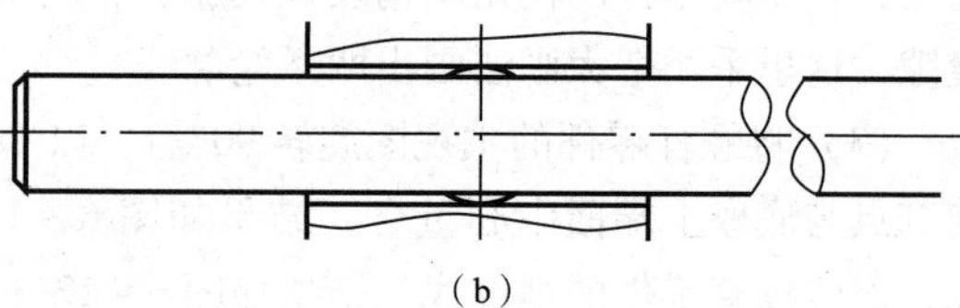

（b）

图 6－13　装配绞杠

（5）将顶垫零件的主视图以 *SR*25 球面中点为基点复制到螺杆主视图上，使基点与螺杆上部球面中点重合，结果如图 6－14（a）所示。修剪零件连接处多余图线，结果如图 6－14（b）所示。

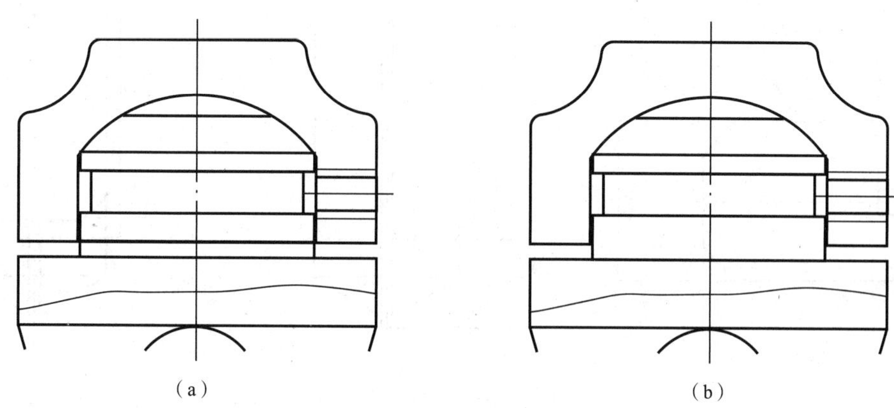

图 6－14 装配顶垫

（6）绘制顶垫与螺杆之间的开槽长圆柱端紧定螺钉 M8×14。经有关标准查出其具体结构尺寸，在装配图外空白处画出螺钉，结果如图 6－15（a）所示。将螺钉镜像后以左端面中点为基点复制到螺杆 *Φ*35 轴段处，结果如图 6－15（b）所示，修剪零件连接处及螺纹连接的多余图线，结果如图 6－15（c）所示。

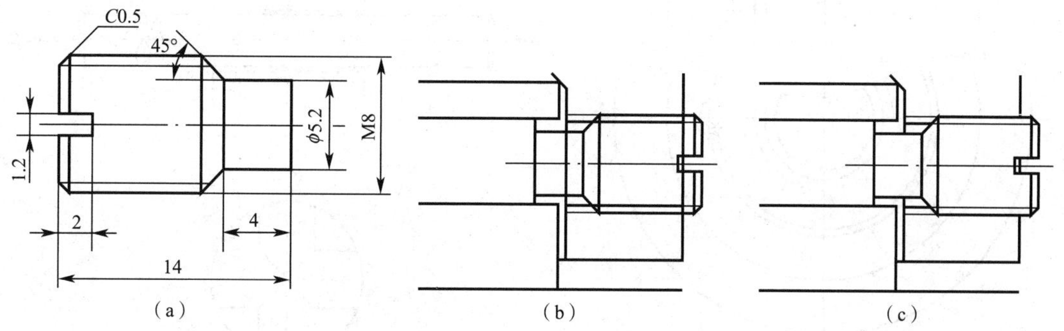

图 6－15 装配紧定螺钉 M8×14

（7）绘制螺套与底座之间的开槽平端紧定螺钉 M10×14。经有关标准查出其具体结构尺寸，在装配图外空白处画出螺钉，结果如图 6－16（a）所示。0.5 mm 是螺套与底座连接处两直线的间隙，将间隙的中间位置作为螺孔 M10 的轴线，绘制螺孔结果如图 6－16（b）所示。将螺钉镜像旋转 －90°后，以顶端开槽中点为基点复制到螺孔中点处，根据需要修剪零件连接处及螺纹连接处的多余图线，结果如图 6－16（c）所示。

步骤 4：绘制装配图俯视图及辅助视图。

（1）在主视图上沿螺套与螺杆的结合面剖切，画出剖切位置及剖切符号 *A*。绘制俯视图并标出视图名称 *A*—*A*，结果如图 6－17 所示。

（2）在主视图上沿绞杠轴线剖切，画出剖切位置及剖切符号 *B*。绘制 *B*—*B* 断面图，标注“拆去零件 4”字样，结果如图 6－18 所示。

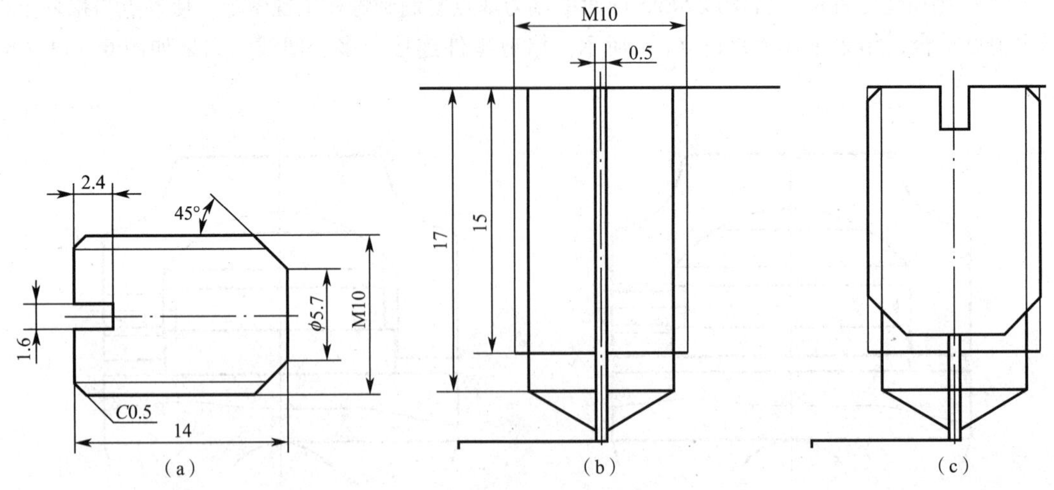

图 6 – 16　装配紧定螺钉 M10 × 14

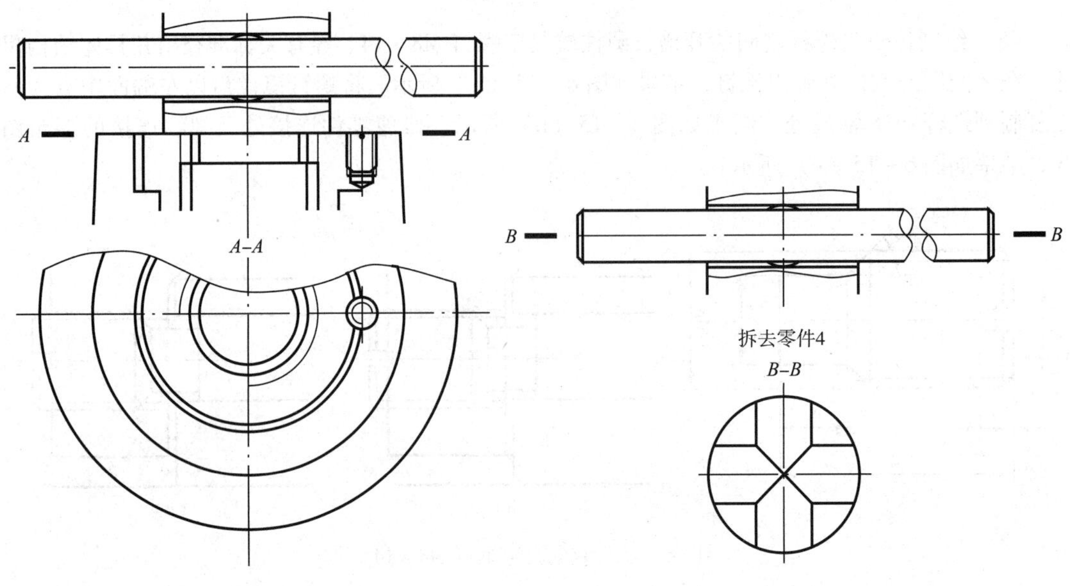

图 6 – 17　绘制俯视图　　　　图 6 – 18　绘制 *B*—*B* 断面图

步骤 5：绘制装配图剖面线。启动“图案填充”命令，绘制时注意相邻部件剖面线应相反或间隔不同，同一零件的剖面线应相同。

步骤 6：在尺寸标注层中标注尺寸。标注底座总宽 *Φ*150，绞杠总长 300，总高尺寸 220 ~ 280，以及螺套与底座的配合尺寸 *Φ*65H8/k7。

步骤 7：在细实线层中绘制零件序号。新建标注样式“零件序号”，将文字高度比尺寸标注大一号，启动“引线”标注命令，设置箭头形式为小点。各零件序号按逆时针方向由小到大排列。

步骤 8：在细实线层中，在标题栏附近标注技术要求。

步骤 9：在细实线层中，填写明细表及标题栏内容。

完成千斤顶装配图的绘制，结果如图 6 – 19 所示。

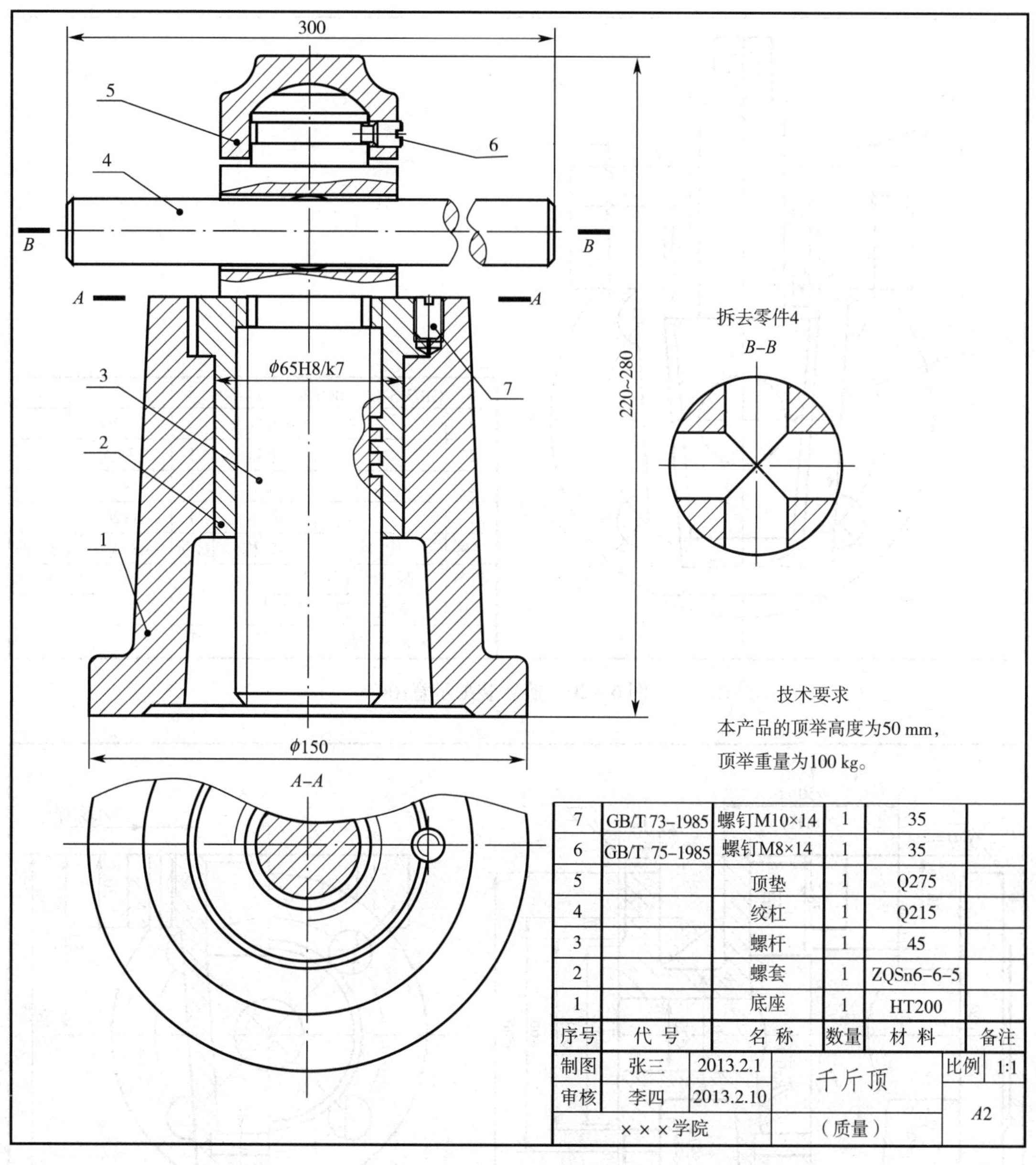

7	GB/T 73–1985	螺钉M10×14	1	35	
6	GB/T 75–1985	螺钉M8×14	1	35	
5		顶垫	1	Q275	
4		绞杠	1	Q215	
3		螺杆	1	45	
2		螺套	1	ZQSn6-6-5	
1		底座	1	HT200	
序号	代 号	名 称	数量	材 料	备注
制图	张三	2013.2.1	千斤顶	比例	1:1
审核	李四	2013.2.10			A2
×××学院			（质量）		

图6－19 千斤顶装配图

技能训练

1. 绘制图6－20所示的旋塞装配示意图以及图6－21～图6－23所示的旋塞各零件图，绘制出千斤顶装配图，调用或创建适合的绘图模板。

2. 绘制如图6－24所示的弹性辅助支承装配示意图以及图6－25～图6－29所示的弹性辅助支承各零件图，绘制出弹性辅助支承装配图，调用或创建适合的绘图模板。

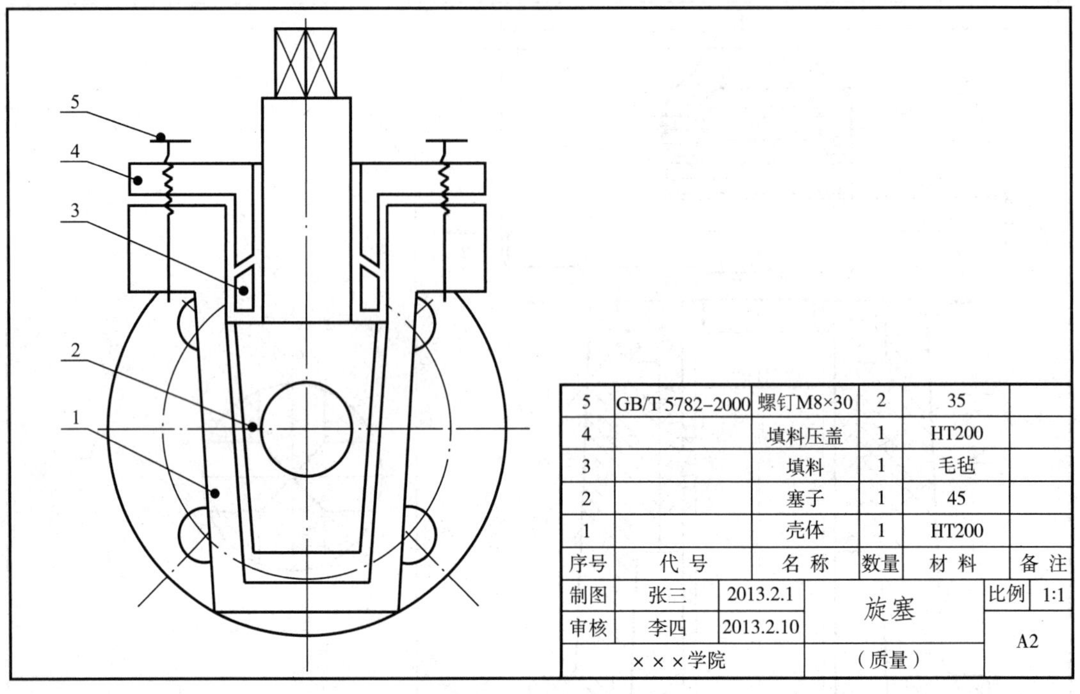

5	GB/T 5782-2000	螺钉M8×30	2	35	
4		填料压盖	1	HT200	
3		填料	1	毛毡	
2		塞子	1	45	
1		壳体	1	HT200	
序号	代 号	名 称	数量	材 料	备 注

制图	张三	2013.2.1	旋塞	比例	1:1
审核	李四	2013.2.10		A2	
×××学院			（质量）		

图 6－20 旋塞装配示意图

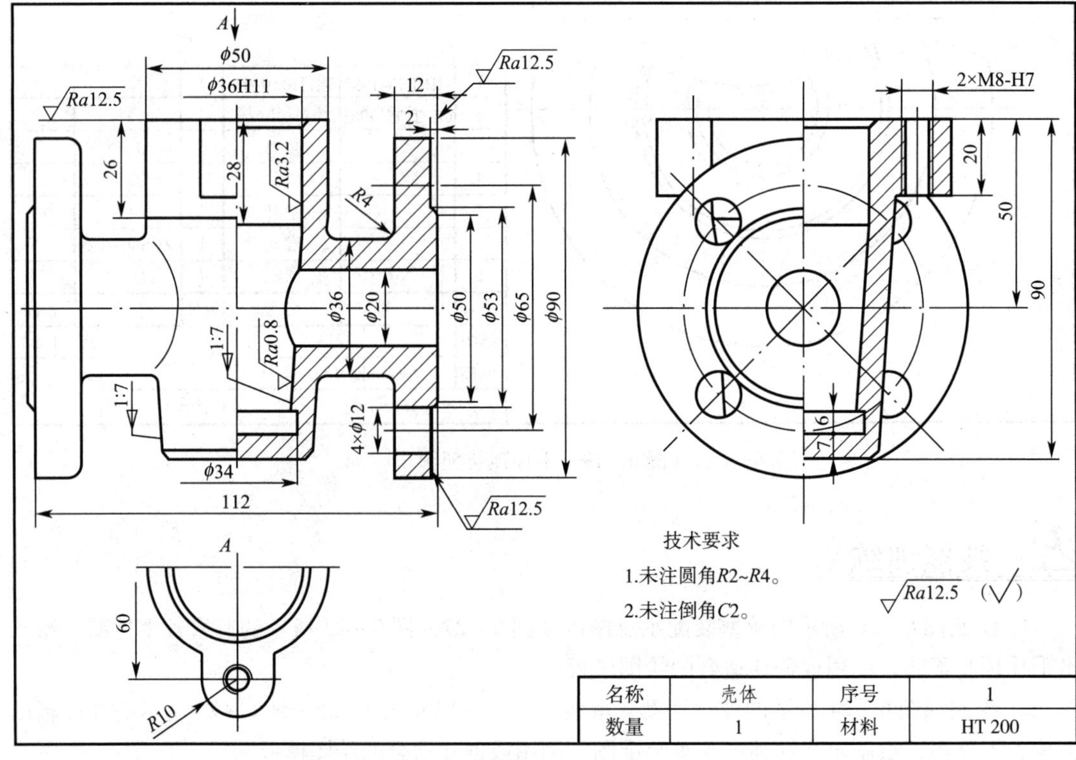

技术要求

1.未注圆角R2~R4。

2.未注倒角C2。

名称	壳体	序号	1
数量	1	材料	HT 200

图 6－21 壳体零件

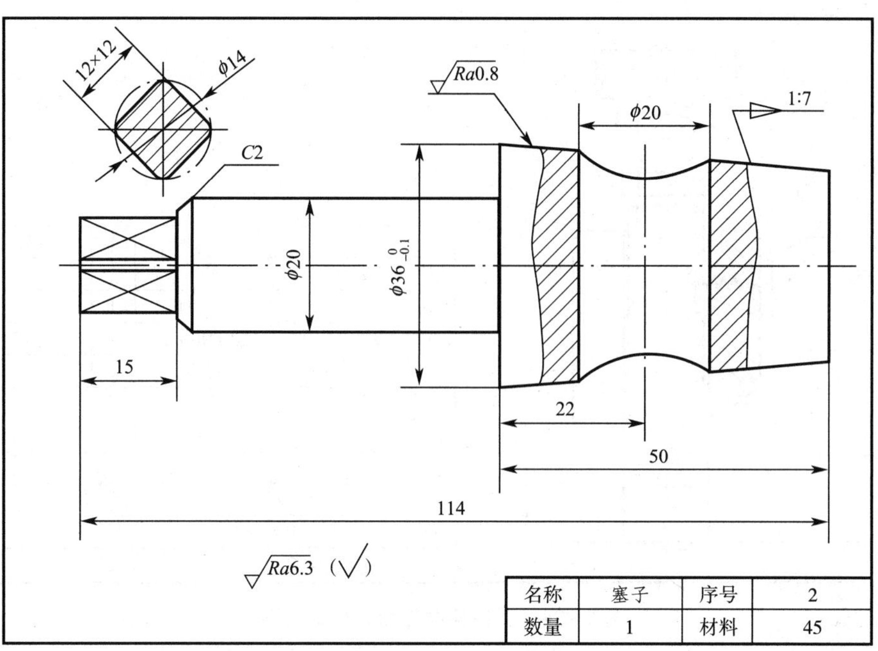

名称	塞子	序号	2
数量	1	材料	45

图6－22　塞子

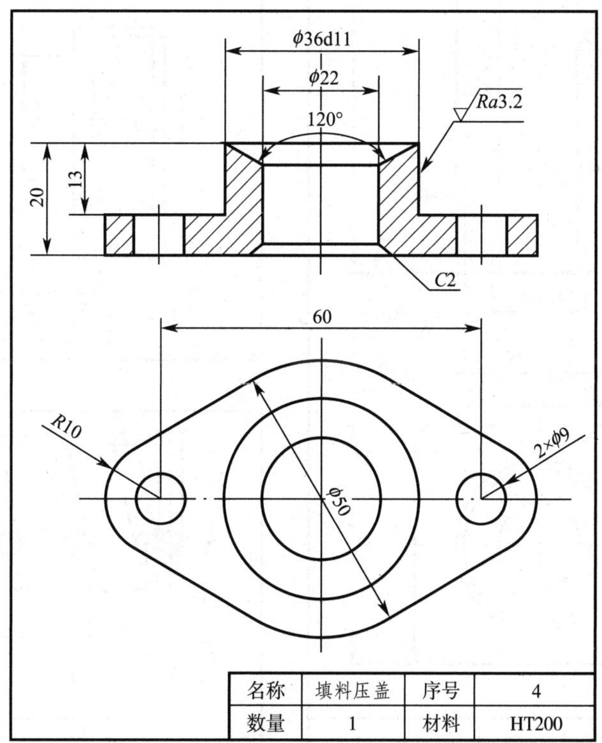

名称	填料压盖	序号	4
数量	1	材料	HT200

图6－23　填料压盖

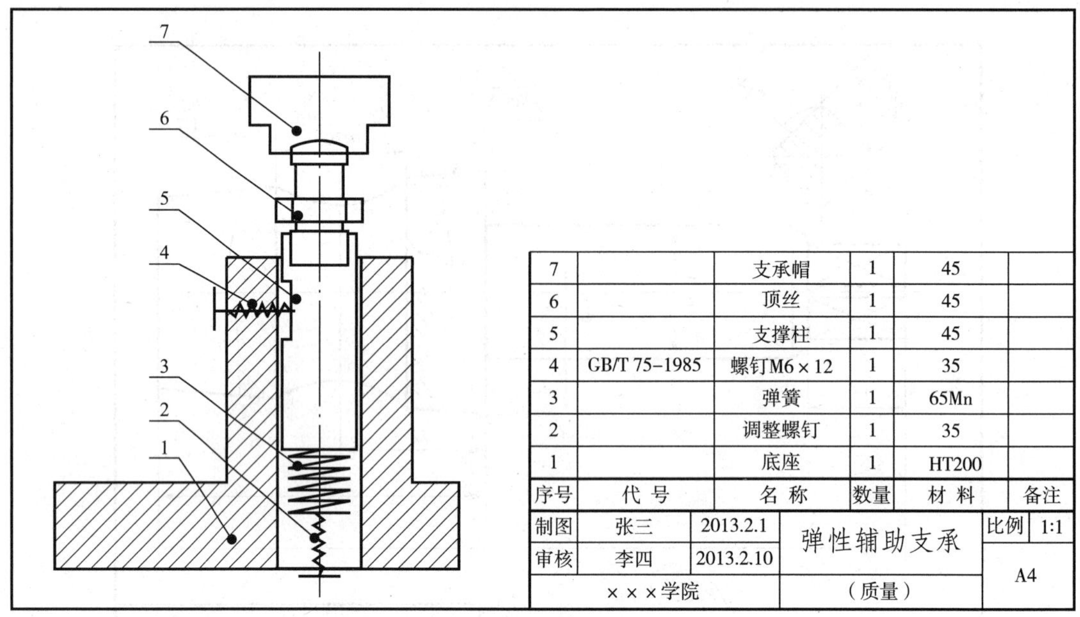

7		支承帽	1	45	
6		顶丝	1	45	
5		支撑柱	1	45	
4	GB/T 75-1985	螺钉M6×12	1	35	
3		弹簧	1	65Mn	
2		调整螺钉	1	35	
1		底座	1	HT200	
序号	代 号	名 称	数量	材 料	备注

制图	张三	2013.2.1	弹性辅助支承	比例	1:1
审核	李四	2013.2.10		A4	
×××学院			（质量）		

图 6－24　弹性辅助支承装配示意图

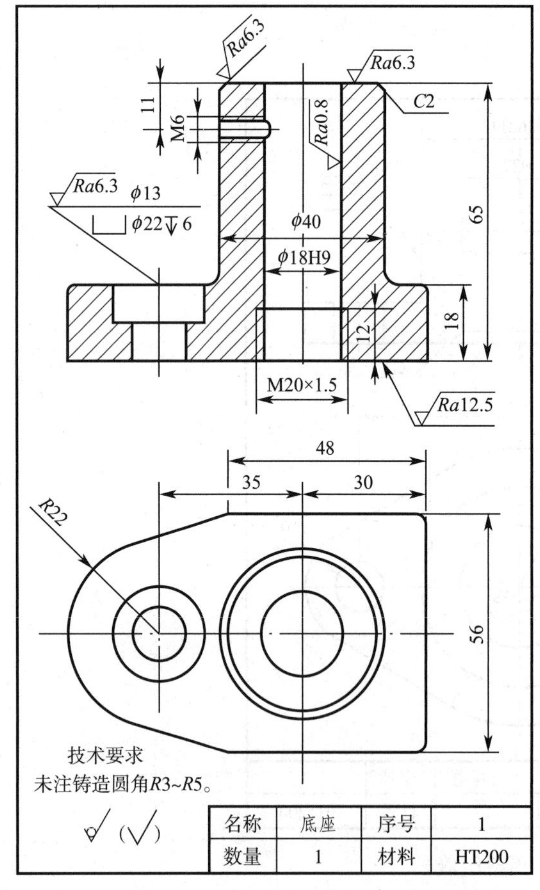

名称	底座	序号	1
数量	1	材料	HT200

图 6－25　底座零件图

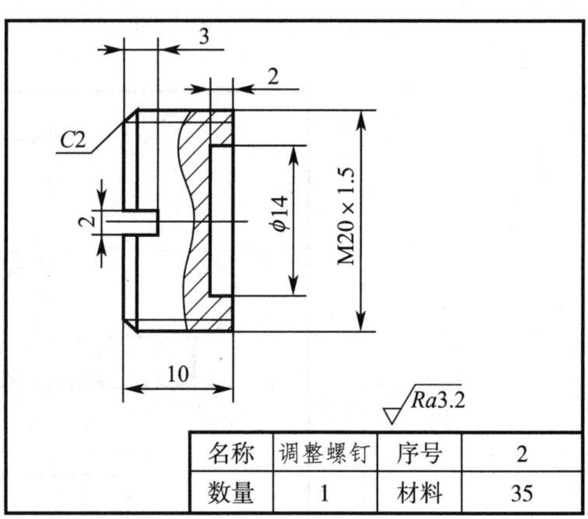

名称	调整螺钉	序号	2
数量	1	材料	35

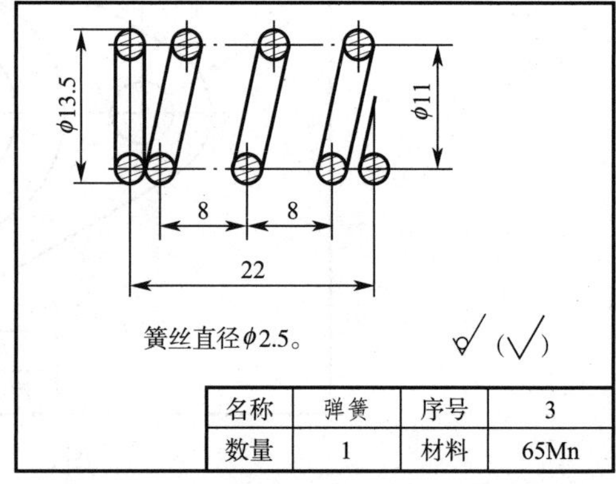

名称	弹簧	序号	3
数量	1	材料	65Mn

图 6－26　调整螺钉零件图和簧丝零件图

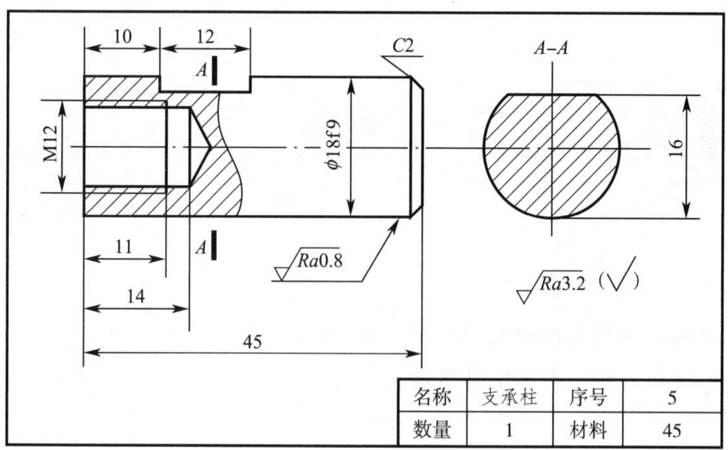

名称	支承柱	序号	5
数量	1	材料	45

图6－27 支承柱零件图

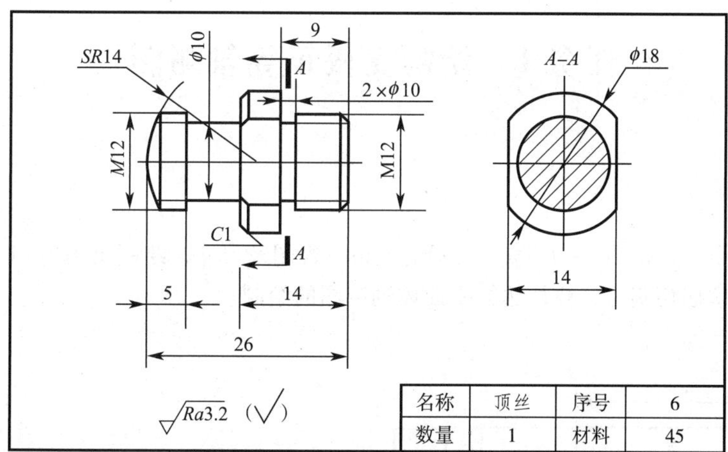

名称	顶丝	序号	6
数量	1	材料	45

图6－28 顶丝零件图

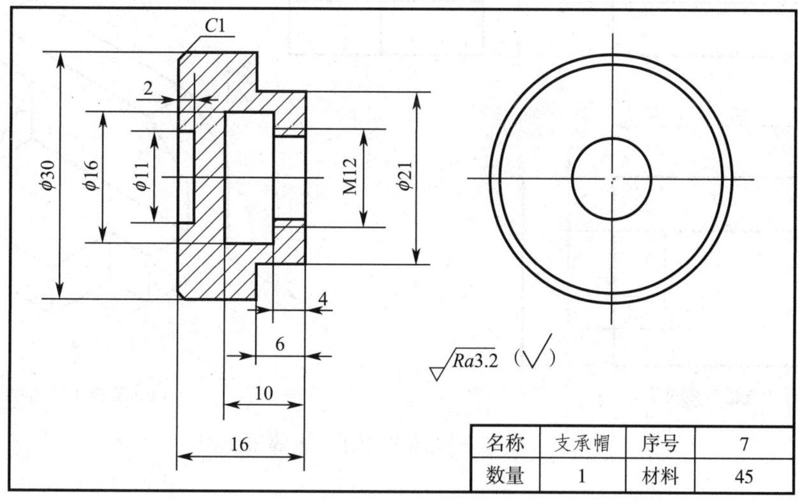

名称	支承帽	序号	7
数量	1	材料	45

图6－29 支承帽零件图

项目7 绘制机械轴测图

【知识目标】

- 熟练掌握机械正等轴测图的绘制及尺寸标注的方法。
- 熟练掌握机械斜二轴测图的绘制方法。

【能力目标】

能正确绘制机械正等轴测图并进行标注；能正确绘制机械斜二轴测图。

任务1 绘制支板正等轴测图

任务描述

设置绘图环境，根据图7-1（a）所示的支板三视图及尺寸，绘制出图7-1（b）所示的支板正等轴测图，掌握切割法、叠加法的平面体轴测图的绘制。

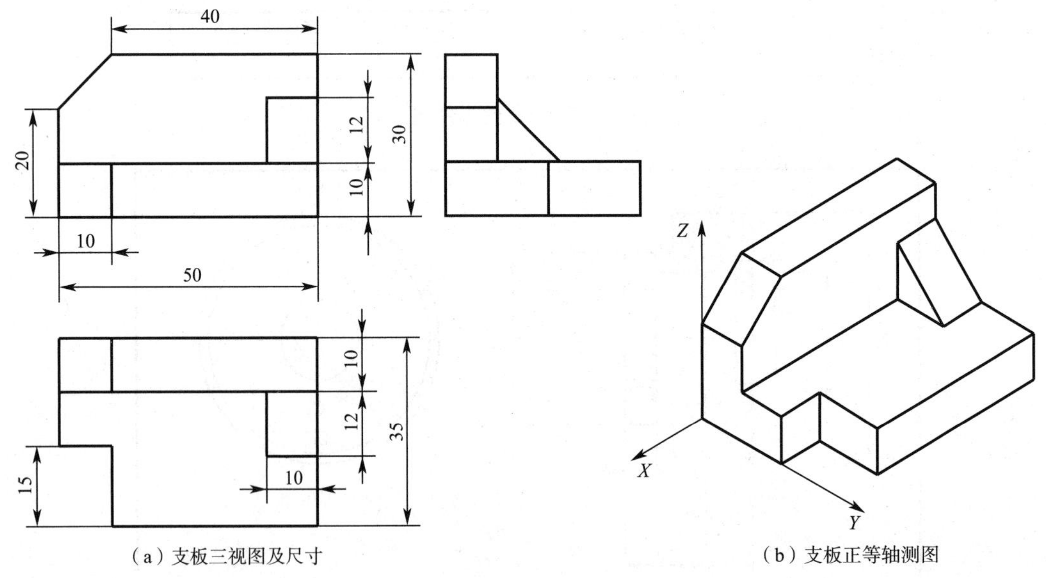

（a）支板三视图及尺寸　　（b）支板正等轴测图

图7-1 支板三视图及尺寸、正等轴测图

知识准备

一、正等轴测图的基本知识

1. 轴间角和轴向伸缩系数

轴测图是将物体连同其直角坐标系，沿不平行于任一坐标面的方向，用平行投影法投射在单一投影面上所得到的具有立体感的图形。当物体上三根坐标轴与轴测投影面的倾角均相等时，用正投影法得到的投影称为正等轴测图，简称正等测，如图7－2所示。投影后，轴间角$\angle XOY = \angle YOZ = \angle ZOX = 120°$。作图时，将$OZ$轴画成铅垂线，$OX$、$OY$轴分别与水平线成30°。

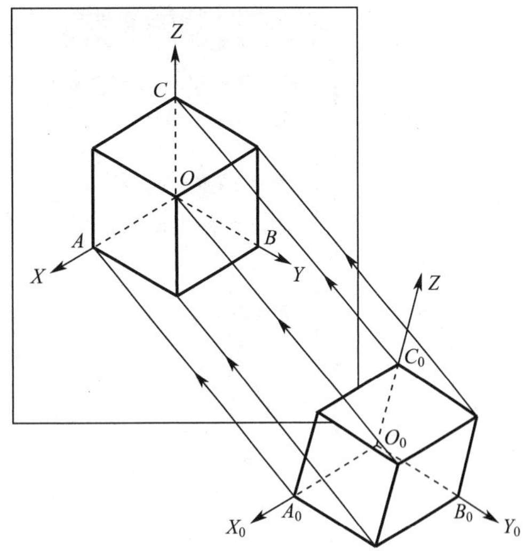

图7－2　正等轴测图的形成

正等轴测图各轴向伸缩系数均相等，即$p_1 = q_1 = r_1 = 0.82$。画图时，物体长、宽、高三个方向的尺寸要缩小为原来的82%。为了作图方便，通常采用简化的轴向伸缩系数，即$p = q = r = 1$。作图时，凡平行于轴测轴的线段，可直接按物体上相应线段的实际长度量取，不需换算。

2. 正等轴测图的画法

常用的正等轴测图的画法是坐标法和切割法。作图时，先定出直角坐标轴和坐标原点，画出轴测轴，再按立体表面上各顶点或线段端点的坐标，画出其轴测投影，然后连接有关各点，完成轴测图。

二、AutoCAD中设置轴测图绘图环境

在AutoCAD 2013中绘制轴测图，需要对绘图环境进行设置，以便能更好地绘图。绘图环境的设置主要是轴测捕捉设置、极轴追踪设置和轴测平面的设置。

1. 设置轴测捕捉

打开“草图设置”对话框的方法

- 在命令行输入“DSETTINGS”或“SE”，按【Enter】键。
- 选择下拉菜单中的“工具”→“绘图设置”命令。
- 右击状态栏中的“栅格显示”按钮或“极轴追踪”按钮，选择“设置”选项。

打开如图7－3所示“草图设置”对话框。在该对话框“捕捉和栅格”选项卡的“捕捉类型”选项组中选择捕捉类型为等轴测捕捉，然后设定栅格的Y轴间距为10。单击“确定”按钮，完成轴测捕捉设置。

2. 设置极轴追踪

在“草图设置”对话框中的“极轴追踪”选项卡中，选中“启用极轴追踪”复选框，在“增量角”下拉列表框中选择“30”选项，在“对象捕捉追踪设置”选项组中选中“用所有极轴角设置追踪”单选按钮，完成后单击“确定”按钮，如图7－4所示。

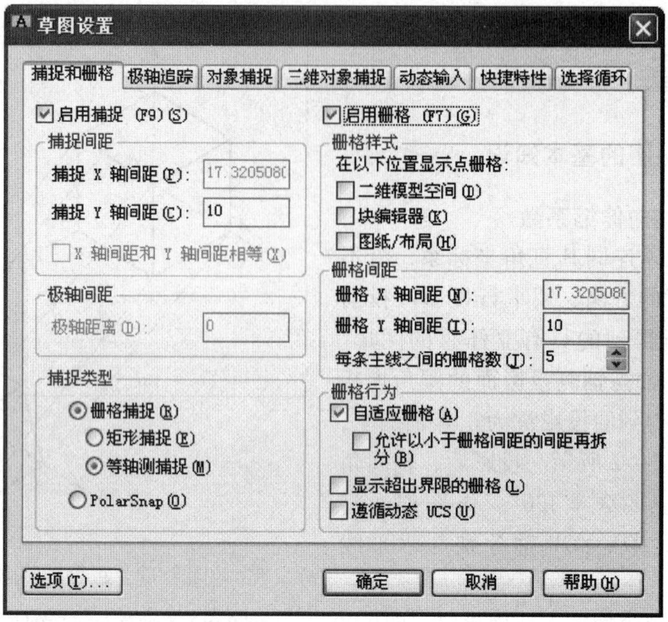

图 7 - 3　设置轴测捕捉

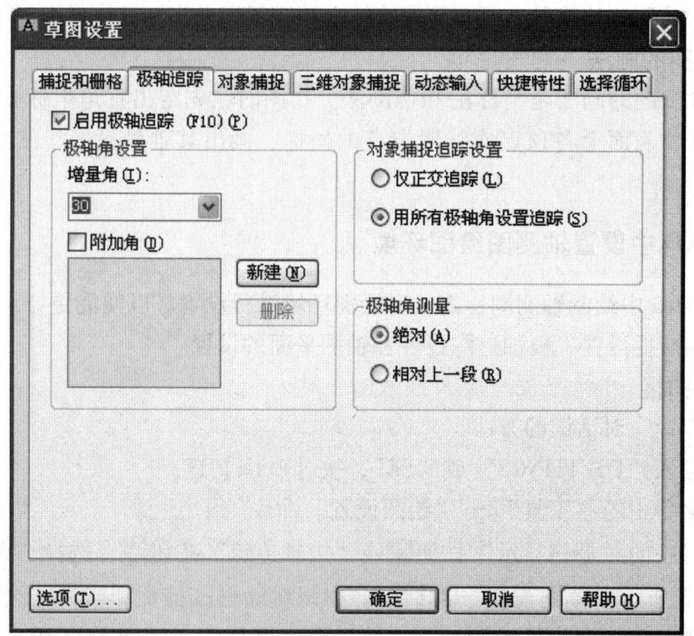

图 7 - 4　设置极轴追踪

3. 轴测平面的转换

在实际的正等轴测图绘制过程中，常会在轴测图等轴测平面俯视、等轴测平面右视和等轴测平面左视之间绘制图线，从而需要在这三个平面间进行切换，三个等轴测投影平面如图 7 - 5 所示。切换正等轴测投影平面的方法有如下：

➢ 在命令行输入“ISOPLANE”，按【Enter】键。

➢ 按【F5】键。

➢ 按【Ctrl + E】组合键。

在三个正等轴测投影平面上显示的光标如图 7 – 6 所示。

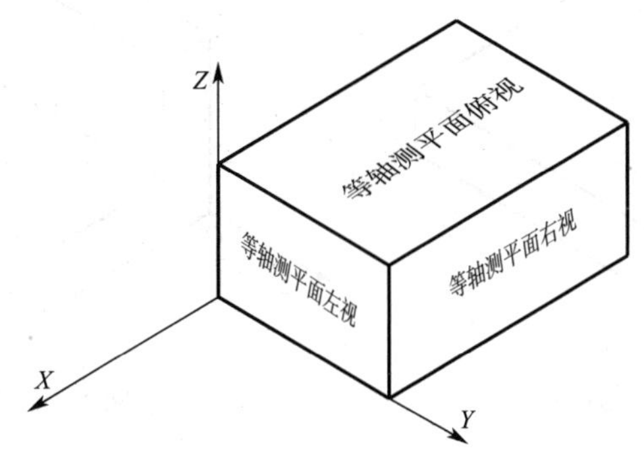

图 7 – 5　三个等轴测投影平面

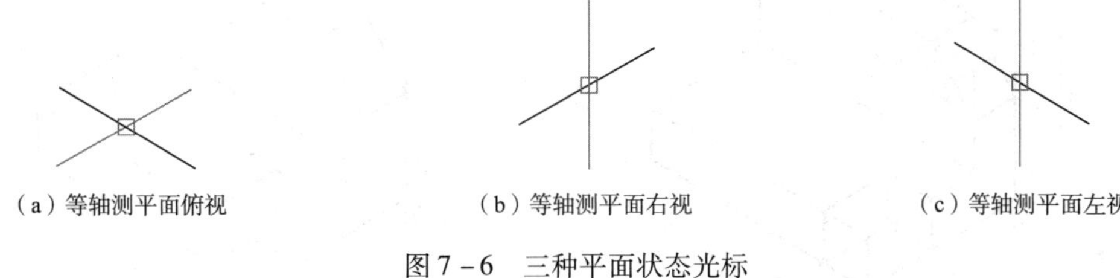

（a）等轴测平面俯视　（b）等轴测平面右视　（c）等轴测平面左视

图 7 – 6　三种平面状态光标

三、直线的正等轴测投影画法

在轴测模式下绘制直线常有以下两种方法。

1. 正交模式绘制直线

在绘制平面体轴测图时，打开正交模式可快速绘制与轴测轴平行的直线。当所画直线与任何轴测轴都不平行时，则要关闭正交模式，连接两点绘制出直线。

2. 极轴追踪绘制直线

打开极轴追踪、对象捕捉、自动追踪功能画线，设置极轴增量角为 30°。绘制与 *X* 轴平行的直线时，极轴角应为 30°或 210°；绘制与 *Y* 轴平行的直线时，极轴角应为 330°或 150°；绘制与 *Z* 轴平行的直线时，极轴角应为 90°或 270°。

任务实施

步骤 1：设置正等轴测图绘图环境。打开正交模式，定好坐标原点，启动“直线”命令绘制坐标轴。在绘图过程中按【F5】键，切换等轴测投影平面。启动“直线”命令绘制长、宽、高分别为 50、35、10 的底板，结果如图 7 – 7 所示。

步骤 2：启动“直线”命令，在底板后上方绘制长宽高分别为 50、10、20 的长方体，修剪多余线条，结果如图 7 – 8 所示。

步骤 3：按如图 7 – 9 所示尺寸绘制底板和背板上切角。选绘制底板切角，关闭正交模式，绘制背板切角斜线，修剪多余图线，结果如图 7 – 10 所示。

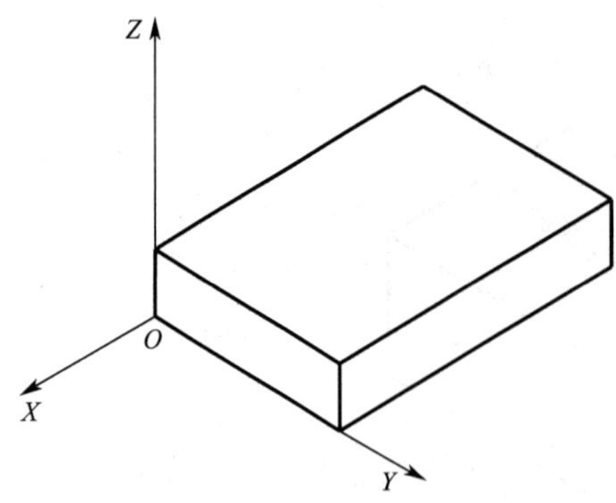

图 7－7　绘制支板底板

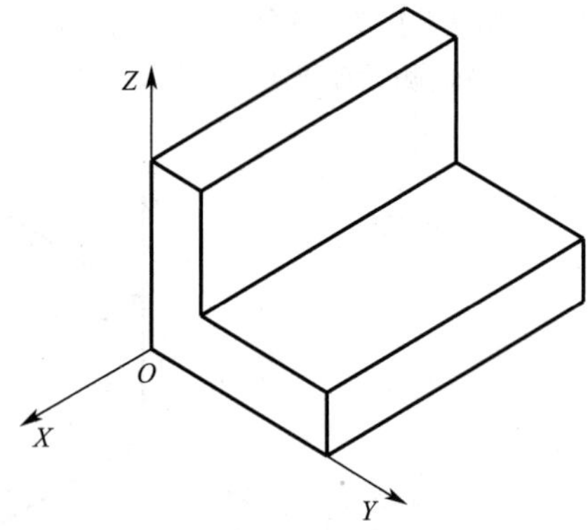

图 7－8　绘制背板

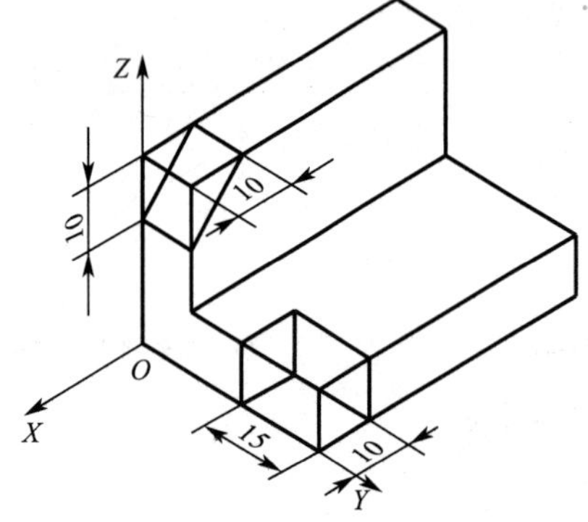

图 7－9　图中需要切除部分

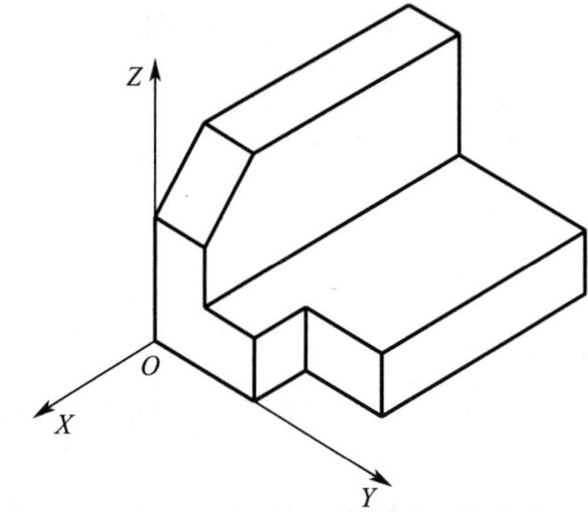

图 7－10　绘制底板和背板上切角

步骤 4：按如图 7－11 所示尺寸绘制三角肋板。修剪多余图线，完成作图，结果如图 7－12 所示。

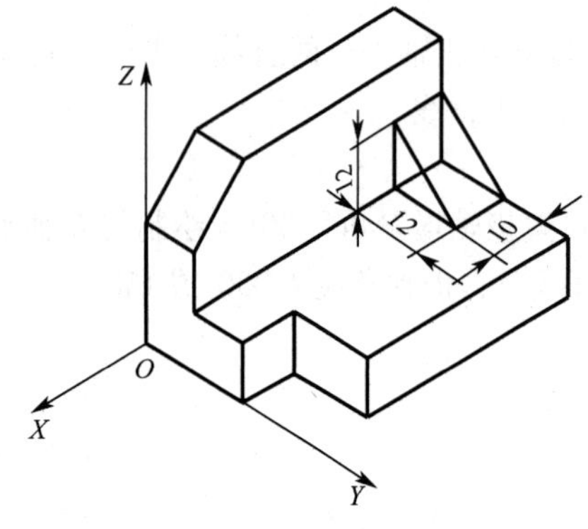

图 7－11　绘制三角肋板

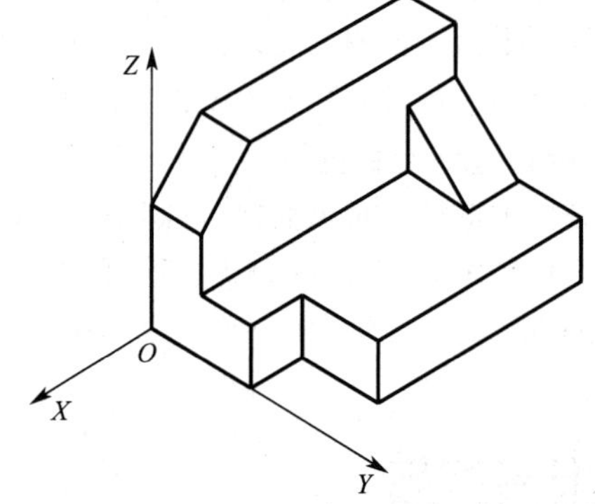

图 7－12　完成支板轴测图绘制

 友情提示

绘制此平面体轴测图时，采用了轴测图绘制方法中的叠加法与切割法。在绘制过程中，不同等轴测平面绘图时，需要按【F5】键进行切换，达到作图目的。在绘制平面体正等轴测图时，如果对坐标比较熟悉，可以不用绘制坐标轴。

子任务1　绘制支座正等轴测图

任务描述

设置绘图环境，根据支座三视图如图7－13所示，绘制的支座正等轴测图，如图7－14所示，掌握曲面体正等轴测图的绘制。

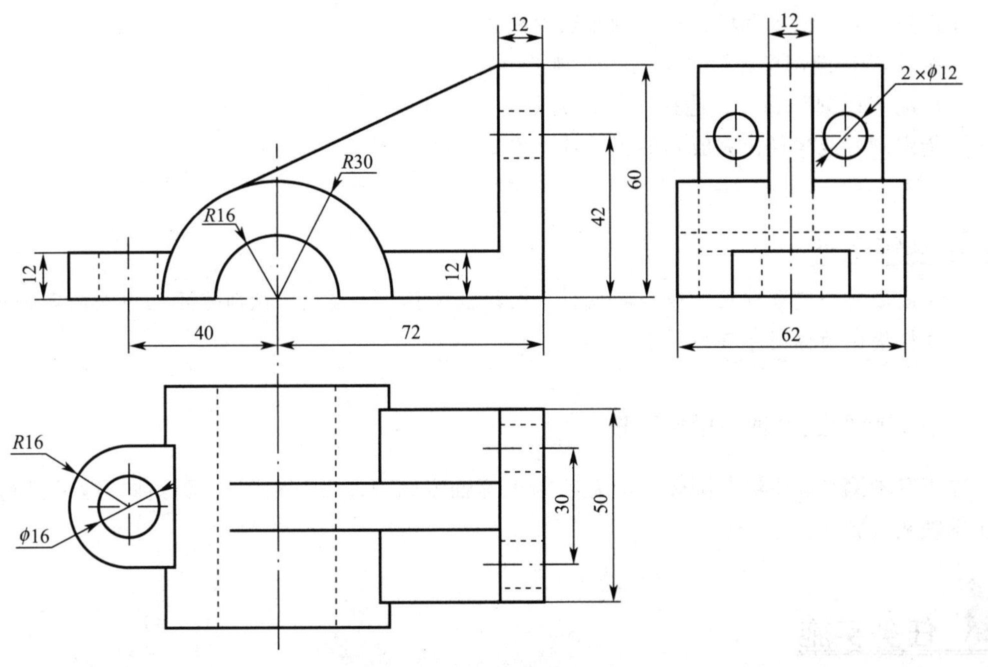

图7－13　支座三视图及尺寸

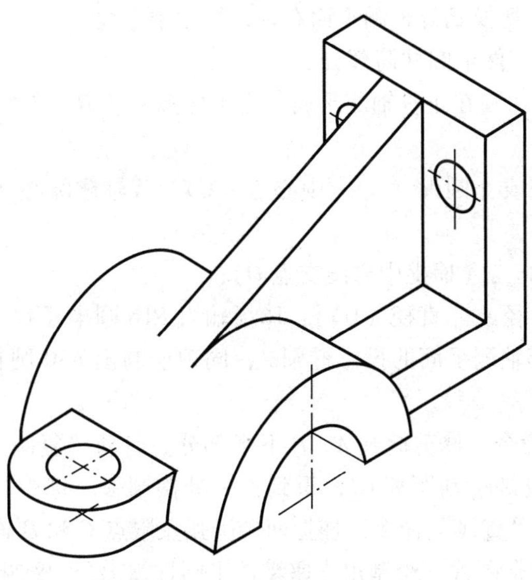

图7－14　支座正等轴测图

知识准备

一、圆的正等轴测投影画法

平行于坐标面的圆在正等轴测投影中为椭圆，当圆位于不同的等轴测平面时，投影椭圆长、短轴的位置是不同的。正等轴测投影为椭圆的画法步骤如下：

①设置轴测图绘图环境，打开轴测捕捉模式。

②按【F5】键切换到要画圆的等轴测平面。

③启动“椭圆”命令，选择“等轴测图（I）”选项。

④指定圆心或半径，完成圆的正等轴测投影绘制。

友情提示

绘圆之前一定要利用正等轴测投影平面切换工具，切换到与圆所在平面对应的等轴测平面，这样绘制的椭圆才符合要求。

二、圆弧的正等轴测投影画法

在正等轴测平面中绘制圆弧，应先绘制正等轴测椭圆，再对椭圆进行修剪，即可得到圆弧的正等轴测投影。

任务实施

步骤 1：设置正等轴测图绘图环境。打开正交模式。将前端面、主视图 *R*16 圆的圆心定为坐标原点 *O*，按【F5】键，切换到等轴测平面右视，绘制中心线。

步骤 2：绘制出支座零件半圆柱筒部分。

（1）绘制 *R*16、*R*30 两圆在正等轴测平面的投影椭圆 *A* 和 *B*，命令行操作显示如下：

①命令：_ ellipse；

②指定椭圆轴的端点或［圆弧（A）/中心点（C）/等轴测圆心（I）：I（选择“等轴测圆心（I）”选项）；

③指定等轴测圆的圆心：（捕捉中心线交点 *O*）；

④指定等轴测圆的半径或［直径（D）］：16（输入 *R*16 圆半径）。

绘制出 *R*16 圆在正等轴测平面的投影椭圆 *A*，同理绘制出 *R*30 圆在正等轴测平面的投影椭圆 *B*，结果如图 7 - 15 所示。

（2）启动“修剪”命令，修剪椭圆 *A*、*B* 下半部分。启动“复制”命令，以 *O* 为基点，把椭圆弧 *B* 沿 *Y* 轴负方向复制移动距离 62，得到另一处椭圆弧。选中“对象捕捉”选项卡中的“象限点”复选框，启动“直线”命令，捕捉两椭圆弧象限点 *C* 和 *D* 连线绘制出两椭圆弧切线，绘制另一处连线，修剪多余图线。绘制出支座零件半圆柱筒部分，结果如图 7 - 16 所示。

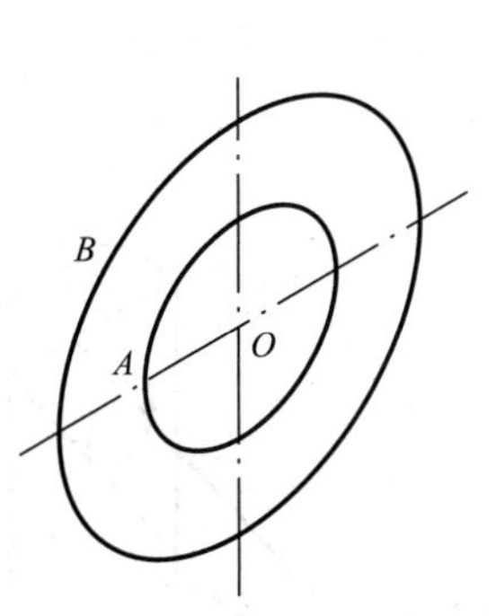

图7－15　绘制椭圆 A、B

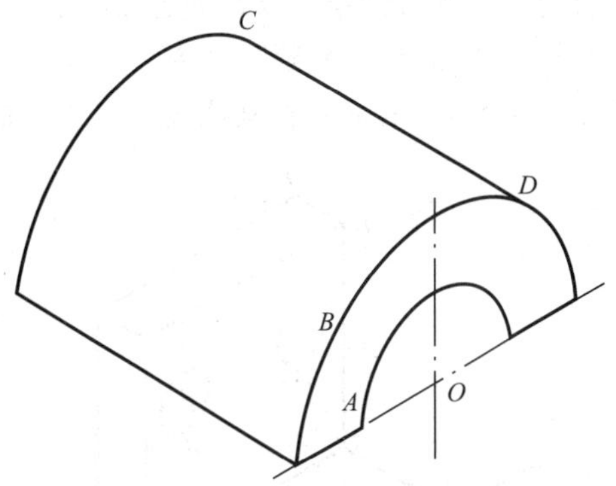

图7－16　复制椭圆弧 B，连线

步骤3：绘制右端支板部分。

（1）打开正交模式，启动“直线”命令，沿相应轴方向绘制直线 OA、AB、BC、CD、DE 和 EF，其中线段 OA 长度为6，线段 AB 长度为72，线段 BC 长度为60，线段 CD 长度为12，线段 DE 长度为48，F 点与椭圆弧相交，结果如图7－17（a）所示。

（2）同理绘制出直线 CG、DH、EI、IJ，其中线段 CG 和线段 EI 长度为50，修剪多余图线，结果如图7－17（b）所示。

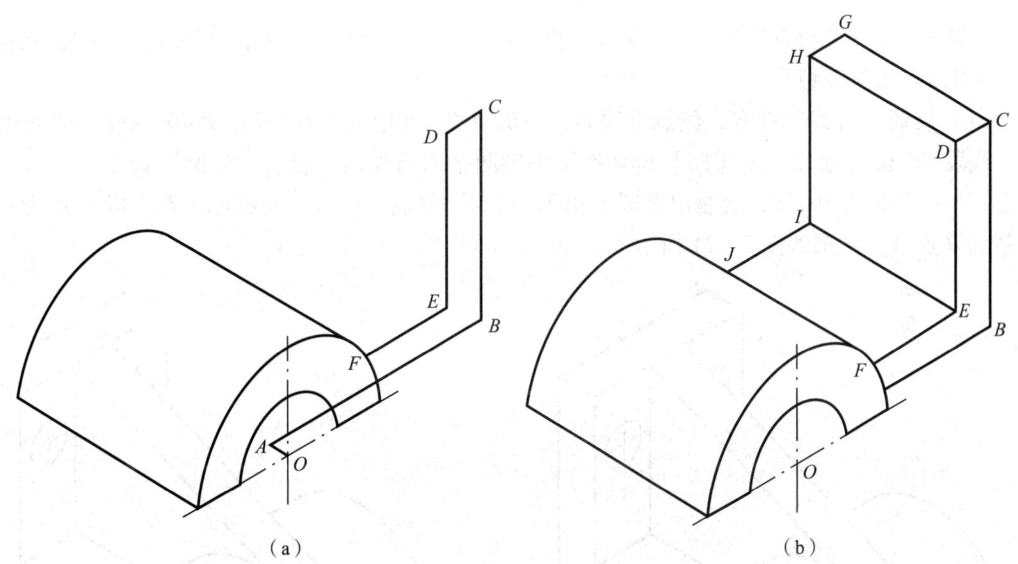

图7－17　绘制右端支板轴测图部分线段

（3）在 DEHI 平面上绘制 ϕ12 圆的轴测投影椭圆。启动“直线”命令绘制直线 KL，使线段 DK 为长度10，线段 KL 长度为18。按【F5】键，切换至等轴测平面左视内，以 L 点为椭圆圆心，用步骤2的方法绘制出椭圆 M。启动“复制”命令，复制椭圆 M，基点为 L 点，沿 Y 轴反方向移动距离为30，作出椭圆 N，结果如图7－18所示。

步骤4：绘制肋板。

（1）打开正交模式，启动“复制”命令，以 O 点为基点，将椭圆弧 A 沿 Y 轴反方向移动25，得到椭圆弧 Q，如图7－19所示。

（2）启动“直线”命令，以 D 为起点，沿 Y 轴反方向输入 19，找到 P 点，过 P 作椭圆弧 Q 的切线，切点为 T。启动“复制”命令，复制 PT 直线，以 P 点为基点，沿 Y 轴反方向移动 12，得到肋板另一条直线，补齐肋板其他直线，结果如图 7－19 所示。

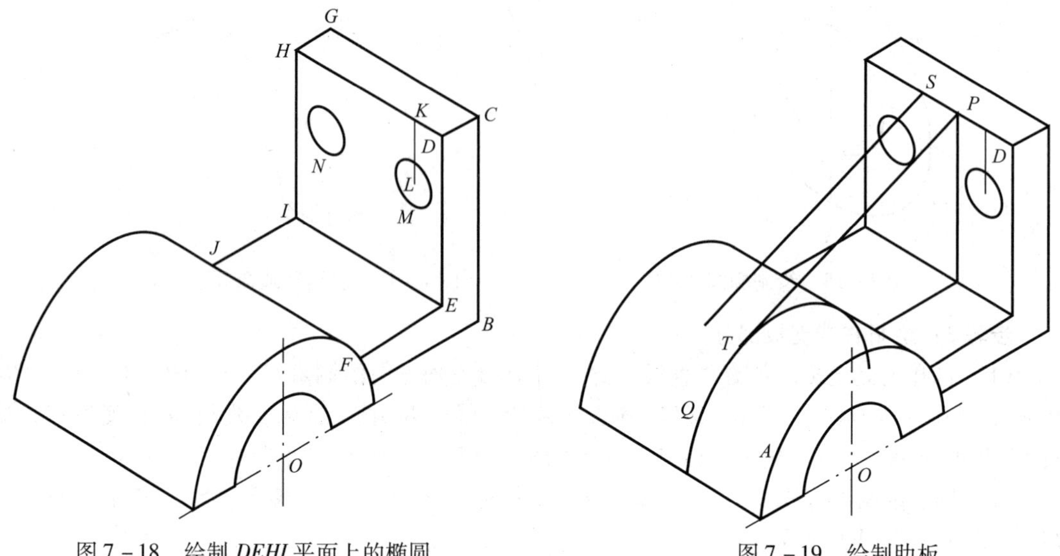

图 7－18　绘制 *DEHI* 平面上的椭圆　　图 7－19　绘制肋板

步骤 5：启动“修剪”“删除”命令，修剪多余图线，绘制中心线，结果如图 7－20 所示。

步骤 6：绘制耳板。

（1）启动“直线”命令，绘制直线 OA、AB、BC，其中线段 OA 长度为 40，线段 AB 长度为 31，线段 BC 长度为 12。按【F5】键切换至等轴测平面俯视内，启动“椭圆”命令，以 C 点为圆心，半径分别为 16，8，绘制出椭圆 1 和 2。启动“复制”命令，将椭圆 1 和 2 以 C 点为基点复制到 B 点处，结果如图 7－21 所示。

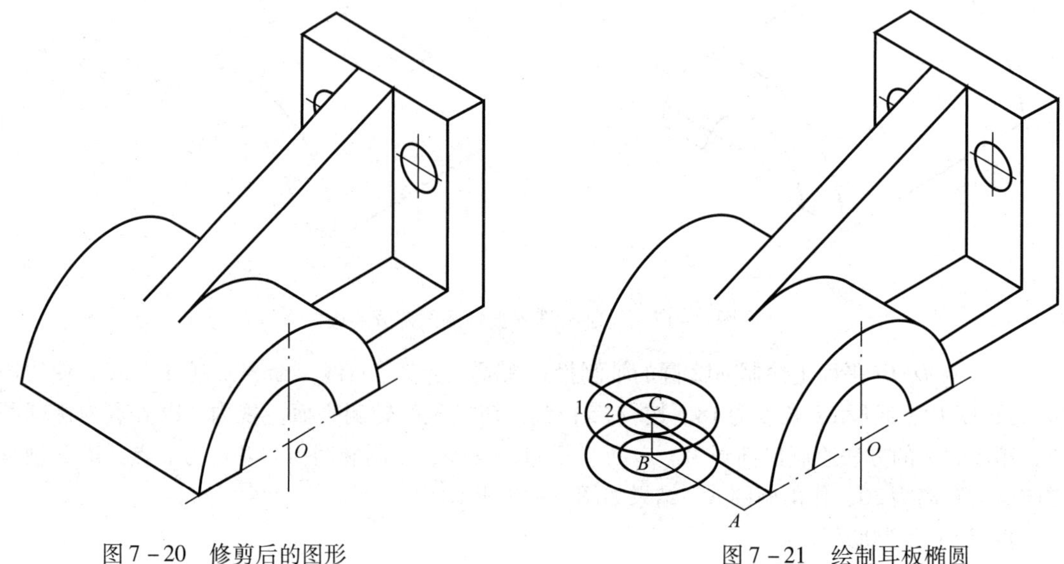

图 7－20　修剪后的图形　　图 7－21　绘制耳板椭圆

（2）启动“修剪”“删除”命令，修剪多余线条。启动“复制”命令，复制椭圆弧 D，以 O 点为基点，沿 Y 轴反方向移动 15，得到椭圆弧 E。过 K 点作 X 轴平行线，交椭圆弧 E 于点 L。

复制 *KL* 直线到 *M* 点，作 *MN* 直线，启动“直线”命令，连接 *NL*。结果如图 7－22 所示。

（3）选中“对象捕捉”选项卡中的“象限点”复选框，作椭圆弧 1 和 3 的公切线。添加椭圆弧 1 的中心线。

（4）启动“修剪”“删除”命令，修剪多余图线，完成支座正等轴测图绘制，结果如图 7－23 所示。

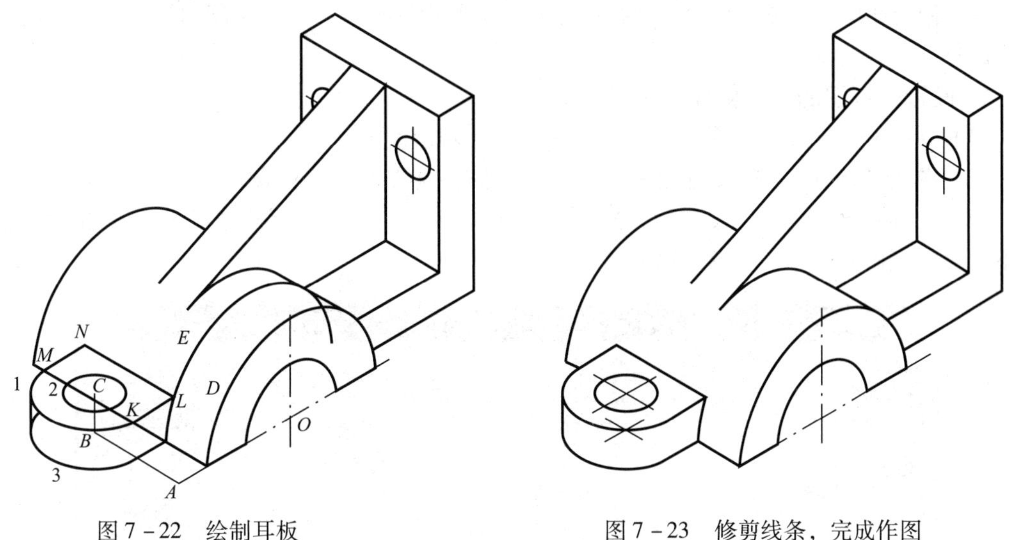

图 7－22　绘制耳板　　　　图 7－23　修剪线条，完成作图

子任务 2　标注支座正等轴测图尺寸

任务描述

设置尺寸标注样式，标注支座正等轴测图尺寸，如图 7－24 所示。

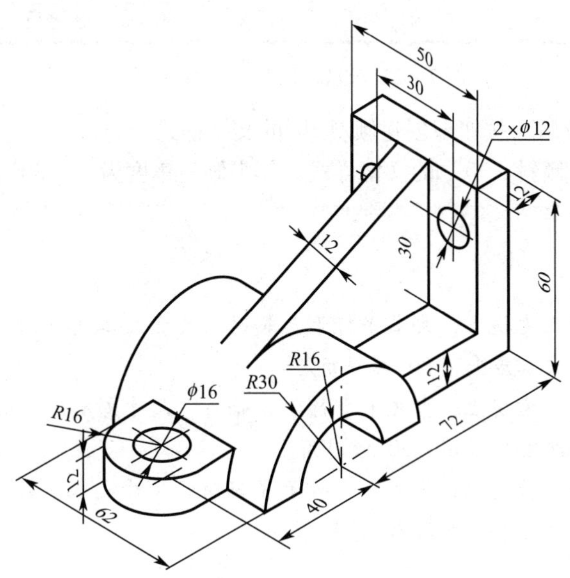

图 7－24　支座正等轴测图尺寸标注

知识准备

轴测图的尺寸标注样式设置

轴测图的尺寸标注要求与所在等轴测平面平行，这就需要将尺寸线、尺寸界线倾斜某个角度，使它们与相应的轴测轴平行。同时尺寸文本也要设置成倾斜某一角度的形式，才能使尺寸文本的外观具有立体感。

1. 设置轴测图的尺寸标注文字样式

（1）在“格式”下拉菜单，打开“文字样式”对话框。

（2）单击“新建”按钮，创建命名为“文字倾斜 30”的文字样式。

（3）字体选择 gbenor. shx 字体，选中“使用大字体”复选框后再选择 gbcbig. shx 大字体，在下方的“倾斜角度”文本框中输入值“30”，如图 7－25 所示。

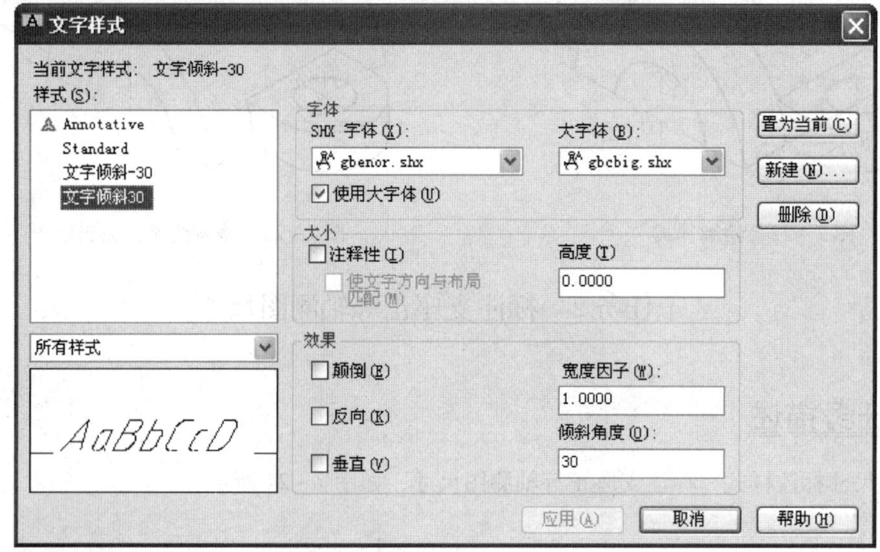

图 7－25　设置倾斜 30°的文字样式

（4）最后单击“应用”按钮即创建倾斜 30°的文字样式。

同理，创建“文字倾斜－30”的文字样式，其中倾斜角度为“－30”。

友情提示

（1）在等轴测平面左视上，文本平行于 *Y* 轴时，尺寸文本均采用－30°倾斜角；当文本平行于 *Z* 轴时，尺寸文本应采用 30°倾斜角。

（2）在等轴测平面右视上，当文本平行于 *X* 轴时，尺寸文本应采用 30°倾斜角；当文本平行于 *Z* 轴时，尺寸文本应采用－30°倾斜角。

（3）在等轴测平面俯视上，当文本平行于 *X* 轴时，尺寸文本应采用－30°倾斜角；当文本平行于 *Y* 轴时，尺寸文本应采用 30°倾斜角。

2. 设置轴测图的尺寸标注样式

（1）打开“标注样式管理器”对话框，新建“轴测尺寸（文字倾斜 30）”的标注样式，其中文字样式为“文字倾斜 30”，其他参数设置同项目 4 任务 2 的步骤 4。

（2）同理新建“轴测尺寸（文字倾斜 –30）”的标注样式，其中文字样式为“文字倾斜 –30”。

3. 尺寸界线与尺寸线的倾斜设置

一般情况下轴测图的标注先启动“对齐”标注命令工具进行标注，再选择“标注”→“倾斜”命令来修改尺寸界线的倾斜角度。

友情提示

（1）当尺寸界线结果与 X 轴平行时，倾斜角度为 30°。

（2）当尺寸界线结果与 Y 轴平行时，倾斜角度为 –30°。

（3）当尺寸界线结果与 Z 轴平行时，倾斜角度为 90°。

例：标注图 7 –26 所示正等轴测图尺寸。操作步骤如下：

步骤 1：选择“轴测尺寸（文字倾斜 –30）”的标注样式，启动“对齐”标注命令图中尺寸 20、30 和 40。

步骤 2：选择“标注”→“倾斜”命令，选择尺寸 20，输入倾斜角度为 30°。选择尺寸 30，输入倾斜角度为 90°。选择尺寸 40，输入倾斜角度为 –30°。

结果如图 7 –26 所示。

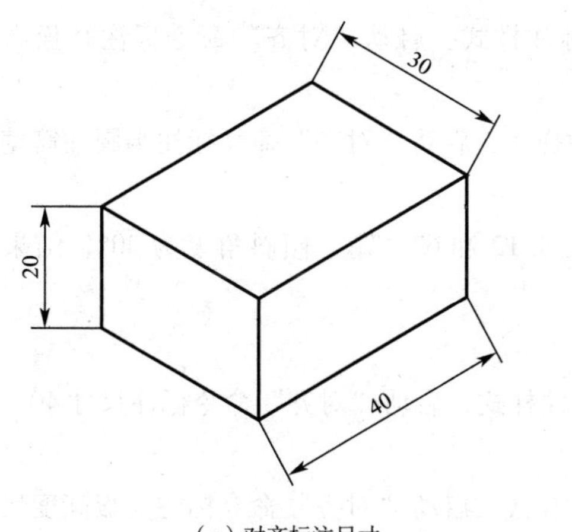

（a）对齐标注尺寸

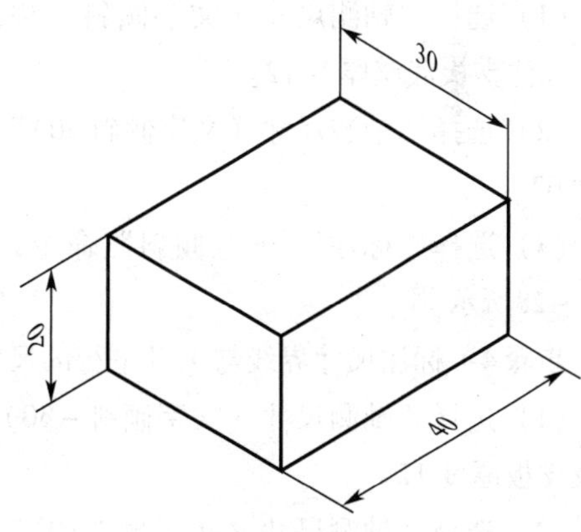

（b）倾斜标注尺寸结果

图 7 –26　标注正等轴测图尺寸

4. 圆和圆弧的正等轴测投影标注

圆和圆弧的正等轴测图为椭圆和椭圆弧，不能直接用半径或直径标注命令进行标注，可采用先画椭圆，然后标注椭圆的直径或半径，再修改数值（也可以作与椭圆或椭圆弧相同直径或半径的辅助圆，这样不需修改数值)，再删除辅助圆，达到标注椭圆直径或椭圆弧半径的目的，如图 7－27 所示。

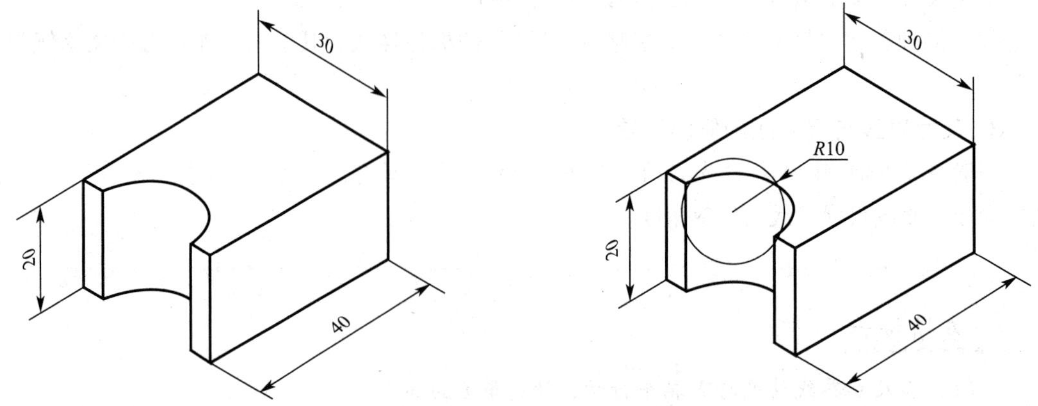

图 7－27 圆和圆弧的正等轴测投影标注

任务实施

步骤 1：按本任务“知识准备”内容设置轴测图“文字倾斜 30”和“文字倾斜－30”两种文字样式。

步骤 2：创建“轴测尺寸（文字倾斜 30)”和“轴测尺寸（文字倾斜－30)”两种轴测图尺寸标注样式，创建“机械标注”标注样式，方法同项目 4 任务 2 的步骤 4。

步骤 3：标注尺寸界线与 *X* 轴平行的尺寸。

(1) 选择“轴测尺寸（文字倾斜－30)”的标注样式，启动“对齐”命令标注耳板高度 12，标注支板底座厚度 12。

(2) 选择“轴测尺寸（文字倾斜 30)”的标注样式，启动“对齐”命令标注半圆柱筒宽度尺寸 62。

(3) 选择“标注”→“倾斜”命令，选择尺寸 12 和 62，输入倾斜角度为 30°，结果如图 7－28所示。

步骤 4：标注尺寸界线与 *Y* 轴平行的尺寸。

(1) 选择“轴测尺寸（文字倾斜－30)”的标注样式，启动“对齐”命令标注尺寸 40、72 以及支板厚度 12。

(2) 选择“轴测尺寸（文字倾斜 30)”的标注样式，启动“对齐”命令标注支板高度尺寸 60 和支板上孔圆心高度尺寸 30。

(3) 选择“标注”→“倾斜”命令，选择尺寸 40、72、12、60 和 30，设置标注的倾斜角度为－30°，结果如图 7－29 所示。

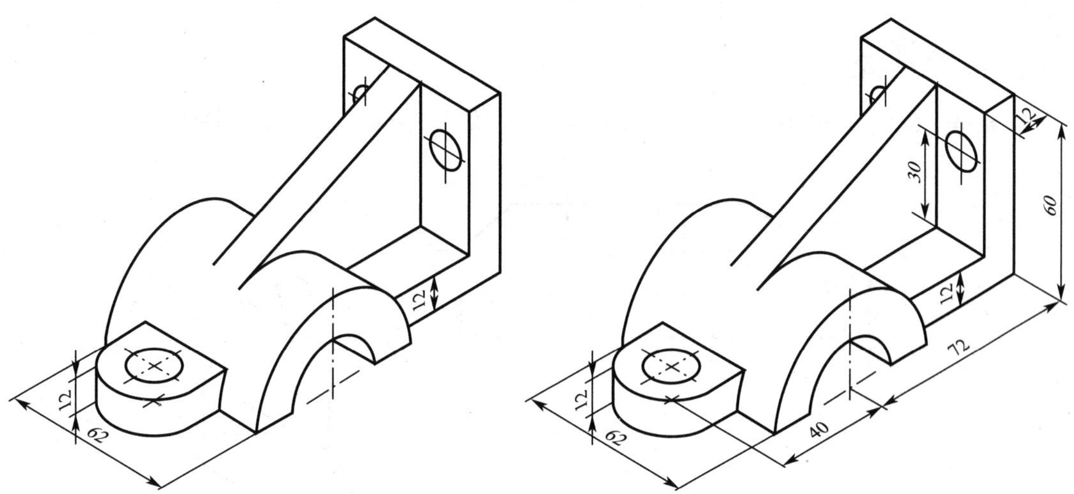

图7-28 标注尺寸界线与 *X* 轴平行的尺寸　　图7-29 标注尺寸界线与 *Y* 轴平行的尺寸

步骤5：标注尺寸界线与Z轴平行的尺寸。

（1）选择“轴测尺寸（文字倾斜-30）”的标注样式，启动“对齐”命令标注支板两孔中心距尺寸30和支板宽度尺寸50。

（2）选择“标注”→“倾斜”命令，选择尺寸30和50，设置标注的倾斜角度为90°，结果如图7-30所示。

步骤6：标注其他尺寸。

（1）选择“机械标注”标注样式，启动“对齐”命令标注肋板厚度12。

（2）用圆和圆弧的正等轴测投影标注方法，绘制辅助圆，完成轴测图中椭圆直径或椭圆弧半径的标注，完成支座零件正等轴测图尺寸的标注，结果如图7-31所示。

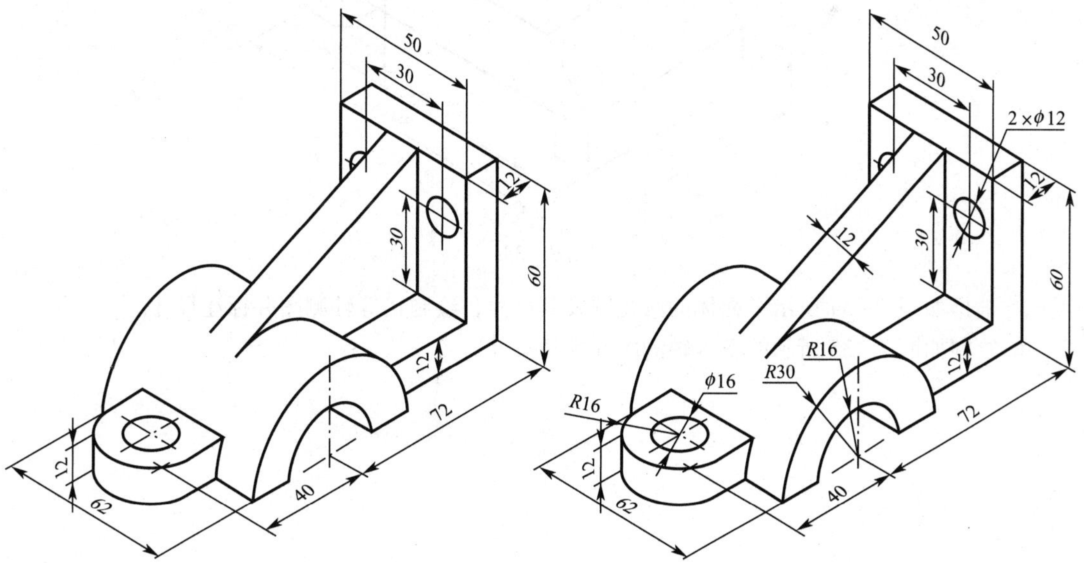

图7-30 标注尺寸界线与 *Z* 轴平行的尺寸　　图7-31 标注椭圆直径及椭圆弧半径

技能训练

1. 根据平面体的三视图及其尺寸，用切割法绘制如图 7 - 32 所示的正等轴测图形。

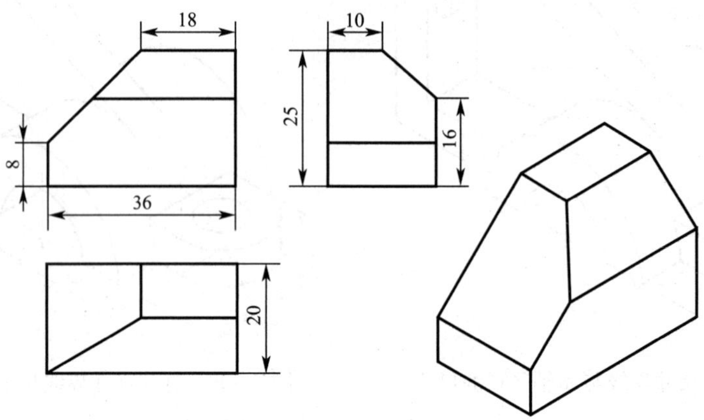

图 7 - 32

2. 绘制如图 7 - 33 所示的正等轴测图形并标注尺寸。

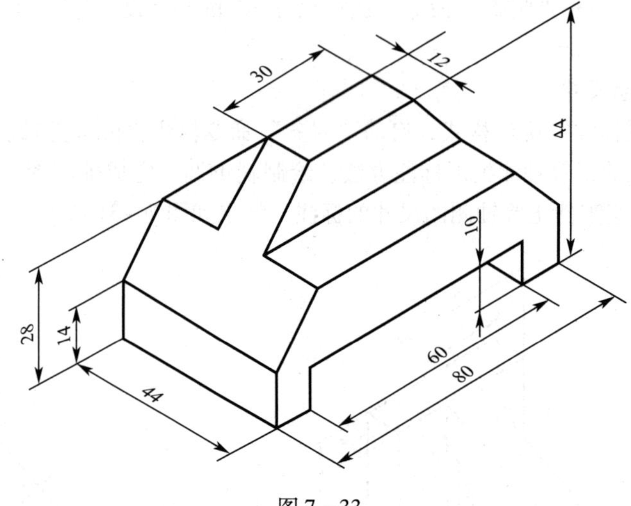

图 7 - 33

3. 根据如图 7 - 34 所示平面体的两视图及其尺寸，绘制正等轴测图并标注尺寸。
4. 绘制如图 7 - 35 所示的正等轴测图并标注尺寸。

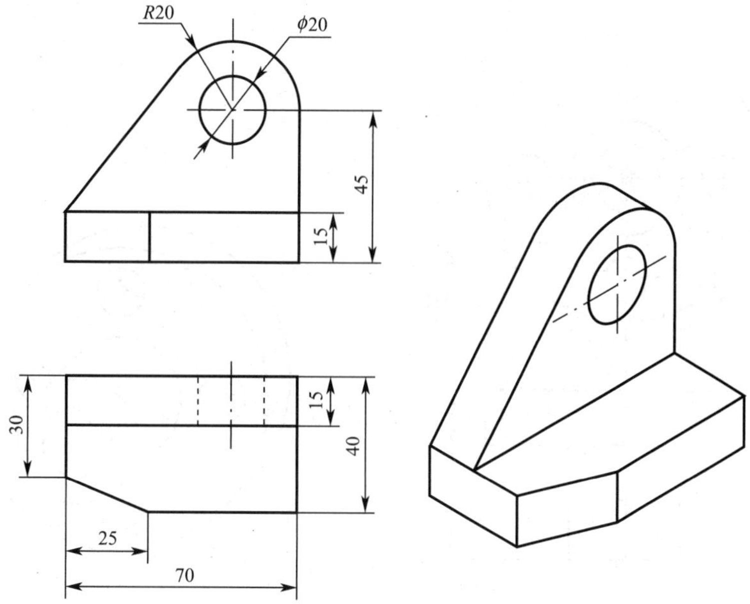

图 7－34

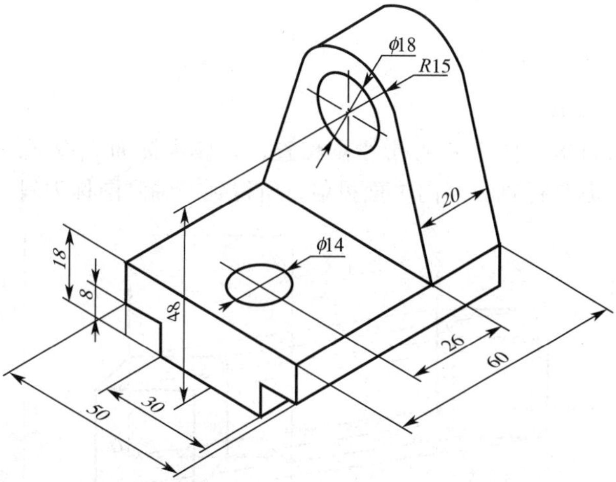

图 7－35

任务2　绘制端盖斜二轴测图

任务描述

设置绘图环境，绘制如图 7－36 所示的端盖斜二轴测图，掌握斜二轴测图的绘制方法。

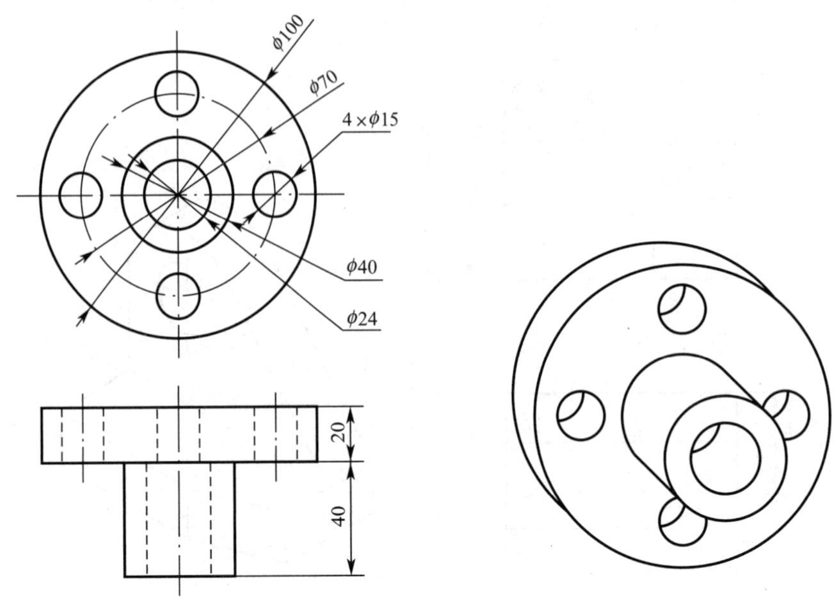

图 7－36　端盖视图及其斜二轴测图

知识准备

斜二轴测图的基本知识

如图 7－37 所示，将坐标轴 O_0Z_0 置于铅垂位置，并使坐标面 $X_0O_0Z_0$ 平行于轴测投影面 V，用斜投影法将物体连同其坐标轴一起向 V 面投射，所得到的轴测图称为斜二轴测图。

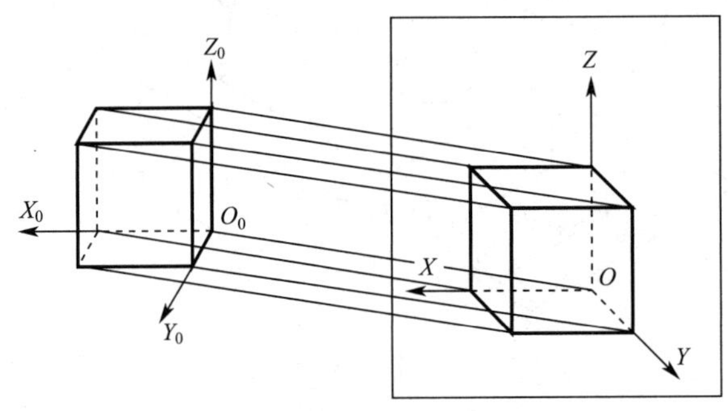

图 7－37　斜二轴测图的形成

1. 轴间角和轴向伸缩系数

由于 $X_0O_0Z_0$ 坐标面平行于轴测投影面 V，所以轴测轴 OX、OZ 仍分别为水平方向和铅垂方向，其轴向伸缩系数 $p_1=r_1=1$，轴间角 $\angle XOZ=90°$。轴测轴 OY 的方向和轴向伸缩系数 q，可随着投射方向的变化而变化。为了绘图简便，国家标准规定，选取轴间角 $\angle XOY=\angle YOZ=135°$，$q_1=0.5$。

2. 斜二轴测图画法

在斜二轴测图中，由于物体上平行于 $X_0O_0Z_0$ 坐标面的直线和平面图形均反映实长和实形，所以当物体上有较多的圆或圆弧平行于 $X_0O_0Z_0$ 坐标面时，采用斜二轴测图作图比较方便。斜二轴测图作图方法与步骤如下：

（1）在视图中定出直角坐标系，画出轴测轴。

（2）根据主视图，画出端面图形。

（3）然后根据实际图形沿 Y 轴方向向前或后平移 Y 轴方向按尺寸的 0.5 倍，画出可见轮廓线，修剪图形，完成作图。

任务实施

步骤1：将端盖底板前端面圆心作为坐标原点，绘制斜二测坐标轴。设置 CAD 绘图环境，打开极轴追踪模式，设置极轴追踪增量角为45°。

步骤2：绘制端盖主视图图形，结果如图 7－38 所示。

步骤3：启动“复制”命令，将步骤2 中绘制好的图形，以点 O_1 为基点，沿 Y 轴方向向后平移 10（宽度值的 0.5 倍），修剪不可见图线，结果如图 7－39 所示。

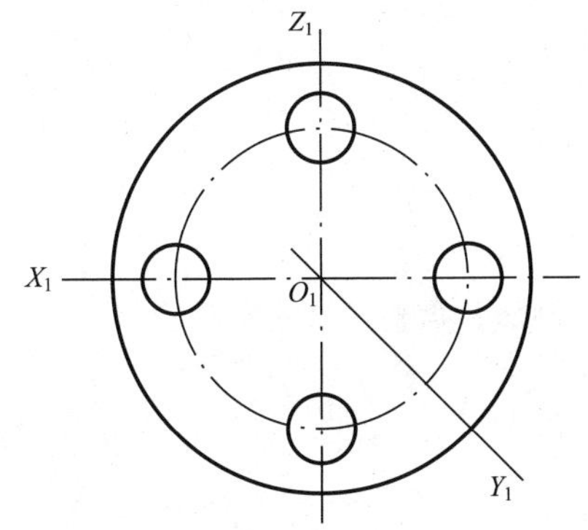

图 7－38　绘制端盖主视图图形

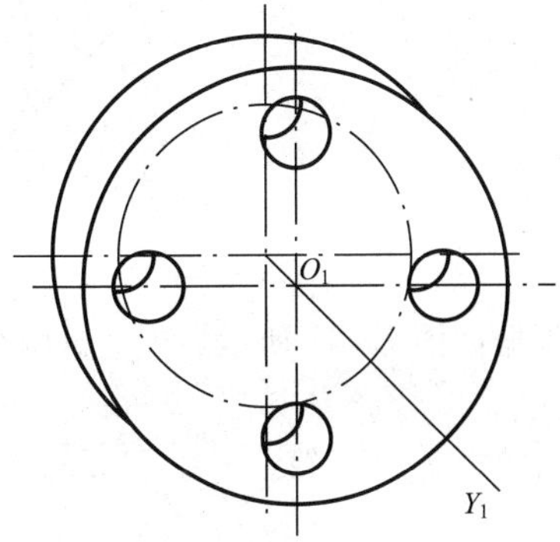

图 7－39　绘制端盖底板

步骤4：启动“圆”命令，以 O_1 点为圆心绘制 ϕ24 圆和 ϕ40 圆，结果如图 7－40 所示。

步骤5：启动“复制”命令，将两圆沿 Y 轴方向向前平移 20，结果如图 7－41 所示。

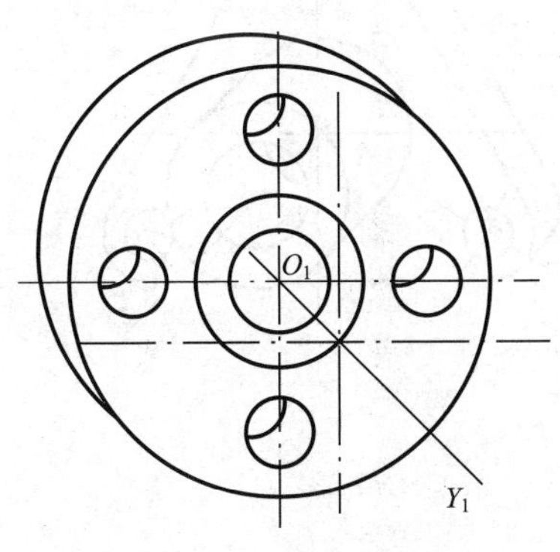

图 7－40 绘制小圆柱筒底圆

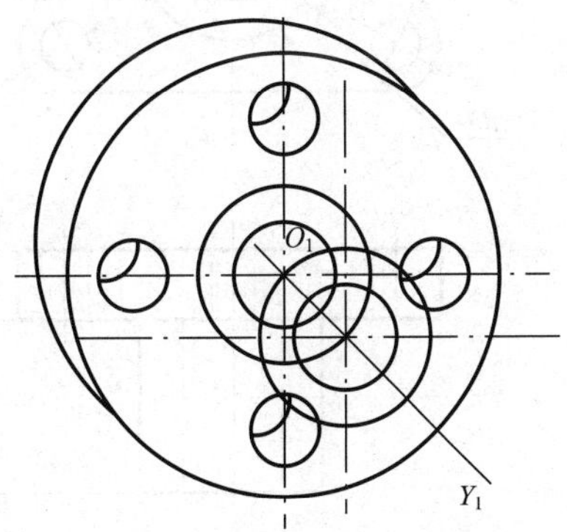

图 7－41　复制小圆柱筒底圆

步骤6：作两圆的外公切线，修剪多余图线及不可见图线，完成端盖斜二轴测图绘制，结果如图 7－36 所示。

技能训练

1. 根据如图 7－42 所示的套筒视图及尺寸，绘制套筒斜二轴测图。

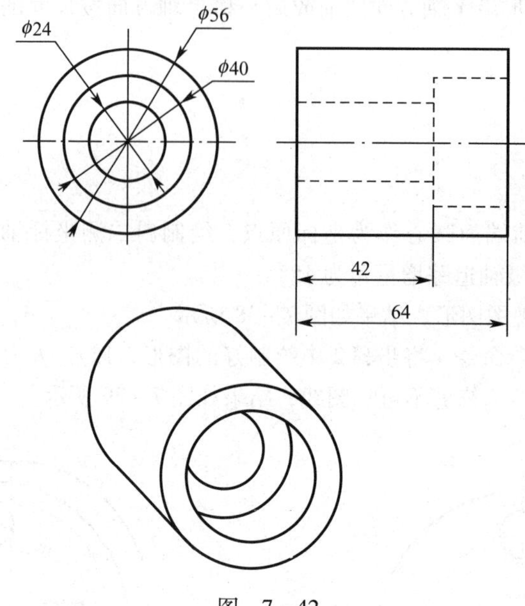

图 7－42

2. 根据如图 7－43 所示的法兰盘两视图及尺寸，绘制法兰盘斜二轴测图。

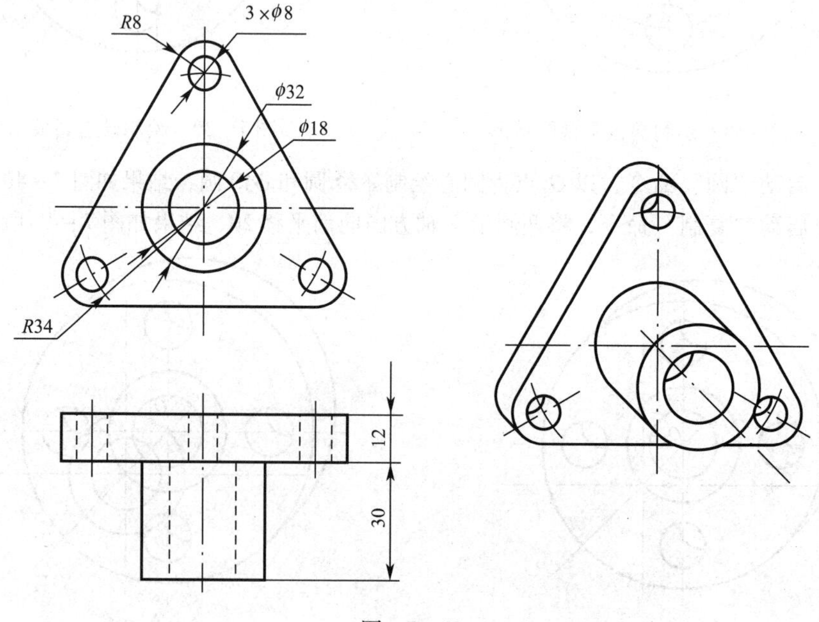

图 7－43

项目 8 机械三维图形绘制

【知识目标】

- 熟练掌握三维坐标设置功能、三维视图功能、三维视图样式设置和三维动态的显示设置的操作。
- 熟练掌握三维实体的创建、布尔运算操作。
- 熟练掌握三维实体的编辑和修改操作。

【能力目标】

能正确运用各种三维绘图命令及编辑命令完成三维实体的创建。

任务 1 创建 UCS

任务描述

绘制任意长方体，在如图 8－1 所示位置创建 UCS。

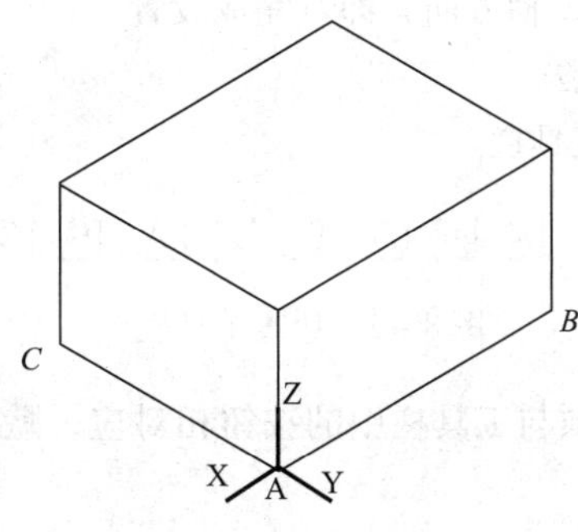

图 8－1 创建 UCS

知识准备

一、设置特殊的三维视点

在默认情况下，系统提供了 10 种三维视点。在绘制图形时，这些三维视点也经常被用到。在菜单栏中选择“视图”→“三维视图”命令，在“三维视图”的下一级菜单中，罗列的系统提供的 10 种三维视点，用户可根据实际情况，选择相应的视点选项即可。

➢ 俯视(T)：从上往下查看模型，常以二维形式显示。
➢ 仰视(B)：从下往上查看模型，常以二维形式显示。
➢ 左视(L)：从左往右查看模型，常以二维形式显示。
➢ 右视(R)：从右往左查看模型，常以二维形式显示。
➢ 前视(F)：从前往后查看模型，常以二维形式显示。
➢ 后视(K)：从后往前查看模型，常以二维形式显示。
➢ 西南等轴测(S)：从西南方向以等轴测方式查看模型。
➢ 东南等轴测(E)：从东南方向以等轴测方式查看模型。
➢ 东北等轴测(N)：从东北方向以等轴测方式查看模型。
➢ 西北等轴测(W)：从西北方向以等轴测方式查看模型。

二、三维坐标系统

通常在创建实体模型时，需使用三维坐标设置功能。

绘制三维模型之前，需要调整好当前的绘图坐标。在 AutoCAD 中三维坐标分为两种：世界坐标系和用户坐标系。世界坐标系为系统默认坐标系，它的坐标原点和方向固定不变。用户坐标系是根据用户绘图需求改变坐标原点和方向，使用起来较为灵活。

1. 世界坐标系（WCS）

世界坐标系表示方法包括直角坐标系、圆柱坐标系以及球坐标三种类型。

2. 用户坐标系（UCS）

顾名思义，用户坐标系是用户自定义的坐标系。该坐标系的原点可指定空间任意一点，同时可采用任意方式旋转或倾斜其坐标轴。在命令行中输入命令“UCS”后按【Enter】键，根据命令行中的提示，指定好 *X*、*Y*、*Z* 轴方向，即可完成设置。

（1）定义 UCS 的几种常用方法

打开如图 8－2 所示的 UCS 工具栏。

图 8－2　UCS 工具栏

①UCS：该命令行中各选项与工具栏中的按钮相对应，默认情况下将启动“原点”命令创建用户坐标。

②世界：该命令用来切换回模型或视图的世界坐标系，即 WCS 坐标系。世界坐标系也称为通用或绝对坐标系，它的原点位置和方向始终是保持不变的。

③上一个 UCS：上一个 UCS 是通过使用上一个 UCS 确定坐标系，它相当于绘图中的撤销操作，可返回上一个绘图状态，但区别在于该操作仅返回上一个 UCS 状态，其他图形保持更改后的效果。

④面 UCS：该工具主要用于将新用户坐标系的 *XY* 平面与所选实体的一个面重合。在模型中选取实体面或选取面的一个边界，此面被加亮显示，按【Enter】键即可将该面与新建 UCS 的 *XY* 平面重合。

⑤对象：该工具通过选择一个对象，定义一个新的坐标系，坐标轴的方向取决于所选对象的类型。当选择一个对象时，新的坐标系的原点将放置在创建该对象时定义的第一点，*X* 轴

的方向为从原点指向创建该对象时定义的第二点，Z 轴方向自动保持与 XY 平面垂直。

⑥视图：该工具可使新坐标系的 XY 平面与当前视图方向垂直，Z 轴与 XY 平面垂直，而原点保持不变。通常情况下，该方式主要用于标注文字，当文字需要与当前屏幕平行而不需要与对象平行时，用此方式比较简单。

⑦原点：“原点”命令是系统默认的UCS坐标创建方法，它主要用于修改当前用户坐标系的原点位置，坐标轴方向与上一个坐标相同，由它定义的坐标系将以新坐标存在。在UCS工具栏中单击“原点”按钮，然后利用状态栏中的对象捕捉功能，捕捉模型上的一点，按【Enter】键结束操作。

⑧Z 轴矢量：该工具是通过指定一点作为坐标原点，指定一个方向作为 Z 轴的正方向，从而定义新的用户坐标系。此时，系统将根据 Z 轴方向自动设置 X 轴、Y 轴的方向。

⑨三点：该方式是最简单、也是最常用的一种方法，只需选取三个点就可确定新坐标系的原点、X 轴与 Y 轴的正向。指定的原点是坐标系旋转时基准点，再选取一点作为 X 轴的正方向，因为 Y 轴的正方向实际上已经确定。当确定 X 轴与 Y 轴的方向后，Z 轴的方向自动设置为与 XY 面垂直的方向。

⑩$X/Y/Z$ 轴：该方式是将当前UCS绕 X 轴、Y 轴或 Z 轴旋转一定的角度，从而生成新的用户坐标系。它可以通过指定两个点或输入一个角度值来确定所需要的角度。

（2）设置用户坐标特性

在AutoCAD中，用户可根据需要对用户坐标系特性进行设置。在菜单栏中，选择“视图”→“显示”→“UCS图标”→“特性”命令，打开“UCS图标”对话框，如图8－3所示。从中可对坐标系的图标颜色、大小以及线宽等参数进行设置。

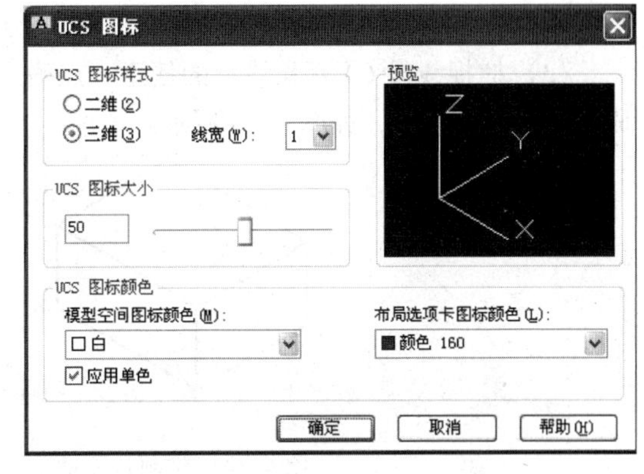

图8－3　“UCS图标”对话框

三、绘制长方体

1. 启动“长方体”命令的方法

➤在命令行输入“BOX”，按【Enter】键。

➤选择下拉菜单中的“绘图”→“建模”→“长方体”命令。

➤单击“建模”工具栏中的“长方体”按钮。

2. 功能

长方体命令可绘制实心长方体或立方体。

3. 常用选项说明

➤角点：指定长方体的角点位置。输入另一角点的数值，可确定长方体。

➤立方体（C）：创建一个长、宽、高相等的长方体。通常在指定底面长方体起点后，输入“C”，并指定好立方体一条边的长度值即可完成。

➤长度（L）：输入方体的长、宽、高的数值。

➤中心点（C）：使用中心点功能创建长方体或立方体。

例：创建如图8－4所示长方体，命令行操作显示如下：

①_ box;

②指定第一个角点或［中心（C）］：（在任意位置单击，确定底面第一角点）；

③指定其他角点或［立方体（C）/长度（L）］：@20，10（底面第二角点位置，见图8－4（a））；

④指定高度或［两点（2P）］<30.0000>：5（输入长方体高度）。

完成长方体创建，结果如图 8－4（b）所示。

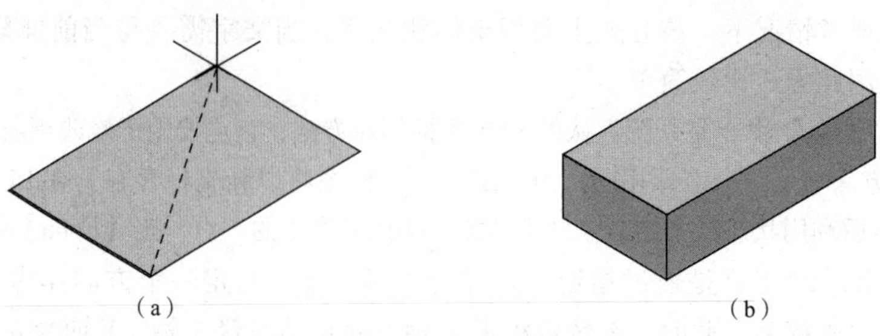

图 8－4　创建长方体

任务实施

步骤 1：启动“长方体”命令，绘制长 × 宽 × 高 = 100 × 80 × 50 的长方体，如图 8－5 所示。

步骤 2：启动“三点创建 UCS”命令，操作步骤如下：

（1）捕捉长方体左下角的 *A* 点为新坐标系的原点。

（2）捕捉线段 *BA* 延长线上的任意一点确定 *X* 轴的正方向。

（3）捕捉线段 *CA* 延长线上的任意一点确定 *Y* 轴的正方向，*Z* 方向自动垂直于 *XY* 平面，完成用户坐标的创建，如图 8－6 所示。

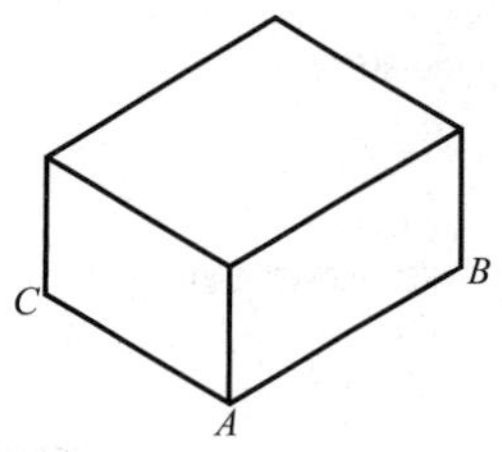

图 8－5　绘制长方体

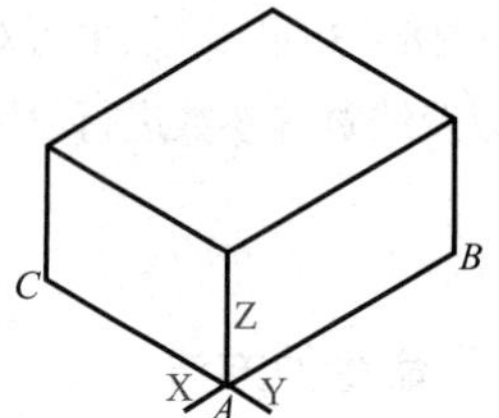

图 8－6　创建新 UCS

子任务 1　命名当前 UCS

任务描述

将本项目任务 1 中新建的用户坐标命名为“左下角”，并存档，另外在长方体的右上角新建一个用户坐标并命名为“右上角”，调用已经创建的“左下角”用户坐标

知识准备

管　理　UCS

1. 命名 UCS 的必要性

在三维建模过程中，需要频繁创建用户坐标，以便在指定点、输入坐标、轴测图标注和使

用绘图辅助工具时更便捷地处理图形，而这些坐标需要频繁的重复调用，因此很有必要对这些用户坐标系进行保存和统一管理。

如果想要对用户坐标系进行管理设置，在菜单栏中，选择“工具”→“命名 UCS”命令，打开 UCS 对话框。用户可以根据需要对 UCS 进行命名、保存、重命名以及 UCS 其他设置操作。其中“命名 UCS”选项卡“正交 UCS”选项卡和“设置”选项卡的介绍如下：

2. “命名 UCS”选项卡：该选项卡主要用于显示已定义的用户坐标系的列表并设置当前的 UCS，如图 8－7 所示。其中，“当前 UCS”列表框用于显示当前的 UCS 的名称；UCS 名称列表列出当前图形中已定义的用户坐标系；单击“置为当前”按钮，可将被选中的 UCS 设置为当前使用；单击“详细信息”按钮，在“UCS 详细信息”对话框中，显示 UCS 的详细信息，如图8－8所示。

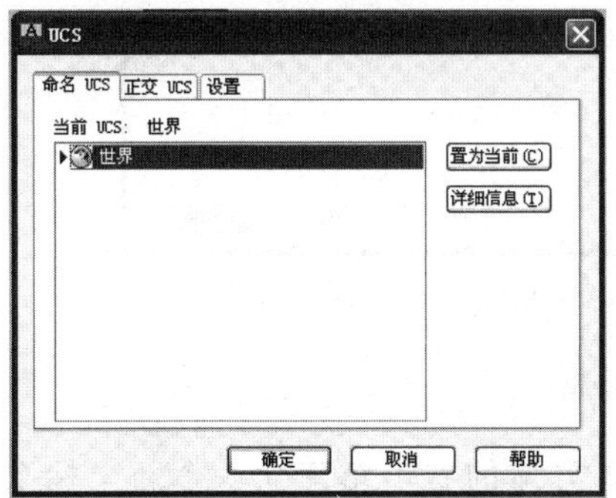

图 8－7　“命令 UCS”选项卡

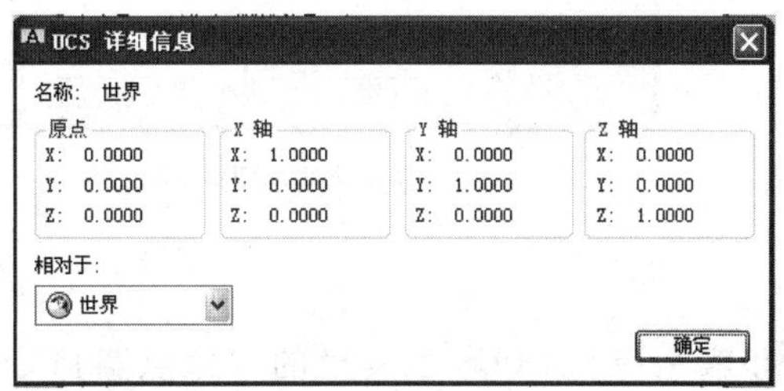

图 8－8　“UCS 详细信息”选项卡

3. “正交 UCS”选项卡：该选项卡用于将当前 UCS 改变为六个正交 UCS 中的一个，如图 8－9所示。其中“当前 UCS”列表框中显示了当前图形中的六个正交坐标系；“相对于”列表框用来指定所选正交坐标系相对于基础坐标系的方位。

4. “设置”选项卡：该选项卡用于显示和修改 UCS 图标设置并保存到当前窗口中。其中“UCS 图标设置”选项组可指定当前 UCS 图标的设置；“UCS 图标”选项组可指定当前 UCS 设置，如图 8－10 所示。

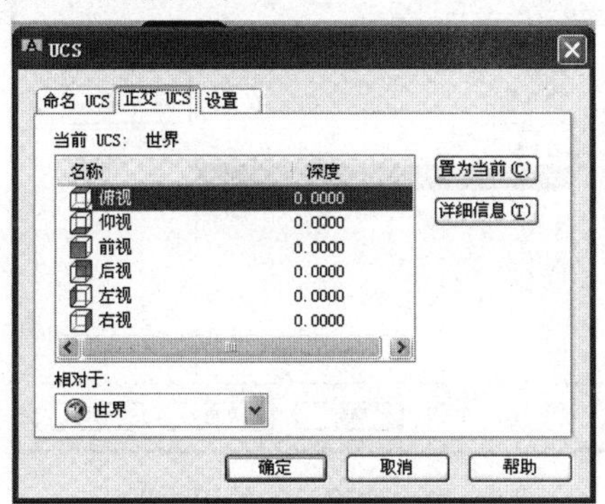

图 8－9　正交 UCS 选项卡

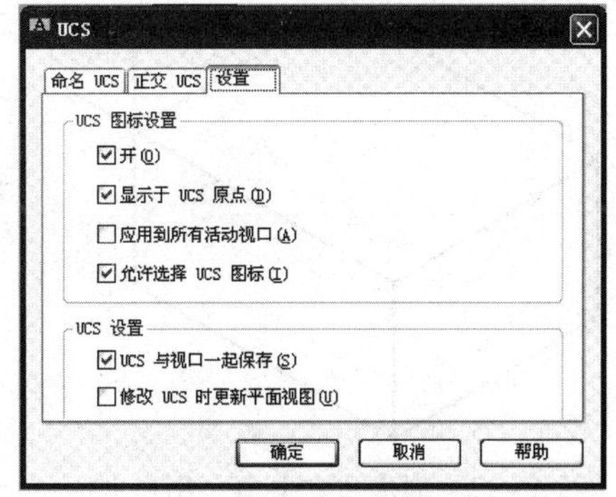

图 8－10　设置选项卡

任务实施

步骤 1：打开本项目任务 1 存档的文件名为“UCS”的文件。

步骤 2：重命名长方体左下角的用户坐标，操作步骤如下：

（1）选择菜单栏的“工具”→“命名 UCS”命令，打开 UCS 对话框。

（2）选择“命名 UCS”选项卡，在列表中选择名称为“未命名”的用户坐标，单击右键，将其重命名为“左下角”，如图 8－11 所示。

（3）保存文件。

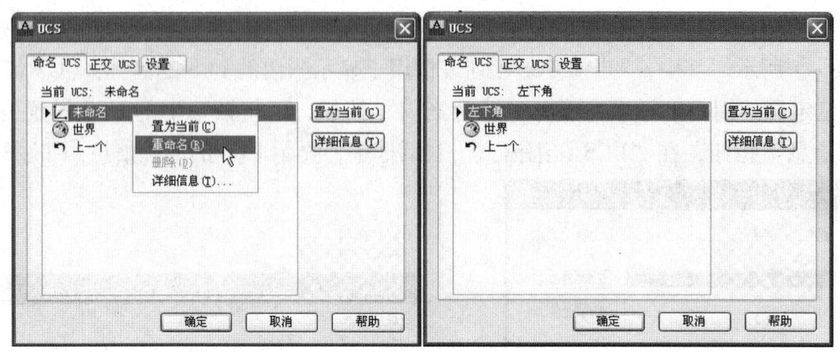

（a）重命名当前用户坐标　　（b）将当前坐标命名为“左下角”

图 8－11　UCS 对话框

步骤 3：启动 UCS 工具栏的“原点”命令，在长方体的右上角建立一个新坐标系，如图 8－12所示。

步骤 4：重复步骤 2 里面的（1）和（2），将坐标重命名为“右上角”并存档。

步骤 5：重新调用步骤 2 创建的名称为“左下角”的用户坐标。

（1）选择菜单栏的“工具”→“命名 UCS”命令，打开 UCS 对话框。

（2）在“命名 UCS”选项卡中选择步骤 2 创建的名称为“左下角”的用户坐标，单击“置为当前”后单击“确定”，如图 8－13 所示，则坐标显示为如图 8－6 所示位置。

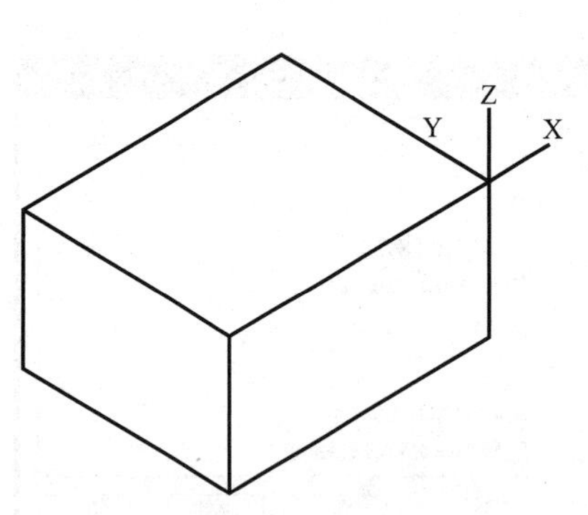

图 8－12　创建“右上角”用户坐标

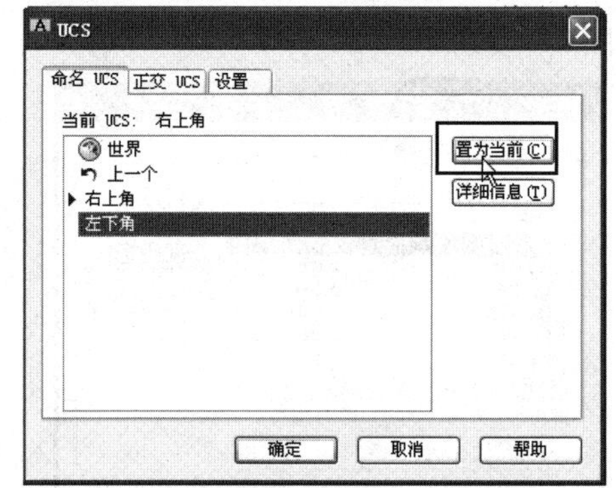

图 8－13　调用已有的用户坐标

子任务 2　“灰度”显示长方体并设置自由动态观察

任务描述

设置本项目任务 1 中的长方体为“灰度”显示，并设置自由动态观察。

知识准备

在查看模型各个角度造型是否完善时，需要使用三维视图功能。

一、三维视图样式

通过选择不同的视觉样式可以直观地从各个视角来观察模型的显示效果，在 AutoCAD 2013 中，系统提供了视觉样式共有 10 种。当然用户也可自定义视图样式，并且运用视图样式管理器，将自定义的样式运用到三维模型中。

视图样式的种类

在这 10 种视图样式分别为二维线框、概念、隐藏、真实、着色、带边框着色、灰度、勾画、线框和 X 射线。用户可根据需要来选择视图样式，从而能够更清楚地查看三维模型。在菜单栏中选择“视图”→“视图样式”命令，可切换样式种类。

➢二维线框样式：二维线框样式是以单纯的线框模式来表现当前的模型效果，该样式是三维视图的默认显示样式。

➢概念样式：概念样式是将模型背后不可见的部分进行遮挡，并以灰色面显示，从而形成比较直观的立体模型样式。

➢隐藏样式：该视图样式与概念样式类似，概念样式是以灰度显示，而隐藏样式以白色显示。

➢真实样式：真实样式是在概念样式基础上，添加了简略的光影效果，并能显示当前模型的材质贴图。

➢着色样式：该样式是将当前模型表面进行平滑着色处理，而不显示贴图样式。

➢带边框着色样式：该样式是在着色样式基础上，添加了模型线框和边线。

➢灰度样式：该样式是在概念样式的基础上，添加了平滑灰度的着色效果。

➢勾画样式：该样式是用延伸线和抖动边修改器来显示当前模型手绘图的效果。

➢线框样式：该样式与二维线框样式相似，只不过二维线框样式常常用于二维或三维空间，两者都可显示，而线框样式只能够在三维空间中显示。

➢X 射线样式：该样式在线框样式的基础上，更改面的透明度使整个模型变成半透明，并略带光影和材质。

二、三维动态观察

AutoCAD 2013 提供了具有交互控制功能的三维动态观察器，可以实时地控制和改变当前视口中创建的三维视图，以得到用户期望的效果。

1. 受约束的动态观察

(1) 启动“受约束的动态观察”命令的方法：

➢命令行：3DORBIT。

➢工具栏：选择“动态观察”→“受约束的动态观察”命令或“三维导航”→“受约束的动态观察”命令，如图 8-14 所示。

图 8-14 “动态观察”和“三维导航”工具栏

➢菜单栏：选择“视图”→“动态观察”→“受约束的动态观察”命令，如图 8－15 所示。

➢快捷菜单：选择“其他导航模式”→“受约束的动态观察”命令，如图 8－16 所示。

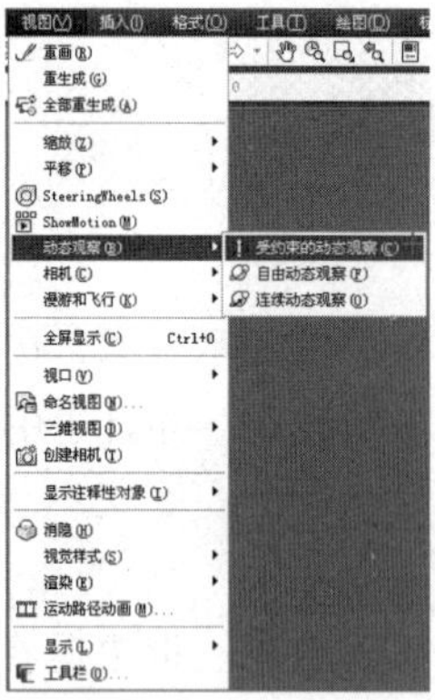

图 8－15　菜单栏

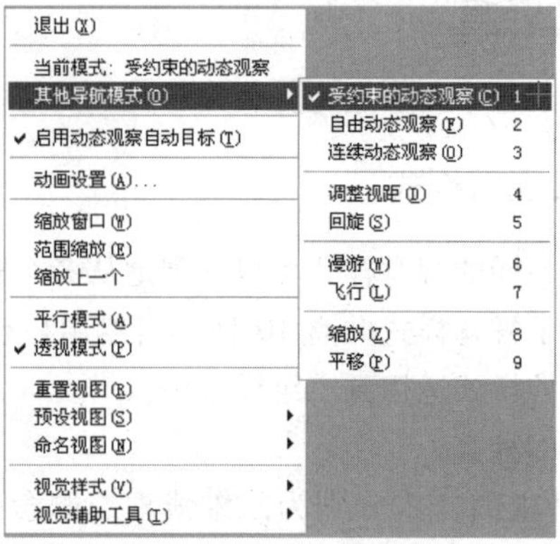

图 8－16　快捷菜单

（2）操作步骤

执行该命令后，视图的目标保持静止，而视点将围绕目标移动。但是，从用户的视点看起来就像三维模型正在随着光标而旋转。用户可以以此方式指定模型的任意视图。

系统显示三维动态观察光标图标。如果水平拖动光标，则相机将平行于世界坐标系（WCS）的 *XY* 平面移动；如果垂直拖动光标，则相机将沿着 *Z* 轴移动。

2. 自由动态观察

（1）启动“自由动态观察”命令的方法：

➢命令行：3DFORBIT。

➢菜单栏：选择“视图”→“动态观察”→“自由动态观察”命令。

➢快捷菜单：选择“其他导航模式”→“自由动态观察”命令。

➢工具栏：选择“动态观察”→“自由动态观察”命令或“三维导航”→“自由动态观察”命令。

（2）操作步骤

执行该命令后，在当前窗口出现一个绿色的大圆，在大圆上有四个绿色的小圆，此时通过拖动鼠标就可以对视图进行旋转观测。

在三维动态观察器中，查看目标的点被固定，用户可以利用鼠标控制相机位置绕观察对象得到动态的观测效果。当鼠标在绿色大圆的不同位置进行拖动时，光标的表现形式是不同的，视图的旋转方向也不同。视图的旋转由光标的表现形式和位置决定。光标在不同位置时有几种表现形式，拖动这些图标，分别对对象进行不同形式的旋转。

3. 连续动态观察

（1）启动“连续动态观察”命令的方法：

➢命令行：3DCORBIT。

➢菜单栏：选择“视图”→“动态观察”→“连续动态观察”命令。

➢快捷菜单：选择“其他导航模式”→“连续动态观察”命令。

➢工具栏：选择“动态观察”→“连续动态观察”命令或“三维导航”→“连续动态观察”命令。

（2）操作步骤

执行该命令后，界面出现动态观察图标，按住鼠标左键拖动，图形按鼠标拖动方向旋转，旋转速度为鼠标的拖动速度。

任务实施

步骤 1：启动“长方体”命令，绘制长 × 宽 × 高 = 100 × 80 × 50 的长方体，如图 8 – 17 所示。

步骤 2：选择菜单栏“视图”→“视觉样式”→“灰度”命令，将绘制的长方体用“灰度”样式显示，如图 8 – 18 所示。

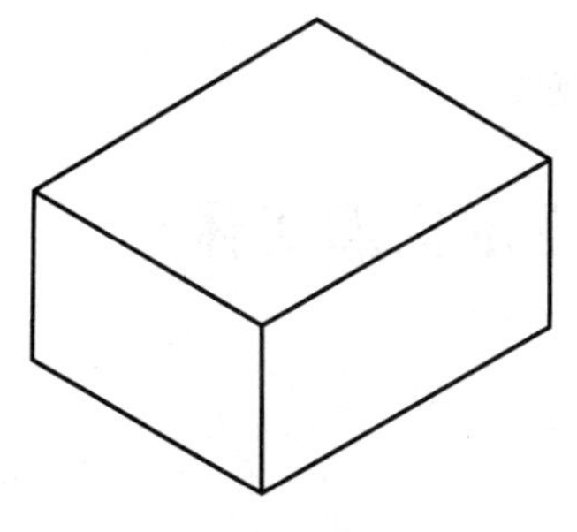

图 8 – 17　绘制长方体

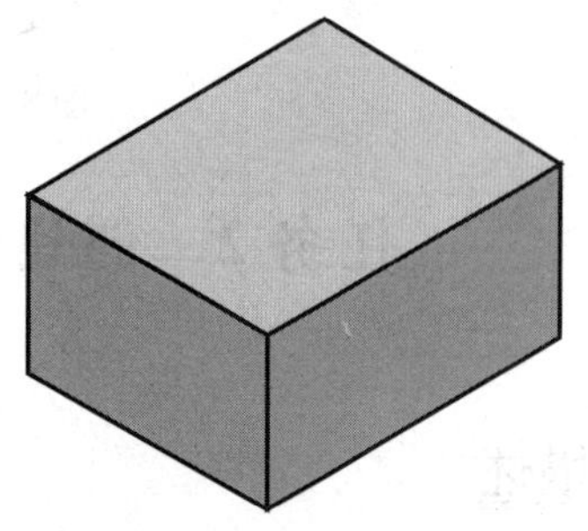

图 8 – 18　灰度显示长方体

步骤 3：选择菜单栏“视图”→“动态观察”→“自由动态观察”命令，按下鼠标左键移动，即可随意观察绘制的三维模型，如图 8 – 19 所示。

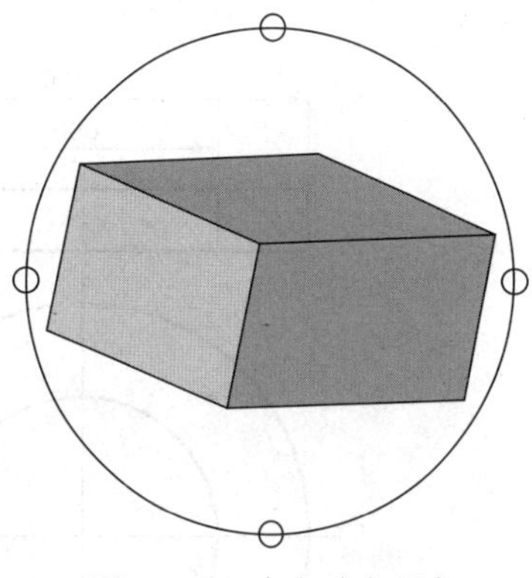

图 8 – 19　自由动态观察

技能训练

1. 用长方体命令创建如图 8 – 20 所示的模型，顶面长方体的长为棱边 AB 的长度，宽为棱边 BD 的一半（即中点），捕捉相应的顶点创建顶面长方体，高度为 20，最后将其更改为消隐显示。

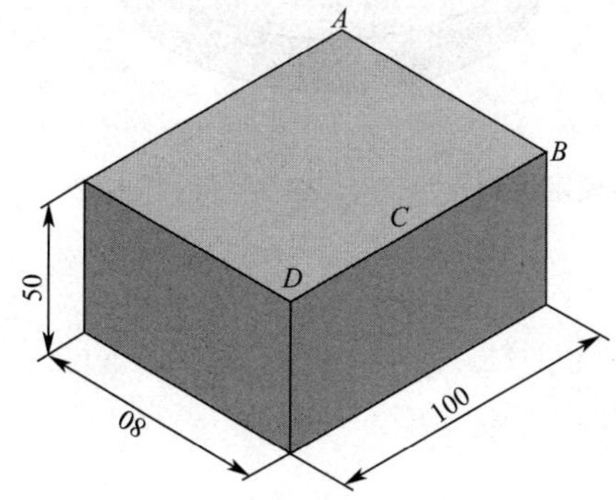

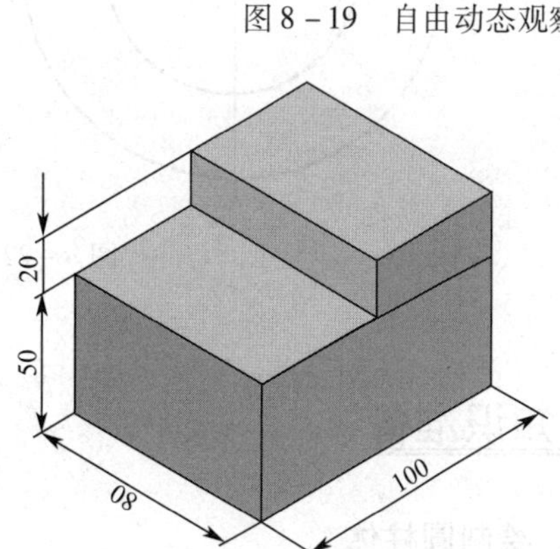

图 8 – 20　模型一

2. 用长方体命令创建如图 8 – 21 所示的模型，并将其更改为 X 射线显示。

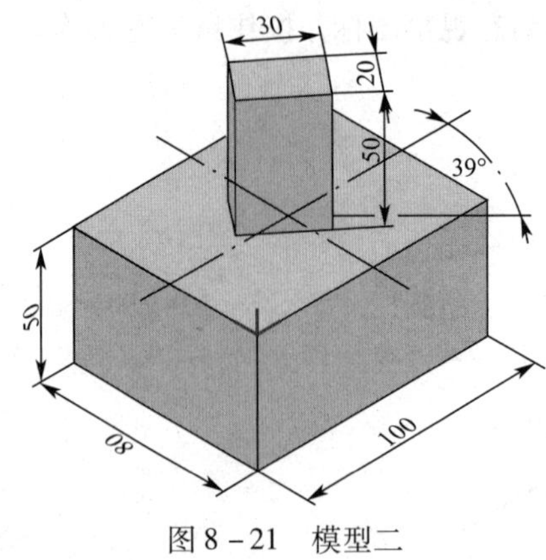

图 8－21　模型二

任务 2　创建注塑模定位圈实体

任务描述

创建如图 8－22 所示的注塑模具定位圈的三维实体模型，掌握圆柱体绘制、布尔运算的操作方法。

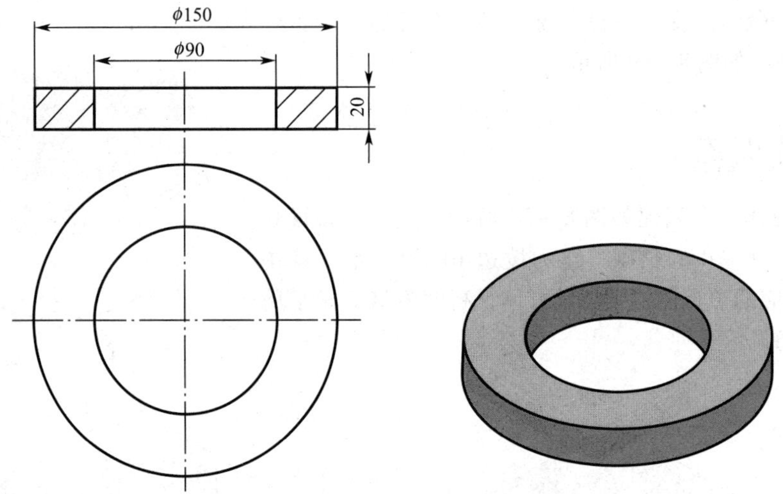

图 8－22　注塑模定位圈

知识准备

一、绘制圆柱体

1. 启动“圆柱体”命令的方法

➤在命令行输入“CYLINDER”，按【Enter】键。

➤选择下拉菜单中的“绘图”→“建模”→“圆柱体”命令。

➢单击“建模”工具栏中的“圆柱体”按钮。

2. 功能

圆柱体命令可绘制圆柱体及底面为椭圆的椭圆体。

3. 常用选项说明

➢中心点：指定圆柱体底面的圆心点。

➢三点（3P）：通过两点指定圆柱的底面圆，第三点指定圆柱体高度。

➢两点（2P）：通过指定两点来定义圆柱体底面直径。

➢相切、相切、半径（T）：定义具有指定半径，且与两个对象相切的圆柱体底面。

➢椭圆（E）：指定圆柱体的椭圆底面。根据命令行提示，输入“E”启动绘制椭圆柱命令，指定底面椭圆的长半轴和短半轴距离，并输入椭圆柱高度值即可完成椭圆柱的绘制。

➢直径（D）：指定圆柱体的底面直径。

➢轴端点（A）：指定圆柱体轴的端点位置。此端点是圆柱体的顶面中心点，轴端点位于三维空间的任何位置，轴端点定义了圆柱体的长度和方向。

例：创建如图8－23（b）所示圆柱体，命令行操作显示如下：

①_ cylinder；

②指定底面的中心点或［三点（3P）/两点（2P）/切点、切点、半径（T）/椭圆（E）］：（在任意位置单击，确定底面中心点）；

③指定底面半径或［直径（D）］<9.6808>：50（输入圆半径值按【Enter】键，见图8－23（a））；

④指定高度或［两点（2P）］<30.0000>：75（输入圆柱体高度值按【Enter】键）。

完成长方体创建，结果如图8－23（b）所示。

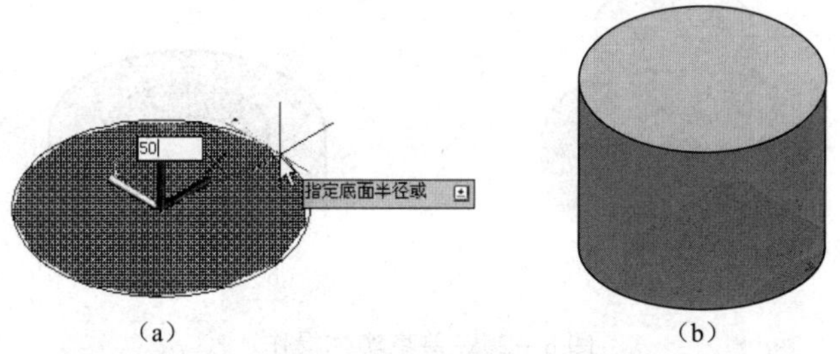

（a）　（b）

图8－23　创建圆柱体

二、布尔运算

布尔运算可以合并，减去或找出两个或两个以上三维实体、曲面或面域的相交部分来创建复合三维对象或面域。运用布尔运算命令可绘制出一些比较复杂的三维实体或面域。

1. 并集操作

（1）启动“并集”命令的方法：

➢在命令行输入“UNION”，按【Enter】键。

➢选择下拉菜单中的“修改”→“实体编辑”→“并集”命令。

➢单击“建模”工具栏中的“并集”按钮。

（2）功能：使用并集命令可以将两个或多个三维实体或二维面域合并成组合实体或面域，

复杂的模型都是由简单的对象通过并集组合而成的。

例：启动“并集”命令，选中图 8－24（a）所示的两个圆柱体，按【Enter】键完成并集操作，两个圆柱体成为一个整体，结果如图 8－24（b）所示。

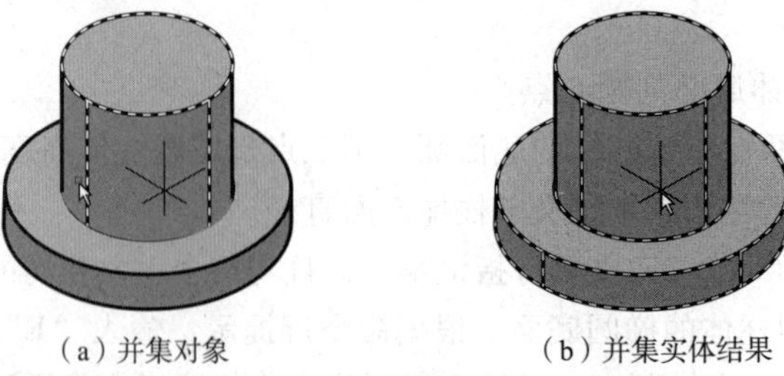

（a）并集对象　　（b）并集实体结果

图 8－24　并集实体操作

2. 差集操作

（1）启动“差集”命令的方法：

➢在命令行输入“SUBTRACT”，按【Enter】键。

➢选择下拉菜单中的“修改”→“实体编辑”→“差集”命令。

➢单击“建模”工具栏中的“差集”按钮。

（2）功能：差集正好与并集相反，使用差集命令可以从一个三维实体或二维面域中减去某个实体或面域对象。

例：启动“差集”命令，如图 8－25（a）所示，先选择要从中减去的实体对象大圆柱，然后再选择要减去的实体对象小圆柱，按【Enter】键完成差集操作，结果如图 8－25（b）所示。

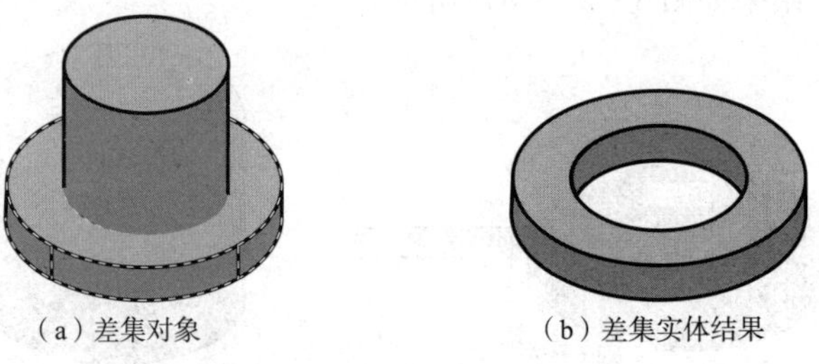

（a）差集对象　　（b）差集实体结果

图 8－25　差集实体操作

3. 交集操作

（1）启动“交集”命令的方法：

➢在命令行输入“INTERSECT”，按【Enter】键。

➢选择下拉菜单中的“修改”→“实体编辑”→“交集”命令。

➢单击“建模”工具栏中的“交集”按钮。

（2）功能

交集是指从两个或两个以上重叠实体或面域的公共部分创建复合实体或二维面域，并保留两组实体对象的相交部分。

例：启动“交集”命令，如图 8－26（a）所示，先选择两个圆柱体，按【Enter】键完成交集操作，结果如图 8－26（b）所示。

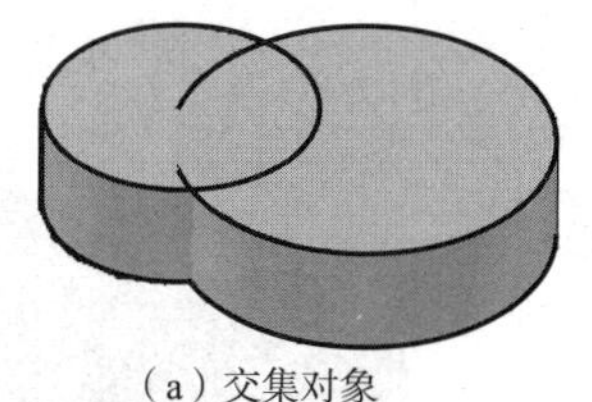

（a）交集对象

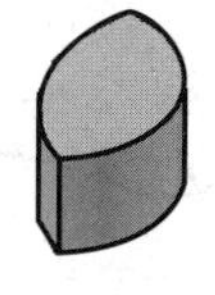

（b）交集实体结果

图8－26　交集实体操作

任务实施

步骤1：将三维视图视点设为西南等轴测。

步骤2：以（0，0，0）为中心点，分别绘制底面半径为45，高度为20的小圆柱体，以及底面半径为75，高度为20的大圆柱体，结果如图8－27（a）所示。

步骤3：启动“差集”命令，对两个圆柱体进行差集运算。命令行操作显示如下：

①命令：_ subtract选择要从中减去的实体、曲面和面域...；

②选择对象：找到1个（选择大圆柱）；

③选择对象：（按【Enter】键结束选取）；

④选择要减去的实体、曲面和面域... 选择对象：找到1个（选择小圆柱）；

⑤选择对象：（按【Enter】键结束选取）。

结果如图8－27（b）所示。

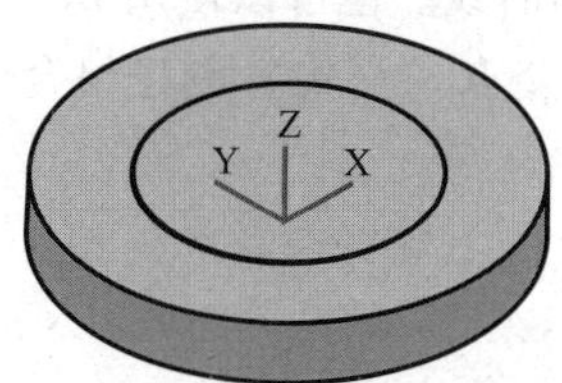

（a）绘制二维截面

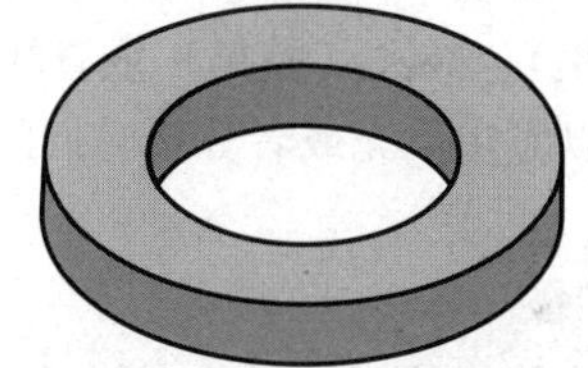

（b）差集创建面域

图8－27　创建注塑模定位圈实体

子任务1　创建手柄实体

任务描述

使用旋转命令创建如图8－28所示的手柄三维实体模型，掌握面域创建、旋转建模命令的操作方法。

知识准备

一、面域

1. 面域概念

面域是使用形成闭合环的对象创建的二维闭合区域。环可以是直线、多段线、圆、圆弧、

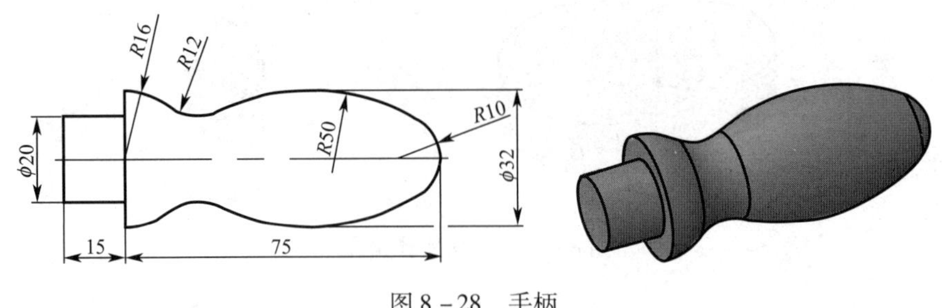

图 8－28　手柄

椭圆、椭圆弧和样条曲线的组合。组成环的对象必须闭合或通过与其他对象共享端点而形成闭合的区域。

2. 启动“面域”命令的方法

➢在命令行输入“REGION”，按【Enter】键。

➢选择下拉菜单中的“绘图”→“面域”命令。

➢单击“绘图”工具栏中的“面域”按钮。

3. 面域的应用

①应用填充和着色。

②使用 MASSPROP 分析特性，例如面积。

③提取设计信息，例如形心。

可以通过多个环或者端点相连形成环的开曲线来创建面域。不能通过非闭合对象内部相交构成的闭合区域构造面域，例如相交的圆弧或自交的曲线。也可以使用 BOUNDARY 创建面域。可以通过结合（并集）、减去（差集）或查找面域的交点（交集）创建组合面域。形成这些更复杂的面域后，可以应用填充或者分析它们的面积。

二、旋转建模

旋转命令通过绕轴旋转二维对象来创建三维实体。旋转的对象可以是封闭的多段线、矩形、多边形、圆、椭圆以及封闭样条曲线等。

1. 启动“旋转”命令的方法

➢在命令行输入“REVOLVE”，按【Enter】键。

➢选择下拉菜单中的“绘图”→“建模”→“旋转”命令。

➢单击“建模”工具栏中的“旋转”按钮。

2. 常用选项说明

➢轴起点：指定旋转轴的两个端点。当其旋转角度为正角时，将按逆时针方向旋转对象；当角度为负值时，按顺时针方向旋转对象。

➢对象：选择现有对象，此对象定义了旋转选定对象时所绕的轴。轴的正方向从该对象的最近端点指向最远端点。

➢X 轴：使用当前 UCS 的 X 轴作为旋转轴，旋转轴的正方向与 UCS 的 X 轴的正方向一致。

➢Y 轴：使用当前 UCS 的 Y 轴作为旋转轴，旋转轴的正方向与 UCS 的 Y 轴的正方向一致。

➢Z 轴：使用当前 UCS 的 Z 轴作为旋转轴，旋转轴的正方向与 UCS 的 Z 轴的正方向一致。

任务实施

步骤 1：将三维视图视点设为俯视。绘制出如图 8－29 所示的二维封闭图形。

步骤 2：启动“面域”命令，将图 8－29 所示的二维封闭图形创建为面域，命令行操作显示如下：

①命令：_ region；

②选择对象：指定对角点：找到 8 个（选择所有图线）；

③选择对象：（按【Enter】键结束选取）。

完成二维封闭图形面域的创建。

图 8－29　创建旋转截面面域

步骤 3：将三维视图视点设为西南等轴测。启动“旋转”命令，命令行操作显示如下：

①命令：_ revolve；

②选择要旋转的对象或［模式（MO）］：（选择创建好的面域）；

③选择要旋转的对象或［模式（MO）］：（按“Enter”键结束选取）；

④指定轴起点或根据以下选项之一定义轴［对象（O）/X/Y/Z］ <对象>：（单击点 *A*）；

⑤指定轴端点：（单击点 *B*，如图 8－30（a）所示）；

⑥指定旋转角度或［起点角度（ST）/反转（R）/表达式（EX）］ <360>：（按【Enter】键）。

完成手柄的三维实体创建，结果如图 8－30（b）所示。

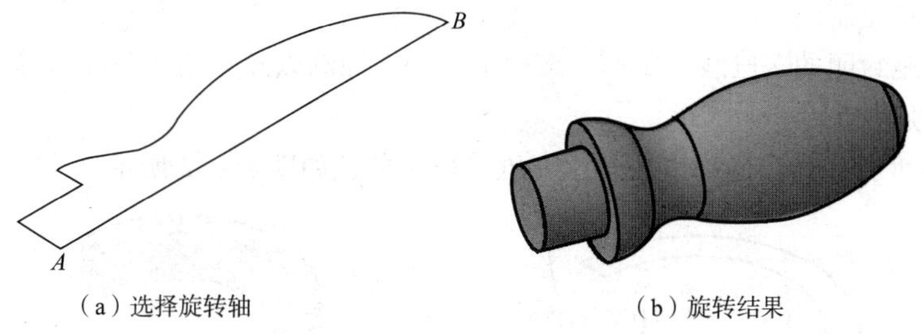

（a）选择旋转轴　　（b）旋转结果

图 8－30　创建手柄三维实体

子任务 2　创建螺母实体

任务描述

创建六角螺母三维实体模型（螺纹孔省略不画），掌握拉伸建模、圆角边及倒角边的操作方法，如图 8－31 所示。

知识准备

一、拉伸建模

1. 启动“拉伸”命令的方法

➢在命令行输入“EXTRUDE”，按【Enter】键。

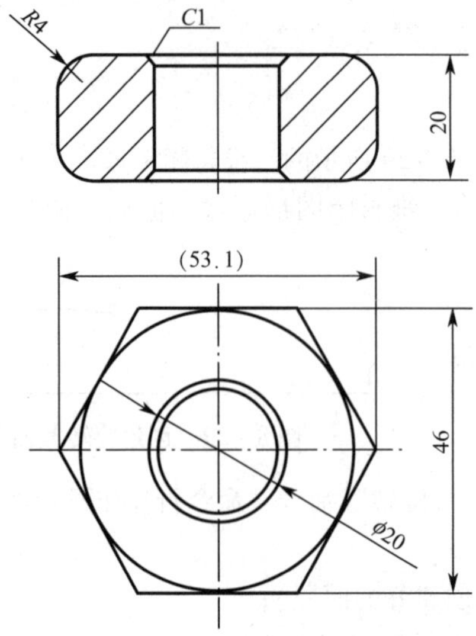

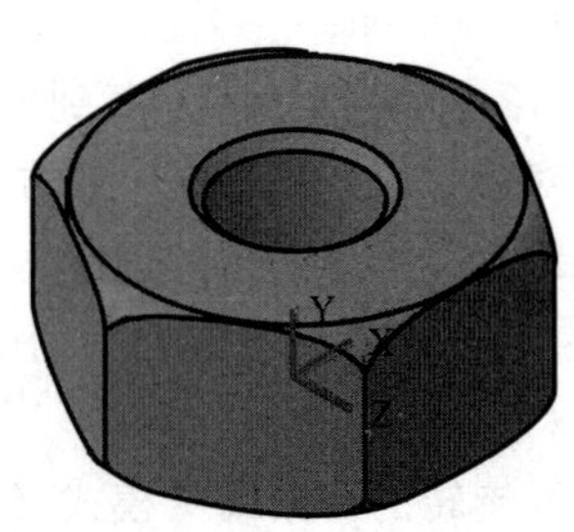

图 8－31　六角螺母

➢选择下拉菜单中的“绘图”→“建模”→“拉伸”命令。

➢单击“建模”工具栏中的“拉伸”按钮。

2. 功能

拉伸命令可将绘制的二维图形沿指定高度或路径进行拉伸，从而将其生成三维实体模型。拉伸的对象可以是封闭的多段线、矩形、多边形、圆、椭圆以及封闭样条曲线等。

3. 常用选项说明

（1）拉伸高度：按指定的高度拉伸出三维建模对象，如图 8－32 所示。

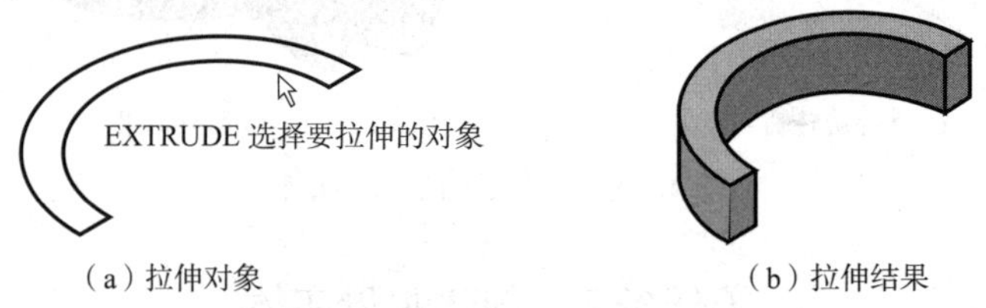

（a）拉伸对象　（b）拉伸结果

图 8－32　指定拉伸高度拉伸对象

（2）倾斜角（T）：指定拉伸的倾斜角度。如果指定的角度为 0，则在 AutoCAD 中二维对象按指定的高度拉伸成柱体；如果输入角度值，则拉伸后建模截面沿拉伸方向按此角度变化。如图 8－33 所示。

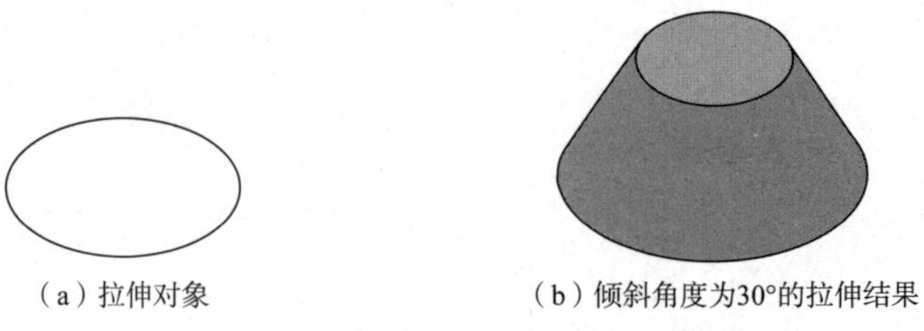

（a）拉伸对象　（b）倾斜角度为30°的拉伸结果

图 8－33　指定拉伸倾斜角度拉伸对象

（3）方向（D）：通过指定的亮点来指定拉伸的长度和方向，如图 8－34 所示。

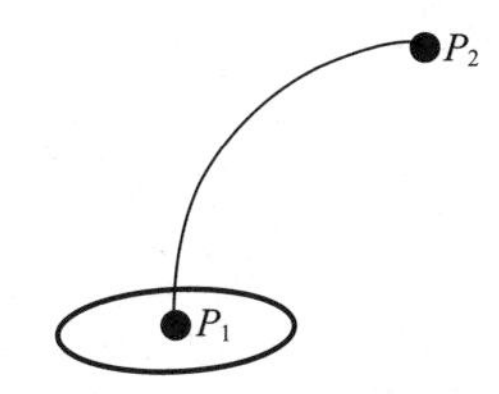

（a）指定拉伸长度和方向由P_1到P_2

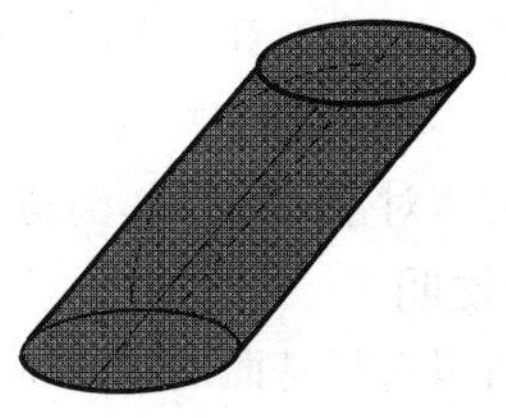

（b）拉伸结果

图 8－34 指定拉伸长度和方向由 P_1 到 P_2 拉伸对象

（4）路径（P）：选择基于指定曲线对象的拉伸路径。拉伸的路径可以是开放的，也可是封闭的，如图 8－35 所示。

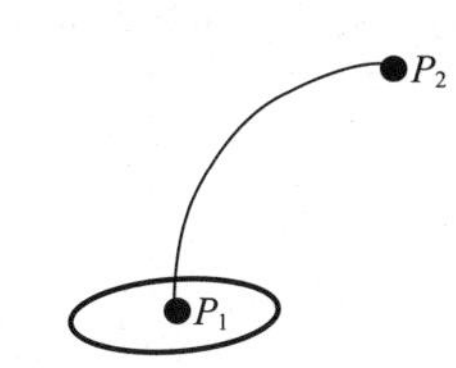

（a）指定拉伸路径为P_1到P_2间的圆弧

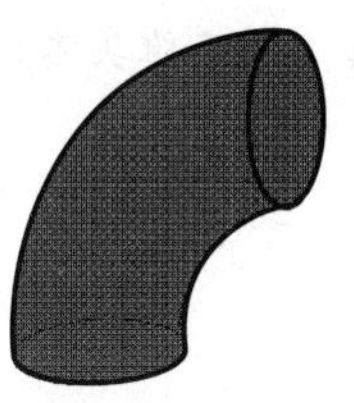

（b）拉伸结果

图 8－35 指定拉伸路径拉伸对象

 友情提示

若在拉伸时倾斜角或拉伸高度过大，将导致拉伸对象或拉伸对象的一部分在到达拉伸高度前就已经聚集到一点，此时则无法拉伸对象。

二、圆角边

1. 启动“圆角边”命令的方法

➢在命令行输入“FILLETEDGE”，按【Enter】键。

➢选择下拉菜单中的“修改”→“实体编辑”→“圆角边”命令。

➢单击“实体编辑”工具栏中的“圆角边”按钮。

2. 功能

圆角边可为实体对象的边制作圆角。

3. 常用选项说明

➢半径（R）：设置圆角的半径值。

➢链（C）：可以选择多条边线进行倒圆角。

➢环（L）：可以选择基面周围的所有边。

三、倒角边

1. 启动“倒角边”命令的方法

➢在命令行输入“CHAMFEREDGE”，按【Enter】键。

➢选择下拉菜单中的“修改”→“实体编辑”→“倒角边”命令。

➢单击“实体编辑”工具栏中的“倒角边”按钮。

2. 功能

倒角边可为实体对象的边制作倒角。

3. 常用选项说明

➢环（L）：可以选择基面周围的所有边。

➢距离（D）：设置两倒角边的倒角距离。

友情提示

在较低版本的 AutoCAD 软件中，无“圆角边”和“倒角边”命令，也可以选择“修改”→“圆角（倒角）”命令，对三维实体的边进行圆角或倒角编辑，用法与在二维环境中相同。

任务实施

步骤 1：新建“01”“02”图层。三维视图视点设为西南等轴测，建立如图 8－36（a）所示的用户坐标 UCS。

步骤 2：在“01”图层中，先绘制对边距离为 46 的正六边形，再绘制六边形的外接圆，结果如图 8－36（a）所示。

步骤 3：启动“面域”命令，将步骤 2 中的圆创建成面域；启动“拉伸”命令，对圆面域进行拉伸，命令行操作显示如下：

①命令：_ extrude 当前线框密度：ISOLINES＝4，闭合轮廓创建模式＝实体；

②选择要拉伸的对象或［模式（MO）］：（选择圆面域）；

③选择要拉伸的对象或［模式（MO）］：（按【Enter】键结束选取）；

④指定拉伸的高度或［方向（D）/路径（P）/倾斜角（T）/表达式（E）］＜20.0000＞：20（输入拉伸高度值）。

完成螺母最大外形圆柱体的创建，结果如图 8－36（b）所示。

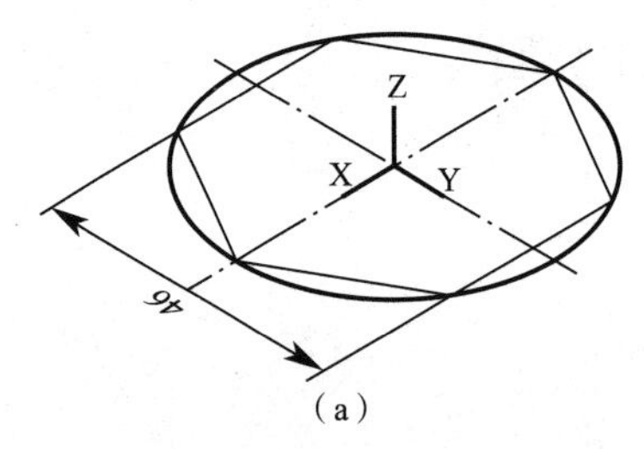

（a）

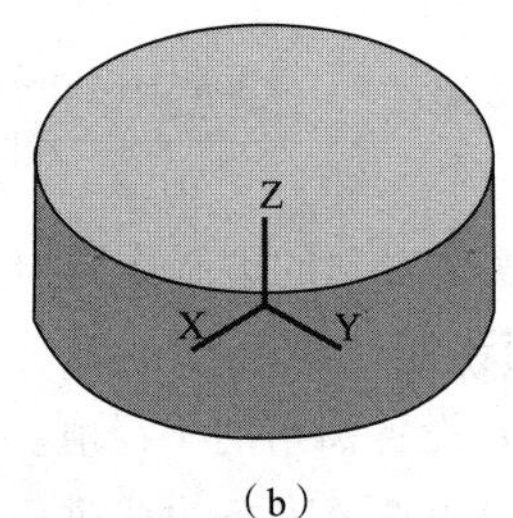

（b）

图 8－36　创建螺母最大外形圆柱体

步骤 4：启动“圆角边”命令，命令行操作显示如下：

（1）命令：_ FILLETEDGE　　　　半径＝5.0000；

（2）选择边或［链（C）/环（L）/半径（R）］：R（选择“半径”选项）；

（3）输入圆角半径或［表达式（E）］＜5.0000＞：4（输入半径值并按【Enter】键）；

(4) 选择边或［链（C）/环（L）/半径（R）］:（选取圆柱顶面及底面边线）;

(5) 按Enter键接受圆角或［半径（R）］:（按【Enter】键接受圆角）。

完成圆柱体 $R4$ 圆角处理，结果如图8－37所示。

步骤5：将“01”图层关闭。在“02”图层中绘制对边距离为46的正六边形和 $\phi20$ 圆，结果如图8－38所示。

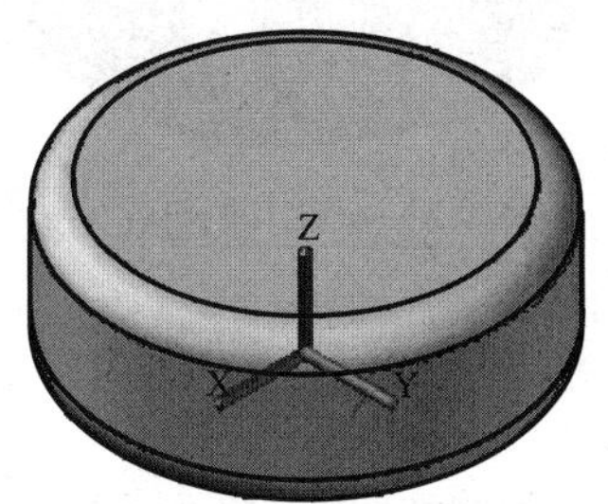

图8－37 最大外形圆柱体边线圆角处理

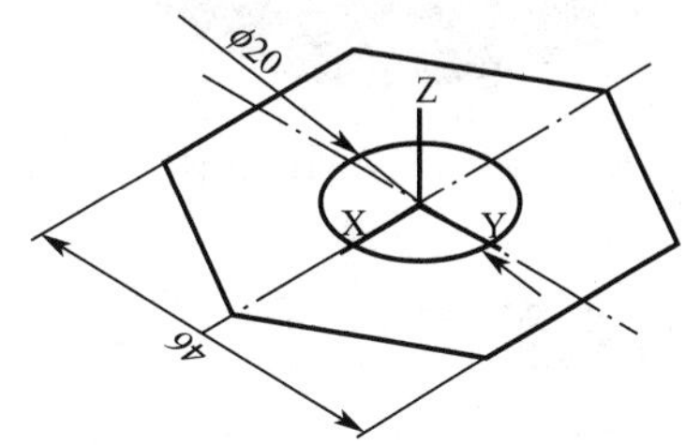

图8－38 绘制六边形和圆

步骤6：启动“面域”命令，分别将步骤5中绘制的正六边形和 $\phi20$ 圆创建面域。启动“差集”命令，将正六边形面域与圆面域进行差集运算，结果如图8－39所示。

步骤7：启动“拉伸”命令，对步骤6创建的面域进行拉伸，拉伸高度为20，结果如图8－40所示。

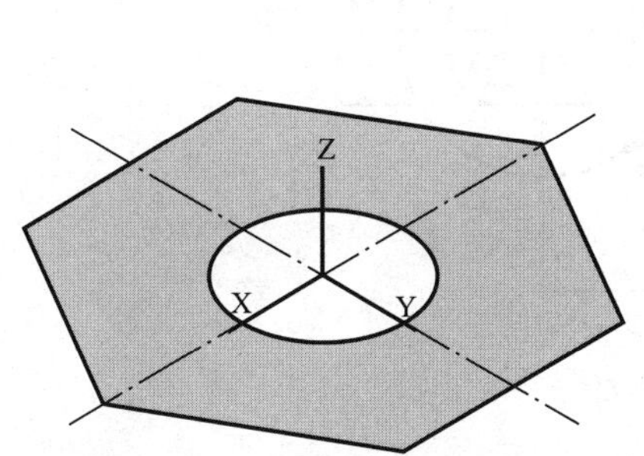

图8－39 差集创建面域

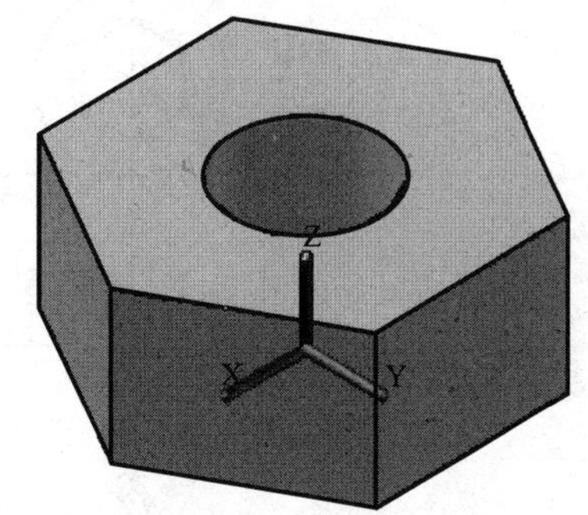

图8－40 创建带孔六棱柱

步骤8：打开“01”图层。启动“交集”命令，将图8－36的螺母最大外形圆柱体与图8－40的带孔六棱柱进行交集运算，结果如图8－41所示。

步骤9：启动“倒角边”命令，对螺母内孔边线进行倒角处理，命令行操作显示如下：

①命令：_ CHAMFEREDGE 距离1＝5.0000，距离2＝10.00000000;

②选择一条边或［环（L）/距离（D）］：D（选择“距离”选项）;

③指定距离1或［表达式（E）］ <5.0000>：1（输入第一条边距离值按【Enter】键）;

④指定距离2或［表达式（E）］ <10.0000>：1（输入第二条边距离值按【Enter】键）;

⑤选择一条边或［环（L）/距离（D）］:（选取内孔上下两条边线）;

⑥按Enter键接受倒角或［距离（D）］:（按【Enter】键接受倒角）。

完成螺母内孔C1倒角处理，结果如图8－42所示。

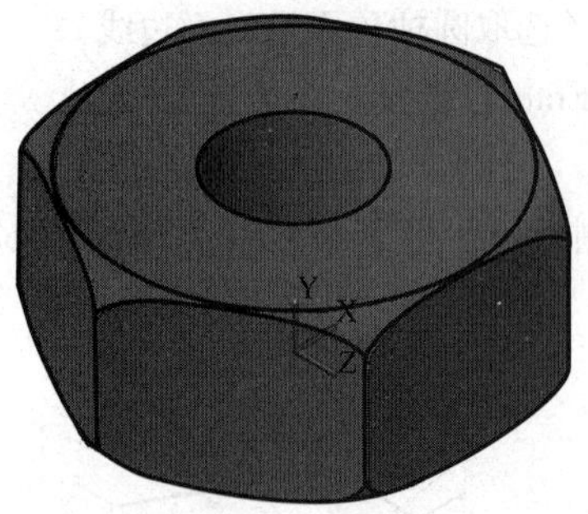

图 8－41 交集后的实体

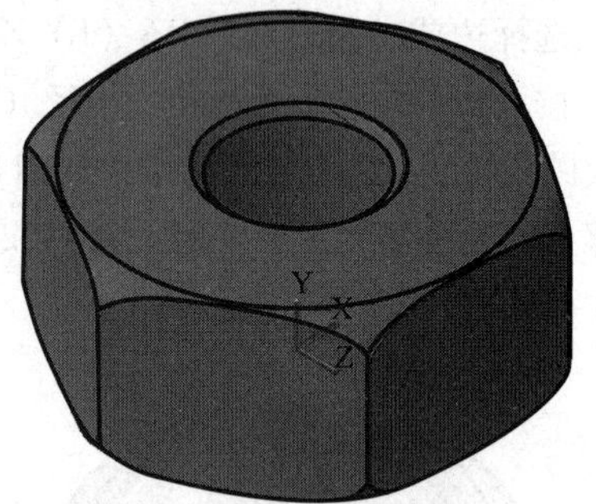

图 8－42 螺母内孔边线倒角

技能训练

利用“拉伸”“旋转”“并集”“差集”“面域”等命令绘制如图 8－43 所示图形。

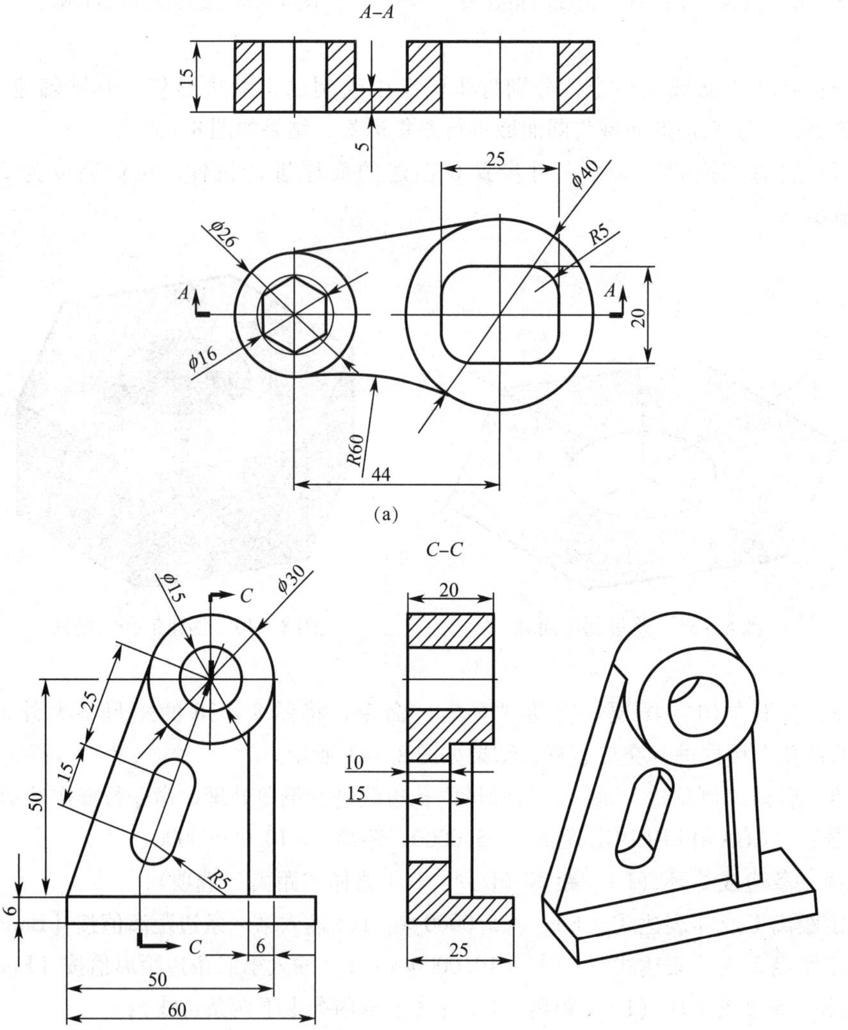

A–A

(a)

C–C

(b)

图 8－43 图形绘制

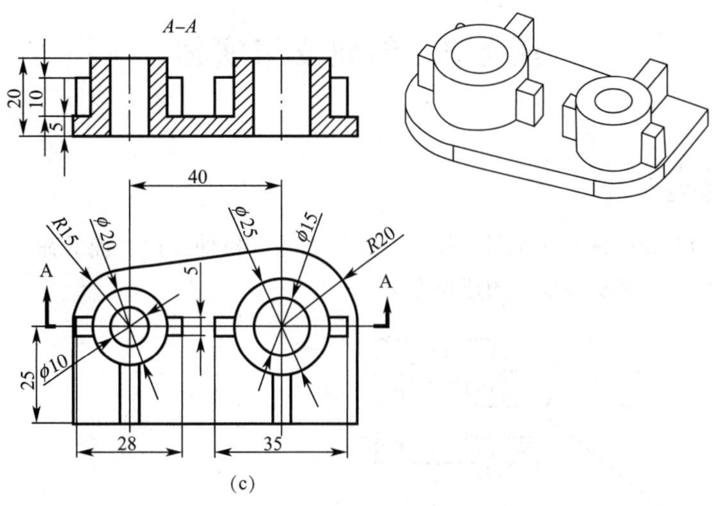

(c)

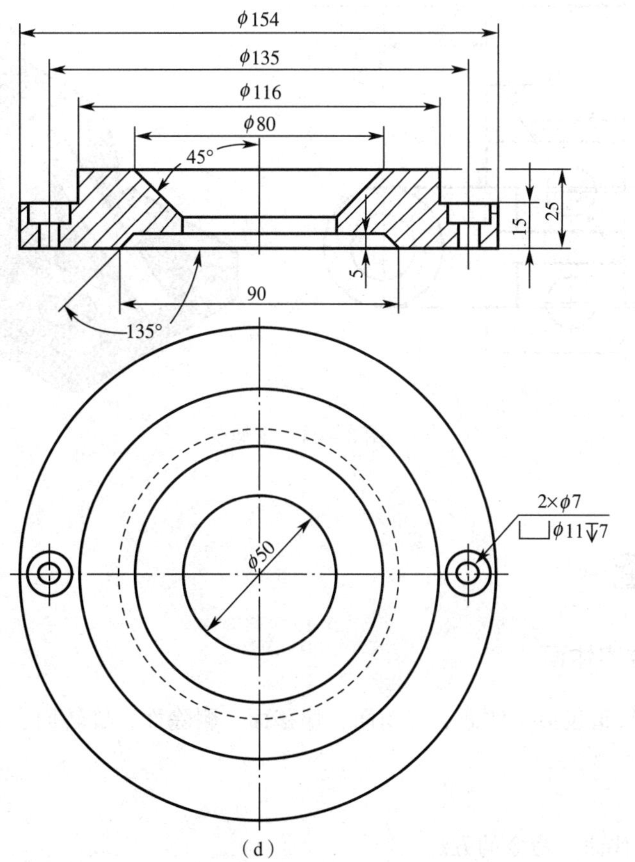

(d)

图 8－43　图形绘制（续）

任务3　创建支架实体

任务描述

根据如图 8－44 所示的支架视图及尺寸，运用面域、拉伸、拉伸面等命令及布尔运算创建支架三维实体模型，掌握复杂模型的建模方法。

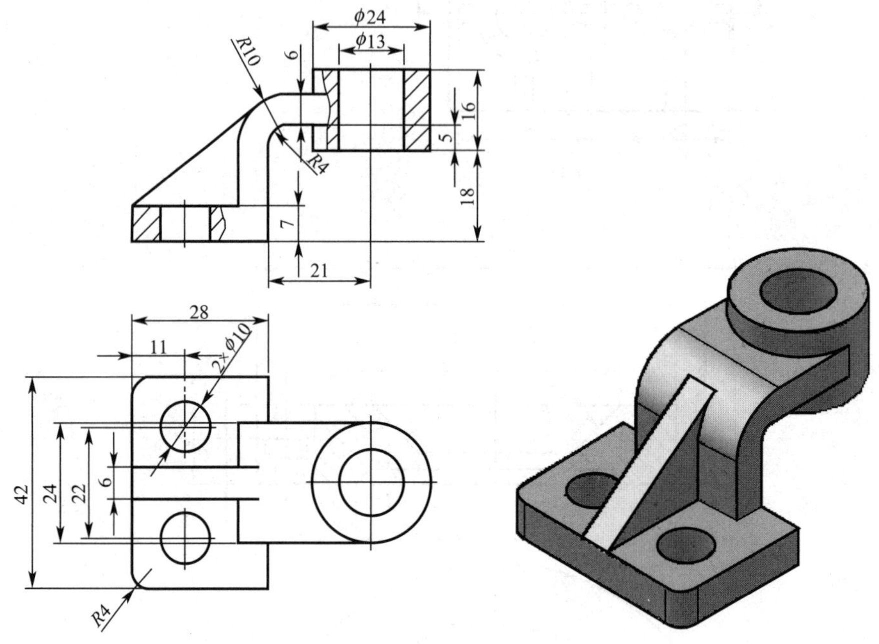

图 8－44　支架

知识准备

一、编辑三维实体面

三维实体面的编辑包括拉伸面、移动面、偏移面、删除面、旋转面、倾斜面、复制以及着色面等命令。

1. 拉伸面

（1）启动“拉伸面”命令的方法：

➢选择下拉菜单中的“修改”→“实体编辑”→“拉伸面”命令。

➢单击“实体编辑”工具栏中的“拉伸面”按钮。

（2）功能：拉伸面是将选定的三维模型面拉伸到指定的高度或沿路径拉伸。一次可选择多个面进行拉伸。

例：对图 8－45（a）所示的面进行拉伸面操作时，按命令行提示选择要拉伸的模型面，输入拉伸的高度值或选择拉伸路径即可完成拉伸面操作，结果如图 8－45（b）所示。

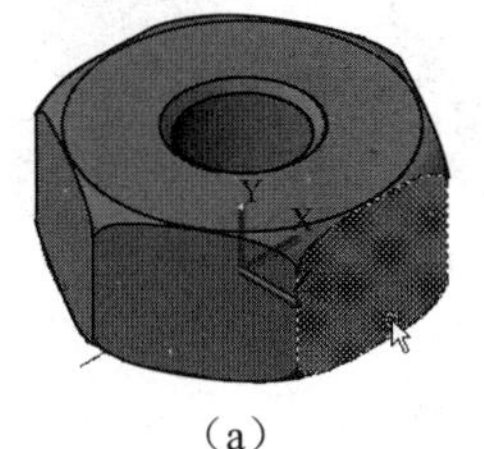

（a）

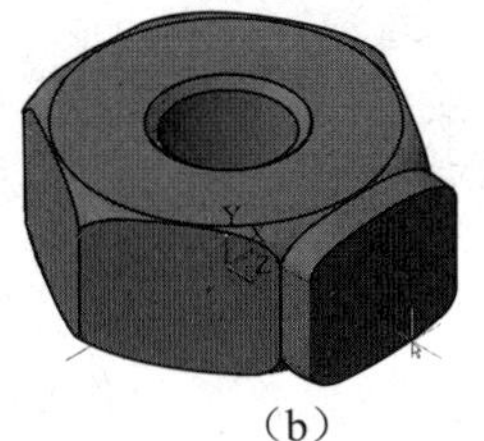

（b）

图 8－45 拉伸面操作

2. 移动面

（1）启动“移动面”命令的方法：

➢选择下拉菜单中的“修改”→“实体编辑”→“移动面”命令。

➢单击“实体编辑”工具栏中的“移动面”按钮。

（2）功能：移动面是将选定的面沿指定的高度或距离进行移动。用户一次也可以选择多个面进行移动。

例：对图 8－46（a）所示顶面进行移动面操作时，根据命令提示，选择所需要移动的三维实体面，并指定移动基准点，然后再指定新基点即可完成移动面的操作，结果如图 8－46（b）所示。

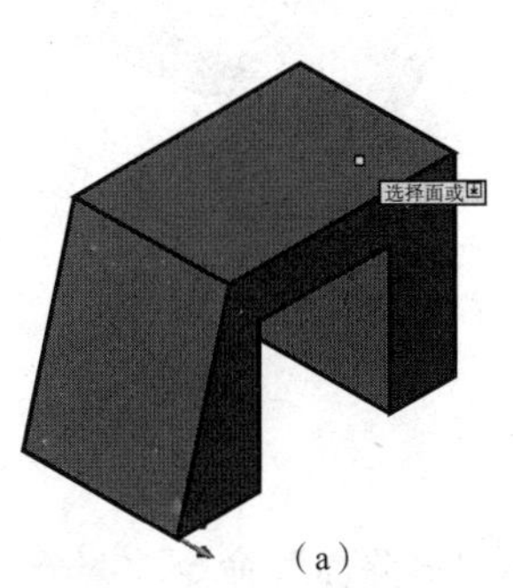

（a）

（b）

图 8－46 移动面操作

3. 偏移面

（1）启动“偏移面”命令的方法：

➢选择下拉菜单中的“修改”→“实体编辑”→“偏移面”命令。

➢单击“实体编辑”工具栏中的“偏移面”按钮。

（2）功能：偏移面是按指定的距离或通过指定的点，将面均匀地偏移。正值会增大实体的大小或体积。负值会减小实体的大小或体积。

例：对图 8－47（a）所示的五棱柱孔内表面进行偏移面操作时，根据命令提示，选择所需要偏移的五棱柱孔内表面，分别输入偏移距离 10 和 －10，即可完成偏移面操作，结果如图 8－47（b）和图 8－47（c）所示。

4. 旋转面

（1）启动“旋转面”命令的方法：

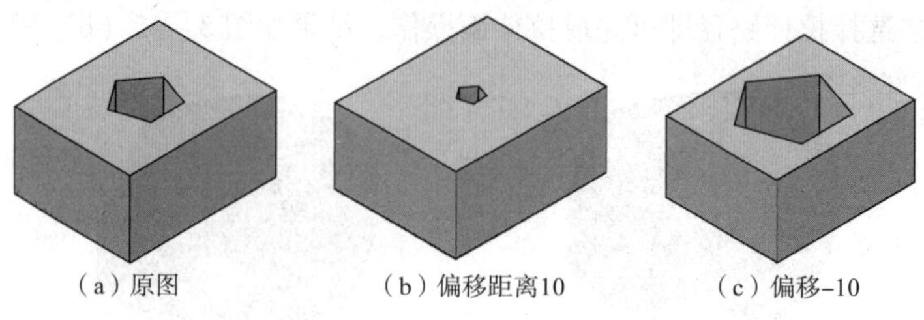

图 8－47　偏移面操作

➢选择下拉菜单中的“修改”→“实体编辑”→“旋转面”命令。

➢单击“实体编辑”工具栏中的“旋转面”命令。

(2) 功能：旋转面是绕指定的轴旋转一个或多个面或实体的某些部分。可以通过旋转面来更改对象的形状。

例：对图 8－48（a）所示的五棱柱孔内侧面及圆弧面进行操作时，根据命令提示，选择旋转的实体面，以旋转五棱柱的柱心为旋转轴，输入旋转角度为 72°，完成旋转面操作，结果如图 8－48（b)所示。

图 8－48　旋转面操作

5. 删除面

(1) 启动“删除面”命令的方法：

➢选择下拉菜单中的“修改”→“实体编辑”→“删除面”命令。

➢单击“实体编辑”工具栏中的“删除面”按钮。

(2) 功能：删除面可以删除一些无法更改的面，包括圆角边和倒角边。使用此选项可删除圆角和倒角边，并在稍后进行修改。如果更改生成无效的三维实体，将不删除面。

例：对图 8－49（a）所示的六棱柱孔圆弧面及边线圆弧面进行操作，根据命令行提示，选择所需要删除的实体面，完成删除面操作，结果如图 8－49（b）所示。

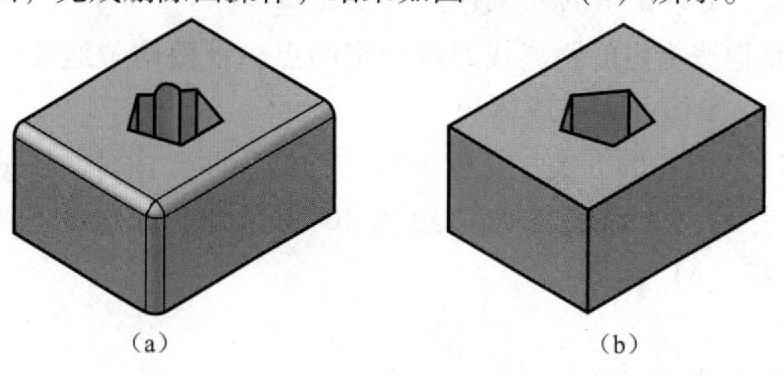

图 8－49　删除面操作

6. 倾斜面

（1）启动“倾斜面”命令的方法：

➢选择下拉菜单中的“修改”→“实体编辑”→“倾斜面”命令。

➢单击“实体编辑”工具栏中的“倾斜面”按钮。

（2）功能：以指定的角度倾斜三维实体上的面。倾斜角的旋转方向由选择基点和第二点（沿选定矢量）的顺序决定。正角度将向里倾斜面，负角度将向外倾斜面。默认角度为0°，可以垂直于平面拉伸面。选择集中所有选定的面将倾斜相同的角度。

例：对图 8－50（a）所示的圆弧面进行操作，根据命令行提示，选择所需要倾斜的实体面，并指定基点及倾斜的参考矢量，输入倾斜角－10°，完成倾斜面操作，结果如图 8－50（b）所示。

（a）

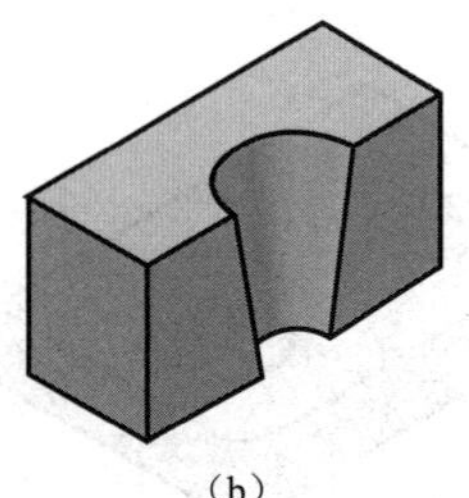
（b）

图 8－50　倾斜面操作

二、OSNAPZ 参数

1. 设置参数 OSNAPZ 的方法

在命令行输入“OSNAPZ”，按【Enter】键。

2. 参数功能

控制对象捕捉是否自动投影到与当前 UCS 中位于当前标高的 *XY* 平面平行的平面上。

3. 参数值说明

➢值为 0：对象捕捉使用指定点的 *Z* 值。

➢值为 1：对象捕捉用为当前 UCS 设置的标高（ELEV）替换指定点的 *Z* 值。

任务实施

步骤 1：将三维视图视点设为西南等轴测。

步骤 2：创建底板实体。

（1）启动“矩形”“圆”“圆角”等命令绘制出底板二维图，结果如图 8－51（a）所示。

（2）启动“面域”命令，分别创建带圆角矩形面域及两个圆面域，启动“差集”命令，将带圆角矩形面域减去两个圆面域，结果如图 8－51（b）所示。

（3）启动“拉伸”命令，对图 8－51（b）所示面域进行拉伸，拉伸高度为 7，完成底板实体创建，结果如图 8－52 所示。

步骤 3：创建弯板实体。

（1）选择“工具”→“新建 UCS”→“三点”命令，创建新 UCS，使坐标原点与底板顶面边线中点重合，选择“工具”→“命名 UCS”命令，命名当前 UCS 为“弯板”，并将其至为当前，结果如图 8-53 所示。

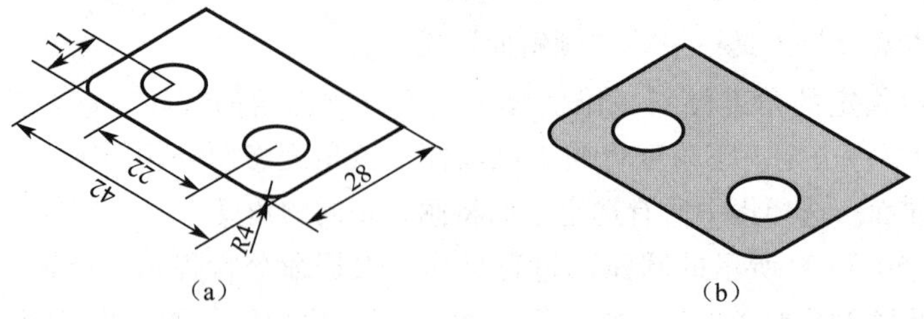

图 8-51 创建底板面域

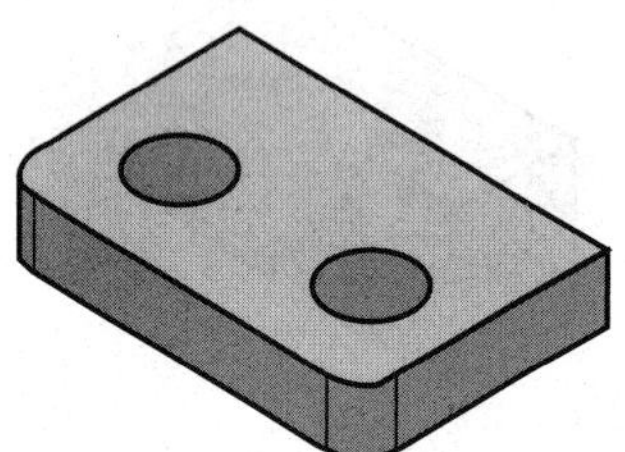

图 8-52 创建底板实体

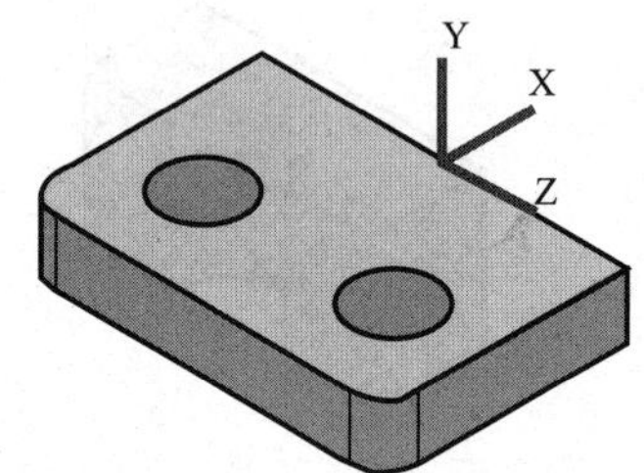

图 8-53 创建“弯板”UCS

(2) 启动“直线”“圆角”等命令，打开正交模式、对象捕捉绘制出弯板二维图，结果如图 8-54 (a) 所示。

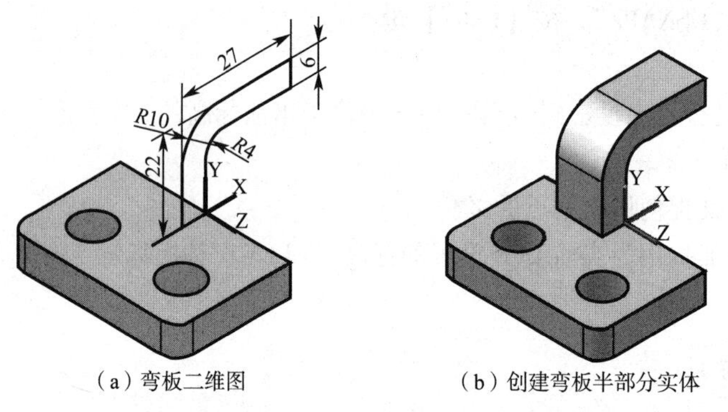

图 8-54 创建弯板部分实体

(3) 启动“面域”命令，创建弯板面域，启动“拉伸”命令，对弯板面域进行拉伸，拉伸高度为 -12，完成弯板半部分实体的创建，结果如图 8-54 (b) 所示。

(4) 启动“拉伸面”命令，创建弯板另一部分实体，命令行操作显示如下：

①命令：_ solidedit；

②选择面或 [放弃 (U) /删除 (R) /全部 (ALL)]：(选择弯板截面)；

③选择面或 [放弃 (U) /删除 (R) /全部 (ALL)]：(按【Enter】键结束选取)；

④指定拉伸高度或 [路径 (P)]：12 (输入拉伸高度值按【Enter】键)；

⑤指定拉伸的倾斜角度 <0>：(按【Enter】键确定默认倾斜角)。

完成弯板另一部分实体的创建，结果如图 8－55 所示。

步骤 4：创建肋板实体。

(1) 将 OSNAPZ 参数值设置为 1，则绘制二维图形时对象捕捉将在当前 UCS 中的 *XY* 平面上。

(2) 选择“视图”→“视觉样式”→“线框”命令，将实体线框显示；再选择“视图”→“三维视图”→“平面视图”→“当前 UCS”命令，将正视于 *XY* 平面显示视图。

(3) 绘制肋板二维图三角形 *ABC*，其中 *AB* 线与弯板 *R*10 圆弧线相切，结果如图 8－56 所示。

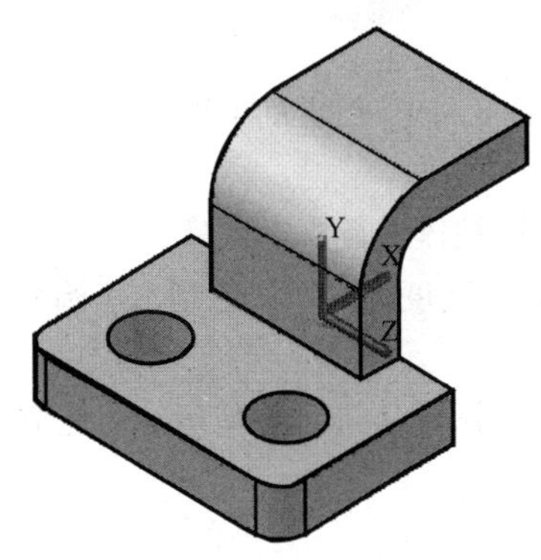

图 8－55　创建弯板实体

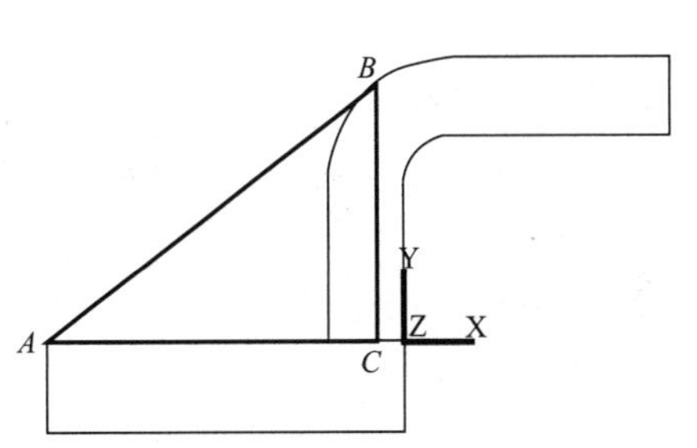

图 8－56　肋板二维图

(4) 启动“面域”命令，创建肋板面域，启动“拉伸”命令，对肋板面域进行拉伸，拉伸高度为－3，完成肋板半部分实体的创建，再启动“拉伸面”命令，创建肋板另一部分实体，结果如图 8－57 所示。

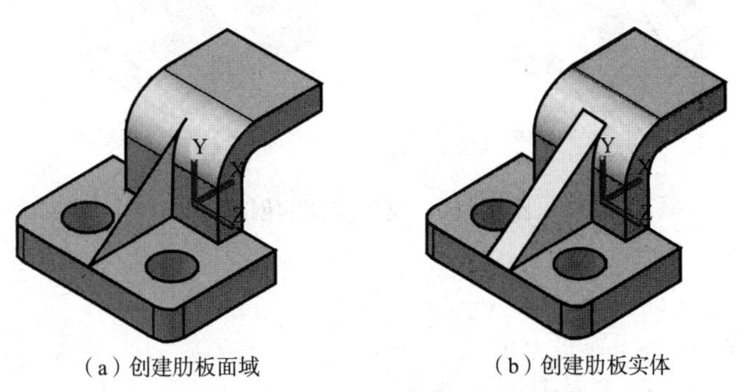

(a) 创建肋板面域　(b) 创建肋板实体

图 8－57　肋板实体的创建

步骤 5：创建圆柱筒实体。

(1) 选择“工具”→“新建 UCS”→“三点”命令，指定新原点为 (21, 27, 0)，使坐标原点与圆柱筒顶面圆心重合，结果如图 8－58 所示。选择“工具”→“命名 UCS”命令，在命名当前 UCS 为“圆柱筒”，并将其至为当前。

(2) 以 (0, 0, 0) 为底面圆心，以 12 为底面半径，高度为－16，绘制出大圆柱体，结果如图 8－59 所示。

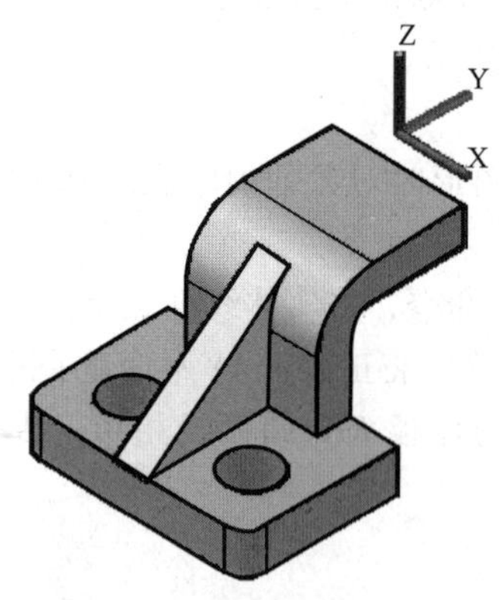

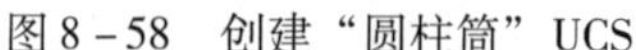
图 8－58　创建“圆柱筒”UCS

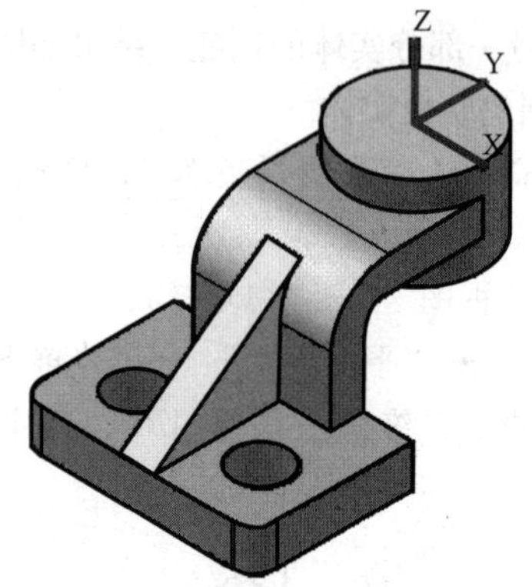

图 8－59　创建大圆柱体

（3）启动“并集”命令，将底板、弯板、肋板、大圆柱体进行并集运算。

（4）以（0，0，0）为底面圆心，以 6.5 为底面半径，高度为－25，绘制出小圆柱体，结果如图 8－60（a）所示。

（5）启动“差集”命令，将前面并集后的实体减去小圆柱体进行差集运算，完成支架实体的创建，结果如图 8－60（b）所示。

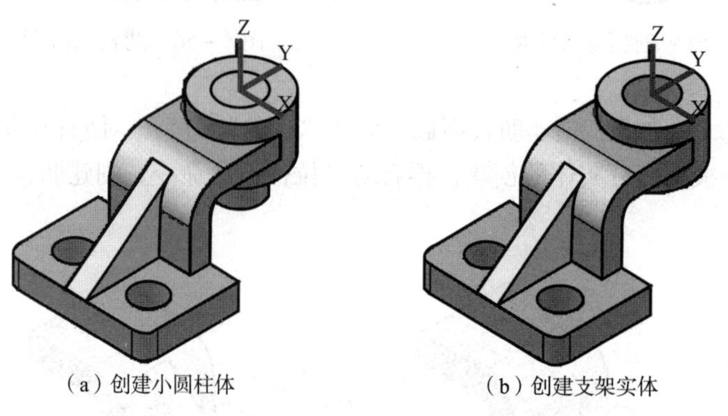

（a）创建小圆柱体　　（b）创建支架实体

图 8－60　支架实体的创建

技能训练

1. 利用“面域”“拉伸”“旋转”“并集”“差集”等命令绘制如图 8－61 所示的挂轮架零件的实体模型。

2. 利用“面域”“拉伸”“旋转”“并集”“差集”等命令绘制如图 8－62 所示的轴承架零件的实体模型。

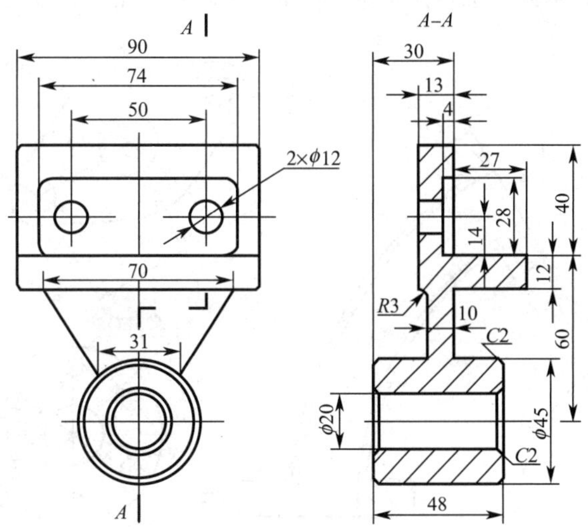

图 8－61　挂轮架零件模型绘制

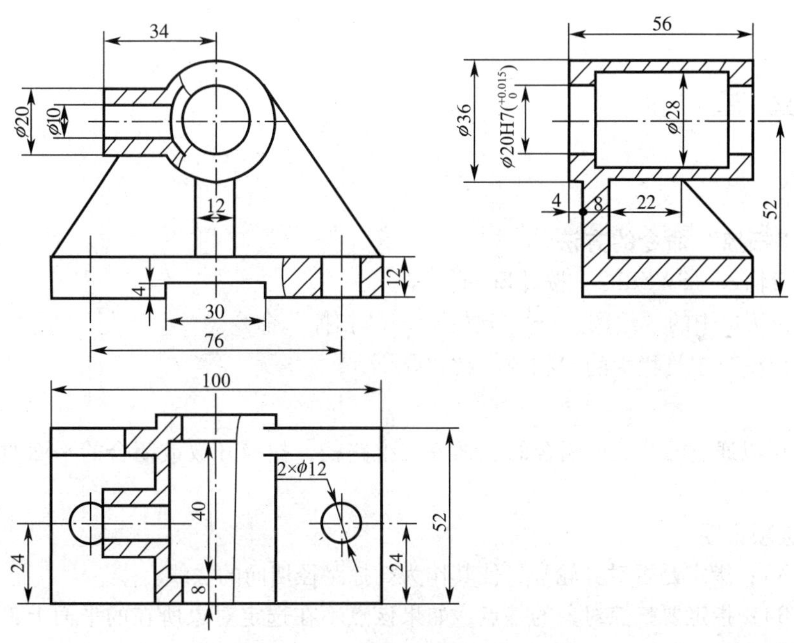

图 8－62　轴承架零件绘制

任务 4　创建弯头实体

任务描述

根据如图 8－63 所示的弯头视图及尺寸，运用面域、扫掠实体、三维环形阵列实体等命令创建弯头三维实体模型，掌握三维扫掠实体、三维环形阵列及用户坐标创建的建模方法。

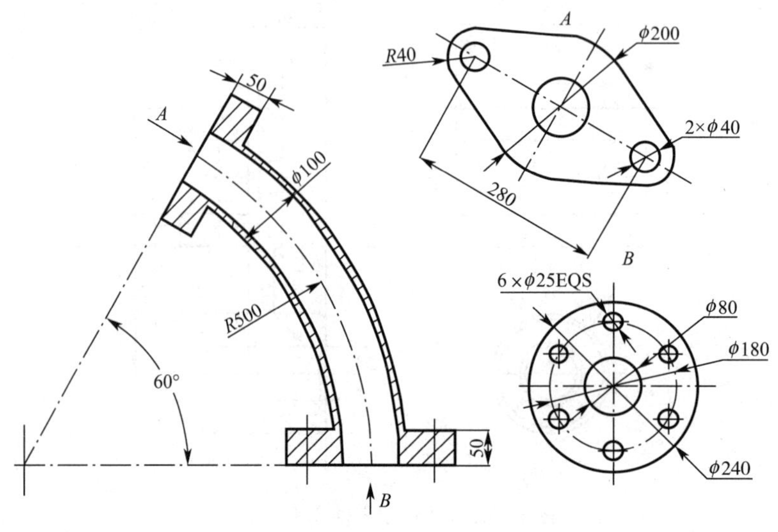

图 8－63　弯头实体

知识准备

一、扫掠

1. 启动“扫掠”命令的方法

➤在命令行输入“SWEEP”，按【Enter】键。

➤选择下拉菜单中的“绘图”→“建模”→“扫掠”命令。

➤单击“建模”工具栏中的“扫掠”按钮。

2. 功能

扫掠命令可以通过沿开放或闭合的二维或三维路径，扫掠开放或闭合的平面曲线来创建新的三维实体。

3. 常用选项说明

➤对齐（A）：指定是否对齐轮廓，使其作为扫掠路径切向的法线。

➤基点（B）：指定要扫掠对象的基点，如果该点不在选定对象所在的平面上，那么该点将被投影到该平面上。

➤比例（S）：指定比例因子进行扫掠操作，从扫掠路径开始到结束，比例因子将统一应用到扫掠对象上。

➤扭曲（T）：设置被扫掠对象的扭曲角度。扭曲角度指定沿扫掠路径全部长度的旋转量。

例：按命令行提示操作，选择如图 8－64（a）所示的扫掠对象和扫掠路径，即可创建如图 8－64（b）所示的扫掠实体。

（a）扫掠对象和路径

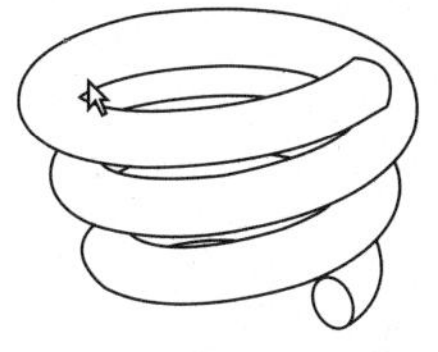
（b）创建扫掠实体

图 8－64 扫掠操作

二、三维阵列

1. 启动“三维阵列”的方法

➤在命令行输入“3DARRY”，按【Enter】键。

➤选择下拉菜单中的“绘图”→“建模”→“三维阵列”命令。

➤单击“建模”工具栏中的“三维阵列”按钮。

2. 功能

三维阵列可以在三维空间中绘制对象的矩形阵列或环形阵列，三维阵列同样也分为矩形阵列和环形阵列两种模式。

3. 三维阵列的两种模式

（1）三维矩形阵列：

①启动“三维阵列”后，当命令行提示“输入阵列类型［矩形（R）/环形（P）］”时，输入“R”即可执行三维矩形阵列命令。

②三维矩形阵列除了指定列数（*X* 方向）和行数（*Y* 方向）以外，还可以指定层数（*Z* 方向）。

例：对如图 8－65（a）所示的底面圆半径为 5，高为 5 的小圆柱进行三维环形阵列，按命令行提示，输入行数为 2，列数为 3，层数为 2，行间距为 10，列间距为 15，层间距为 12，即可完成三维矩形阵列操作，结果如图 8－65（b）所示。

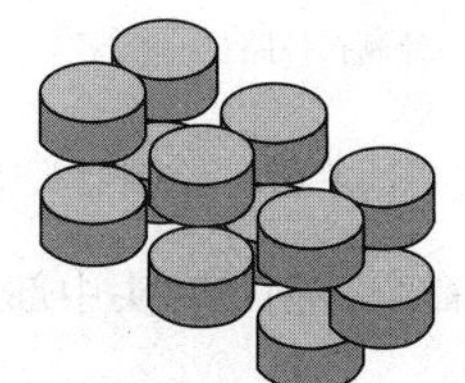
（a）三维矩形阵列的对象　（b）创建矩形阵列实体

图 8－65 三维矩形阵列操作

（2）三维环形阵列：

①启动“三维阵列”后，当命令行提示“输入阵列类型［矩形（R）/环形（P）］”时，输入“P”即可执行三维环形阵列命令。

②三维矩形阵列可通过空间中任意两点指定旋转轴。

例：对如图 8－66（a）所示的小圆柱进行三维环形阵列，按命令行提示，输入阵列目数目为 6，指定要填充的角度为－240，阵列的中心点为（0，0，0），旋转轴在 *Z* 轴方向上取点，即可完成三维环形阵列操作，结果如图 8－66（b）所示。

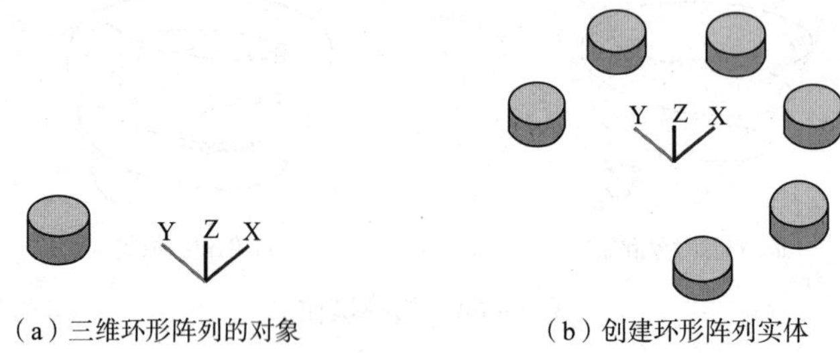

（a）三维环形阵列的对象　　（b）创建环形阵列实体

图 8 – 66　三维矩形阵列操作

任务实施

步骤 1：创建弯头中部实体。

（1）将三维视图视点设为西南等轴测。创建新 UCS 并命名为“原点”，以坐标原点为圆心绘制扫掠路径 *R*500 圆弧，结果如图 8 – 67（a）所示。

（2）选择“工具”→“新建 UCS”→“原点”命令，输入原点坐标（500，0，0），并将 UCS 绕 *X* 轴旋转 – 90°，创建新 UCS 命令为“底端法兰”，绘制扫掠截面 ϕ100 圆，结果如图 8 – 67（b）所示。

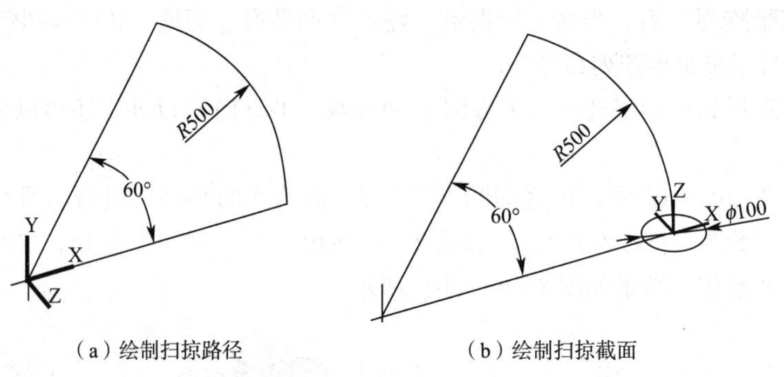

（a）绘制扫掠路径　　（b）绘制扫掠截面

图 8 – 67　绘制弯头中部实体扫掠路径和扫掠截面

（3）启动“扫掠”命令，创建弯头中部实体，命令行操作显示如下：

①命令：_ sweep；

②选择要扫掠的对象或［模式（MO）］：（选择 ϕ100 圆）；

③选择要扫掠的对象或［模式（MO）］：（按【Enter】键结束选取）；

④选择扫掠路径或［对齐（A）/基点（B）/比例（S）/扭曲（T）］：（选择 *R*500 圆弧）。

完成弯头中部实体的创建，结果如图 8 – 68 所示。

步骤 2：创建底端法兰实体。

（1）启动“圆柱体”命令，以前步骤创建的坐标原点为圆心，绘制直径为 ϕ240，高度为 50 的圆柱体，结果如图 8 – 69 所示。

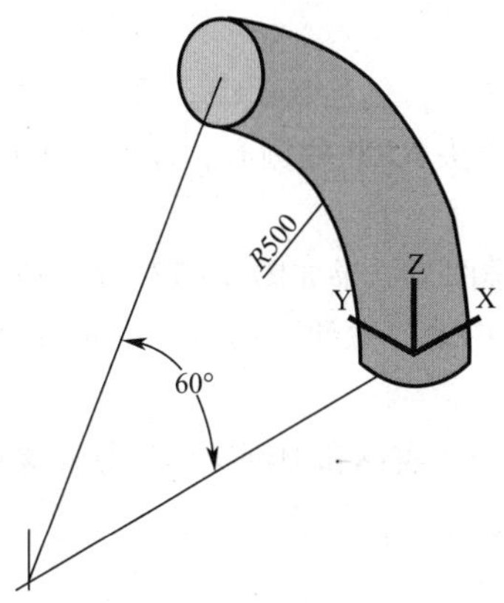

图8－68　创建弯头中部实体

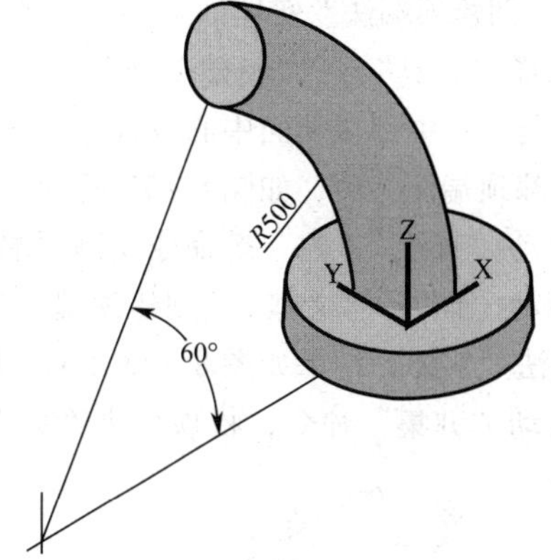

图8－69　创建底端法兰圆柱体

（2）启动“圆柱体”命令，输入中心坐标为（－90，0，0），创建直径为$\phi25$，高度为80的圆柱，如图8－70（a）所示。

（3）启动“三维环形阵列”命令，将创建的圆柱体环形阵列设置为六个，如图8－70（b）所示。

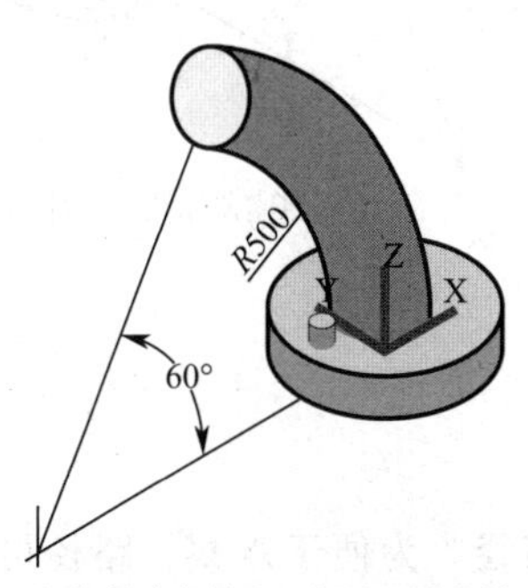

（a）创建底端法兰螺纹通孔柱体

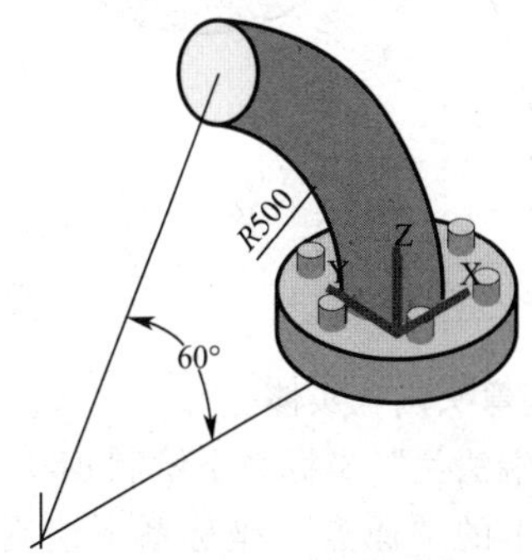

（b）环形阵列通孔柱体

图8－70　阵列通孔柱体

（4）启动“差集”命令，将底端法兰圆柱体与环形阵列通孔柱体进行差集运算，结果如图8－71所示。

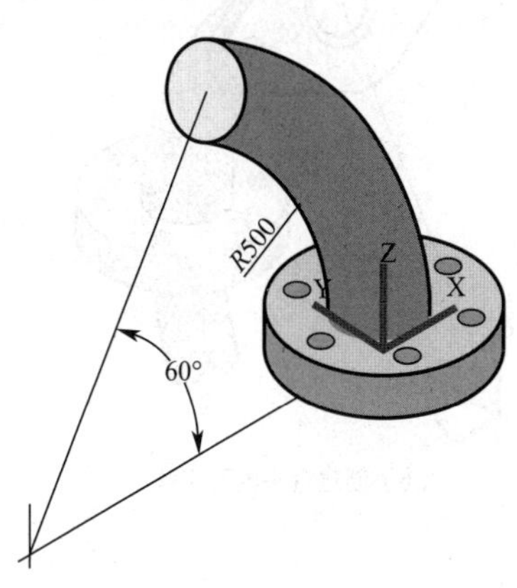

图8－71　创建底端法兰实体

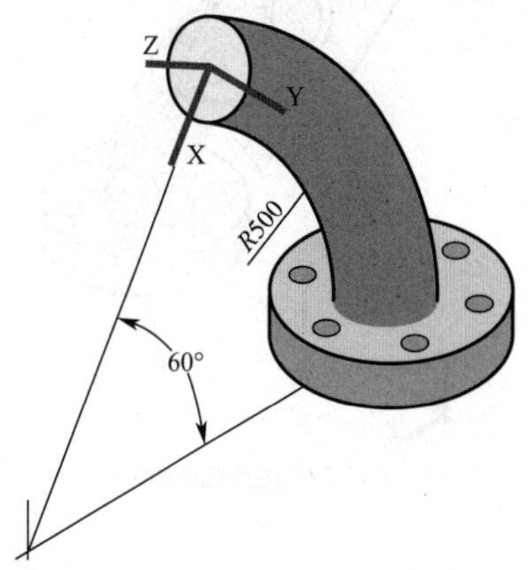

图8－72　建立顶端法兰新坐标

步骤 3：创建顶端法兰实体。

（1）选择“工具”→“新建 UCS”→“三点”命令，创建新 UCS，命令为“顶端法兰”，使坐标原点与弯头中部顶端面中心重合，使 *X* 轴指向弯头 *R*500 的圆心，即使新坐标系的 *XY* 两面与弯头中部顶端面共面，如图 8－72 所示。

（2）启动“直线”“圆”等命令绘制顶端法兰二维图，结果如图 8－73（a）所示。

（3）启动“面域”“差集”，创建顶端法兰面域，启动“拉伸”命令，拉伸高度为－30，创建创建顶端法兰实体，结果如图 8－73（b）所示。

（4）启动“并集”命令，将顶端法兰实体、底端法兰实体和中部实体进行并集运算。

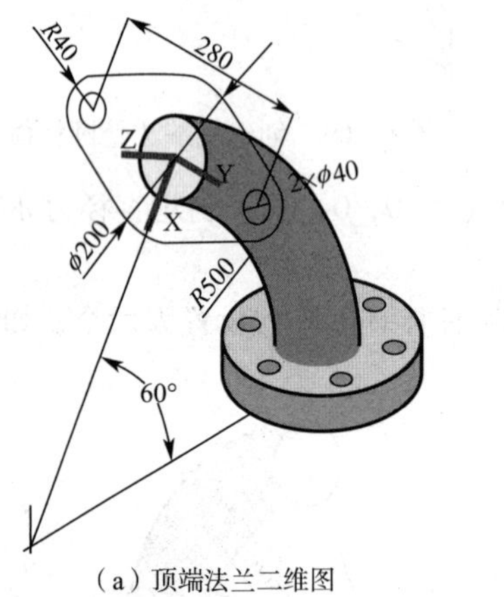

（a）顶端法兰二维图

（b）创建顶端法兰实体

图 8－73

步骤 4：创建弯头内孔实体。

（1）在“底端法兰”坐标系下绘制 ϕ80 的圆。

（2）在步骤 1 的“原点”坐标系下绘制扫掠路径。为便于观察，路径可延长伸出底端法兰，结果如图 8－74（a）所示。

（3）启动“扫掠”命令，以 ϕ80 圆为扫掠截面，以 *R*500 圆弧为扫掠路径，创建弯头内孔实体，结果如图 8－74（b）所示。

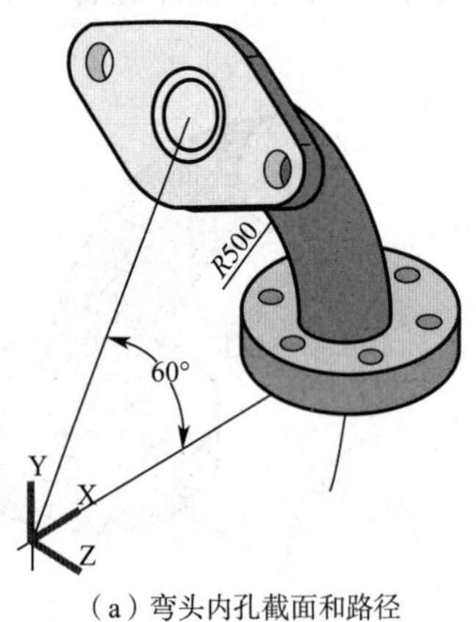

（a）弯头内孔截面和路径

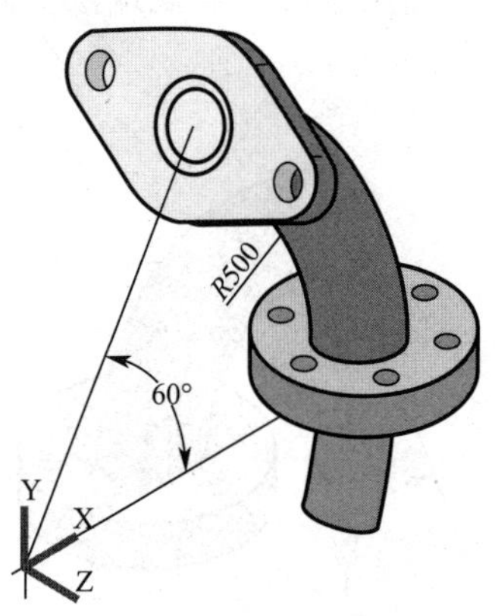

（b）创建弯头内孔实体

图 8－74

步骤5：创建弯头实体。启动“差集”命令，将步骤3并集后的实体与步骤4的弯头内孔实体进行差集运算，完成弯头实体的创建，结果如图8－75所示。

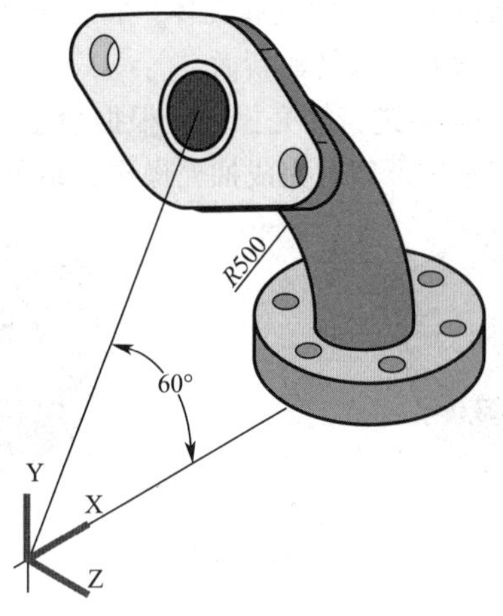

图8－75　创建弯头实体

子任务　创建冰格实体

任务描述

根据图8－76所示的冰格实体及尺寸，其中小冰格的拉伸斜度为15°，抽壳厚度为1。运用面域、三维矩形阵列、抽壳等命令创建冰格实体模型，掌握三维矩形阵列、抽壳的建模方法。

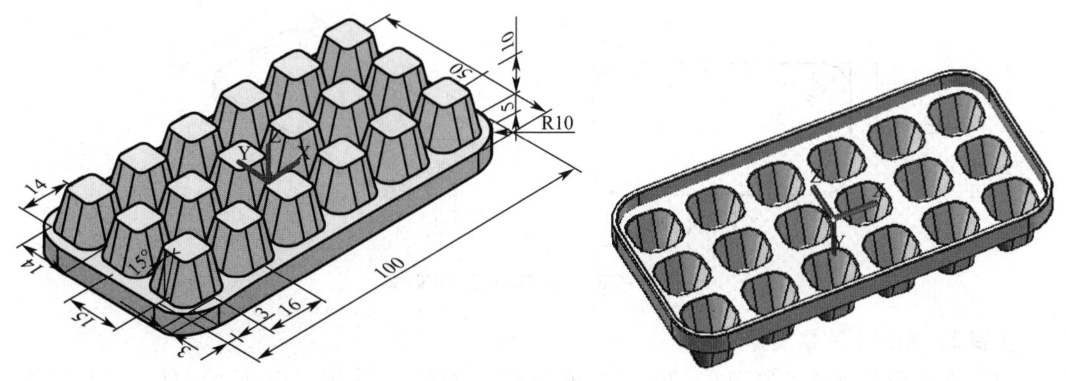

图8－76　冰格实体

知识准备

抽　　壳

1. 启动“抽壳”命令的方法

➢选择下拉菜单中的“绘图”→“实体编辑”→“抽壳”命令。

➢单击“实体编辑”工具栏中的“抽壳”按钮。

2. 功能

抽壳命令可以将三维实体转换为中空薄壁或壳体。将实体对象转换为壳体时，可以通过将现有面朝其原始位置的内部或外部偏移来创建新面。

例：对图 8－77（a）所示的实体进行抽壳操作，根据命令提示，选择要抽壳的实体，并选中要删除的实体顶面，输入抽壳距离，即可完成抽壳操作，结果如图 8－77（b）所示。

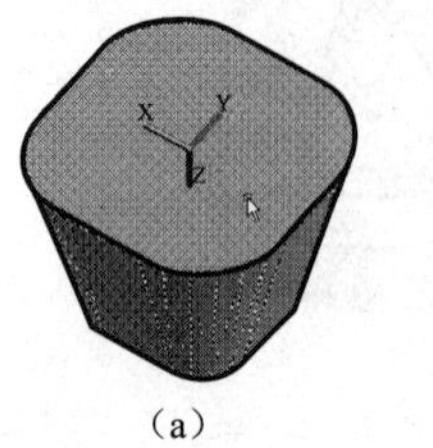

（a）

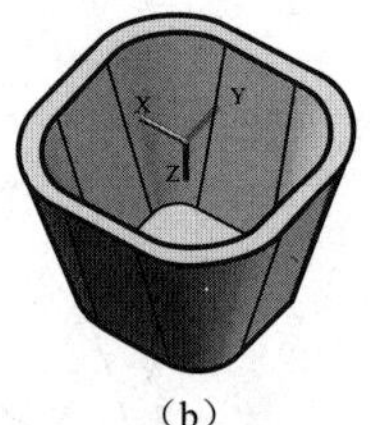

（b）

图 8－77 抽壳操作

任务实施

步骤 1：创建冰格底座实体。

（1）创建新 UCS，绘制图 8－78（a）所示的冰格底座二维图形，启动“面域”命令将其创建为面域。

（2）启动“拉伸”命令，拉伸前步骤创建的冰格底座面域，拉伸高度为－5，结果如图 8－78（b）所示。

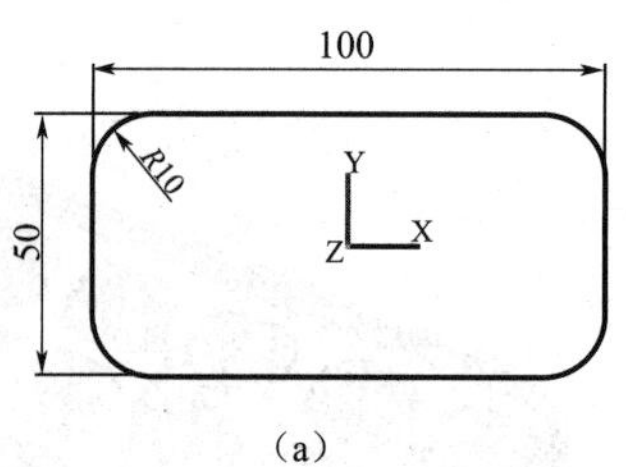

（a）

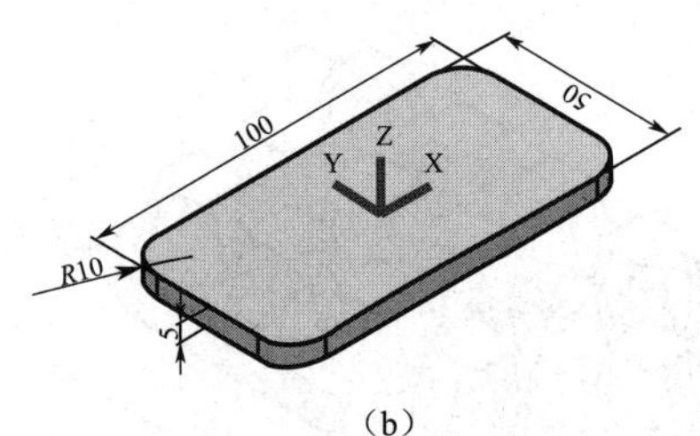

（b）

图 8－78 创建冰格底座实体

步骤 2：创建小冰格实体。

（1）在当前 UCS 下绘制图 8－79（a）所示的小冰格二维图形，启动“面域”命令将其创建为面域。

（2）启动“拉伸”命令，拉伸前步骤创建的小冰格面域，拉伸角度为 15°，拉伸高度为 10，结果如图 8－79（b）所示。

步骤 3：启动“三维阵列”命令，对步骤 2 创建的小冰格实体进行三维矩形阵列操作，行数为 3，列数为 6，行间距为－15，列间距为 16，结果如图 8－80（a）所示。

步骤 4：启动“并集”命令，将底座与阵列后的冰格进行并集运算。

步骤 5：单击“动态观察”工具栏中的“受约束的动态观察”按钮，将冰格实体底面旋转至可观察位置。启动“抽壳”命令，将冰格实体抽壳，命令行操作显示如下：

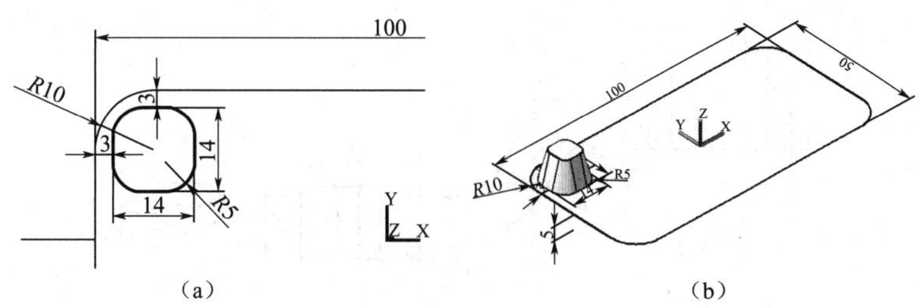

（a）　　　　　　　　　　（b）

图 8－79　创建小冰格实体

①命令：_ solidedit；

②选择三维实体：(选择冰格实体)；

③删除面或［放弃（U）/添加（A）/全部（ALL）］：(选择冰格实体底面)；

④删除面或［放弃（U）/添加（A）/全部（ALL）］：(按【Enter】键结束选取)；

⑤输入抽壳偏移距离：(输入抽壳偏移距离 1)。

完成冰格实体的抽壳操作，结果如图 8－80（b）所示。

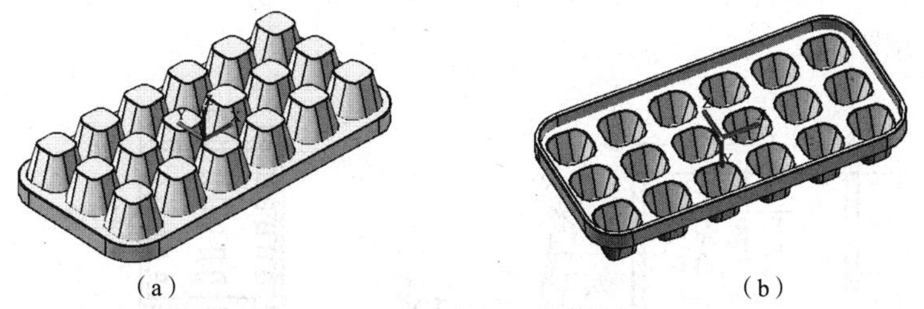

（a）　　　　　　　　　　（b）

图 8－80　阵列冰格

技能训练

1. 利用“拉伸”“扫掠”“并集”“差集”“面域”等命令绘制如图 8－81 所示图形。

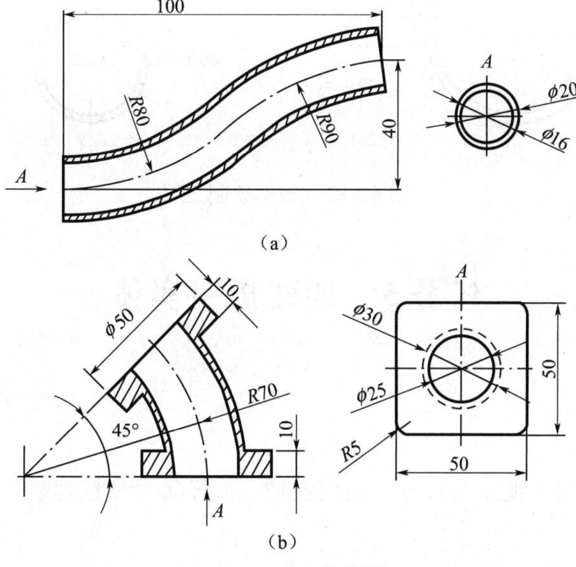

（a）

（b）

图 8－81　图形绘制一

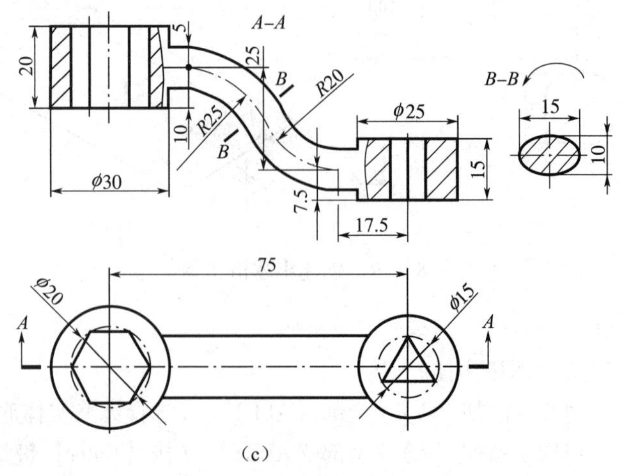

（c）

图 8－81　图形绘制一（续）

2. 利用“拉伸”“旋转”“三维矩形阵列”“圆周阵列”“并集”“差集”“面域”等命令绘制如图 8－82 所示图形。

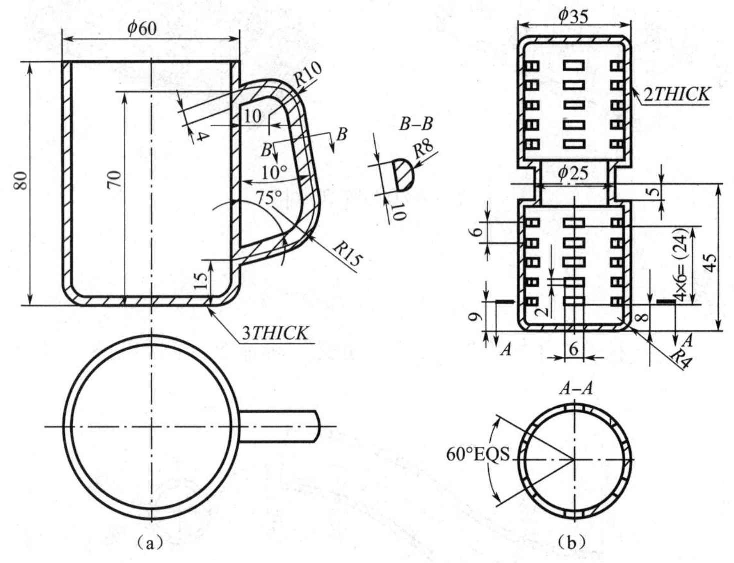

（a）　（b）

图 8－82　图形绘制二

任务 5　创建扳手实体

任务描述

根据图 8－83 所示扳手视图及尺寸，运用面域、放样等命令创建扳手三维实体，掌握放样建模的方法。

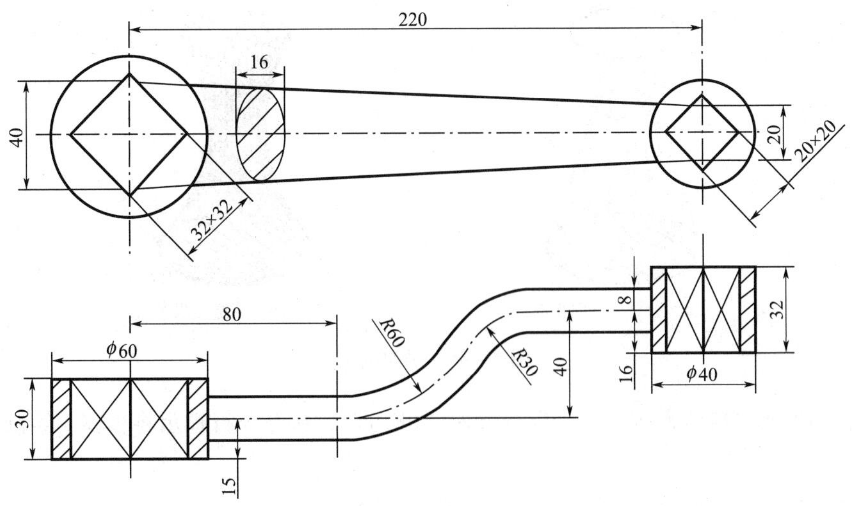

图 8－83　扳手实体

知识准备

放 样 实 体

1. 启动“放样”命令的方法

➢在命令行输入“LOFT”，按【Enter】键。

➢选择菜单栏“绘图”→“建模”→“放样”命令。

➢单击“建模”工具栏中的“放样”按钮。

2. 功能

使用放样实体命令可用两个或两个以上的横截面轮廓来生成三维实体模型。

3. 常用选项说明

➢导向（G）：指定控制放样实体或曲面形状的导向曲线。导向曲线可以是直线或者曲线，可通过将其他线框信息添加至对象，来进一步定义实体或曲面的形状。当与每个横截面相交，并始于第一个横截面，止于最后一个横截面的情况下，导向线才能正常工作。

➢路径（P）：指定放样实体或曲面的单一路径，路径曲线必须与横截面的所有平面相交。

➢仅横截面（C）：选择该选项，则可在“放样设置”对话框中，控制放样曲线在其横截面处的轮廓。

例：对图 8－84（a）所示的横截面进行放样操作，根据命令行提示，依次选择所有横截面轮廓，按【Enter】键即可完成操作，结果如图 8－84（b）所示。

任务实施

步骤 1：创建扳手手柄实体。

（1）创建 UCS，绘制图 8－85 所示的放样路径。

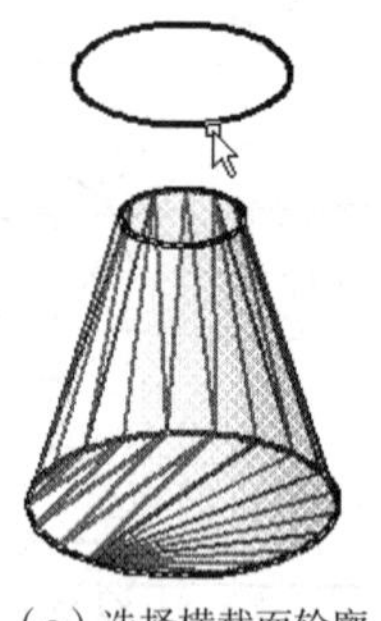

（a）选择横截面轮廓

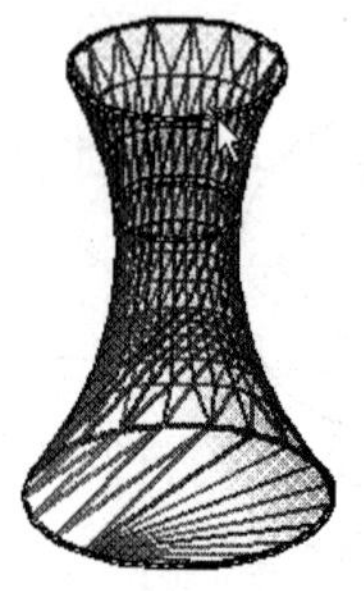

（b）放样结果

图 8－84　放样操作

（2）启动编辑多段线命令，在命令行输入“PEDIT”，按命令行提示将步骤 1 绘制的轨迹编辑成多段线。

（3）将坐标轴绕 Y 轴旋转 90°，建立一个新的 UCS。

（4）分别以路径线的两个端点为椭圆中心点，绘制两个椭圆放样截面，结果如图 8－86 所示的。

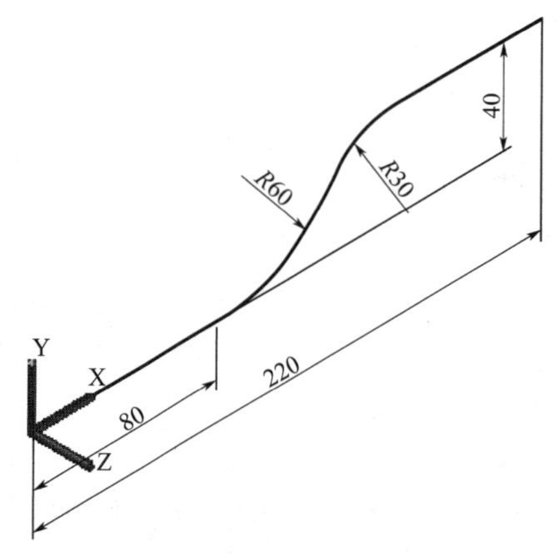

图 8－85　放样路径

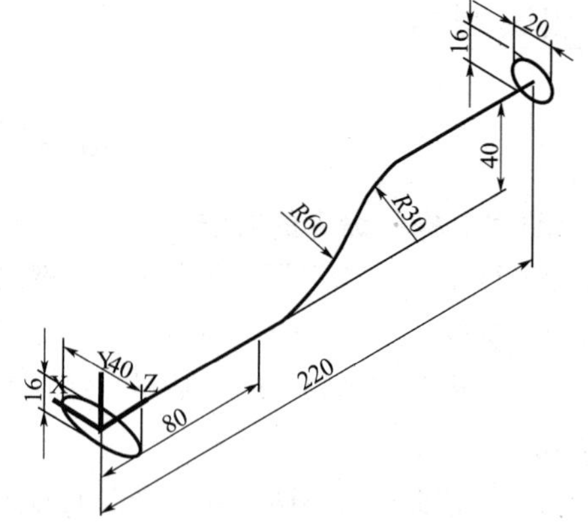

图 8－86　绘制放样截面

（5）启动“放样”命令，命令行操作显示如下：

①命令：_ loft；

②按放样次序选择横截面或［点（PO）/合并多条边（J）/模式（MO）］：（选择大椭圆）；

③按放样次序选择横截面或［点（PO）/合并多条边（J）/模式（MO）］：（选择小椭圆）；

④按放样次序选择横截面或［点（PO）/合并多条边（J）/模式（MO）］：（按【Enter】键结束选取）；

⑤输入选项［导向（G）/路径（P）/仅横截面（C）/设置（S）］ <仅横截面>：P（选择“路径”选项）；

⑥选择路径轮廓：（选取路径线）。

完成手柄实体的创建，结果如图 8－87 所示。

步骤 2：创建扳手左端圆柱体及四棱柱孔。

（1）选择“工具”→“新建 UCS”→“X”命令，使坐标绕 X 轴旋转 －90°，创建一个新的 UCS。

（2）启动“圆柱体”命令，输入圆柱体中心坐标为（0，0，-15），底面圆半径为 $R30$，高度为30，创建扳手左端圆柱体，并启动“并集”命令，将扳手左端圆柱体与手柄实体进行并集运算，结果如图8-88所示。

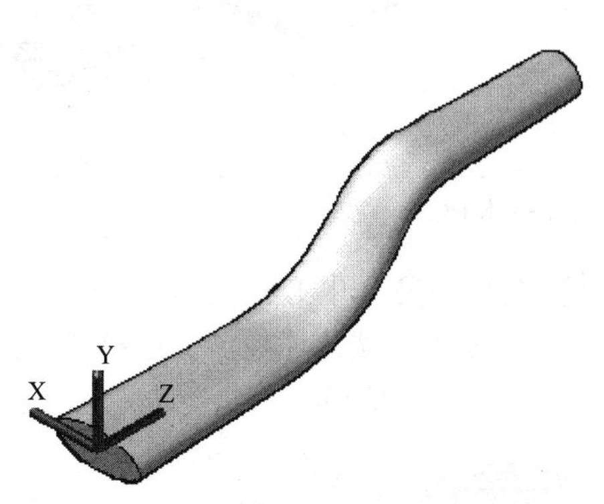

图8-87 扳手手柄实体

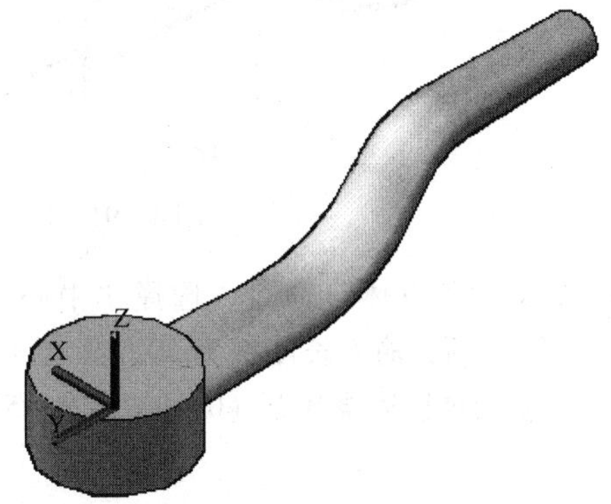

图8-88 创建扳手左端圆柱体

（3）启动“长方体”命令，选择“中心（C）”选项，输入中心点为（0，0，0），选择“长度（L）”选项，输入长度都为32，高度为60，创建扳手左端四棱柱体，结果如图8-89所示。

（4）选择“绘图”→“旋转”命令，将四棱柱体绕基点（0，0）旋转45°。

（5）并启动“差集”命令，将扳手左端圆柱体及手柄实体与四棱柱体进行差集运算，结果如图8-90所示。

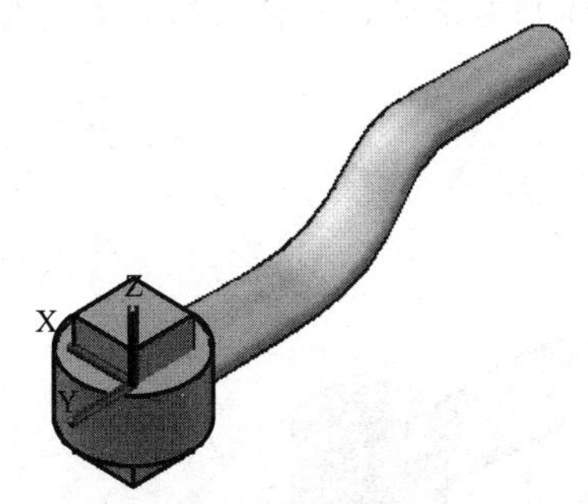

图8-89 创建扳手左端圆柱体

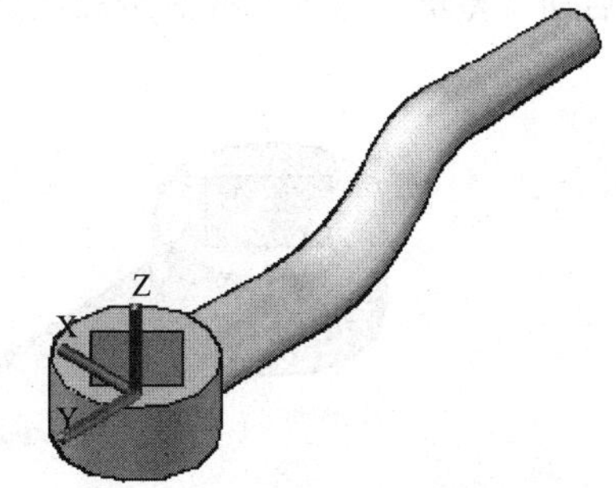

图8-90 创建左端扳手方孔

步骤3：创建扳手右端圆柱体及四棱柱孔。

（1）将三维视图视点设为东南等轴测。选择“工具”→“新建 UCS”→“原点”命令，将坐标原点移至右端，使坐标原点与右端面椭圆中心点重合，结果如图8-91（a）所示。选择“工具”→“新建 UCS”→“Y”命令，使坐标绕 Y 轴旋转-90°，结果如图8-91（b）所示。

（2）启动“圆柱体”命令，输入圆柱体中心坐标为（0，0，-16），底面圆半径为20，高度为32，创建扳手右端圆柱体。并启动“并集”命令，将步骤2创建的实体与右端圆柱体进行并集运算，结果如图8-92所示。

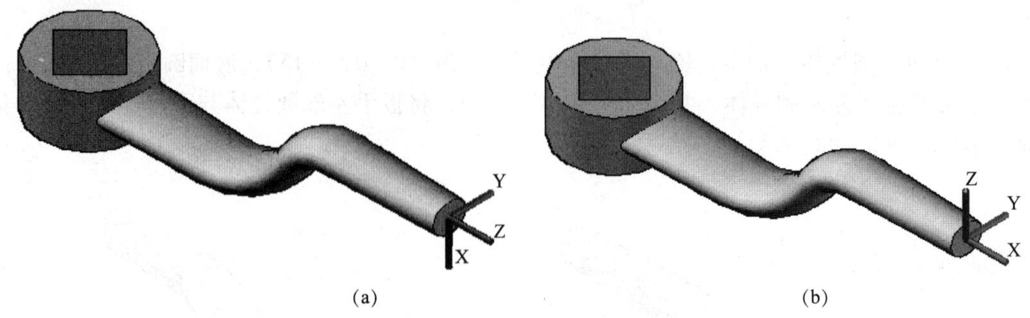

图 8－91　新建右端圆柱体 UCS

（3）启动“长方体”命令，选择“中心（C）”选项，输入中心点为（0，0，0），选择“长度（L）”选项，输入长度都为 20，高度为 60，创建扳手右端四棱柱体。选择“绘图→旋转”命令，将四棱柱体绕基点（0，0）旋转 45°。结果如图 8－93 所示。

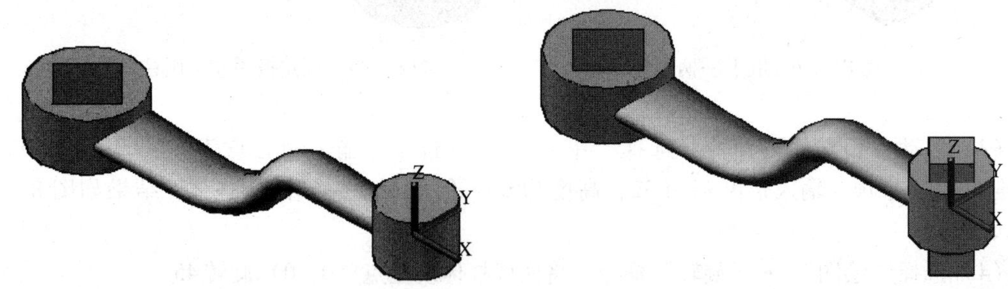

图 8－92　创建扳手左端圆柱体　　图 8－93　创建右端四棱柱体

（4）并启动“差集”命令，将前步骤创建的实体与右端四棱柱体进行差集运算，结果如图 8－94所示。

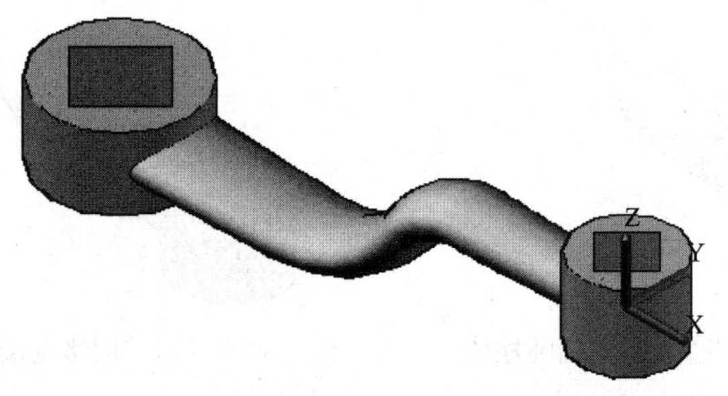

图 8－94　扳手实体

子任务　创建车标实体

任务描述

根据图 8－95 所示的某车标视图及尺寸，运用面域、并集、放样、扫掠、曲面造型等命令创车标实体模型，掌握曲面造型的建模方法。

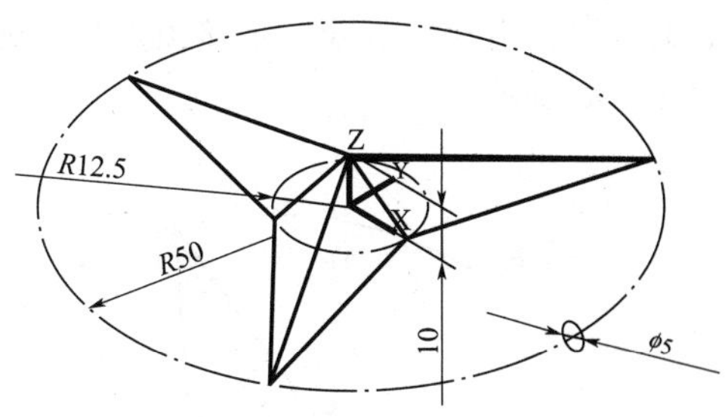

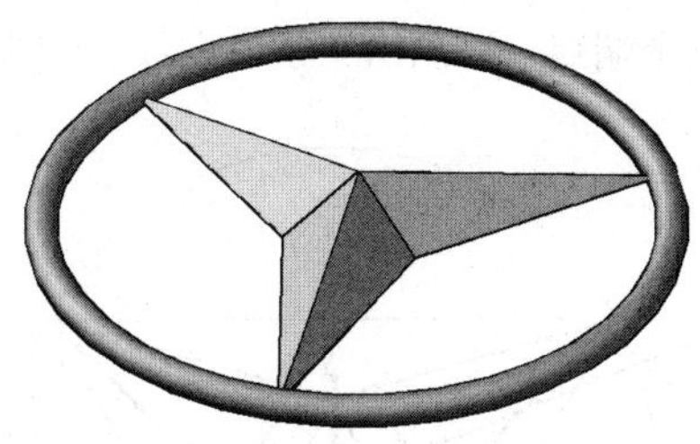

图8-95 车标

知识准备

曲面造型

1. 启动“曲面造型”命令的方法

➢在命令行输入“SURFSCULPT”，按【Enter】键。

➢选择菜单栏“修改”→“曲面编辑”→“造型”命令。

➢单击“曲面编辑”工具栏中的“曲面造型”按钮。

2. 功能

造型命令自动合并与修剪用于封闭无间隙区域的曲面的集合以创建实体。被曲面封闭的区域必须无间隙且曲面必须具有G0连续性，否则造型命令无法完成。造型命令还可与实体对象和网格对象配合使用。如果用户使用网格，操作将使用MOOTHMESHCONVERT设置。

例：查询图8-96（a）所示的面，所有面均为面域，启动“造型”命令，根据命令行提示，选择所有曲面（曲面必须封闭无间隙），按【Enter】或空格键，即可完成曲面造型操作，结果如图8-96（b）所示。

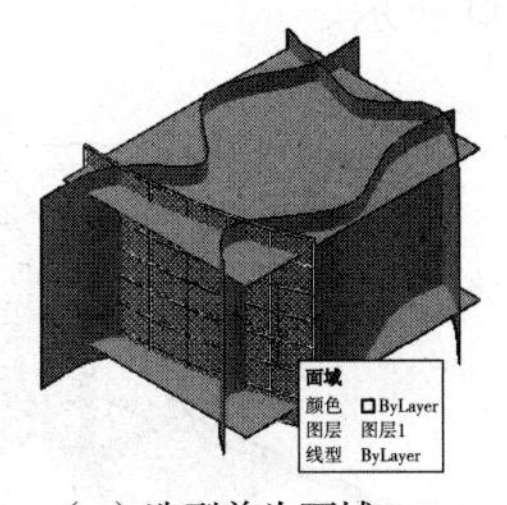

（a）造型前为面域

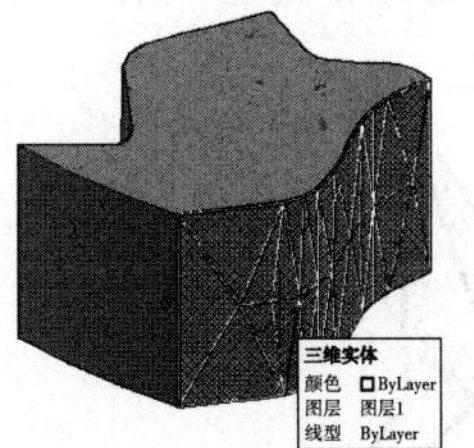

（b）造型后为实体

图8-96 曲面造型操作

任务实施

步骤1：绘制车标中部实体曲面。

（1）将三维视图视点设为俯视。启动“圆”“多边形”“直线”等命令，以（0，0，0）为圆心，绘制出车标中部实体底面二维图，结果如图8-97所示。

（2）启动“点”命令，绘制车标顶点（0，0，10），启动“直线”连接顶点与车标底面二维图的三个端点，绘制出三条导向线，结果如图 8－98 所示。

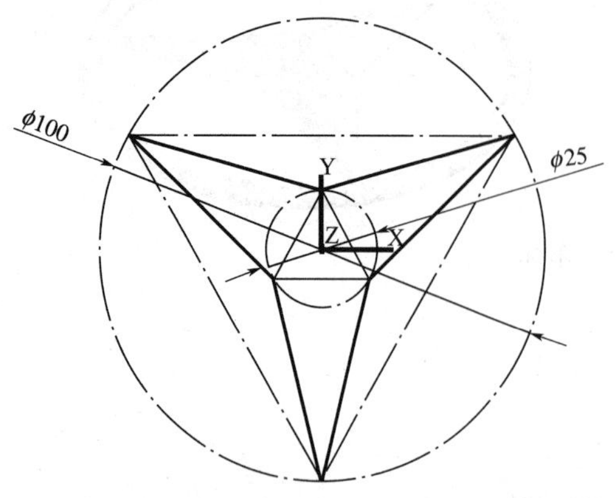

图 8－97　绘制车标中部实体底面二维图

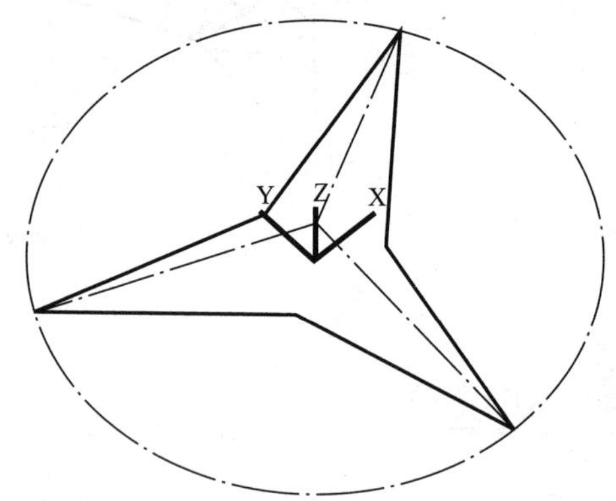

图 8－98　绘制车标中部实体放样导向线

（3）启动“面域”命令，将车标底面二维图线创建为面域，如图 8－99 所示。

（4）创建车标中部实体的曲面。启动“放样”命令，命令行操作显示如下：

①命令：_ loft；

②按放样次序选择横截面或［点（PO）/合并多条边（J）/模式（MO）］：（选择面域）；

③按放样次序选择横截面或［点（PO）/合并多条边（J）/模式（MO）］：（选取顶点）；

④按放样次序选择横截面或［点（PO）/合并多条边（J）/模式（MO）］：（按【Enter】键结束选取）；

⑤输入选项［导向（G）/路径（P）/仅横截面（C）/设置（S）］＜仅横截面＞：G（选“导向”）；

⑥选择导向轮廓：（依次选取三条导向线）。

完成车标中部实体曲面的创建，结果如图 8－100 所示。

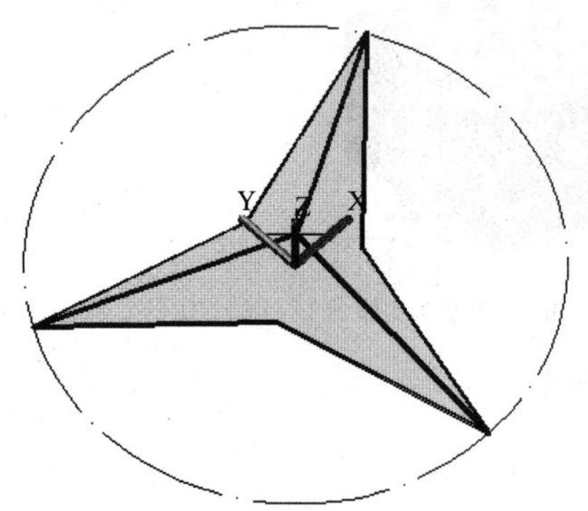

图 8－99　绘制车标中部实体底面面域

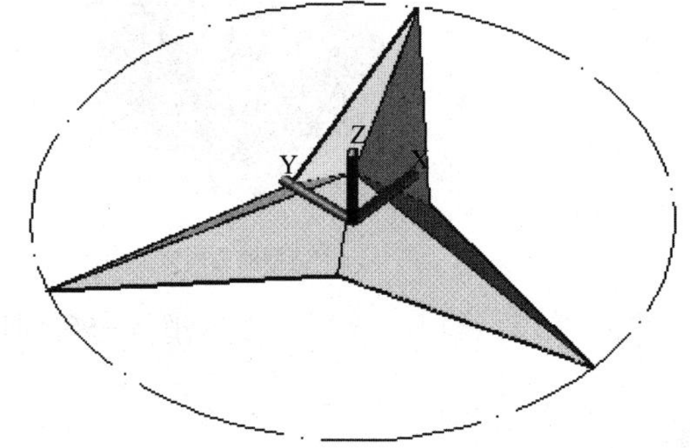

图 8－100　创建车标中部实体

步骤 2：将车标中部实体曲面实体化。启动“曲面造型”命令，选择车标中部实体曲面和车标中部实体底面面域作为要造型为一个实体的曲面，完成车标中部实体曲面实体化操作。

步骤 3：创建车标外环实体。

（1）选择“工具”→“新建UCS”→“X”命令，将坐标系绕X轴旋转90度。

（2）启动“圆”命令，以（50，0，0）为圆心，绘制ϕ5圆，结果如图8－101所示。

（3）启动“扫掠”命令，选择ϕ5为扫掠截面，ϕ100圆为扫掠轨迹，创建车标外环实体，并将其与车标中部实体进行并集运算，结果如图8－102所示。

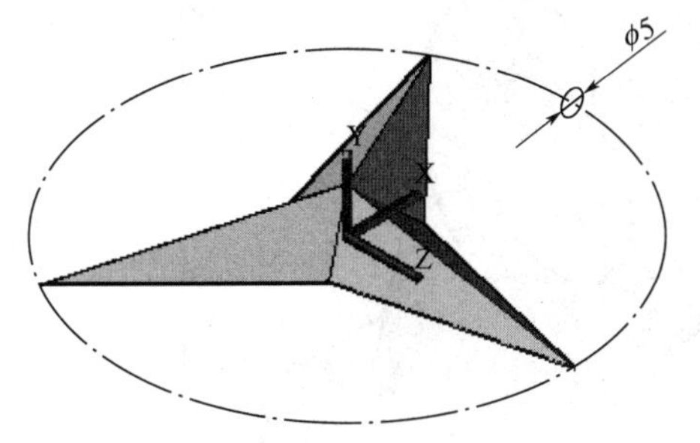

图8－101　绘制车标外环截面

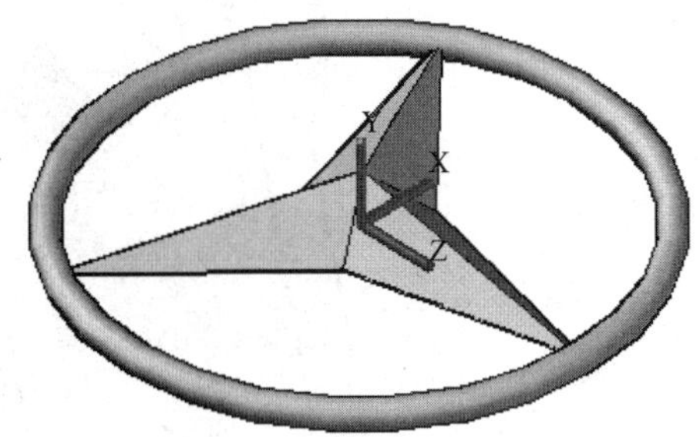

图8－102　创建车标外环实体

技能训练

利用“拉伸”“放样”“并集”“差集”“面域”等命令绘制如图8－103所示的把手实体模型。

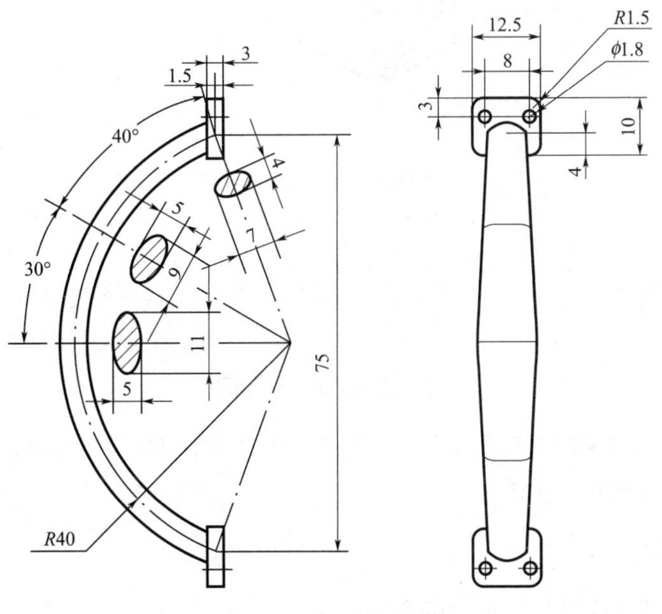

图8－103　把手模型绘制

任务6　创建轴承支架实体

任务描述

根据图8－104所示的轴承支架实体及尺寸，运用面域、并集、差集等命令创建轴承支架实体模型，掌握三维镜像的建模方法。

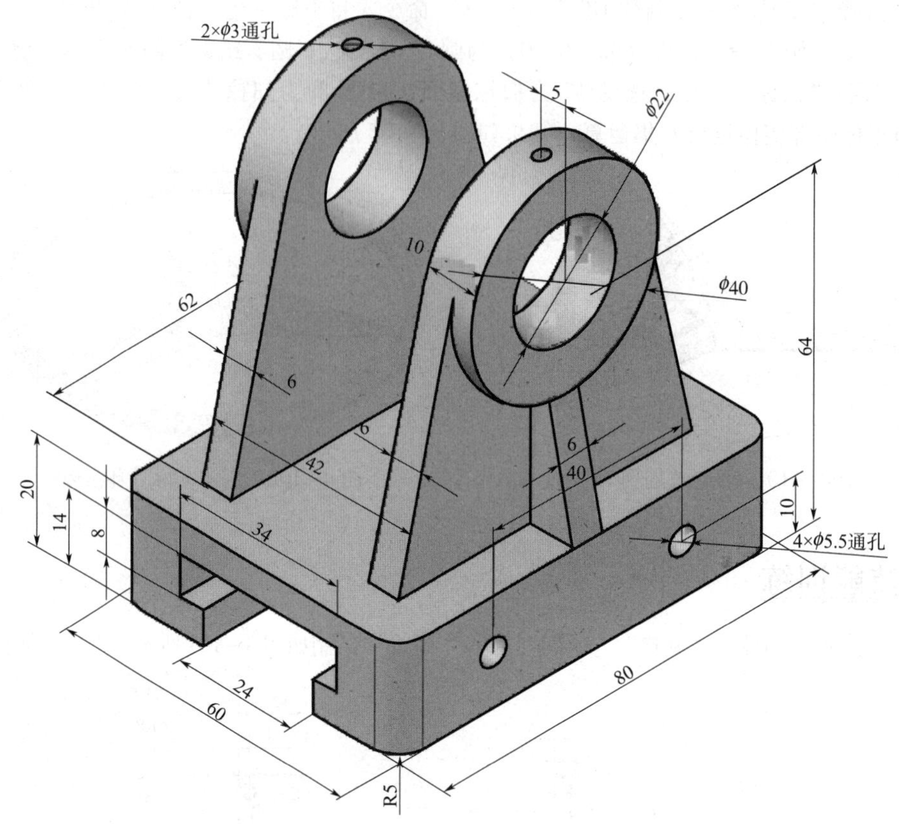

图 8－104　轴承支架

知识准备

三维实体的编辑

有时创建的三维对象达不到设计要求，这就需要对三维对象进行编辑，如对三维对象执行移动、旋转、复制、镜像等操作。

一、三维移动

1. 启动“移动三维对象”命令的方法

➢在命令行输入“3DMOVE”，按【Enter】键。

➢选择菜单栏“修改”→“三维操作”→“三维移动”命令。

➢单击“建模”工具栏中的“移动三维对象”按钮。

2. 功能

移动三维对象主要是调整对象在三维空间中的位置。其方法移动与二维图形相似。

例：对如图 8－105（a）所示的圆锥体进行三维移动操作，按命令行提示指定移动基点，指定新的位置点，或输入移动距离即可完成移动，按【Enter】键即可完成操作，结果如图 8－105（b）所示。

二、三维旋转

1. 启动“三维旋转”命令的方法

➢在命令行输入“3DROTATE”，按【Enter】键。

➢选择菜单栏“修改”→“三维操作”→“三维旋转”命令。

➢单击“建模”工具栏中的“三维旋转”按钮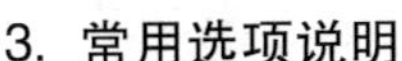。

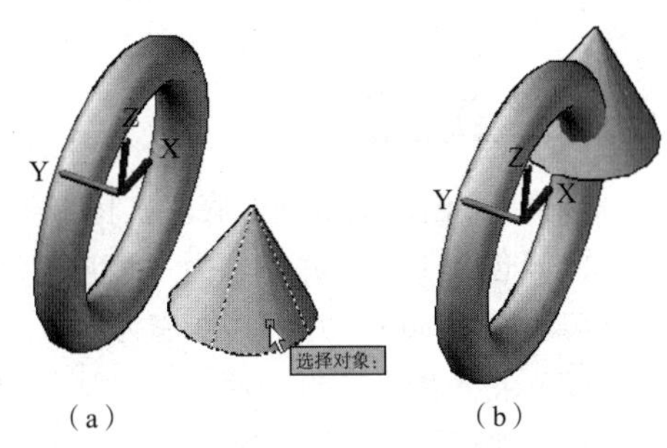

图 8－105　三维移动操作

2. 功能

三维旋转命令可以将选择的对象绕三维空间定义的任何轴（X 轴、Y 轴、Z 轴）按照指定的角度进行旋转，在旋转三维对象之前需要定义一个点作为三维对象旋转的基点。

3. 常用选项说明

➢指定基点：指定三维实体的旋转基点。

➢拾取旋转轴：选择三维轴，并以该轴为中心进行旋转。这里三维轴为 X 轴、Y 轴、Z 轴。其中 X 轴为红色，Y 轴为绿色，Z 轴为蓝色。

例：对如图 8－106（a）所示的圆环进行三维旋转操作，按命令行提示指定圆环中心点为旋转基点，拾取旋转轴 X 轴，输入旋转角度 90°，结果如图 8－106（b）所示。

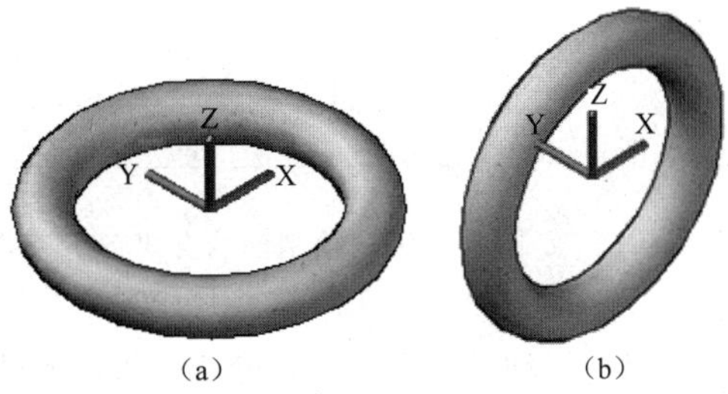

图 8－106　三维旋转操作

三、三维镜像

1. 启动“三维镜像”命令的方法

➢在命令行输入“MIRROR3D”，按【Enter】键。

➢选择菜单栏“修改”→“三维操作”→“三维镜像”命令。

2. 功能

三维镜像命令是通过指定的镜像平面进行镜像。

3. 常用选项说明

➢三点：通过三个点定义镜像平面。

➢最近的：使用上次执行的三维镜像命令的设置。

➢Z 轴：根据平面上的一点和平面法线上的一点定义镜像平面。

➢视图：将镜像平面与当前视口中通过指定点的视图平面对齐。

➢XY、YZ、ZX 平面：将镜像平面与一个通过指定点的标准平面（XY、YZ、ZX）对齐。

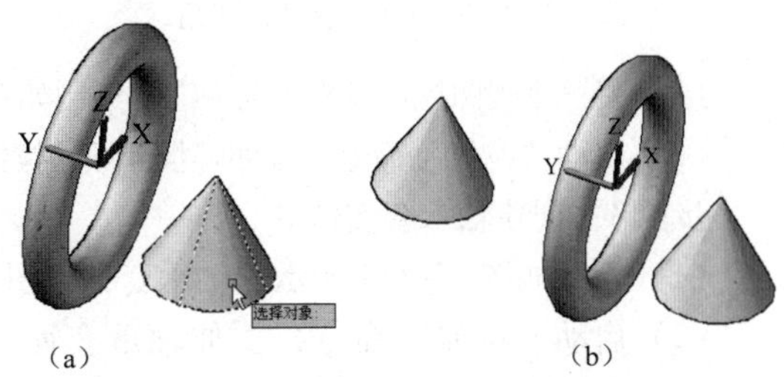

图 8－107　三维旋转操作

对如图 8－107（a）所示的圆锥进行三维镜像操作，按命令行提示指定 ZX 平面为镜像平面，选取圆环中心点为 ZX 平面上的点，完成三维镜像操作，结果如图 8－107（b）所示。

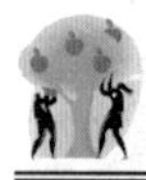

任务实施

步骤 1：创建轴承支架底座实体。

（1）创建 UCS，并命名为“底座 UCS”。将三维视图设为左视，绘制如图 8－108 所示的轴承支架底座二维图，并将其创建为面域。

（2）将三维视图设为西南等轴测，启动“拉伸”命令，拉伸轴承支架底座面域，拉伸高度为－80，创建轴承支架底座实体，结果如图 8－109 所示。

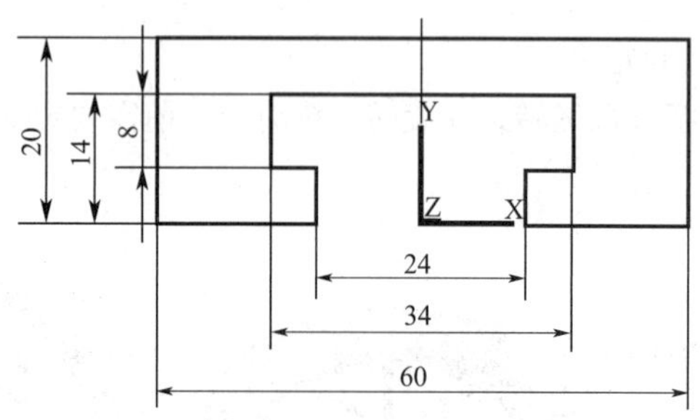

图 8－108　绘制轴承支架底座二维图

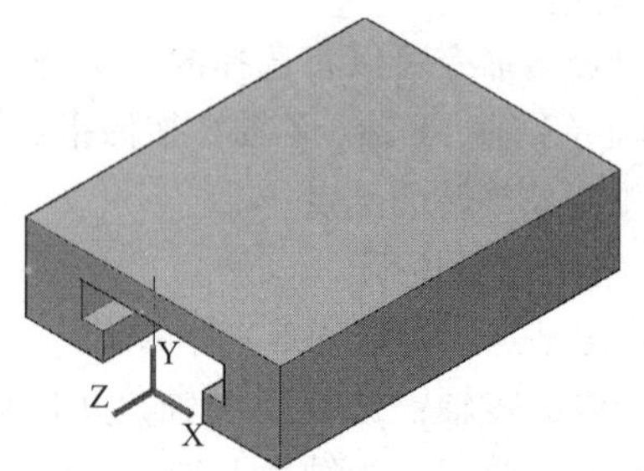

图 8－109　创建轴承支架底座实体

（3）启动“圆角边”命令，将轴承支架底座四个边线倒 *R*5 圆角，结果如图 8－110 所示。

步骤 2：创建耳板实体。

（1）选择“工具”→“UCS”→“原点”命令，将坐标原点移动到（15，20，－40）位置，并将坐标轴绕 *Y* 轴旋转 90°，创建新 UCS，结果如图 8－111 所示。

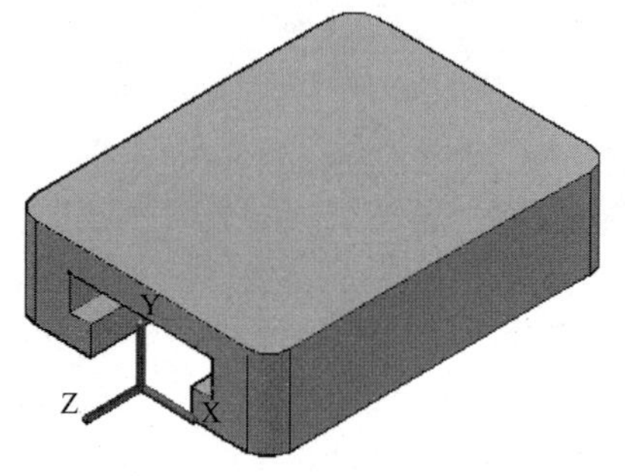

图 8－110　倒 R5 圆角

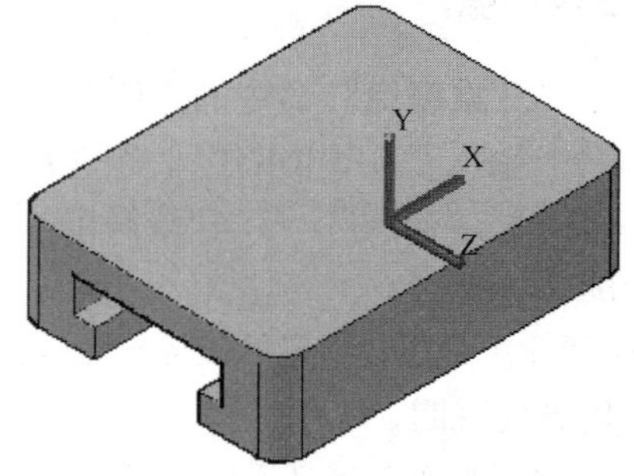

图 8－111　创建耳板实体 UCS

（2）将三维视图视点设为当前 UCS，绘制如图 8－112 所示的耳板二维图，并将其创建为面域。

（3）启动“拉伸”命令，拉伸耳板面域，拉伸高度为 6，创建耳板实体，结果如图 8－113 所示。

步骤 3：创建轴承套实体。

（1）绘制如图 8－114 所示的轴承套二维图，并将其创建为面域。

（2）启动“拉伸”命令，拉伸轴承套面域，拉伸高度为 10，创建轴承套实体，结果如图 8－115所示。

（3）同理创建轴承套内孔圆柱体，高度为 20，结果如图 8－116 所示。

（4）启动“差集”命令，对耳板实体与轴承套实体执行并集运算，再启动“差集”命令，将前步并集后的实体与轴承内孔圆柱执行差集运算，结果如图 8－117 所示。

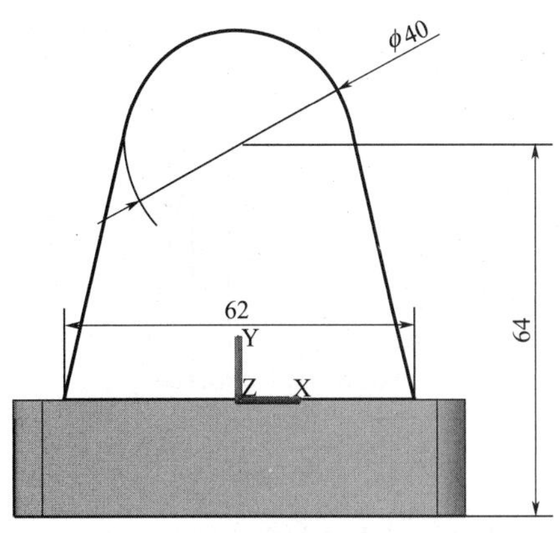

图 8 - 112　绘制耳板二维图

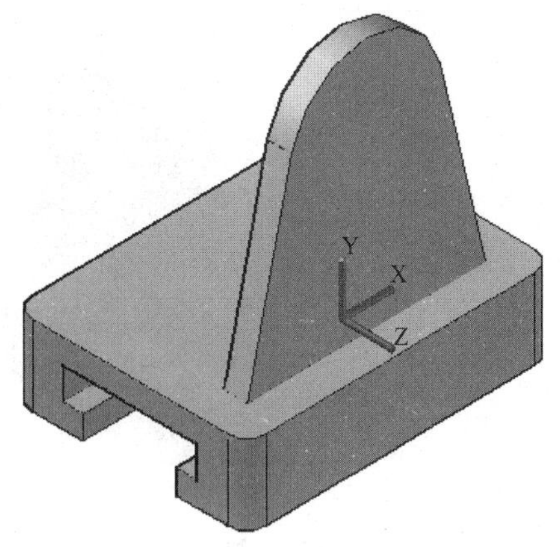

图 8 - 113　拉伸创建耳板实体

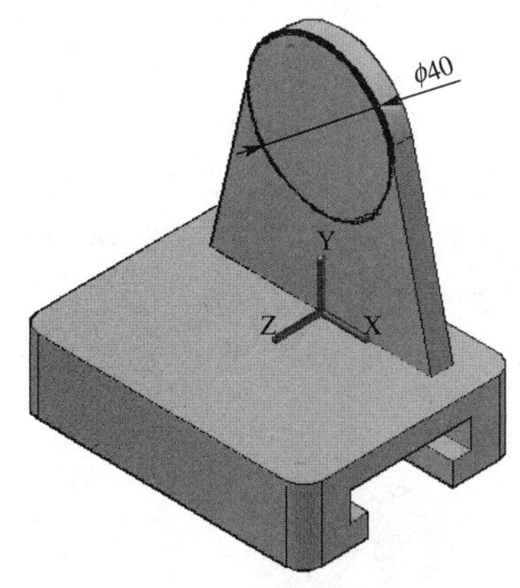

图 8 - 114　绘制轴承套二维图

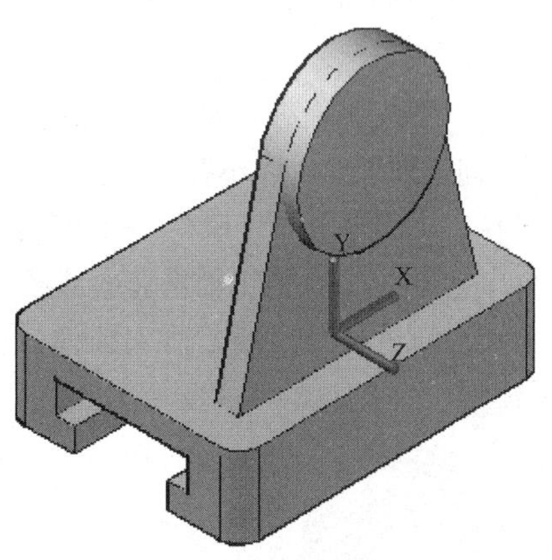

图 8 - 115　创建轴承套实体

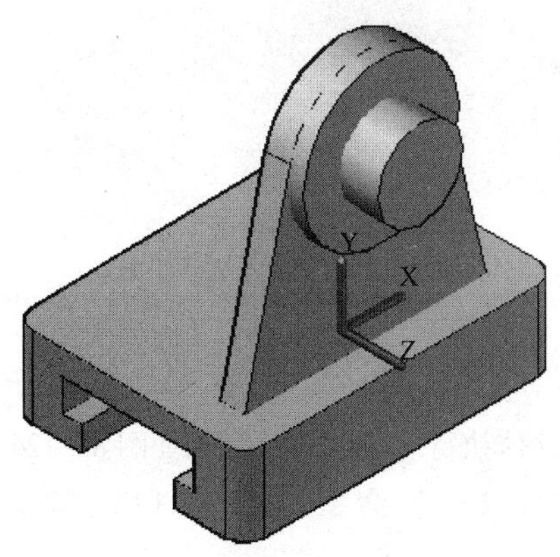

图 8 - 116　创建轴承套内孔圆柱

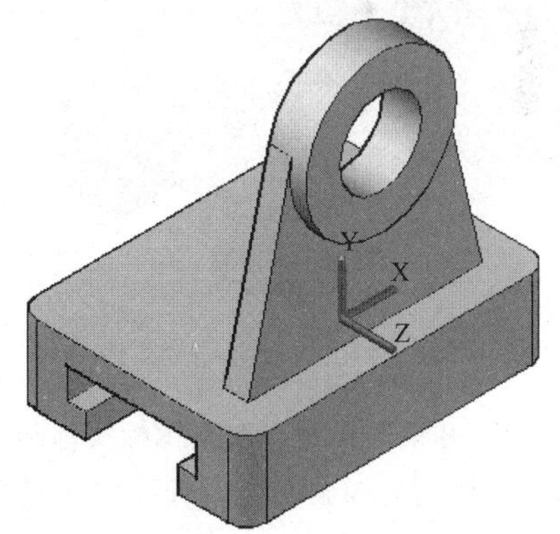

图 8 - 117　对耳板、轴承套、圆柱体执行差集

步骤 4：创建肋板实体。

（1）选择“工具”→“UCS”→“Y”命令，将坐标轴绕 Y 轴旋转 -90°，创建如图 8 - 118 所示的肋板实体坐标系。

（2）将三维视图视点设为当前 UCS，草绘肋板截面，并将其创建为面域，如图 8 - 119 所示。

（3）启动“拉伸”命令，拉伸肋板面域，拉伸高度为 3，结果如图 8 - 120 所示。

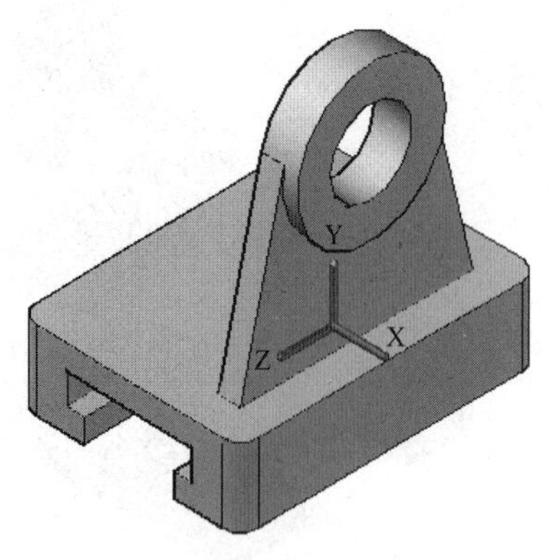

图 8－118　创建肋板实体坐 UCS

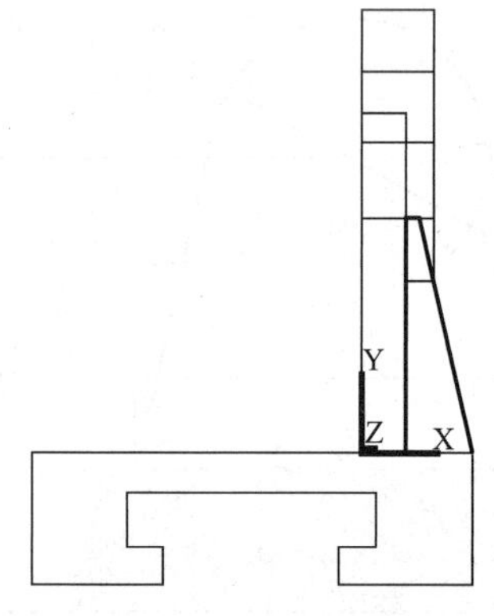

图 8－119　绘制肋板二维图

（4）启动“拉伸面”命令，选择肋板实体一面，拉伸高度为 3，创建出完整的肋板实体，结果如图 8－121 所示。

（5）启动“并集”命令，对侧面支撑板部分实体与肋板执行并集运算。

步骤 5：创建轴承套实体小孔。

（1）选择“工具”→“UCS”→“原点”命令，将坐标原点移动到（5，44，0），并绕 X 轴旋转 －90°，使坐标原点位于轴承套中部截面圆心，结果如图 8－122 所示。

（2）启动“圆柱体”命令，输入圆柱体中心坐标为（0，0，0），直径为 $\phi3$，高度为 30，创建 $\phi3$ 圆柱体，结果如图 8－123 所示。

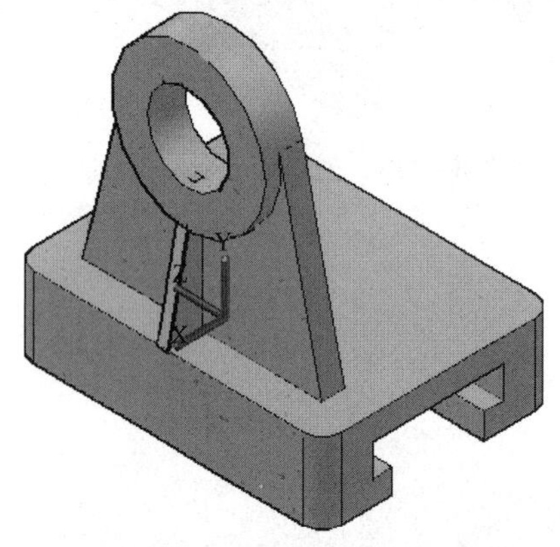

图 8－120　创建肋板半部分实体

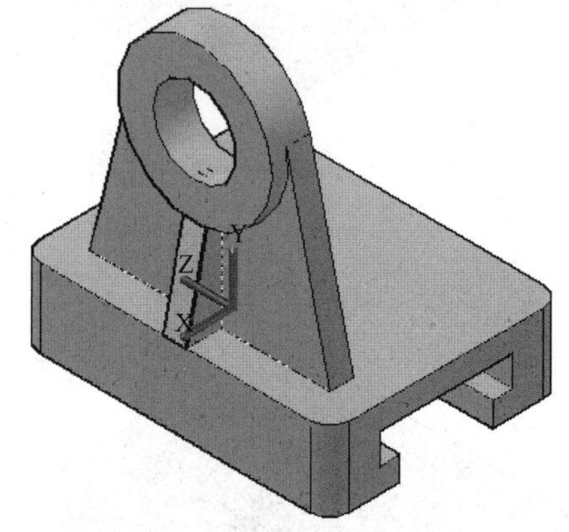

图 8－121　创建完整肋板实体

（3）启动“并集”命令，对支撑板实体与 $\phi3$ 孔圆柱体执行差集运算，结果如图 8－124 所示。

步骤 6：镜像前支撑架实体。选择“工具”→“命名 UCS”命令，将底座 UCS 至为当前坐标，启动“三维镜像”命令，命令行操作显示如下：

①_ mirror3d（启动三维镜像命令）；

②选择对象：找到 1 个（选择镜像对象）；

③指定镜像平面（三点）的第一个点或［对象（O）/最近的（L）/Z 轴（Z）/视图（V）/XY 平面（XY）/YZ 平面（YZ）/ZX 平面（ZX）/三点（3）］<三点>：YZ（选择镜像平面）；

④指定 YZ 平面上的点 <0，0，0>：（指定镜像点，按【Enter】键接受默认值）；

⑤是否删除源对象？［是（Y）/否（N）］<否>：（按【Enter】键接受默认值）。

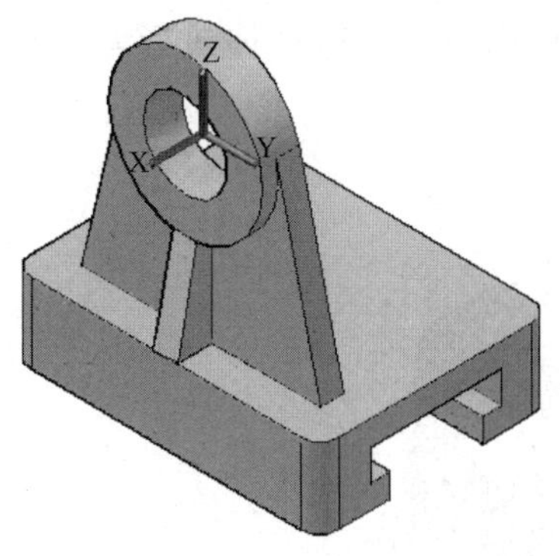

图 8－122　创建 $\phi3$ 圆孔 UCS

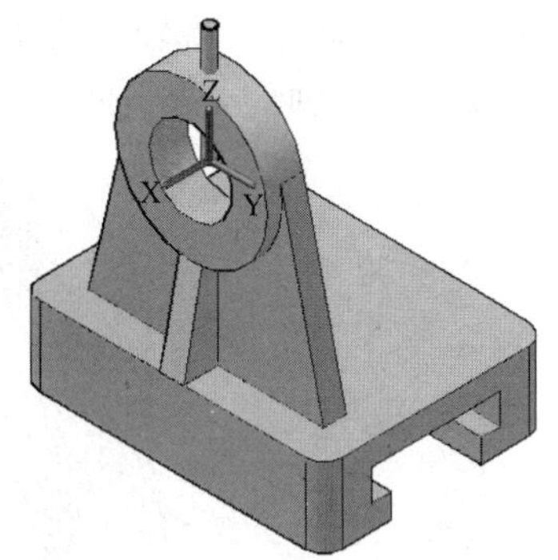

图 8－123　创建 $\phi3$ 孔圆柱体

完成前支撑架镜像，创建出后支撑板，结果如图 8－125 所示。

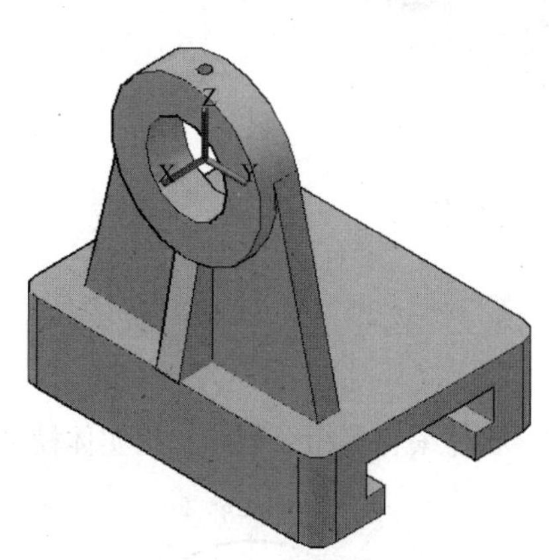

图 8－124　创建 $\phi3$ 孔

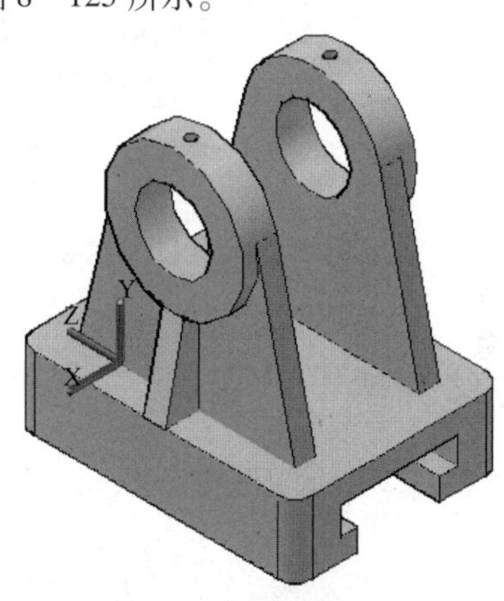

图 8－125　镜像前支撑架

步骤 7：启动“并集”命令，对前支撑架实体、后支撑架实体和底板实体执行并集运算。

步骤 8：创建底座 $\phi5.5$ 通孔。

（1）选择“工具”→“UCS”→“原点”命令，将底座 UCS 坐标原点移动到点（30，10，－40），并绕 Y 轴旋转 90°，创建如图 8－126 所示的用户坐标。

（2）启动“圆柱体”命令，分别输入圆柱体中心坐标为（20，0，0）和（－20，0，0），直径为 $\phi5.5$，高度为－100，创建两个 $\phi5.5$ 通孔圆柱，结果如图 8－127 所示。

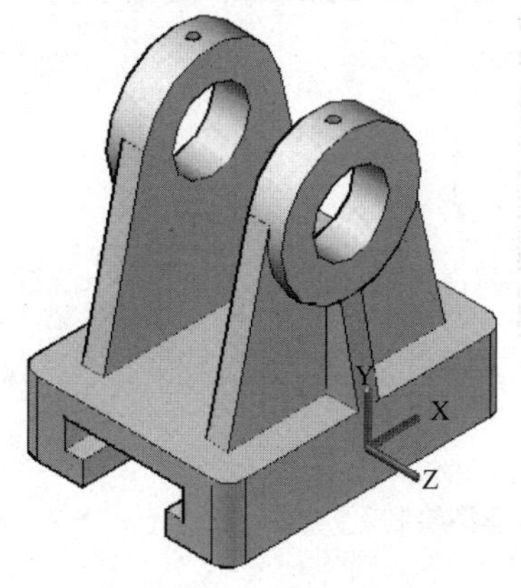

图 8－126　创建用户坐标

图 8－127　创建 $\phi5.5$ 通孔圆柱

（3）启动“差集”命令，将轴承支架与两个 $\phi5.5$ 通孔圆柱体执行差集运算，结果如图 8－128所示，完成整体轴承支架实体的创建。

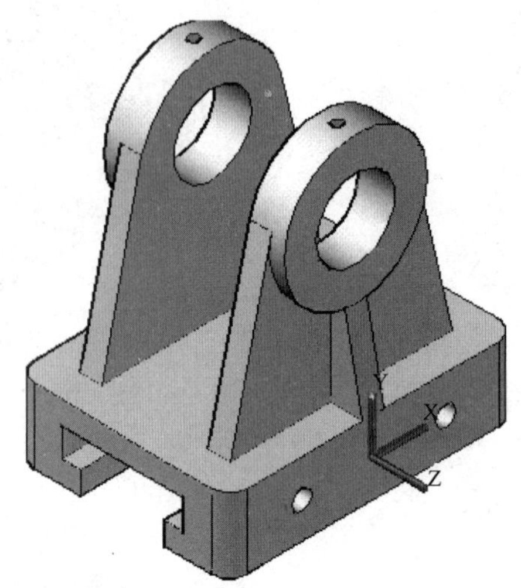

图 8－128　轴承支架实体

技能训练

根据图 8－129 所示视图和尺寸，利用三维建模、实体编辑等命令创建三维实体模型。

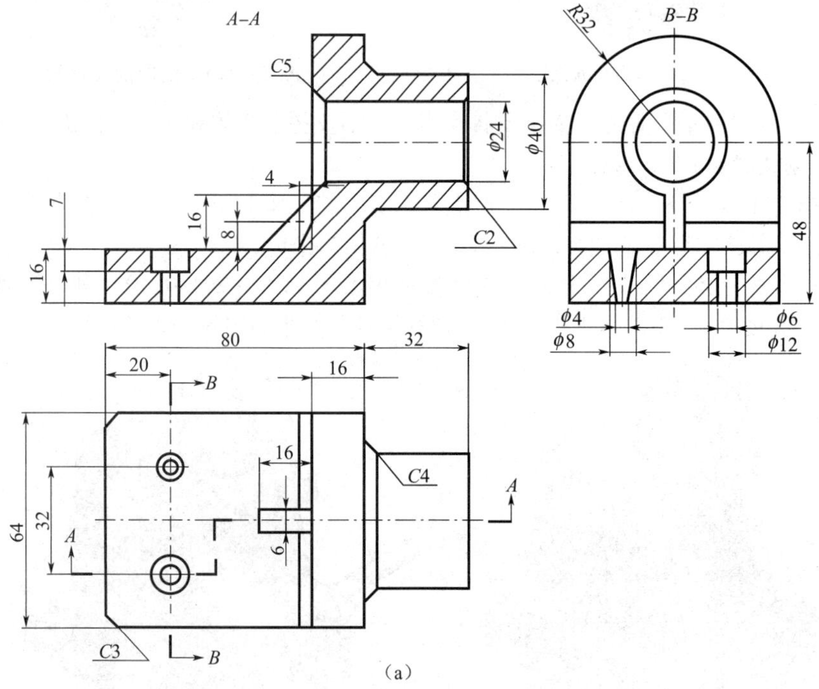

图 8－129　三维实体模型绘制

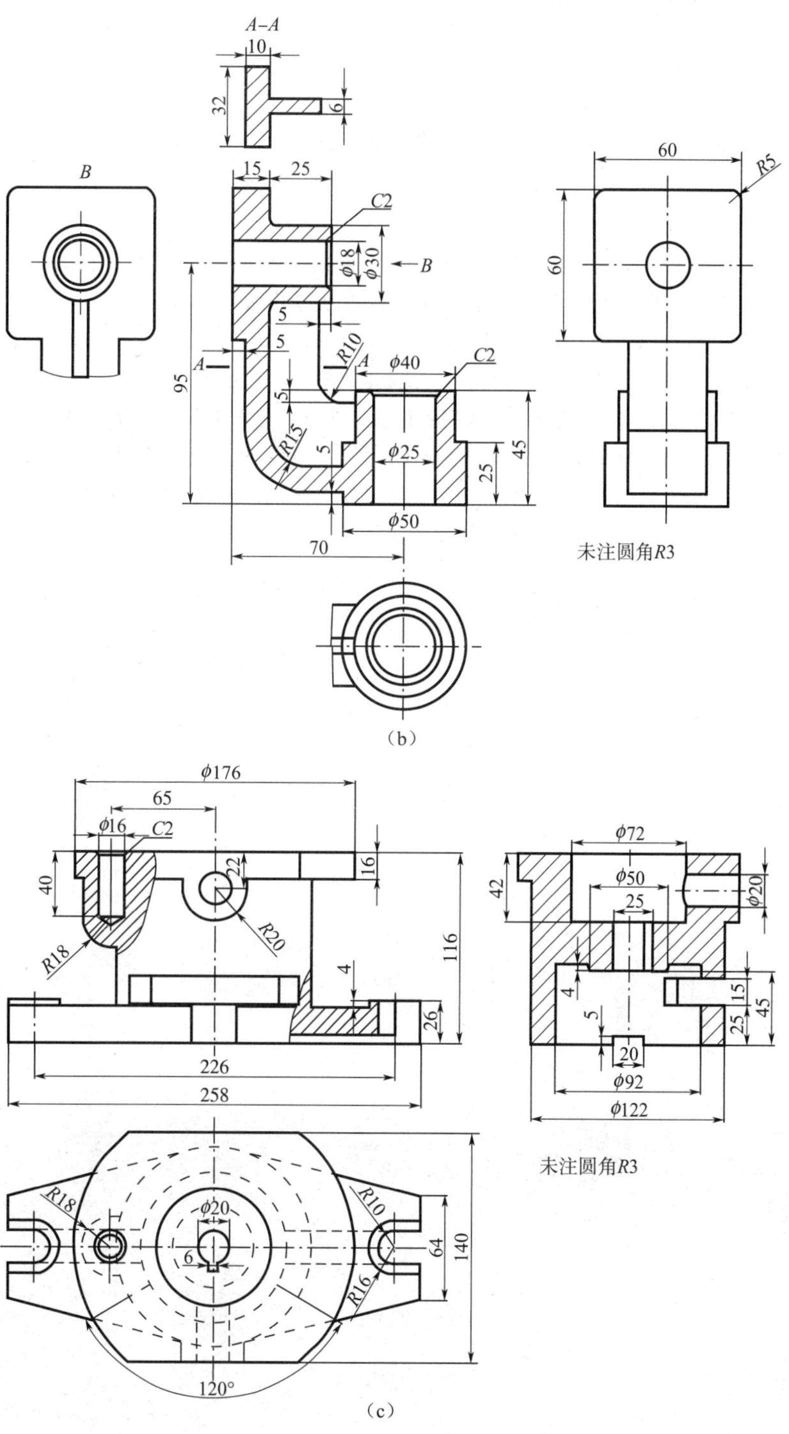

图 8－129　三维实体模型绘制（续）

参 考 文 献

[1] 李腾训，魏峥 . AutoCAD 机械设计基础与实例应用 . 北京：清华大学出版社，2010.
[2] 张选民 . AutoCAD2008 机械设计典型案例 . 北京：清华大学出版社，2007.
[3] 陈松焕，杨立颂 . AutoCAD2011 中文版机械设计实战从入门到精通 . 北京：人民邮电出版社，2011.
[4] 吕润 . AutoCAD2010 机械绘图实训 . 上海：华东师范大学出版社，2012.
[5] 龙飞 . 中文版 AutoCAD2012 机械设计从入门到精通 . 北京：化学工业出版社，2012.
[6] 麓山文化 . 中文版 AutoCAD2012 机械设计经典 208 例 . 北京：机械工业出版社，2012.
[7] 陈志民 . 中文版 AutoCAD2012 机械绘图实例教程 . 2 版 . 北京：机械工业出版社，2011.
[8] 阳海红 . 机械制图 . 3 版 . 北京：中国劳动社会保障出版社，2011.